JN272054

現代理論物理学シリーズ **5**
稲見武夫・川上則雄【編集】

MODERN THEORETICAL PHYSICS SERIES

素粒子の標準模型を超えて

林 青司……著

丸善出版

まえがき

　この本の目的は，素粒子の標準模型を超える理論について解説，議論することである．50年近く前にグラショウのアイデアを基にワインバーグ–サラムにより提唱された標準模型は，グラショウ–イリオプーロス–マイアニによるチャームクォークの導入を経て，小林–益川によりCP対称性の破れを説明するために3世代のクォークが導入されて完成された．現在までに，理論の予言した新たな弱相互作用である中性カレント過程が確認され，またさまざまな素粒子の現象をほぼ完璧に説明し，標準模型は非常な成功を収めた理論である．さらに，2012年7月には標準模型で唯一未発見であったヒッグス粒子と見なすことのできる粒子がCERNにおいて発見され，標準模型は最終的な確立に至ったといえる．

　では，なぜ本書でこの理論を超える理論を議論する必要があるのであろうか．それは，最初に牧–中川–坂田により提唱されSuper-Kamiokande実験等で発見されたニュートリノ振動とよばれる現象から強く示唆されるニュートリノ質量や暗黒物質の存在を標準模型では説明できない，という実験事実や観測データに基づく問題点と並び，標準模型にはいくつかの基本的で重要な未解決の理論的問題点が存在しているからである．四つの素粒子の相互作用の内で重力相互作用だけが理論にとり入れられていない，といった明らかな問題点の他に，ヒッグスにまつわるいくつかの問題点が指摘されている．例えばクォークやレプトンの質量や世代間の混合がなぜ実測されている値をとるのか，といった非常に基本的な疑問に理論は答えてはくれない．こうした問題，特にヒッグス質量に関わる"階層性問題"を解決しようとする試みから，

標準模型を超える理論のいくつかの代表的シナリオが提唱されてきたといえる．標準模型において，ゲージ対称性に基づいて不定性なく導かれるゲージ相互作用については完璧に実験事実を説明し大きな成功を収めているが，上述のようにヒッグスのセクターは何かと謎めいている．そもそも最近発見されたヒッグス粒子自身も，標準模型のものなのか，何らかの標準模型を超える理論の低エネルギー有効理論においてヒッグス粒子として振る舞う粒子なのか，現時点では明らかではない．

本書では，こうした問題意識に基づき，これまでに提案されてきた代表的と思われる標準模型を超える理論のシナリオである，大統一理論，超対称理論，高次元理論，ヒッグス粒子の複合模型等について，その基本的なアイデアを紹介するとともに本質的に重要と思われる概念や事項に焦点をしぼって議論を行う．また標準模型を超える理論を強く動機づけているニュートリノ質量とそれにより引き起こされるニュートリノ振動の話題についても解説する．さらに，これらの標準模型を超える理論のエネルギーフロンティア実験における直接的検証，および既存の高精度のデータを用いた間接的検証の手法に関しても議論する．なお，こうした標準模型を超える理論を議論する前に，第1章において超えるべき標準模型そのものについても，50ページほどを割いてその概要を解説している．

しかしながら，標準模型を超える理論にはさまざまな可能性があり，その選択や議論の力点の置き方に関しては多分に著者の独断と偏見および力量不足によるものであることは御断りしなければならない．特に，重力まで含めたすべての素粒子の相互作用の統一理論である超弦理論から導かれる（場の理論としての）標準模型を超える理論については，これに関連の深い議論が第6章，7章においてなされるものの，明らかに十分とはいえず残念である．

本書の読者としては主として大学院生を想定しているが，できるだけ予備知識を必要としない直感的な議論を心がけており，学部生にも読んでいただけるのではないかと期待している．その場合，多少の素粒子と場の量子論に関する予備知識があることが望ましい．さらに研究者，教員の方々にも本書が何らかの参考になれば大変幸いである．

誤植等の訂正に関しては以下の個人ホームページ上に随時正誤表を掲載予定なので参照していただきたい：

http://lab.twcu.ac.jp/lim/chosho.html

なお，執筆に際し特に以前出版された著者による次の 2 冊を参考にした:
・"Physics of the Standard Model and Beyond," T. Morii, C.S. Lim and S.N. Mukherjee (World Scientific, 2004)
・『CP 対称性の破れ——小林・益川模型から深める素粒子物理——』林　青司 (サイエンス社, 2012)
上記洋書の執筆において森井俊行氏には共著者として大変お世話になった．

また，本書の執筆を勧めて下さった稲見武夫氏，当初いろいろとお世話になり貴重なコメントをいただいたシュプリンガー・ジャパン編集部の長谷部千乃氏にも，この場を借りて厚く御礼申し上げる．本書で採り上げた内容のいくつかは著者の多くの方々との共同研究に基づいたものであり，共同研究者の方々にも改めて感謝したい．

最後に，当初の予定より大幅に遅れてしまった執筆状況にもかかわらず常に辛抱強く寛容にご対応下さり，出版に際して大変お世話になった丸善出版の佐久間弘子氏に心からの御礼を申し上げる．

2015 年 春

林　青司

目 次

第1章　素粒子の標準模型　　1
1.1　クォーク，レプトンと素粒子の四つの相互作用 . . . .　1
1.2　標準模型 . . . .　8
1.3　$SU(2)_L$ はなぜ必要？ . . . .　9
1.4　$U(1)_Y$ はなぜ必要？ . . . .　14
1.5　ヒッグスはなぜ必要？ . . . .　22
1.6　ゲージ対称性の自発的破れと NG ボソン . . . .　26
　　 1.6.1　$SO(2)$ ゲージ模型 . . . .　26
　　 1.6.2　標準模型の場合 . . . .　31
1.7　NG ボソンの非線形実現 . . . .　32
1.8　ヒッグス機構 . . . .　34
　　 1.8.1　スカラー QED の場合のヒッグス機構 . . . .　35
　　 1.8.2　標準模型におけるヒッグス機構 . . . .　37
1.9　世代の導入と世代間混合，FCNC 過程 . . . .　41
1.10　チャームクォークの導入と 2 世代模型 . . . .　46
1.11　CP 対称性の破れと 3 世代模型——小林–益川模型 . . . . . .　48
　　 1.11.1　2 世代模型では CP 対称性が破れないということ . . .　53
　　 1.11.2　小林–益川の 3 世代模型 . . . .　56

第 2 章　標準模型の抱える問題点　　61

第3章 ニュートリノ質量とニュートリノ振動　　67

- 3.1 スピノールの2成分表示とスピノールのタイプ 68
- 3.2 三つのタイプのニュートリノ 74
  - 3.2.1 最も一般的な質量項 75
  - 3.2.2 ディラック型 78
  - 3.2.3 擬ディラック型 80
  - 3.2.4 シーソー型 80
- 3.3 小さなニュートリノ質量のモデル 85
  - 3.3.1 左右対称模型 85
  - 3.3.2 ジー模型（量子効果） 89
- 3.4 レプトンセクターにおけるフレーバー混合 92
  - 3.4.1 ディラック型の場合のフレーバー混合 94
  - 3.4.2 シーソー型の場合のフレーバー混合 95
- 3.5 真空中のニュートリノ振動 98
- 3.6 物質中の共鳴的ニュートリノ振動 106
- 3.7 3世代模型におけるニュートリノ振動 116
  - 3.7.1 3世代模型における真空中のニュートリノ振動 .. 117
  - 3.7.2 ニュートリノ振動における CP 対称性の破れ ... 121
  - 3.7.3 3世代模型における物質中のニュートリノ振動 .. 124
- 3.8 大気ニュートリノ異常および太陽ニュートリノ問題 124
  - 3.8.1 大気ニュートリノ異常 125
  - 3.8.2 太陽ニュートリノ問題 128

第4章 大統一理論　　133

- 4.1 ひな形としての SU(5) GUT 133
- 4.2 running coupling と GUT スケール，ワインバーグ角 .. 138
  - 4.2.1 running coupling 140
  - 4.2.2 SU(5) の自発的破れで生じる三つのゲージ結合定数の差異 141
- 4.3 バリオン数の保存則を破る相互作用と陽子崩壊 143
- 4.4 宇宙における物質の起源と GUT 145

第 5 章　階層性問題　　**149**
　5.1　古典レベルでの階層性問題 150
　5.2　量子レベルでの階層性問題 151

第 6 章　超対称理論　　**155**
　6.1　超対称性と素粒子物理学 155
　6.2　超対称性の代数と群 159
　6.3　超空間と超場の導入 165
　6.4　カイラル超場 173
　　　6.4.1　超ポテンシャル 177
　　　6.4.2　運動項 177
　6.5　Wess-Zumino 模型 179
　　　6.5.1　Wess-Zumino 模型における相互作用 179
　　　6.5.2　2 次発散の相殺 184
　6.6　ベクトル超場 186
　　　6.6.1　場の強さの超場 188
　　　6.6.2　超対称 QED 191
　6.7　超対称ヤン–ミルズ理論 196
　6.8　MSSM 199
　　　6.8.1　MSSM の特徴 200
　　　6.8.2　MSSM の特徴的予言 208
　6.9　超対称性の自発的破れ 227
　　　6.9.1　F 項による破れ（O'Raifeartaigh メカニズム） 231
　　　6.9.2　F 項と D 項の共存による破れ（Fayet-Iliopoulos メカニズム） 233
　　　6.9.3　D 項による破れ 235

第 7 章　余剰次元をもつ高次元理論　　**239**
　7.1　統一場理論（カルツァ–クライン理論） 240
　　　7.1.1　一般相対性理論（重力場の理論） 243
　　　7.1.2　ゲージ理論と内部空間の幾何学 247

xii 目次

- 7.1.3 統一場理論のアイデア 249
- 7.1.4 KK モード展開 252
- 7.1.5 小さな余剰次元 256
- 7.2 ヒッグス的機構 257
- 7.3 高次元とフェルミオンのカイラリティ 260
  - 7.3.1 奇数次元の場合 261
  - 7.3.2 偶数次元の場合 264
  - 7.3.3 オービフォールドを用いたカイラルな理論の構成 .. 266
- 7.4 コンパクト化と場の境界条件 269
  - 7.4.1 円にコンパクト化する場合 270
  - 7.4.2 オービフォールドにコンパクト化する場合 272
- 7.5 大きな余剰次元の理論 275
- 7.6 ランドール–サンドラム理論 279
- 7.7 universal extra dimension 281
- 7.8 ゲージ・ヒッグス統一理論 285
  - 7.8.1 ヒッグス粒子の質量への量子補正 293
  - 7.8.2 有効ポテンシャルの計算とポアソン再和 296
  - 7.8.3 最小のゲージ・ヒッグス統一理論としての SU(3) 模型 303

第 8 章 ヒッグス粒子の複合模型　　317

- 8.1 テクニカラー 318
  - 8.1.1 テクニカラー理論のシナリオ 318
  - 8.1.2 テクニカラーシナリオの問題点 328
- 8.2 dimensional deconstruction 331
- 8.3 little Higgs 337

第 9 章 ヒッグス粒子発見の意味するもの　　343

- 9.1 ヒッグス粒子の発見 343
- 9.2 決定されたヒッグス質量の意味するもの 344
- 9.3 ヒッグスの異常相互作用 346

第10章 標準模型を超える理論の精密テスト   353

10.1 BSM 理論の間接的検証 353
    10.1.1 演算子による解析 355
    10.1.2 decoupling と non-decoupling 357

10.2 S, T, U パラメータ 360
    10.2.1 oblique correction と S, T, U パラメータ 360
    10.2.2 第3世代のクォーク,テクニフェルミオンによる non-decoupling 効果 364
    10.2.3 S, T, U と大域的対称性 365
    10.2.4 MSSM の T パラメータによる検証 369
    10.2.5 演算子による解析 370

10.3 FCNC 過程による精密テスト 372
    10.3.1 FCNC におけるトップクォークによる non-decoupling 効果 372
    10.3.2 MSSM の FCNC 過程による検証 376

文献   383

索引   391

第1章 素粒子の標準模型

　この本の目的は，素粒子の標準模型（standard model）を超える理論に関して解説することであるが，こうした理論は標準模型の内包する主として理論的な側面における問題点を解決すべく提唱されている．そこで，まずは超えるべき標準模型とはどのような理論であるか，その概要を議論することにする．

1.1　クォーク，レプトンと素粒子の四つの相互作用

　素粒子の標準模型は，一言でいえば素粒子と，その間に働く四つの相互作用の内の重力相互作用を除く三つの相互作用（電磁相互作用，強い相互作用，弱い相互作用）を記述する理論である．後でも述べるように，重力相互作用は古典的にはアインシュタインの一般相対論で記述され時空の局所的対称性に基づくものなので，"ゲージ対称性"に基づく他の三つの相互作用とは（局所的対称性に基づくという意味では共通するものの）質的に異なるところがある．こうした違いにより，重力相互作用においては量子論の効果を考慮すると処理できない無限大が生じてしまうという困難が存在する．標準模型においては，素粒子の世界では重力が極端に微弱であるという事実と並んで，こうした事情から重力相互作用は除外されているのである．
　さて，そもそも素粒子とは宇宙に存在するすべての物質を構成する最も基本的な粒子，というのが定義である．しかし，"最も基本的"といってしまうと，決してそれ以上分割できないように思われるが，実際には，ある時代に

素粒子だと思われていても，より高いエネルギー・運動量で衝突実験を行い，よりミクロな世界を探索すると，それまで知られていなかったより基本的な粒子が見つかり，今まで素粒子だと思っていた粒子はこうしたより基本的な粒子の複合状態になっている，ということがあり得る．

実際，物理学の歴史を振り返ると，物質の性質を示す最小の単位である分子は原子の集まりであることがわかり，原子もまた中心の原子核とその周りを回る電子の束縛状態であることが判明した．さらに原子核は陽子と中性子からできているが，それまで素粒子だと思われていた陽子，中性子も 1964 年にゲルマン（Gell-Mann）とツバイク（Zweig）によってクォーク（quark）というスピンが $\frac{1}{2}$（$\hbar$ を単位として）のフェルミオンが導入されるに至って，u, d という 2 種類のクォークが 3 個結合した束縛状態であるとの認識に徐々に変わっていった．これに対して原子核の周りを回る電子は，今でもそれ以上分割できない素粒子であると思われていて，電子ニュートリノとペアでレプトン（lepton, 軽粒子の意）とよばれている．こうして，現在では宇宙のすべての物質を構成する素粒子はクォークとレプトンであると思われているが（正確には，宇宙には第 2 章で述べる "暗黒物質" も存在する），それ以外に，素粒子に働く四つの力（力は常に "作用・反作用" の法則に従って互いに働くので「相互作用（interaction）」とよばれる）を伝える（媒介する）粒子であるゲージボソン（光子（photon）γ, $W^{\pm}$, Z^0, および 8 個のグルーオン g^a ($a = 1 \sim 8$)），および重力相互作用を媒介する重力子（graviton）も素粒子の仲間に入れることにする．

通常の原子を構成するのは，u, d クォークと電子であるが，レプトンには，電子の他に，弱い相互作用による典型的過程であるベータ崩壊において電子とペアで放出される電子ニュートリノ ν_e が存在する．ベータ崩壊はクォークのレベルで見ると

$$d \quad \rightarrow \quad u + e^- + \bar{\nu}_e \tag{1.1}$$

という過程であるが（ここで $\bar{\nu}_e$ は ν_e の「反粒子」（その意味は後述する）），クォークのセクターでも u と d がペアになってベータ崩壊に参加していることがわかる．そこで，ペアをなすクォークとレプトンのそれぞれを 2 成分のベクトル（「2 重項」（doublet）とよばれる）として表示すると

1.1 クォーク,レプトンと素粒子の四つの相互作用

$$\begin{pmatrix} u \\ d \end{pmatrix}, \quad \begin{pmatrix} \nu_e \\ e \end{pmatrix}. \tag{1.2}$$

正確には,ベータ崩壊に参加するクォーク,レプトンはすべて「左巻き」の状態のみである.左巻きとは,(質量が無視できる極限で)スピン回転の向きに左ねじを回したときにねじが進行する方向に運動している状態をいう.スピン $\frac{1}{2}$ なので,スピンの向きが逆の右巻きの状態もあり得るが,この状態はベータ崩壊には参加していないのである.という訳で,(1.2) は正確にはベクトルの右下に,左巻きであることを表す L を添付することになっている((1.8) を参照のこと).

左巻き,右巻きのそれぞれの状態のフェルミオンをワイル・フェルミオン (Weyl fermion) という.フェルミオンは質量をもつと,右巻きと左巻きのワイル・フェルミオンがペア ("chiral partner") をなして互いに移り変わりながら伝播する.このような,右巻きと左巻きの状態が一緒になったのがディラック・フェルミオンであり,質量があり,また電荷をもつ電子のような通常のフェルミオンは,皆ディラック・フェルミオンとして記述される.自由度的にはディラック・フェルミオンはワイル・フェルミオン2個分の自由度をもつことになる.

なお,ベータ崩壊に左巻きのみが参加するという事実は,左右の対称性であるパリティ (parity, P) 対称性が,弱い相互作用においては(最大限に)破れていることを端的に表している.さらに,後で解説する標準模型では,右巻きニュートリノは弱い相互作用に参加しないだけでなく,そもそも理論に導入されないのである.それは,標準模型ではニュートリノは質量をもたない素粒子と見なされていて,左巻きニュートリノのパートナーとしての右巻きニュートリノは必要とされないからである.3章で述べるように,この認識は最近大きく変わった.すなわち,日本の神岡鉱山の跡地で行われているスーパー・カミオカンデ (Super-Kamiokande) 実験等で発見された「ニュートリノ振動」という現象が,ニュートリノがわずかながら質量をもつことを明確に示していると思われているからである.これは,標準模型を超える理論の必要性を初めて実験的に示したものとして大変重要である.

ところで,クォーク,レプトンは (1.2) に示したものに留まらないことが知られている.すなわち,(1.2) に示したものとまったく同じ量子数(電荷等)

をもったフェルミオンがコピーのようにさらに2セット存在することがわかっている．これを，クォーク，レプトンには三つの「世代」が存在するという．現在の宇宙に存在するすべての物質を構成する，(1.2) のクォーク，レプトンは，3世代の内で最も軽い（質量の小さい）第1世代に属する．つまり，世代というのは質量の違いによって区別され，1, 2, 3 と世代が上がるにつれて質量が大きくなるのである．

この後の標準模型の節で詳しく述べるが，標準模型がワインバーグ–サラム (Weinberg-Salam) によって提唱された当時はクォークとしては u, d, s という三つのクォークのみが理論に導入されていた [1]．いわば 1.5 世代分のみ存在していたのである．その後，フレーバーを変える中性カレント（Flavor Changing Neutral Current, FCNC）を自然に抑えるためにチャームクォーク c がグラショウ–イリオプーロス–マイアニ (Glashow-Iliopoulos-Maiani) によって導入されて2世代模型が確立した [2]．さらにその後，小林–益川により，「CP 対称性の破れ」を説明するためには3世代以上のクォークが必要であることが理論的に明らかにされ [3], 第3世代のトップクォークおよびボトムクォーク (t, b) が導入されて，現在の形の素粒子の標準模型が完成したのである．この業績により小林，益川両博士が 2008 年度のノーベル物理学賞を授与されたことは記憶に新しい．

標準模型に存在する3世代のクォークとレプトンをまとめると以下のようである（ここでは，簡単のため右巻き，左巻きを区別していない）：

$$\begin{pmatrix} u \\ d \end{pmatrix}, \quad \begin{pmatrix} c \\ s \end{pmatrix}, \quad \begin{pmatrix} t \\ b \end{pmatrix}; \tag{1.3}$$

$$\begin{pmatrix} \nu_e \\ e \end{pmatrix}, \quad \begin{pmatrix} \nu_\mu \\ \mu \end{pmatrix}, \quad \begin{pmatrix} \nu_\tau \\ \tau \end{pmatrix}. \tag{1.4}$$

素粒子の間に働く相互作用は，電磁相互作用，強い相互作用，弱い相互作用，重力相互作用の4種類である．普段の生活でわれわれになじみが深いのは電磁相互作用と重力であろう．これらの相互作用の特徴はクーロンの法則と万有引力の法則の類似性に見られるように2粒子間の距離の逆2乗に比例する遠距離力である，ということである．このために，これらの力についてはマクロな世界で重要となり昔から認識されていた．しかし，一見意外であるが，素粒子のようなミクロの世界では重力は他の三つの相互作用に比べて

極端に微弱な相互作用なのである．それにもかかわらずマクロの世界で電磁相互作用よりむしろ重力の方が重要になるのは，原子，分子が電気的に中性で，その間にほとんど電磁相互作用が働かないからである．

　素粒子の標準模型は，微弱な重力を無視して，残りの三つの相互作用を記述する理論になっている．重力が理論に含まれないもう一つの大きな要因は，量子化された重力理論には「くり込み」不可能という問題があるという点である．後述のように，重力以外の三つの相互作用は，いずれも局所ゲージ対称性を理論に課すことによって必然的に相互作用を媒介するゲージボソンが導入され，そのゲージボソンがクォークやレプトンの間でやり取りされることで相互作用が生じるという「ゲージ原理」を指導原理として構築されている．こうした局所ゲージ対称性をもつ理論を「ゲージ理論」という．ゲージ理論のひな形といえるのは電子の電磁相互作用を記述する量子電磁力学（quantum electro dynamics, QED）であるが，この理論は朝永–ファインマン–シュウィンガーらによって証明されたようにくり込み可能な理論，すなわち量子効果により生じる（紫外）発散を理論に最初に与えられている"裸の"パラメータ（bare parameter）の中に吸収するという「くり込み」を一旦行うと，その後はさまざまな物理量を有限な値で予言することが可能な理論である．同様に，ゲージ理論は一般にくり込み可能であることが証明されている．

　電磁相互作用は遠距離力であると述べたが，一方で強い相互作用と弱い相互作用は，原子核の大きさやその1000分の1程度のミクロな世界でしか働かない短距離力であり，そのために発見が遅れたともいえる．強い，弱いというのは電磁相互作用に比べて，という意味である．例えばヘリウムの原子核 $^4_2$He は陽子2個，中性子2個の束縛状態である．陽子2個の間には電気的な斥力が働くのになぜヘリウム原子核はばらばらにならないかというと，電磁気力より強い引力である「核力」が核子（陽子，中性子）の間に働いているからであるが，この核力を引き起こすのが強い相互作用である．クォークが知られていなかった時代には核力は湯川博士の提唱したパイ中間子（π meson）の交換で生じると考えられていたが，現在の考え方によれば強い相互作用はグルーオン（のり付け粒子という意味）というゲージボソンがクォークの間で交換されて生じると考えられている．

　一方，弱い相互作用については，すでに述べたように，その典型的な例は

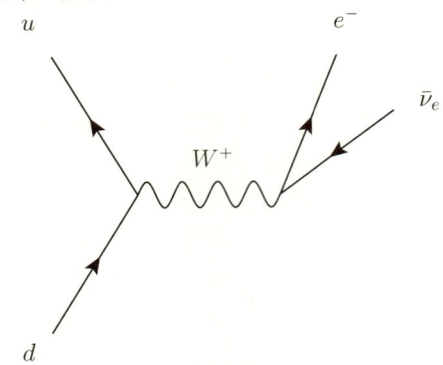

図 1.1 ベータ崩壊を表すファインマン・ダイアグラム

放射性原子核がベータ線（その正体は電子）を放出して崩壊するベータ崩壊であるが，ベータ崩壊は当初，陽子・中性子に関する $n \to p + e^- + \bar{\nu}_e$ という過程が，時空の一点で起きる，いわば力の到達距離がゼロの「接触相互作用（contact interaction）」だと思われていた．しかし，ちょうど電磁相互作用が光子 γ の交換で生じるように，弱い相互作用も $W^\pm$, Z^0 とよばれるゲージボソンが（陽子・中性子ではなく）クォークとレプトンの間で交換されて生じると考えられている（図 1.1 参照）．

それは，弱い相互作用も電磁相互作用と同様のゲージ原理に基づいているからである．しかしながら，ベータ崩壊のような弱い相互作用は，電磁相互作用と違い非常な短距離力である必要がある．これは，ベータ崩壊を引き起こす $W^\pm$ および中性の Z ゲージボソンの質量が大きいことを意味する．直感的にも，重い粒子はあまり遠くまで伝播しないのはわかる．つまり，当初ベータ崩壊が接触相互作用と思われていたのは $W^\pm$ の質量を無限大と見なすことに相当する．しかし，$W^\pm$ や Z の質量は実際には有限であり，それより高いエネルギー領域では，これらの質量は近似的に無視できて，質量のない光子と同様の性質を示すであろう．これが，標準模型において電磁相互作用と弱い相互作用の統一的記述が可能であり，標準模型が「電弱統一理論」ともいわれるゆえんである．

なお，$W^\pm$, Z は光子と違って質量をもつ必要があるが，一方でゲージ理

論では，まさに局所ゲージ対称性のためにゲージボソンは光子と同様に質量をもつことができない．そこで何らかの形で弱い相互作用に関与するゲージ対称性を破る必要があるが，うまく破らないと，QED と同様なゲージ理論の望ましい特徴であるくり込み可能性を損ねてしまう．この重大な問題を解決したのが，2008 年に小林，益川両博士と並んでノーベル賞を授与された南部博士によって提唱された「自発的対称性の破れ」の機構である．標準模型のところで議論するが，これは，理論そのものはゲージ対称性をもつが，理論の真空状態がゲージ対称性を破るというものである．この機構を具体的に実現するために，標準模型ではヒッグス場とよばれるスピンをもたないスカラー場が導入されるが，その真空期待値によってゲージボソンが質量を獲得し（「ヒッグス機構」），またクォーク，レプトンも同時に質量を獲得することになる．その際に新たに現れるのがヒッグス粒子である．この粒子は，標準模型が予言する粒子の中で唯一未発見であったが，2012 年に CERN の LHC 実験で ATLAS, CMS 両グループにより発見され大きな話題となった．ヒッグス場の真空期待値より大きなエネルギー領域では真空期待値は近似的に無視できるので紫外領域では QED と同様になると考えれば，自発的対称性の破れの場合にくり込み可能性が損なわれないのも（それなりに）納得できる．

　強い相互作用について一つコメントしておこう．弱い相互作用の場合と違い強い相互作用を媒介するゲージボソンであるグルーオンに関しては，強い相互作用に関係するゲージ対称性が自発的に破れないために質量をもたないと思われている．すると質量をもたない光子によって媒介される電磁相互作用の場合と同様に強い相互作用も一見長距離力になりそうである．ではなぜ強い相互作用は短距離力なのであろうか？その理由は，力の起源である局所ゲージ対称性が数学でいう SU(3) というリー群（Lie 群）をなし，この群が非可換群（群の要素が互いに交換しないということ）である，という事実にある．電磁相互作用の理論である QED は U(1) というゲージ対称性をもつが，U(1) は可換群であり，この違いが決定的なのである．非可換群のゲージ対称性をもった理論の著しい特徴は，エネルギーが上がるにつれて相互作用がしだいに弱くなるという，「漸近自由性（asymptotic freedom）」とよばれる性質をもつことである．これは QED の場合とは真逆の特性である．この漸近自由性は，見方を変えれば，エネルギーが小さくなると相互作用が非常

に強くなることを意味する（強い相互作用なので当然ではあるが）．このため，グルーオンの交換によって束縛されているクォークは小さな領域に"幽閉"されてしまい，クォーク（やグルーオン）を単独で取り出すことができなくなる．10 eV 程度のエネルギーを与えれば，電磁気力で束縛されている水素原子から電子をはがして水素イオン H^+ を容易に作ることができるのとは対照的である．こうした強い相互作用特有の現象を「confinement」という．こうして結果的に強い相互作用の及ぶ範囲が短距離になると考えられている．

1.2 標準模型

前節で，ごく簡単に素粒子およびその相互作用を記述する「標準模型」を概観した．この節では，この標準模型に関して少し踏み込んで解説する．後に議論するこの本の主題である「標準模型を超える」理論に関係しそうな部分にできるだけ重きを置くことにする．

標準模型は，もともと，電磁相互作用と弱い相互作用を統一的に記述する「電弱統一理論」として提唱されたゲージ理論である．ゲージ対称性としては $SU(2)_L \times U(1)_Y$ を採用する（添字 L および Y の意味については後で述べる）．なお，強い相互作用に関しては $SU(3)_c$（c はクォークのもつ属性である「カラー（color）」を意味する）非可換ゲージ対称性をもったヤン–ミルズ（Yang-Mills）理論である量子色力学（quantum chromo dynamics, QCD）によって記述され，標準模型のゲージ対称性は全体として $SU(3)_c \times SU(2)_L \times U(1)_Y$ である．しかし，電磁相互作用と弱い相互作用は互いに分かちがたく統一的に（真の統一とはいえないが）記述されるのに対して，強い相互作用の $SU(3)_c$ 対称性は電弱統一理論の $SU(2)_L \times U(1)_Y$ とは独立しているといえる．そこで，この章では電弱統一理論の部分に焦点を当てて議論することにしよう．なお，第 4 章でとり上げるように，QCD まで含めて三つの相互作用のすべてを一つの単純群の下で真に統一する「大統一理論（grand unified theory, GUT）」も構築されているが，それが実現されるのは 10^{15}，10^{16} GeV といった非常な高エネルギーの世界においてであり，通常到達可能なエネルギー領域では，標準模型が素粒子の世界のよい記述になっていると思われて

いる.

1.3　SU(2)$_L$ はなぜ必要？

標準模型（正確にはその内の電弱統一理論の部分）のゲージ対称性はSU(2)$_L$ × U(1)$_Y$ であるが，なぜこのような対称性が選択されたのか考えてみよう．まず，SU(2)$_L$ 対称性が必要とされる理由であるが，U(1) は QED を記述するゲージ対称性なので，ここでも電磁相互作用に関与しそうである．よって，直感的には SU(2) の対称性は弱い相互作用の方に関与すると予想される（実際には，後述のようにワインバーグ角による混合があり，この役割分担は完全ではない）．

弱い相互作用の典型的な例はベータ崩壊である．前節で述べたように，この崩壊ではクォークは $d \to u$ と d, u クォークの間で遷移し，またレプトンも e と ν_e がペアで関わっている（図 1.1 参照）．特に $d \to u$ というクォーク間の遷移は，ちょうどスピン $\frac{1}{2}$ の粒子において下向き（down）スピンの状態が上向き（up）スピンの状態に遷移するのとよく似ている．そこで（すでに (1.2) に示したが），スピンの状態を 2 成分ベクトルで表す量子力学に現れるパウリ・スピノールと同様に u, d クォークを表す 2 個のディラック・スピノールの場（これらを，スピノールの添字を省略して単に u, d と書くことにする．以下同様）を二つの成分とするベクトル（2 重項（doublet））Q を導入しよう：

$$Q = \begin{pmatrix} u \\ d \end{pmatrix}. \tag{1.5}$$

スピンの場合には，スピンの量子化軸を z 軸と考えれば，例えば x 軸方向の磁場をかけるとスピン下向きから上向きの遷移が起きるが，このときの量子力学的なハミルトニアンは $\psi_P^\dagger \sigma_1 \psi_P$ というスピンの x 成分に比例したものになる．ここで σ_1 はパウリ行列の一つであり，また ψ_P は，スピンが up, down の状態にある確率振幅を二つの成分とするパウリ・スピノールである．ところで，三つのパウリ行列 σ_a $(a = 1, 2, 3)$ はトレースがゼロの 2×2 エルミート行列であり，数学的にはちょうど群 SU(2) の三つの生成子に他ならない．

そこで，SU(2) ヤン–ミルズ理論を考え，SU(2) の基本表現である 2 成分

の複素ベクトルに対応するものとして (1.5) の 2 重項 Q を導入すれば，ベータ崩壊における $d \to u$ の遷移を実現する理論が得られそうである．ゲージ理論においてゲージボソンは共変微分という形で導入される．2 重項 Q に作用する共変微分は三つのパウリ行列 σ_a ($a = 1, 2, 3$) を用いて

$$D_\mu Q = \left[\partial_\mu - ig A_\mu^a \frac{\sigma_a}{2}\right] Q \tag{1.6}$$

のように表される．ここで，重複して現れる添字 a については 1 から 3 までの和をとるものと理解する（アインシュタインの記法．以下同様）．この内でゲージ場 $A_\mu^{1,2}$（ゲージ場を量子化して得られる粒子がゲージボソンである）が関与する相互作用は，ちょうど x, y 方向に磁場がかかったときのスピンの歳差運動と同様に $d \to u$, $u \to d$ といった遷移を引き起こし，期待した通りベータ崩壊の際のクォーク間の遷移が実現することがわかる．

レプトンに目を向けると，ベータ崩壊 $d \to u + e^- + \bar\nu_e$ では電子と反ニュートリノが放出される．ここで終状態の反ニュートリノを始状態に "移項" し（ちょうど数式で移項により符号が逆転するように）ニュートリノに変えると，$d + \nu_e \to u + e^-$ という散乱過程になる．こうして見るとレプトンセクターに関しても $\nu_e \to e^-$ の遷移が起きていることがわかるので，(1.2) に示したように，レプトンについても電子と電子ニュートリノをペアにして 2 重項を構成することにする：

$$L = \begin{pmatrix} \nu_e \\ e^- \end{pmatrix}. \tag{1.7}$$

なお，今のところクォーク・レプトンは 1 世代分のみを考えているが，後ほど 3 世代に拡張する．

ところで，標準模型のゲージ対称性として単なる SU(2) でなく SU(2)$_L$ という表記が用いられるが，前節で述べたように，ベータ崩壊に参加するのがクォーク，レプトンの左巻きの状態のみであるからである．(1.5) のように 2 重項のメンバーをディラック・スピノール u, d とすると，こうした実際の弱い相互作用を記述していないことがわかる．つまり，このままだと QED の場合と同様に，ベータ崩壊のような弱い相互作用においても右巻きと左巻きの状態が対等に参加しパリティ対称性が破れないことになる．実際 $u = u_R + u_L$ のようにディラック・スピノールは右巻き，左巻きの状態を表すワイル・ス

ピノール u_R, u_L の和の形で書けるので，ゲージボソンとの相互作用項は左右対称性をもつことになってしまい現実と矛盾する．よって，SU(2)$_L$ の2重項のメンバーであるクォーク，レプトンは皆左巻きのワイル・フェルミオンであるので，(1.5), (1.7) の Q, L は正確には以下のように書くべきである：

$$Q = \begin{pmatrix} u \\ d \end{pmatrix}_L, \quad L = \begin{pmatrix} \nu_e \\ e^- \end{pmatrix}_L. \tag{1.8}$$

ここで，それぞれのクォーク，レプトンに L の添字を付ける替わりに2重項全体に L の添字を付けた．

右巻きのクォーク，レプトンについてはベータ崩壊には参加せず，したがって SU(2)$_L$ の変換を受けない単重項（singlet）として理論に導入する：

$$u_R, d_R, e_R. \tag{1.9}$$

したがって，これらについては SU(2)$_L$ のゲージボソンによる相互作用をもたない．

後で見るように，クォーク，それと電荷をもったレプトンは自発的対称性の破れによって結果的に質量をもつが，その段階では右巻きと左巻きの両方を合せもつ $u = u_R + u_L$ のようなディラック・スピノールによって記述されることになる．ニュートリノに関しては標準模型では右巻きニュートリノは導入されず，最後まで左巻きのワイル・フェルミオン ν_{eL} のみが孤立して存在することになる．

クォークとレプトンの SU(2)$_L$ ゲージ群に関する表現が決まったので，ヤン–ミルズ理論を構成する一般論に従って理論のラグランジアン（密度）を書き下すことができる．ただし，本来のヤン–ミルズ理論ではフェルミオンとしてはディラック・フェルミオンを想定していたが，標準模型では上述のように弱い相互作用におけるパリティ対称性の破れの帰結として右巻き，左巻きワイル・フェルミオンの振る舞いは大きく異なるので，それぞれについて異なるラグランジアンを書き下す必要がある．このような，左右の対称性の破れた理論を「カイラルな理論」という．例えば，第7章で議論するように，余剰次元をもった高次元理論ではカイラルな理論を得ることはまったく自明ではなく，カイラルな理論を得ることが，理論構築の際の重要な指針となる．

フェルミオンの質量項についても，標準模型では注意が必要である．QED

やQCDのようなパリティ対称性の破れのない左右対称な理論では，右巻きと左巻きのワイル・フェルミオンの量子数がまったく同じであるためにフェルミオン質量項はゲージ不変になり許されるのであるが，標準模型では，例えば $\bar{u}u = \bar{u}_L u_R + \bar{u}_R u_L$ はゲージ不変ではなくラグランジアンに含めることが許されない．したがって，このままではすべてのフェルミオンが質量をもてないことになるが，後で議論するように，この問題はヒッグス場の導入と自発的対称性の破れの機構を用いて解決されるのである．

ラグランジアンの内，まず共変微分を用いて書いたフェルミオンの運動項およびSU(2)ゲージ場によるゲージ相互作用の項は，例えばクォークに関しては

$$\mathcal{L}_q = \bar{Q}\left(i\partial_\mu + gA_\mu^a \frac{\sigma^a}{2}\right)\gamma^\mu Q + \bar{u}_R i\partial_\mu \gamma^\mu u_R + \bar{d}_R i\partial_\mu \gamma^\mu d_R$$

$$= \bar{u}i\slashed{\partial}u + \bar{d}i\slashed{\partial}d + g\begin{pmatrix}\bar{u} & \bar{d}\end{pmatrix} A_\mu^a \frac{\sigma_a}{2}\gamma^\mu L \begin{pmatrix}u\\d\end{pmatrix} \tag{1.10}$$

となる．ここで，最終的に質量をもつクォークはディラック・スピノール $u = u_R + u_L$, 等で表されることを見越して，ゲージ相互作用項も本来のワイル・スピノールではなくディラック・スピノールを用いて表していて，その替わりに，左巻きのワイル・スピノールのみが関与することを表すために左巻きの状態への「射影演算子」$L = \frac{1-\gamma_5}{2}$ を間に挿入している．

ここで「弱アイソスピン」という概念について少し説明しよう．この元になっているアイソスピンの概念は強い相互作用の世界で生まれた．強い相互作用においては陽子，中性子がまったく同等に振る舞い，ちょうど外部磁場がないときにスピンがアップとダウンの状態が同等であることによく似ているので，陽子，中性子は「アイソスピン」が $\pm\frac{1}{2}$ の状態であり，強い相互作用は（ちょうど磁場がないときに系に回転対称性があるように）アイソスピン対称性SU(2)をもつと考えられた．ただし，このアイソスピン対称性は大域的対称性（global symmetry）である．これを素粒子であるクォークに焼き直すと，u, d クォークがアイソスピンの第3成分（の固有値）が $\pm\frac{1}{2}$ の2重項（doublet）をなすというようにいうことができる（ヤンとミルズがヤン–ミルズ理論を構成したのは，実はこのアイソスピン対称性を局所ゲージ対称性に拡張しようとする試みの結果であった）．

いま考えている $SU(2)_L$ 対称性も u, d クォークが 2 重項をなす等，アイソスピン対称性と似ているが，この対称性はあくまでも弱い相互作用に関する対称性なので，強い相互作用の場合と区別するために「弱アイソスピン（weak isospin）」対称性とよぶことになっている．また，本来のアイソスピン対称性とは異なり，弱アイソスピンに関しては，(u, d) のペアだけではなく，後で導入する第 2，第 3 世代のクォークのペア (c, s)，(t, b) についても同様に $SU(2)_L$ 2 重項をなすことに注意しよう．

さて，(1.10) の左巻きのフェルミオンに関するゲージ相互作用項において，ゲージ場 A_μ^1，A_μ^2 は行列 σ^1，σ^2 と一緒に現れるので，ちょうど x, y 方向の磁場をかけると上向きスピンと下向きスピンの状態が互いに入れ替わるように，$u \to d$ と $d \to u$ の両方の遷移が同時に引き起こされることになる．すなわち A_μ^1，A_μ^2 は弱アイソスピンの第 3 成分 I_3，つまり $\frac{\sigma^3}{2}$ の固有値を 1 変える効果と -1 変える効果の両方を合せもち，したがってこれらのゲージボソンの I_3 は確定していないことになる．また同様に，これらの電荷についても $+1$ か -1 か決まらない．これでは何かと不便なので（素粒子は電荷の確定した状態でありたい），$u \to d$ あるいは $d \to u$ のいずれかのみを引き起こし，したがって電荷が -1 あるいは 1 に確定したゲージボソンを考えることにする．すなわち，量子力学においてスピンの昇降演算子を $\sigma_\pm = \frac{\sigma^1 \pm i\sigma^2}{2}$ で定義するのにならって，

$$A_\mu^1 \sigma^1 + A_\mu^2 \sigma^2 = \sqrt{2}(W_\mu^+ \sigma_+ + W_\mu^- \sigma_-)$$
$$W_\mu^\pm = \frac{A_\mu^1 \mp i A_\mu^2}{\sqrt{2}} \tag{1.11}$$

のように $A^{1,2}$ から $W^\pm$ に書き直す．すると，$W_\mu^\pm$ は電荷が ± 1 に確定したゲージ場になる．例えば W_μ^+ は $d \to u$ という電荷が 1 だけ違うクォークの間の遷移を引き起こす．$W_\mu^\pm$ で表されるゲージボソンは「電荷をもった弱ゲージボソン（charged weak gauge boson）」とよばれる．こうして (1.10) は次のように書き直される：

$$\mathcal{L}_q = \bar{u}i\slashed{\partial}u + \bar{d}i\slashed{\partial}d + \frac{g}{\sqrt{2}}(\bar{u}\gamma^\mu L d W_\mu^+ + \bar{d}\gamma^\mu L u W_\mu^-)$$
$$+ \frac{g}{2}(\bar{u}\gamma^\mu L u - \bar{d}\gamma^\mu L d)A_\mu^3. \tag{1.12}$$

一方，ゲージ場 A_μ^3 は光子の場と同様に $u \to u$ や $d \to d$ といった同じクォーク間の遷移を引き起こすので明らかに電気的に中性であることがわかる．

レプトンに関してもまったく同様にして次のように書き直される：

$$\mathcal{L}_l = \bar{\nu}_e i\partial\!\!\!/ L\nu_e + \bar{e}i\partial\!\!\!/ e + \frac{g}{\sqrt{2}}(\bar{\nu}_e\gamma^\mu Le W_\mu^+ + \bar{e}\gamma^\mu L\nu_e W_\mu^-)$$
$$+ \frac{g}{2}(\bar{\nu}_e\gamma^\mu L\nu_e - \bar{e}\gamma^\mu Le)A_\mu^3. \tag{1.13}$$

なお，ニュートリノ ν_e に関しては運動項においても左巻きの状態しか存在しないことに注意しよう．

次にゲージボソンの伝播，およびゲージボソンどうしの自己相互作用を記述するゲージボソンの運動項は，群の生成子の交換関係で決まる構造定数 f^{abc} が SU(2) の場合にはレビ–チビタのテンソル ϵ^{abc} になるので

$$-\frac{1}{4}F_{\mu\nu}^a F^{a\mu\nu}, \qquad F_{\mu\nu}^a = \partial_\mu A_\nu^a - \partial_\nu A_\mu^a + g\epsilon^{abc}A_\mu^b A_\nu^c \tag{1.14}$$

で与えられる．$A_\mu^1 = \frac{W_\mu^+ + W_\mu^-}{\sqrt{2}}, A_\mu^2 = i\frac{W_\mu^+ - W_\mu^-}{\sqrt{2}}$ を用いれば，これを $W_\mu^\pm$ に関するラグランジアンに書き直すこともできる．

1.4 $U(1)_Y$ はなぜ必要？

電弱統一理論という観点からすると，前節で議論した $SU(2)_L$ ゲージ対称性はまだ不十分であることがわかる．一見，A_μ^3 で表されるのは電気的に中性のゲージボソンなので，これを光子と見なせば電磁相互作用も同時にとり入れられて，電弱統一理論が実現しているように思われるが，次のような点で，この解釈には無理があることがわかるのである．まず $SU(2)_L$ 2 重項は左巻きのワイル・フェルミオンなので，中性のゲージ粒子 A_μ^3 の関与する相互作用に関しても左巻きのフェルミオンのみが参加することになり，したがって A_μ^3 を光子の場と見なすと電磁相互作用においてパリティ対称性が（最大限に）破れてしまうことになり現実と合わない．これに加えて，各クォークの電荷を再現することもできていない．実際，もしも A_μ^3 を光子だと同定すると，まずゲージ結合定数 g を素電荷 e と見なすのが妥当であろう．また，各フェルミオンの，この e を単位とする電荷を $Q(u), Q(d)$ のように表すと，SU(2)

の生成子のトレースはゼロであるという性質から $\mathrm{Tr}\sigma_3 = 0$ なので，クォークやレプトンの電荷の和がゼロになってしまう：$Q(u) + Q(d)$, 等．さらには右巻きフェルミオンの電荷はすべてゼロという受け入れがたい結論にもなる．

この困難を解決するのが $U(1)_Y$ の導入である．まず，$SU(2)_L$ のみの理論でも，上の議論から，2重項のメンバーの電荷の平均値がゼロとなり現実と合わないものの，電荷の差は $\frac{1}{2} - (-\frac{1}{2}) = 1$ で正しい関係を与えていることがわかる：$Q(u) - Q(d) = Q(\nu_e) - Q(e) = 1$．そこで，$U(1)$ 対称性を直積の形で加え，その固有値を電荷に加えることによって電荷の平均値を調整してやれば，現実を再現できることがわかる．すなわち，例えばクォークの場合に $Q(u)$, $Q(d)$ を固有値とする，2重項に作用する行列の形で表した電荷の演算子 $Q_{\text{quark}} = \mathrm{diag}(Q(u), Q(d))$ を考えると，

$$Q_{\text{quark}} = \begin{pmatrix} \frac{2}{3} & 0 \\ 0 & -\frac{1}{3} \end{pmatrix} = \frac{1}{2}\sigma^3 + \frac{1}{6}I \tag{1.15}$$

のように，電荷の演算子を $SU(2)_L$ の3番目の生成子の部分と新たに導入した U(1) の生成子である単位行列（$U(1)$ は $SU(2)_L$ と直積なので，その生成子は $SU(2)_L$ の生成子である三つのパウリ行列と交換するエルミート行列である必要がある）に比例した部分の和の形にすれば，正しい電荷が得られることになる．ここで右辺2項目の部分の固有値（の2倍），例えば (1.15) の場合だと $\frac{1}{3}$ を「弱ハイパーチャージ（weak hyper-charge）」とよび Y で表すことにすると，(1.15) の関係式は

$$Q = I_3 + \frac{Y}{2} \tag{1.16}$$

のように一般化できる．ここで，I_3 は弱アイソスピンの第3成分．レプトンの場合や，右巻きフェルミオンの場合についても，この関係式に基づいて Y の値を選ぶことでそれぞれの電荷を再現することができる．(1.16) の関係は，もともと u, d, s クォークからなるいろいろなハドロンが満たす法則として西島らによって発見された，「中野–西島–ゲルマンの法則」とよばれる法則とよく似ていて，第1世代の左巻きの u, d クォークに関しては，本質的に同じ関係式といえるので，この本でもその呼称を用いるが，中野–西島–ゲルマンの法則がパリティ対称性のある強い相互作用の世界での法則で，また u, d, s クォークのみに適用されるのに対して，(1.16) は電弱相互作用に関するもの

であり，また3世代のすべてのフェルミオンに関して成立する式であることに注意しよう．

いずれにせよ，この $U(1)$ は弱ハイパーチャージを表しているので $U(1)_Y$ と書くことにすると，結局，標準模型のゲージ対称性は

$$\mathrm{SU}(2)_L \times \mathrm{U}(1)_Y \tag{1.17}$$

となる．なお (1.16) を用いて決めた，それぞれのフェルミオンの弱ハイパーチャージは次のようである：

$$Q: \ Y = \frac{1}{3}, \quad u_R: \ Y = \frac{4}{3}, \quad d_R: \ Y = -\frac{2}{3}, \tag{1.18}$$

$$L: \ Y = -1, \quad e_R: \ Y = -2. \tag{1.19}$$

新たに導入した $U(1)_Y$ に伴って現れるゲージ場を B_μ とし，そのゲージ相互作用の結合定数を g' としよう．$U(1)_Y$ は $SU(2)_L$ とは直積になっているので，g' は $SU(2)_L$ の方の結合定数 g とは独立である．後で述べるワインバーグ角 θ_W が標準模型では理論的には決まらない理由はここにある．すなわち，標準模型では，電磁相互作用と弱い相互作用がそれぞれ $U(1)$ の部分と $SU(2)$ の部分とに完全に分離して記述されるというのではなく，(1.16) に見られるように互いに混ざり合っていて，二つの相互作用は統一的に扱われてはいるが（電弱統一理論），一方で，g, g' が独立であることからもわかるように，完全な統一にはなっていない．後の第4章で議論する大統一理論 (grand unified theory, GUT) においては，強い相互作用も含めて三つの相互作用は完全に統一され，ワインバーグ角も理論的に決定されることになる．

フェルミオンの多重項を一般的に Ψ と書くと，$U(1)_Y$ のゲージボソン B_μ も入った最終的な共変微分は次のように書ける：

$$D_\mu \Psi = \left[\partial_\mu - i \left(g A_\mu^a T^a + g' B_\mu \frac{Y}{2} \right) \right] \Psi. \tag{1.20}$$

ここで，T^a $(a=1,2,3)$ は $SU(2)_L$ の生成子を一般的に表していて，Ψ が $SU(2)_L$ 2重項の場合には $T^a = \frac{\sigma^a}{2}$ であり，また1重項であれば $T^a = 0$ としてよい．レプトンの2重項 L の場合を例にとると (1.20) は具体的には

$$D_\mu L = \left[\partial_\mu - i \left(g A_\mu^a \frac{\sigma^a}{2} - \frac{1}{2} g' B_\mu \right) \right] L, \tag{1.21}$$

と書ける．

さらに $U(1)_Y$ のゲージ場 B_μ は QED の場合と同様の運動項をもつので，標準模型のゲージボソンに関する運動項（ただし，$SU(2)_L$ のゲージボソンに関しては自己相互作用も含む）は以下のように与えられる．ここで $F^a_{\mu\nu}$ は (1.14) に与えられており，また $B_{\mu\nu} = \partial_\mu B_\nu - \partial_\nu B_\mu$ である：

$$\mathcal{L}_g = -\frac{1}{4}F^a_{\mu\nu}F^{a\mu\nu} - \frac{1}{4}B_{\mu\nu}B^{\mu\nu}. \tag{1.22}$$

さて，$U(1)_Y$ のゲージボソン B_μ が加わり，電気的に中性のゲージボソンは A^3_μ と合せて 2 個になった．では光子はどちらのゲージボソンと同定すべきであろうか？ 一見 QED と同様な $U(1)_Y$ のゲージボソン B_μ を光子と見なすのが自然に思われる．しかしながら，実際には光子は A^3_μ と B_μ の線形結合の場で表されることがわかる．それは，光子は当然電荷をソースとして生成されるゲージボソンなので，電荷の演算子 Q と結合するが，Q は (1.16) の中野–西島–ゲルマンの法則で示されるように $SU(2)_L$ と $U(1)_Y$ の生成子が混ざった形で与えられるために，ゲージボソンの方も A^3_μ と B_μ の混合したものになるからである．では実際にどのような比率で混ざり合うのかを計算してみよう．(1.16) から考えると $1:1$ で混ざりそうであるが，実際にはもう少しだけ複雑になる．

まず (1.22) のゲージ場の運動項に関しては，A^3_μ と B_μ はまったく対等に扱われているので，この部分はこれらのゲージボソンの間の直交変換（"回転"）の下で不変であることに注意しよう．そこで，(1.21) のフェルミオンとの共変微分の内の A^3_μ と B_μ に関わる部分を以下のように直交変換を行って書き直すことにしよう．

$$gA^3_\mu T^3 + g'B_\mu(\frac{Y}{2}) = [g\cos\theta_W T^3 - g'\sin\theta_W(\frac{Y}{2})]Z_\mu \\ + [g\sin\theta_W T^3 + g'\cos\theta_W(\frac{Y}{2})]A_\mu. \tag{1.23}$$

ここで Z_μ, A_μ は

$$\begin{pmatrix} Z_\mu \\ A_\mu \end{pmatrix} = \begin{pmatrix} \cos\theta_W & -\sin\theta_W \\ \sin\theta_W & \cos\theta_W \end{pmatrix} \begin{pmatrix} A^3_\mu \\ B_\mu \end{pmatrix} \tag{1.24}$$

で与えられる．導入された回転角 θ_W は弱混合角（weak mixing angle）あ

るいは「ワインバーグ角（Weinberg angle）」とよばれる．A_μ を光子と見なすと，それに結合する行列は eQ と見なされるはずである．すなわち (1.16) と (1.23) より，

$$g\sin\theta_W T^3 + g'\cos\theta_W (\frac{Y}{2}) = eQ = e(T^3 + \frac{Y}{2})$$
$$\to g\sin\theta_W = g'\cos\theta_W = e \tag{1.25}$$

が得られる．これから

$$\tan\theta_W = \frac{g'}{g}, \qquad e = \frac{gg'}{\sqrt{g^2+g'^2}} \tag{1.26}$$

がいえる．仮に $\theta_W = 0$ であれば (1.24) より光子は純粋に $U(1)_Y$ のゲージボソン B_μ で表されるが，実験的にワインバーグ角は低エネルギーでほぼ

$$\sin^2\theta_W \simeq 0.23 \tag{1.27}$$

であることがわかっている．(1.26) からわかるように，標準模型では g, g' は独立なパラメータであり，したがってワインバーグ角を理論的に決めることはできない．電弱統一理論を，（直積ではなく）一つの群（単純群）の下に統一できればワインバーグ角の予言が可能になるはずである．実際，第 4 章で議論する大統一理論（GUT）のひな型である SU(5) GUT では，大統一が実現する非常な高エネルギー領域においてではあるが $\sin^2\theta_W = \frac{3}{8}$ のように予言される．余談ではあるが，低エネルギーでの値 (1.27) は $\frac{3}{8}$ というよりはむしろ $\frac{1}{4}$ に近いが，これを予言する完全に満足のいく標準模型を超える理論は今のところ存在しないようである．

　標準模型は，電磁相互作用と弱い相互作用の統一を目指したものであるが，その結果として，それまでに知られていなかった新粒子と，それに伴う新しいタイプの相互作用の存在を予言する．すなわち，(1.24) で定義される，光子の場と直交するゲージ場 Z_μ で表される新しい中性ゲージボソン Z の存在と，それによって媒介される相互作用である．Z は中性なので，それの源である（結合する）カレントも，電磁相互作用の場合と同様な電荷の変化のない「中性カレント（neutral current）」である．そこで，Z によって引き起こされる過程は「中性カレント過程（neutral current process）」とよばれる．これに対し $W_\mu^\pm$ が結合するカレントは $d \to u$ のように電荷の変化する

「荷電カレント」なので，$W_\mu^\pm$ によって引き起こされる過程は「荷電カレント過程（charged current process）」とよばれる．なお，$W^\pm$ と Z を総称して「弱ゲージボソン（weak gauge boson）」とよぶことがある．

Z_μ に結合するカレントの部分を (1.16)，(1.26) より，$g'/g = \tan\theta_W$，$Q = T^3 + \frac{Y}{2}$ の関係を用いて少し変形すると，

$$g\cos\theta_W T^3 - g'\sin\theta_W \left(\frac{Y}{2}\right) = \frac{g}{\cos\theta_W}(T^3 - \sin^2\theta_W Q) \tag{1.28}$$

となる．T^3 の項は左巻きの 2 重項に対してのみ存在し，電磁相互作用に比例する電荷 Q の項は当然 P 対称性があるので左右両方の「カイラリティ（chirality）」に対して対等である．よって，任意のフェルミオンのディラック・スピノール f に対して，Z_μ に結合する中性カレントは

$$J_Z^\mu(f) = \frac{g}{\cos\theta_W}\bar{f}\gamma^\mu[I_3(f)L - \sin^2\theta_W Q(f)]f \tag{1.29}$$

と書ける．ここで $I_3(f)$，$Q(f)$ はフェルミオン f のアイソスピンの第 3 成分および電荷である．弱ハイパーチャージを用いずに，電荷と 2 重項の上か下かだけで表すことができて便利であるのと同時に，中性カレントが純粋に $SU(2)_L$ の部分に電磁相互作用の部分が $sin^2\theta_W$ の割合で混じっていることが一目で見てとれるような表式になっている．

例えばニュートリノに関しては

$$J_Z^\mu(\nu_e) = \frac{g}{2\cos\theta_W}\bar{\nu}_e\gamma^\mu L\nu_e \tag{1.30}$$

となり，ニュートリノは当然電磁相互作用はしないものの，この中性カレント過程により，Z の交換を通して他の粒子とも相互作用することができる．これはそれまでの理論にはなかった標準模型の重要な予言であり，ニュートリノはこれによって，われわれにも"見える"存在になったのである．例えば，神岡鉱山の跡地で行われている，東京大学宇宙線研究所の Super-Kamiokande 実験では，太陽や，大気から，あるいは小柴教授が受賞されたノーベル賞の際に話題となった超新星から飛来するニュートリノを，次のような中性カレントによるニュートリノと電子との弾性散乱によって検出しているのである：

$$\nu_x + e^- \to \nu_x + e^-. \tag{1.31}$$

図 1.2 に示すような ν_e の散乱に限らず，実際にはすべての世代のニュートリ

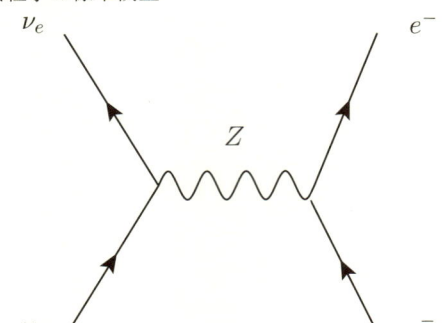

図 1.2 電子ニュートリノと電子の弱ゲージボソン Z の交換による弾性散乱

ノがこの素粒子反応を有することに注意しよう：$x = e, \mu, \tau$．この反応は弾性散乱であり，反応の前後で粒子は変化しないが，ニュートリノが検出器となっている巨大な水のタンク中の電子を跳ね飛ばし，跳ね飛ばされた電子が水中を，水中での光速を超える速さで運動してコーン状の「チェレンコフ光」（音波でいえば音速を超える衝撃波に対応）を発する．この光をタンクを取り囲む光電子増倍管によって検出しているのである．

これまでの結果をまとめると，ラグランジアンはフェルミオンに関する部分 $\mathcal{L}_f$ とゲージボソンに関する部分 $\mathcal{L}_g$ の和であり

$$\mathcal{L} = \mathcal{L}_f + \mathcal{L}_g. \tag{1.32}$$

ここで

$$\begin{aligned}\mathcal{L}_f &= \bar{u}i\not{\partial}u + \bar{d}i\not{\partial}d + \bar{\nu}_e i\not{\partial}L\nu_e + \bar{e}i\not{\partial}e \\ &\quad + W_\mu^+ J_+^\mu + W_\mu^- J_-^\mu + Z_\mu J_Z^\mu + A_\mu J_{em}^\mu,\end{aligned} \tag{1.33}$$

$$\mathcal{L}_g = -\frac{1}{4}F_{\mu\nu}^a F^{a\mu\nu} - \frac{1}{4}B_{\mu\nu}B^{\mu\nu}. \tag{1.34}$$

また，それぞれのカレントは次のように与えられる：

$$J_+^\mu = \frac{g}{\sqrt{2}}[\bar{u}\gamma^\mu L d + \bar{\nu}_e \gamma^\mu L e], \qquad J_-^\mu = (J_+^\mu)^\dagger \tag{1.35}$$

$$\begin{aligned}J_Z^\mu &= \frac{g}{\cos\theta_W}[\bar{u}\gamma^\mu(\frac{1}{2}L - \frac{2}{3}\sin^2\theta_W)u + \bar{d}\gamma^\mu(-\frac{1}{2}L + \frac{1}{3}\sin^2\theta_W)d \\ &\quad + \bar{\nu}_e \gamma^\mu(\frac{1}{2})L\nu_e + \bar{e}\gamma^\mu(-\frac{1}{2}L + \sin^2\theta_W)e]\end{aligned} \tag{1.36}$$

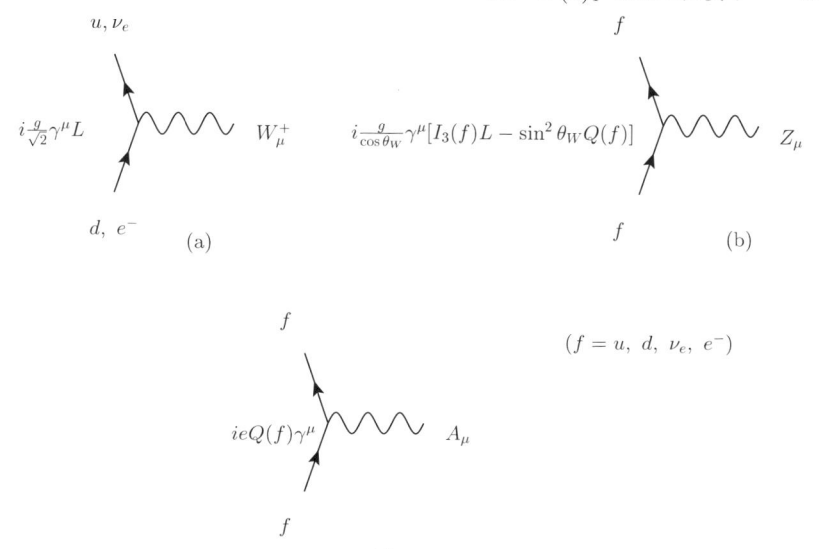

図 **1.3** 荷電，中性および電磁カレントによる相互作用頂点のファインマン則

$$J_{em}^\mu = \frac{2}{3}\bar{u}\gamma^\mu u - \frac{1}{3}\bar{d}\gamma^\mu d - \bar{e}\gamma^\mu e. \tag{1.37}$$

これらのカレントによる相互作用頂点のファインマン則を図 1.3 に与える．なお，ここでは 1 世代のみあるものとしているが，実際の 3 世代をもった標準模型では図 1.3 の (a) において，クォークの場合には小林–益川行列の要素 $(V_{KM})_{ud}$ が相互作用頂点のファインマン則に掛算される．

前節で議論したように，ベータ崩壊は当初，空間の一点で働く「接触相互作用」であると思われていた．つまり，ベータ崩壊に関わる四つのフェルミオンが時空の一点で相互作用することを表す，次のような「4 フェルミ相互作用」で記述されていた：

$$\mathcal{L}_{4-\text{fermi}} = -\frac{G_F}{\sqrt{2}}(\bar{u}\gamma_\mu(1-\gamma^5)d)(\bar{e}\gamma^\mu(1-\gamma^5)\nu_e). \tag{1.38}$$

ここで

$$G_F = 1.166 \times 10^{-5} \text{ (GeV)}^{-2} \tag{1.39}$$

は「フェルミ定数」とよばれる．また伝統的に，左巻きの射影演算子 L の替

わりに $2L = 1 - \gamma^5$ を用いて表されている．

しかし，標準模型の立場でいえば，この 4 フェルミ相互作用は，図 1.3(a) の荷電カレント相互作用による図 1.1 に示された W 弱ゲージボソンが交換されるファインマン・ダイアグラムの帰結として理解されることになる．そこで，図 1.1 から得られる，四つの外線のフェルミオンに関する実効ラグランジアンを，ファインマン図の内線の伝播子，頂点の部分をファインマン則（図 1.3 参照）に従って計算し，最後に $-i$ を掛けて求めると（内線の W ゲージボソンのもつ 4 元運動量を k_μ として）

$$(-i)\left(i\frac{g}{2\sqrt{2}}\right)^2 \frac{-i}{k^2 - M_W^2}[\bar{u}\gamma_\mu(1-\gamma^5)d][\bar{e}\gamma_\mu(1-\gamma^5)\nu_e]$$
$$\simeq -\frac{g^2}{8M_W^2}[\bar{u}\gamma_\mu(1-\gamma^5)d][\bar{e}\gamma_\mu(1-\gamma^5)\nu_e] \tag{1.40}$$

となる．ここで低エネルギーであることから，W の伝播子の部分で k^2 を M_W^2 に比べて無視した．(1.40) を (1.38) と比べることで次の関係式が得られる：

$$\frac{G_F}{\sqrt{2}} = \frac{g^2}{8M_W^2} \quad \to \quad G_F = \frac{\sqrt{2}g^2}{8M_W^2}. \tag{1.41}$$

また (1.25) より $g^2 = 4\pi\alpha/\sin^2\theta_W$ $(\alpha = \frac{e^2}{4\pi} = \frac{1}{137}, \sin^2\theta_W = 0.23)$ なので，(1.41) より M_W が

$$M_W^2 = \frac{\pi\alpha}{\sqrt{2}G_F \sin^2\theta_W} \quad \to \quad M_W = 80.2 \text{ GeV} \tag{1.42}$$

と決まる．ただし，ここでのパラメータの値は低エネルギーでのものを用い，量子補正の効果を無視している．この M_W は弱い相互作用を特徴づけるエネルギー（質量）スケールなので「弱スケール」とよばれる．実際には，弱ゲージボソン $W^\pm$ および Z がこのような大きな質量を得るためには，次節以降で議論するように，ヒッグス場の導入による自発的対称性の破れとヒッグス機構が必要になる．

1.5 ヒッグスはなぜ必要？

ここまで，$SU(2)_L \times U(1)_Y$ ゲージ対称性に基づく標準模型のゲージ相互

1.5 ヒッグスはなぜ必要？

作用に関して議論してきたが，このままでは破られずに存在するゲージ対称性のために，以下で述べるような困難が生じることになる：

- ゲージボソンの質量

    このままでは，ちょうどゲージ理論のひな形である QED の場合と同様に，すべてのゲージボソンが質量をもてない．光子が質量をもたないのは望ましいが（光子は光速で走ってほしいので），一方，前節の最後に述べたように弱ゲージボソン $W^\pm$, Z は大きな質量をもつ必要がある．局所ゲージ対称性が存在するとゲージボソンが質量をもてない理由であるが，例えば簡単な QED の例をとると，光子のゲージ場 A_μ の質量 2 乗項 $M^2 A_\mu A^\mu$ が局所ゲージ変換 $A_\mu \to A'_\mu = A_\mu + \partial_\mu \lambda$ の下で，ゲージ変換のパラメータ λ の偏微分に比例した非斉次項のために不変にならないからである．よって，ゲージ対称性を，QED の対称性（これを $U(1)_Y$ と区別して $U(1)_{em}$ で示す）を除いて，何らかの方法で破る必要がある．

- クォーク，レプトンの質量

    1.1 節や 1.3 節で簡単に述べたように，標準模型では弱い相互作用によるパリティ対称性の破れの帰結としてクォーク，レプトンの質量項はゲージ不変ではなく，したがって許されないので，物質が質量をもつことができなくなる．より具体的には，左巻きのフェルミオンが $SU(2)_L$ 2 重項であるのに対して右巻きのフェルミオンが $SU(2)_L$ 1 重項であるために，これらの場の掛算で得られる質量項が $SU(2)_L$ 変換の下で不変にならないからである．この事情は，量子力学においてスピン $\frac{1}{2}$ とスピン 0 の合成をするとスピン $\frac{1}{2}$ になりスピン 0 は得られない，ということと同様である．

これらの基本的で重要な問題点はいずれもゲージ対称性が存在することからきている．よって，これを解決するには "何らかの方法" でこの対称性を破る必要がある．例えばゲージボソンの質量に関しては，上述の QED の場合の $M^2 A_\mu A^\mu$ のような質量 2 乗項をラグランジアンに "手で" 加えゲージ対称性をあからさまに破ること (explicit breaking) も考えられるが，すると

ゲージ理論のもつ望ましい性質である「くりこみ可能」という性質を損ねてしまうことになり，理論の予言能力が失われてしまうことが議論されている．くりこみ可能性を失うことのない"性質のよい"対称性の破れを実現する機構が，南部博士のノーベル賞の対象業績である「自発的対称性の破れ」である．

これは，理論そのもの，つまりラグランジアン自身はゲージ対称性を有しているが，理論の最もエネルギーの低い状態である真空状態 $|0\rangle$ がゲージ変換の下で不変ではなく，真空がゲージ対称性を破るというものである．真空状態ではスピンをもつ場（の期待値）は消えざるを得ない．それは，もしそうでないとすると空間回転の下で真空状態が変換してしまい，理論の空間回転不変性，ローレンツ不変性が失われるからである．つまり，スピン0のスカラー場（擬スカラー場も含め）（一般的に ϕ と書こう）のみが真空状態で値をもつことが可能である．場の量子論的には，この場の値というのはスカラー場の真空期待値（vacuum expectation value, VEV）$\langle 0|\phi|0\rangle$ と見なすべきものである．VEV はスカラー場のもつポテンシャルを最小にするという条件で決まる（真空状態ではエネルギーが最低になるべきであるが，ハミルトニアン（密度）は運動項とポテンシャル項の和なので，スカラー場が定数でかつポテンシャルを最小にする場合が真空状態になる）．このスカラー場の VEV がゲージ変換の下で変換し，したがって不変でなければ，ゲージ対称性が自発的に破れることになる．

こうして，標準模型ではヒッグス2重項とよばれる $SU(2)_L$ 2重項として振る舞うスカラー場を導入する：

$$H = \begin{pmatrix} \phi^+ \\ \phi^0 \end{pmatrix} \quad (Y=1). \tag{1.43}$$

この場の弱ハイパーチャージ Y は1であるとする．すると (1.16) より，2重項の各メンバーの電荷は (1.43) に示したように決まる．ゲージ対称性を破るだけならばスカラー場は $SU(2)_L$ 1重項でなければ基本的には何でもよいのであるが，2重項を選んだ理由はゲージ不変な形でフェルミオンと結合し，それに質量を与えるためである．すなわち，ちょうどスピン $\frac{1}{2}$ どうしを合成してスピンがゼロの1重項を構成できるように，左巻きの2重項のフェルミオンとヒッグス2重項の"内積"で $SU(2)_L$ 不変性を実現する以下のようなゲージ不変な相互作用を構成できるのである：

$$\bar{Q}Hd_R. \tag{1.44}$$

ここでは，例として d クォーク質量を導く相互作用を示した．(1.44) のような相互作用はフェルミオン 2 個とスカラー場の掛算になっており「湯川相互作用」とよばれる．それは，核子 2 個とパイ中間子の掛算で強い相互作用（核力）を記述する湯川理論との類推からきている．(1.44) は場の演算子のみの部分を書いているが，この前に湯川相互作用の強さを表す係数を付けることができる．これを湯川結合定数という．

このように導入したヒッグス場が，そのポテンシャルの最小化によって真空期待値を

$$\langle H \rangle = \begin{pmatrix} 0 \\ \frac{v}{\sqrt{2}} \end{pmatrix} \tag{1.45}$$

のようにもったとしよう．すると，この真空状態は $SU(2)_L$ ゲージ変換の下で不変ではなく，したがって $SU(2)_L$ ゲージ対称性は自発的に破れることになる．実際，

$$e^{i\lambda^a \frac{\sigma^a}{2}}\langle H \rangle \neq \langle H \rangle. \tag{1.46}$$

ではゲージ対称性は完全に破れてしまいかというと，そうではない．それは $SU(2)_L$ と $U(1)_Y$ の生成子の線形結合である電荷の演算子 $Q = T^3 + \frac{Y}{2} = \frac{\sigma^3}{2} + \frac{I_2}{2}$ ($I_2 : 2 \times 2$ の単位行列) による変換の下では

$$e^{i\lambda_{em}Q}\langle H \rangle = e^{i\lambda_{em}(-\frac{1}{2}+\frac{1}{2})}\langle H \rangle = \langle H \rangle \tag{1.47}$$

となり不変であるからである．こうして Q を生成子とするゲージ対称性は残るので，ゲージ対称性は

$$SU(2)_L \times U(1)_Y \quad \rightarrow \quad U(1)_{em} \tag{1.48}$$

のように自発的に破れる．ここで，残る $U(1)$ 対称性は QED の場合と同じ電磁気のゲージ対称性なので $U(1)_{em}$ と表している．

ところで，このように議論してくると，もし ϕ^0 ではなく ϕ^+ が真空期待値をもつと ϕ^+ は電荷をもつので $U(1)_{em}$ までも破れてしまうように思える．しかし，本来理論には $SU(2)_L$ の対称性があるので ϕ^+ が真空期待値をもっても物理的結果は変わらないはずである．この一見した"矛盾"について少し

だけ考えてみよう．真空期待値が (1.45) ではなく，

$$\langle H \rangle = \begin{pmatrix} \frac{v}{\sqrt{2}} \\ 0 \end{pmatrix} \tag{1.49}$$

であるとしよう．この場合には，明らかに上で議論した $Q = \frac{\sigma^3}{2} + \frac{I_2}{2}$ を生成子とする変換の下では不変ではないが，$Q' = -\frac{\sigma^3}{2} + \frac{I_2}{2}$ による変換の下では不変であるので，このゲージ対称性は残っていることになる．つまりこの場合は Q ではなく Q' が電荷の演算子になり，よって ϕ^+ は実際には電荷をもたないのである．要するに本来，真空期待値の位置（2 重項の上か下か，またはそれらの適当な線形結合か）は物理的には問題ではなく，一旦その位置が決まると逆に電荷の演算子がそれに応じて決定される，というのが正しい言い方である．今の場合は，中野–西島–ゲルマンの法則 (1.16) に従って電荷の演算子を Q と決めたので真空期待値の位置がそれに応じて決まっただけである．

1.6 ゲージ対称性の自発的破れと NG ボソン

この節では，具体的にスカラー場の導入により，どのようにゲージ対称性の自発的破れが実現されるのかを見てみよう．ゲージ対称性の自発的破れは，ゲージ対称性をもったスカラー場のポテンシャル（スカラーポテンシャル）の最小値を与えるスカラー場の値として決まるスカラー場の真空期待値がゲージ変換の下で不変でないことで実現される．まずは簡単な実スカラー場に関する SO(2) 模型を用いて，その本質的な点を議論することにしよう．

1.6.1 SO(2) ゲージ模型

ゲージ理論の最も単純化した模型として「スカラー QED」を考えてみよう．これは QED において電子を複素場 ϕ で表される電荷をもったスカラー粒子におき換えた理論である．ゲージ変換は，変換パラメータを λ とすると電子の場合と同様な U(1) 変換

$$\phi \rightarrow \phi' = e^{i\lambda}\phi \tag{1.50}$$

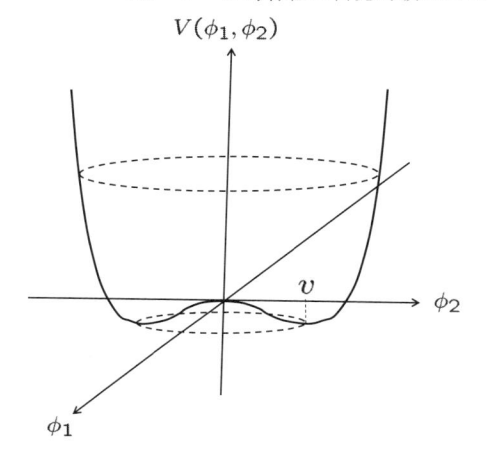

図 1.4 SO(2) 模型でのスカラーポテンシャル $V(\phi_1, \phi_2)$

である．なお，この項の議論ではゲージ場は導入しないので，この U(1) 変換の下での理論のもつ対称性は大域的ゲージ対称性（global gauge symmetry）である．

このゲージ変換の下で不変なスカラーポテンシャルは，くり込み可能性も考慮し ϕ の 4 次式までに限定すると

$$V = -\mu^2 |\phi|^2 + \lambda |\phi|^4 \qquad (\mu^2, \lambda > 0) \tag{1.51}$$

のように一意的に決まる．

ここでは，説明の都合上，複素スカラー場をその実部と虚部を表す二つの実スカラー場 $\phi_{1,2}$ を用いて $\phi = \frac{\phi_1 + i\phi_2}{\sqrt{2}}$ のように表すことにする．するとポテンシャルは $\phi_{1,2}$ の関数として

$$V(\phi_1, \phi_2) = -\frac{\mu^2}{2}(\phi_1^2 + \phi_2^2) + \frac{\lambda}{4}(\phi_1^2 + \phi_2^2)^2 = \frac{\lambda}{4}\left[(\phi_1^2 + \phi_2^2) - \frac{\mu^2}{\lambda}\right]^2 - \frac{\mu^4}{4\lambda} \tag{1.52}$$

と書ける．これをグラフで表したのが図 1.4 である．図 1.4 の $V(\phi_1, \phi_2)$ を表す曲面は，ちょうどワインボトルの底，あるいはメキシカンハットの形をしている．この曲面は明らかに 2 次元平面上の回転と同じ SO(2) 対称性をもつ．すなわち

$$\begin{pmatrix} \phi_1 \\ \phi_2 \end{pmatrix} \rightarrow \begin{pmatrix} \phi_1' \\ \phi_2' \end{pmatrix} = \begin{pmatrix} \cos\theta & -\sin\theta \\ \sin\theta & \cos\theta \end{pmatrix} \begin{pmatrix} \phi_1 \\ \phi_2 \end{pmatrix} \qquad (1.53)$$

の下でポテンシャルは不変である：$V(\phi_1',\phi_2') = V(\phi_1,\phi_2)$.

真空状態を与え得る，ポテンシャルの一番高さの低いところは"谷"のようになっていて，理論本来の対称性を反映してSO(2)対称性をもっている．谷の各点は同じ高さなのですべて同等であるが，その内の一点，例えば

$$\begin{pmatrix} \langle\phi_1\rangle \\ \langle\phi_2\rangle \end{pmatrix} = \begin{pmatrix} 0 \\ v \end{pmatrix} \qquad (1.54)$$

の位置にスカラー場が真空期待値をもったとすると，それによってSO(2)ゲージ対称性は自発的に破れることになる．それは真空の状態のベクトル(1.54)に回転を施すと，ベクトルの終点が谷に沿って他の点に移動してしまうからである．

さて，場がゼロでない真空期待値をもった場合には，新たに場の真空期待値からのずれを力学変数にとり，それを量子化することで，そのずれが実際に現れる粒子を記述する，というように考える．実際，2012年7月に発見され大きな話題となったヒッグス（Higgs）粒子は，標準模型のヒッグス場のポテンシャルから得られる真空期待値からのずれの場で記述されているのである．ずれの場は，ポテンシャルの最低点からのずれを表すので，その近傍ではポテンシャルは，このずれの場の2次の項で近似される．場の理論は無限の連成振動子と等価なので，これは時空のすべての点に振動子が存在していることを意味する．真空状態ではすべての振動子は基底状態にあり，したがってすべての点に真空期待値は存在してもヒッグス粒子は存在しないことになる．しかし，時空のある点で振動を励起する十分なエネルギー（実際にはヒッグス質量以上のエネルギー）を与えれば，そこにヒッグス粒子が生成されることになる．これが，宇宙のすべての点で真空期待値が存在しているにもかかわらず，CERN研究所においてのみヒッグス粒子が発見された理由である．

場の真空期待値からのずれを新たな力学変数にとり，それを量子化するという点について，場の理論の代わりに調和振動子というわかりやすい力学系を例にとって考えてみよう．質量m，ばね定数がkの調和振動子を鉛直につるしたとする．この調和振動子を量子化し，また真空における位置座標の期

待値を求めるという問題を考える．鉛直下向きに x 軸をとり，重力加速度を g として振動子のラグランジアンを書くと

$$L = \frac{1}{2}m\dot{x}^2 - V, \qquad V = \frac{1}{2}kx^2 - mgx \tag{1.55}$$

となる．重力ポテンシャルも入り，ポテンシャル項 V は少し複雑でシュレーディンガー方程式を解くことも難しそうである．しかし，直感的に考えると重力により平衡点（力のつり合いの位置）は（ポテンシャルの最小値を与える）$\frac{mg}{k}$ にずれるものの，その周りでは重力がないときと同じ普通の単振動を行うはずである．実際，$x = \frac{mg}{k} + \tilde{x}$ のように，平衡点からのずれ $\tilde{x}$ を新たな力学変数にとってラグランジアンを書き直すと

$$L = \frac{1}{2}m\dot{\tilde{x}}^2 - \frac{1}{2}k\tilde{x}^2 + \frac{(mg)^2}{2k} \tag{1.56}$$

となり，定数項を無視すると普通の調和振動子とまったく同じラグランジアンに帰着する．よって，この系の量子化は通常の調和振動子とまったく同じである．また，$\tilde{x}$ が通常の量子化の方法に従って昇降演算子を用いて $\tilde{x} \propto a + a^\dagger$ のように表されるので $\langle 0|\tilde{x}|0\rangle = 0$ であり，したがって元の位置座標 x の真空期待値は $\langle 0|x|0\rangle = \langle 0|\frac{mg}{k} + \tilde{x}|0\rangle = \frac{mg}{k}$ となり，たしかに平衡点の位置座標に他ならない．つまり，真空期待値はポテンシャルの最小化（minimization）によって決定されるのである．上述の標準模型における議論も本質的に同じである．ただし，この簡単な例では，ポテンシャルは特に何らかの対称性をもったものではないので，この議論は自発的対称性の破れとは独立したものであることに注意しよう．

さて，こうした議論を参考に，SO(2) 模型の場合に話を戻そう．真空期待値の位置 $(\langle\phi_1\rangle, \langle\phi_2\rangle) = (0, v)$ を新たに原点にとり，そこからのずれを (G, h) として

$$\begin{pmatrix} \phi_1 \\ \phi_2 \end{pmatrix} = \begin{pmatrix} G \\ v + h \end{pmatrix} \tag{1.57}$$

と書くと，G は谷に沿った方向（極座標で考えれば角度の変化する角度方向），h はそれと直交し，真空を表すベクトルと同方向で $\sqrt{\phi_1^2 + \phi_2^2}$ およびポテンシャルが変化する方向（動径方向）の場を表している．h はポテンシャルが変化する方向を表すので，真空の点付近で調和振動子のように 2 次のポテン

シャルをもち，したがってゼロでない質量をもった粒子を表す．標準模型でいえば，この動径方向にあたるのが正にヒッグス粒子なのである．一方，Gは谷に沿った方向を向き，谷に沿ってポテンシャルの値は変化しないので，Gの方向は真空の点の付近で平坦になり，したがって G は2次のポテンシャルをもたず，質量ゼロの粒子を表すことになる．

実際，スカラー場のラグランジアン，特にポテンシャル項 (1.52) を G, h を用いて書き直すと

$$\mathcal{L} = \frac{1}{2}(\partial_\mu h)(\partial^\mu h) + \frac{1}{2}(\partial_\mu G)(\partial^\mu G) - \frac{1}{2}(2\mu^2)h^2 + \text{場の 3 次以上の項} \quad (1.58)$$

となり，h が質量 $\sqrt{2\mu^2}$ のスカラー粒子，G が質量ゼロのスカラー粒子を表すことが確かめられる．

この簡単な模型でわかったことをもう少し一般的な言い方で表すと，真空状態 $|0\rangle$ にゲージ群の変換を施した $e^{i\lambda_a T^a}|0\rangle$ を考えたときに真空状態からずれるのは T^a の内で（自発的に破れないゲージ対称性を表す T^a に対しては真空は不変であるので）自発的に破れた対称性に対応する生成子 T^a の場合だけである．元のゲージ対称性を G, 自発的に破れずに残る対称性を H とすると，破れた対称性は数学的には G/H と書かれる．割算のようであるが，生成子は指数関数の肩にあるので，生成子でいえば G の生成子から H の生成子を引いた残りになる．G/H の変換をすると，上の例で見られるようにいわばポテンシャルの谷に沿って移動するので，上の議論から明らかなように，G/H の独立な変換の数だけの質量ゼロのスカラー粒子が出現することになる．

これがゴールドストーンの定理とよばれるものである．すなわち「連続的な大域的対称性 G をもつ理論において G が自発的に H に破れたとすると，G/H の生成子の数だけの質量ゼロのスカラー粒子が出現する」というものである．(1.58) のように，今のところゲージ場は導入されておらず，考えている対称性 G は大域的対称性であることに注意しよう．出現する質量ゼロの粒子は「南部–ゴールドストーン（Nambu-Goldstone, NG）ボソン」とよばれる．余談であるが，この定理は実際にはより一般的に成立する．例えば変換のパラメータがスピノールである超対称性の場合には，ボソンではなく質量ゼロのフェルミオン（NG フェルミオン）が出現する．これはスピノールがスピンの自由度に対応することから考えても自然なことである．

1.6.2 標準模型の場合

これまでの議論を標準模型の場合に適用しよう．$SU(2)_L \times U(1)_Y \to U(1)_{em}$ の自発的破れにおいて，G の生成子の数は $3+1=4$ で H の生成子の数は 1 なので，G/H の生成子の数は $4-1=3$ である．したがって NG ボソンが 3 個出現するはずである．具体的にいうと，ヒッグス 2 重項を（$\phi^+ = G^+$ と書き直して）

$$H = \begin{pmatrix} G^+ \\ \frac{v+h+iG^0}{\sqrt{2}} \end{pmatrix} \tag{1.59}$$

のように真空期待値からのずれの場（h, G^0 は実場）で書くと，h は真空期待値と同じ方向の場であり，これがヒッグス粒子の場である．一方，残りの G^+, G^0 という，実場で数えて 3 個のスカラー場が NG ボソンになるのである．これらの NG ボソンは，結果的には 1.8 節で議論するヒッグス機構により三つの弱ゲージボソンに吸収されて物理的には残らない．

自発的ゲージ対称性の破れを引き起こす標準模型の場合のゲージ不変なポテンシャルは (1.51) と同様に

$$V = -\mu^2 H^\dagger H + \lambda (H^\dagger H)^2 \qquad (\mu^2, \lambda > 0) \tag{1.60}$$

で与えられる．これは，くり込み可能性を課した最も一般的なゲージ不変なポテンシャルである．この最小化を行うと (1.59) の真空期待値 v は

$$v = \sqrt{\frac{\mu^2}{\lambda}} \tag{1.61}$$

で与えられる．

ところで，ノーベル賞の対象となった南部教授のもともとのアイデアは，湯川のパイ中間子を強い相互作用の理論のもつ "カイラル対称性" という大域的対称性の自発的破れによって生じる NG ボソンと見なす，というものであった．カイラル対称性とは，一般にあるディラック・フェルミオン場 ψ に関する

$$\begin{aligned} \psi &\to \psi' = e^{i\lambda\gamma^5}\psi \\ &\leftrightarrow \quad \psi_R \to \psi'_R = e^{i\lambda}\psi_R, \\ &\qquad \psi_L \to \psi'_L = e^{-i\lambda}\psi_L \end{aligned} \tag{1.62}$$

という変換,すなわち,右巻きと左巻きのワイル・フェルミオンが逆位相で変換する位相変換である「カイラル変換」を考え,この変換の下での不変性のことをいう.フェルミオンの運動項はカイラリティを変えないのでカイラル対称性をもつが,質量項はカイラリティを変えるため,この対称性を破ることになる.したがって,実際には u,d クォークが数 MeV の小さな質量をもつために,カイラル対称性はラグランジアンの段階で破れており,この対称性は強い相互作用の理論の正確な対称性ではなく近似的対称性である.これに伴って NG ボソンであるパイ中間子も陽子や中性子といった一般のハドロンよりは 1 けたほど小さいながらも質量をもつ(中間子とよばれるゆえん).このような近似的な大域的対称性の自発的破れで生じる軽い粒子は「擬 NG ボソン(pseudo Nambu-Goldstone boson)」とよばれる.

1.7　NG ボソンの非線形実現

前節で解説に用いた SO(2) ゲージ模型の図 1.4 に見られるように,通常スカラーポテンシャルは (ϕ_1,ϕ_2) のような直交座標系を用いて記述される.しかし,本来 NG ボソンはポテンシャルの谷に沿っての移動に対応するモードなので,極座標系の角度変数として表す方が自然であるともいえる.一般的にいえば,スカラー場を,真空期待値やヒッグス粒子に対応する動径方向と,真空により破れた対称性の生成子 T^a を作用させて生じる方向である,NG ボソンに対応する角度方向に分解して表すことができる.

例えば SO(2) 模型の場合には,(1.57) のスカラー場を

$$\begin{pmatrix} \phi_1 \\ \phi_2 \end{pmatrix} = e^{-i\frac{G}{v}\sigma_2} \begin{pmatrix} v+h \\ 0 \end{pmatrix}, \qquad (1.63)$$

のように,NG ボソンを $e^{-i\frac{G}{v}\sigma_2}$ という非線形の形で表示する仕方で表すことができる.ここで σ_2 は SO(2) の生成子で,$e^{-i\frac{G}{v}\sigma_2}$ は角 $\frac{G}{2v}$ の回転行列に他ならない.場 G が微小な場合には,場の 1 次までテイラー展開すると上式は (1.57) と一致することがわかる.こうした表示の仕方を NG ボソンの「非線形実現(non-linear realization)」という.より一般的なゲージ群の場合には,スカラー場を表すベクトル ϕ は,真空期待値の方向の単位ベクトルを $\vec{e}$

1.7 NG ボソンの非線形実現

として

$$\phi = e^{i\frac{G^{\hat{a}}T^{\hat{a}}}{v}}\vec{e}(v+h) \tag{1.64}$$

のように表すことができる．ただし，$T^{\hat{a}}$ は自発的に破れた対称性 G/H に属する生成子を表す．

非線形表示を用いると，NG ボソンの相互作用は必ず微分結合の形でのみ可能であることを，次のようにして示すことができる．まずスカラー場を (1.64) のように非線形実現で書いたとしよう．ここで $e^{i\frac{G^{\hat{a}}T^{\hat{a}}}{v}}$ は，変換のパラメータが $G^{\hat{a}}$ という量子化された場に比例してはいるものの，あるゲージ変換を表していると見なせる．理論はもともと大域的なゲージ対称性をもっているので，次のような"逆"ゲージ変換で NG ボソンを消去することを考えてみよう：

$$\phi \rightarrow \phi' = e^{-i\frac{G^{\hat{a}}T^{\hat{a}}}{v}}\phi = (v+h)\vec{e}. \tag{1.65}$$

一見，この変換で NG ボソンはラグランジアンから消えてしまうように思えるが，G は時空座標 x^{μ} に依存した場であるので，この変換は局所ゲージ変換と同等である．しかしラグランジアンの対称性は大域的対称性であるから，この変換でラグランジアンは不変にはならず $\partial_{\mu}G^{\hat{a}}$ に比例する次のような項が現れる：

$$\delta\mathcal{L} = (\partial_{\mu}G^{\hat{a}})j^{\hat{a}\mu}. \tag{1.66}$$

こうして，NG ボソン $G^{\hat{a}}$ は常に微分に伴われてのみ相互作用に現れることがわかる．見方を変えると，理論には

$$G^{\hat{a}} \rightarrow G^{\hat{a}} + c^{\hat{a}} \quad (c^{\hat{a}}：定数) \tag{1.67}$$

というシフト変換の下での不変性である「シフト対称性」が存在することになる．よって NG ボソンの質量 2 乗項 $m^2(G^{\hat{a}})^2$ は，このシフト対称性と矛盾するので許されず，NG ボソンは質量をもてない．こうして，ゴールドストーンの定理が導かれたことになる．

ところで，(1.66) に現れる 4 元カレント $j^{\hat{a}\mu}$ はネーターの定理による保存するカレントとして現れる，ネーター・カレントそのものである．理論にゲージ場が存在し，理論のゲージ対称性が局所対称性である場合には，破れた対称性に付随するゲージ場 $A_{\mu}^{\hat{a}}$ も共変微分を通じてネーター・カレントに

$A_\mu^{\hat a} j^{\hat a \mu}$ のように結合するので，(1.66) の余分に現れた $\partial_\mu G^{\hat a}$ に比例する項を吸収できる．これが，まさにこの後の節で議論する「ヒッグス機構」のエッセンスであるともいえる．

1.8 ヒッグス機構

1.6 節で見たように，大域的対称性が自発的に破れると，これに伴って質量ゼロの NG ボソンが実在する粒子として出現する．しかし，対称性が局所的対称性の場合には状況は一変する，すなわち，前節の最後の議論から示唆されるように，この場合には NG ボソンはゲージ場の縦波成分としてゲージ場に吸収されてしまい，これによってゲージ場が質量を獲得する．この機構が「ヒッグス機構」とよばれるものであり，本来ゲージ対称性のために質量をもてなかったゲージボソンが，自発的ゲージ対称性の破れの帰結として質量を獲得する機構である．この節では簡単な模型を用いてこの機構のエッセンスを見た後に標準模型へ適用する．

例えば電磁波は横波であるので．その偏極の方向は進行方向と垂直な 2 方向のみであり，したがって進行方向を z 軸とすると光子のスピンの z 成分としては $s_z = \pm 1$ の二つの状態のみ可能である．しかし，本体光子のようなスピン 1 の素粒子の場合には $s_z = \pm 1, 0$ の三つの状態をもつように思える．実際，質量をもつスピン 1 の粒子であれば，その静止系にローレンツ変換すると回転対称性によりスピンはどの方向も対等に向くことが可能なので，$s_z = \pm 1, 0$ の三つの状態をもつことになる．光子が $s_z = \pm 1$ の二つの状態のみをもつのは，光子が質量ゼロのゲージボソンで光速で運動するために，その静止系が存在しないからである．もし質量ゼロのゲージボソンが $s_z = 0$ つまり進行方向に偏極した残りの自由度を獲得できれば質量を得ることができることが示唆される．この自由度を供給するのがまさに NG ボソンなのである．NG ボソン G はスカラー粒子なので，これからスピン 1 のゲージ場と同じように振る舞う，ローレンツの添字 $\mu (= 0, 1, 2, 3)$ をもつものを作ろうとすると $\partial_\mu G$ のようにする必要があり，一方で ∂_μ は対応原理から 4 元運動量 p_μ と同等なので，ちょうど進行方向の偏極が得られることになる．こうして，ゲージ対

称性の自発的破れに伴い，破れた対称性に対応するゲージボソンは質量を獲得し，それに対応する NG ボソンは質量をもったゲージボソンの偏極の一部として吸収され消滅するということになる．直感的には，ゲージ場の質量を禁止していたゲージ対称性の自発的破れによってゲージボソンが質量を得るというのはとても自然なことである．

1.8.1 スカラー QED の場合のヒッグス機構

スカラー QED を具体例として，ヒッグス機構が実際にどのように実現されるのかを見てみよう．スカラー QED では 1.6.1 項の最初で述べたように電荷をもったスカラー場を考えるが，今回は光子もきちんと導入し，局所 U(1) ゲージ対称性をもった理論を考える：

$$\mathcal{L} = -\frac{1}{4}F_{\mu\nu}F^{\mu\nu} + (D_\mu\phi)^*(D^\mu\phi) - V(\phi), \\ D_\mu\phi = (\partial_\mu + ieA_\mu)\phi, \quad V(\phi) = -\mu^2|\phi|^2 + \lambda|\phi|^4. \tag{1.68}$$

ポテンシャル V は (1.51) と同じである．例えば，スカラー場の実部が真空期待値 $\frac{v}{\sqrt{2}}$ ($v = \sqrt{\frac{\mu^2}{\lambda}}$) をもったとし，ヒッグス場 h および NG ボソンの場 G を用いて ϕ を

$$\phi = \frac{v + h + iG}{\sqrt{2}} \tag{1.69}$$

のように書き，これを (1.68) に代入して計算すると定数項を無視して

$$\mathcal{L} = -\frac{1}{4}F_{\mu\nu}F^{\mu\nu} + \frac{1}{2}(\partial_\mu h)(\partial^\mu h) + \frac{1}{2}(\partial_\mu G)(\partial^\mu G) - \frac{1}{2}(2\mu^2)h^2 \\ + evA_\mu(\partial^\mu G) + \frac{1}{2}(ev)^2 A_\mu A^\mu + \text{場の 3 次以上の項} \tag{1.70}$$

が得られる．右辺の最後の項 $\frac{1}{2}(ev)^2 A_\mu A^\mu$ は，ゲージボソンが $m_A = ev$ という真空期待値とスカラー場の電荷に比例した質量を得ることを端的に示しており，自発的ゲージ対称性の破れに伴ってゲージボソンが質量を得ることが確かめられた．さらに，一つ前の項 $evA_\mu(\partial^\mu G)$ は NG ボソン G が $\partial^\mu G$ の微分結合の形でゲージ場と結合し，ゲージ場に縦波成分を供給していることを端的に示しているのである．

ただ，最後の項のみでゲージボソンが質量をもつことはいえるようにも思

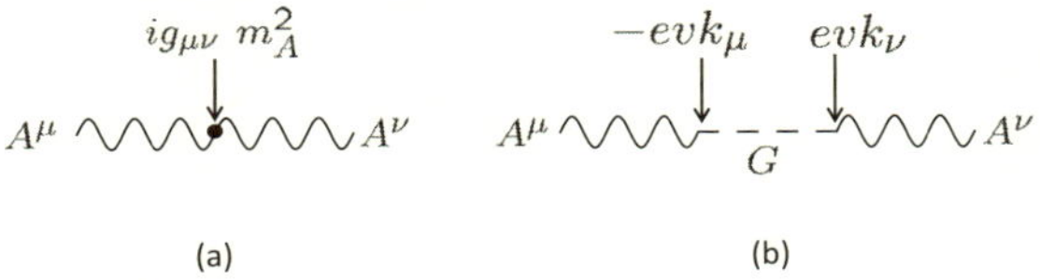

図 1.5 ゲージボソンの自己エネルギー・テンソルに寄与する二つのファインマン・ダイアグラム

え，この $evA_\mu(\partial^\mu G)$ の項の重要性が判然としない面もある．しかし，実はこの項の存在のために，U(1) 対称性が自発的に破れたにもかかわらず，4元電磁カレントの保存則が（自発的対称性の破れの後でも）保たれているのである．実際，(1.70) の最後の二つの項 $\frac{1}{2}(ev)^2 A_\mu A^\mu$ および $evA_\mu(\partial^\mu G)$ を用いてゲージボソン A_μ の 2 点関数，すなわち自己エネルギー・テンソルを図 1.5 のファインマン・ダイアグラム (a) と (b)（ゲージボソンの4元運動量を k_μ としている）の和として計算してみると，

$$\pi_{\mu\nu} = g_{\mu\nu}m_A^2 + (-i)(evk_\mu)\frac{i}{k^2}(-evk_\nu) = m_A^2\left(g_{\mu\nu} - \frac{k_\mu k_\nu}{k^2}\right) \quad (1.71)$$

となる．この $\pi_{\mu\nu}$ はゲージボソンに結合する電磁カレントの積の真空期待値 $\langle 0|j_\mu(x)j_\nu(0)|0\rangle$ （正確には，それを運動量空間へフーリエ変換したもの）と見なされるので，U(1) ゲージ対称性の帰結であるカレントの保存則 $\partial^\mu j_\mu(x) = 0$ は $k^\mu \pi_{\mu\nu} = 0$ と同等である．(1.71) より

$$k^\mu \pi_{\mu\nu} = m_A^2 k^\mu \left(g_{\mu\nu} - \frac{k_\mu k_\nu}{k^2}\right) = 0 \quad (1.72)$$

がいえるので，自発的にゲージ対称性が破れているにもかかわらずカレントの保存則は成立していることがわかる．これは，自発的対称性の破れの機構の特徴といえ，理論そのものはゲージ不変性をもっていることの反映であるといえる．

なお，これから得られる教訓として，実は自発的対称性の破れが存在しなくても，質量ゼロのゲージボソンが質量ゼロのスカラーを吸収して質量を獲得する"ヒッグス的機構"が一般に可能なのである．局所ゲージ対称性をもった理論があり，質量ゼロのゲージボソンが何らかの質量ゼロのスカラー粒子とゲージ不変な形で混合しさえすればよいのである．それは，スカラー粒子

との微分結合によってゲージボソンの自己エネルギー・テンソルに $\frac{k_\mu k_\nu}{k^2}$ の項が現れ，さらにゲージ不変性より $g_{\mu\nu} - \frac{k_\mu k_\nu}{k^2}$ という形にまとまるからである．このテンソルの前に付く係数がゲージ場の質量 2 乗に他ならない．こうした機構の興味深い例として，7.2 節では高次元ゲージ理論やカルツァ–クライン (Kaluza-Klein) 理論のような高次元重力理論における，ゼロでないカルツァ–クライン (KK) モードのセクターでの "ヒッグス的機構" について述べる．

1.8.2 標準模型におけるヒッグス機構

ここまで得た理解を標準模型の場合に適用してみよう．標準模型におけるゲージ対称性の自発的破れは $SU(2)_L \times U(1)_Y \to U(1)_{em}$ である．残る対称性は電磁気の対称性 $U(1)_{em}$ のみであり，それに対応するゲージボソンである光子は質量ゼロのまま残るが，残りの G/H に対応する 3 個の弱ゲージボソン $W^\pm, Z$ は自発的対称性の破れにより質量を獲得するはずである．ただし W^+ と W^- は互いに粒子・反粒子の関係にあるので同一の質量 M_W をもつ．Z の質量を M_Z とし，M_W, M_Z を具体的に求めよう．

そのためには，スカラー QED の場合の (1.68) の $(D_\mu \phi)^*(D^\mu \phi)$ の項と同様なヒッグス 2 重項 H に関する運動項が必要であるが，それは次のように与えられる:

$$\mathcal{L}^H_{kin} = (D_\mu H)^\dagger (D^\mu H), \quad D_\mu H = \left[\partial_\mu - i\left(g A^a_\mu \frac{\sigma^a}{2} + g' B_\mu \frac{1}{2}\right)\right] H. \quad (1.73)$$

ここで H の弱ハイパーチャージ Y が 1 であることを用いた．ゲージ場の質量 2 乗項は，(1.70) の中の $\frac{1}{2}(ev)^2 A_\mu A^\mu$ のように，$\mathcal{L}^H_{kin}$ におけるゲージ場に関して 2 次の項において，H をその真空期待値 (1.45) におき換えて得られる:

$$\left|\left(g A^a_\mu \frac{\sigma^a}{2} + g' B_\mu \frac{1}{2}\right)\begin{pmatrix} 0 \\ \frac{v}{\sqrt{2}} \end{pmatrix}\right|^2 = \left|\begin{pmatrix} \frac{g}{2}(A^1_\mu - i A^2_\mu)\frac{v}{\sqrt{2}} \\ (-\frac{g}{2}A^3_\mu + \frac{g'}{2}B_\mu)\frac{v}{\sqrt{2}} \end{pmatrix}\right|^2$$
$$= \left(\frac{gv}{2\sqrt{2}}\right)^2 (A^1_\mu A^{1\mu} + A^2_\mu A^{2\mu})$$

38 第1章 素粒子の標準模型

$$+ \left(\frac{v}{2\sqrt{2}}\right)^2 (-gA_\mu^3 + g'B_\mu)(-gA^{3\mu} + g'B^\mu)$$

$$= \left(\frac{gv}{2}\right)^2 W_\mu^+ W^{-\mu} + \frac{1}{2}\left(\frac{\sqrt{g^2+g'^2}v}{2}\right)^2 Z_\mu Z^\mu. \tag{1.74}$$

ただし，ここで (1.11), (1.24), (1.26) を用いた．また，正確には $|\ |^2$ をとる際にローレンツの添字 μ についてもローレンツ不変になるよう縮約をとっている．これから

$$M_W = \frac{gv}{2}, \qquad M_Z = \frac{\sqrt{g^2+g'^2}v}{2} \tag{1.75}$$

であることがわかる．よって，(1.26) より Z の方が W より $\frac{1}{\cos\theta_W}$ 倍重いことになる：

$$M_Z = \frac{M_W}{\cos\theta_W}. \tag{1.76}$$

具体的には，(1.42) および $\sin^2\theta_W = 0.23$ から，あるいは $W^\pm$, Z の直接生成等の実験データから

$$M_W = 80.2 \text{ GeV}, \qquad M_Z = 91.2 \text{ GeV} \tag{1.77}$$

であることが知られている．

なお，(1.76) より

$$\rho \equiv \frac{M_W^2}{M_Z^2 \cos^2\theta_W} = 1 \tag{1.78}$$

がいえるが，このように定義される ρ パラメータは 10 章で議論するように，トップクォーク質量の見積もりや標準模型を超える理論の精密テストにおいても重要な役割を演じ続けている．$\rho = 1$ は標準模型で導入されるヒッグスが $\mathrm{SU}(2)_L 2$ 重項であることの帰結であるが（仮に 3 重項だと ρ は無限大になったりする），(1.24) より A_μ^3 を Z_μ と A_μ の線形結合で書き直すと，A_μ^3 の中に Z_μ は $\cos\theta_W$ の割合で含まれているので，$\rho = 1$ ということは $A_\mu^1, A_\mu^2, A_\mu^3$ の質量が完全に縮退していることをいっているというようにも理解できる．実際，(1.74) で $g'B_\mu$ の寄与を無視すると，ゲージ場の質量 2 乗の項が $(\frac{gv}{2\sqrt{2}})^2 (A_\mu^1 A^{1\mu} + A_\mu^2 A^{2\mu} + A_\mu^3 A^{3\mu})$ のようになり，$(A_\mu^1, A_\mu^2, A_\mu^3)$ という 3 重項のメンバーの質量が完全に縮退する．これは，強い相互作用の世界で湯川の三つのパイ中間子 (π^+, π^-, π^0) がアイソスピンの 3 重項をなし，

アイソスピン対称性のために，そのメンバーの質量が縮退する，というのとよく似た状況である．実際，標準模型ではゲージ対称性の自発的破れの後でも，ゲージ場とヒッグスのシステムにアイソスピン対称性とよく似た大域的な SU(2) 対称性が残っていると思われていて，この対称性は「カストーディアル対称性（custodial symmetry）」とよばれる．

これまで見てきたように，標準模型においては，電磁相互作用と弱い相互作用は統一的に記述されている．電磁相互作用と弱い相互作用の低エネルギーにおける大きな差異は，ゲージ対称性の自発的破れの帰結として弱ゲージボソン $W^\pm$, Z が大きな質量をもつのに対して，光子は質量をもたないことに起因している．見方を変えれば，エネルギースケールが弱スケール M_W を十分に超えると電磁相互作用と弱い相互作用の強さに大きな差異はなくなることになる．これが，電磁相互作用と弱い相互作用の統一的な記述が可能である理由である．

標準模型でゲージ対称性の自発的破れを引き起こすヒッグス場の真空期待値 v の大きさは粗っぽくいえば弱スケール M_W 程度であるが，正確には (1.41) および (1.75) より得られる関係式を用いて

$$G_F = \frac{1}{\sqrt{2}v^2} \quad \to \quad v = 2^{-\frac{1}{4}} G_F^{-\frac{1}{2}} \simeq 250 \text{ GeV} \tag{1.79}$$

のように，フェルミ定数 G_F から直接的に決まる．

ここまで，ヒッグス機構により弱ゲージボソンが質量を得ることを見てきたが，ヒッグスそのものもヒッグス・ポテンシャル (1.60) の 4 点自己相互作用項 $\lambda(H^\dagger H)^2$ を通じて真空期待値に比例する質量を得ることがわかる．(1.70) における計算と同様に計算すると，ヒッグス質量 m_h が

$$m_h = \sqrt{2\lambda}v = \sqrt{2\mu^2} \tag{1.80}$$

と与えられる．ここで (1.61) を用いた．

力を媒介するボソンの素粒子だけでなく，クォークやレプトンという物質を構成するフェルミオンの素粒子も (1.44) のようなヒッグス場との湯川相互作用によって，ヒッグス場の真空期待値に比例した質量をもつことがわかる．つまり，標準模型ではすべての素粒子はゲージ対称性の自発的破れによってのみ質量を得るので，その質量は常にヒッグス場との結合の強さに比例する

ことになるのである．

しかし，クォークやレプトンの質量生成に関しては，一つ問題が残っている．(1.44) は d クォークに質量を与えるが u クォークに質量を与えることができないのである．これは真空期待値が (1.45) に見るように 2 重項の下側に存在するからであり，真空期待値の位置を上側に上げることが必要である．このためにヒッグス場 H から作られる $\tilde{H}$ を以下のように定義する：

$$\tilde{H} = i\sigma^2 H^* = \begin{pmatrix} \phi^{0*} \\ -\phi^- \end{pmatrix}. \tag{1.81}$$

ここで $\phi^- = (\phi^+)^*$ は ϕ^+ の反粒子である．一般に SU(n) 群の場合には，n 成分のベクトルで表される群の基本表現と，その複素共役である反・基本表現は異なる表現であり，(1.81) で定義される $\tilde{H}$ は元の H の表現とは異なるように思える．しかしながら，実は SU(2) の場合は例外であり，これらの表現は同一であることがわかる．実際，H の SU(2)$_L$ 変換を $H \to H' = e^{i\lambda^a \frac{\sigma^a}{2}} H$ とするとき，$\tilde{H}$ の変換は

$$\begin{aligned}
\tilde{H} \to \tilde{H}' &= i\sigma^2 H'^* \\
&= i\sigma^2 (e^{i\lambda^a \frac{\sigma^a}{2}} H)^* \\
&= \sigma^2 e^{-i\lambda^a \frac{(\sigma^a)^*}{2}} \sigma^2 \tilde{H} \\
&= e^{i\lambda^a \frac{\sigma^a}{2}} \tilde{H}
\end{aligned} \tag{1.82}$$

となるので，元の H の変換とまったく同じように変換することがわかる．ここで $\sigma^2 (\sigma^a)^* \sigma^2 = -\sigma^a$ というパウリ行列の性質を用いた．$\tilde{H}$ においては電気的に中性の ϕ^{0*} は 2 重項の上側になっているので，これを H の替わりに用いて湯川相互作用を構成すれば，u クォークも質量を得ることができる．

結局，u, d クォークの湯川相互作用は次のように与えられる：

$$\mathcal{L}_Y = -f_d \bar{Q} H d_R - f_u \bar{Q} \tilde{H} u_R + \text{h.c.} \tag{1.83}$$

ここで h.c. は hermitian conjugate，つまりそれ以前の項のエルミート共役をとった項を表している．(1.83) において湯川相互作用の強さを表す定数 $f_{u,d}$ は湯川結合定数とよばれる．$\tilde{H}$ は H とは逆符号の $Y = -1$ をもち，したがって (1.83) の湯川相互作用は SU(2)$_L$ のみならず，U(1)$_Y$ の変換の下でも不変である．

ϕ^0 を $\frac{v}{\sqrt{2}}$ でおき換えると，(1.83) よりクォークの質量項が得られる：

$$-\frac{f_d v}{\sqrt{2}} \bar{d}_L d_R - \frac{f_u v}{\sqrt{2}} \bar{u}_L u_R + \text{h.c.} \tag{1.84}$$

ディラック・スピノール $d = d_L + d_R$, $u = u_L + u_R$ を用い，またクォーク質量を

$$m_d = \frac{f_d v}{\sqrt{2}}, \qquad m_u = \frac{f_u v}{\sqrt{2}} \tag{1.85}$$

として (1.84) を書くと

$$\mathcal{L}_{qm} = -(m_d \bar{d}d + m_u \bar{u}u) \tag{1.86}$$

のようにクォークの質量項が得られる．こうして，ワイル・フェルミオンを用いて出発した標準模型は最終的にディラック・フェルミオンを用いて記述できる．ただし，弱い相互作用においては，P 対称性の破れを反映して (1.35) に見られるように，左巻きへの射影演算子 L を用いてワイル・フェルミオンを抜き出す必要が生じる．レプトンに関しても同様に湯川相互作用から電子等の荷電レプトンに質量を与えることが可能であり，例えば電子の質量は $m_e = \frac{f_e v}{\sqrt{2}}$ (f_e: 電子の湯川結合定数) で与えられるが，標準模型においてはニュートリノは質量をもたないフェルミオンとして扱われるので湯川相互作用をもたない．

なお，実際にはフェルミオンには，小林–益川理論が予言した通り 3 世代が存在するが，これについては次節以降で世代の構造を導入して議論する．

まとめると，(1.33), (1.34), (1.60), (1.73), (1.83) より標準模型のラグランジアンは以下のように与えられる（正確には，この他にゲージ場の量子化に伴って必要となるゲージ固定項，およびファデーエフ–ポポフ（Fadeev-Popov）ゴーストに関する項が必要となるが，ここでは省略する）：

$$\mathcal{L} = \mathcal{L}_f + \mathcal{L}_g + \mathcal{L}_H + \mathcal{L}_Y - V. \tag{1.87}$$

1.9 世代の導入と世代間混合，FCNC 過程

ここまでの議論ではクォーク，レプトンに関しては 1 世代分のみが導入されていたが，序論で述べたように，実際には標準模型には 3 世代のクォーク，

レプトンが存在する．これ以降の節では，そうした世代の存在と，その間の混合（「世代間混合」あるいは「フレーバー混合」とよばれる）により引き起こされるフレーバーを変える中性カレント（flavor changing neutral current, FCNC）過程や「CP対称性」の破れについて解説する（より詳しくは [4] を参照されたい）．

標準模型がワインバーグとサラムによって最初に提唱されたときには，クォークとしては u, d, s の三つだけが理論に導入されていた．ゲルマン–ツバイク（Gell-Mann, Zweig）のクォーク模型はこれら 3 個が，ハドロンの世界の対称性である SU(3) の基本表現としてさまざまなハドロンを構成するという理論であったので当然ではある．現在の視点からいえば，u, d が第 1 世代のクォークで s のみが第 2 世代に属しているということになる．現在の標準模型とは違って左巻きの s クォークには SU(2)$_L$ 2 重項を組むべきパートナーがいないことになり，s_L, s_R ともに SU(2)$_L$ の 1 重項に割り当てられていた：

$$Q = \begin{pmatrix} u \\ d^0 \end{pmatrix}_L, \ s_L^0 \,; u_R, \, d_R, \, s_R. \tag{1.88}$$

なお，レプトンセクターについては省略した．

ここで d_L^0 はベータ崩壊のような荷電カレントによる弱い相互作用において u クォークとパートナーをなすクォークを，s_L^0 はこれと独立な（量子力学的には "直交した" 状態の）クォークを表す．仮に，これらが確定した質量，したがって確定したフレーバーをもつ「質量固有状態」である d, s と正確に一致し $d_L^0 = d_L$, $s_L^0 = s_L$ であるとすると，d, s クォークはいずれも確定した世代に属するので，素粒子の反応で世代やフレーバーが変わる（世代間，フレーバー間の混合が起きる）ことはない．少し見方を変えると，この場合にはラグランジアンに次のような二つの独立な位相変換の下での不変性である対称性 U(1) × U(1) が存在することになる：

$$\begin{pmatrix} u \\ d \end{pmatrix} \rightarrow \begin{pmatrix} u' \\ d' \end{pmatrix} = e^{i\lambda_1} \begin{pmatrix} u \\ d \end{pmatrix}, \tag{1.89}$$

$$s \rightarrow s' = e^{i\lambda_2} s. \tag{1.90}$$

ここで $\lambda_{1,2}$ は二つの独立な定数位相である．すると，ちょうど U(1) ゲージ対称性をもつ QED において電荷の保存則が導かれるように，ネーターの定理に

1.9 世代の導入と世代間混合，FCNC 過程

より，二つの独立な U(1) 対称性の帰結として，二つの独立な保存量 G_1, G_2 が生じる．例えば λ_1 による変換は第 1 世代のクォークのみの変換なので，G_1 は第 1 世代のみがもつ加算的量子数であると考えられ，"第 1 世代数" とでもよぶべきものである．同様に G_2 は第 2 世代のみがもつ "第 2 世代数" であるといえる．これらが独立に保存するということは，世代は決して混合せず，したがって $d \leftrightarrow s$ のような電荷は変化しないもののフレーバー（世代）の変わる「flavor changing neutral current（FCNC）過程」は決して生じ得ないことになる．FCNC は「フレーバーの変わる中性カレント」という意味であるが，中性カレント過程というのは中性の弱ゲージボソン Z に結合するカレントのように，電荷が変化しないカレントにより引き起こされる過程のことである．

しかしながら，現実には，例えば $K^+ \to \pi^+\pi^0$ といった崩壊に見られるように $s \to u$ といった世代が変化する遷移が起きていて，世代間の混合が存在する．カビボ（Cabbibo）はこうした事実を，荷電カレントにおける u クォークのパートナーである d^0 が実際には d と s の線形結合の状態であるとして説明した:

$$d_L^0 = d_L \cos\theta_c + s_L \sin\theta_c. \tag{1.91}$$

ここで，世代間混合を表す角度 θ_c は「カビボ角（Cabbibo angle）」とよばれる．実験データによると

$$\sin\theta_c \simeq 0.23 \tag{1.92}$$

である．また，d^0 と直交する s^0 もやはり d, s の混ざった状態になる．まとめると，ちょうど 2 次元平面上の座標軸（基底）の直交変換によるベクトルの回転の場合と同様に，回転行列（直交行列）を用いて

$$\begin{pmatrix} d^0 \\ s^0 \end{pmatrix}_L = \begin{pmatrix} \cos\theta_c & \sin\theta_c \\ -\sin\theta_c & \cos\theta_c \end{pmatrix} \begin{pmatrix} d \\ s \end{pmatrix}_L \tag{1.93}$$

のように表される．(1.88) を d, s を用いて具体的に書くと

$$Q = \begin{pmatrix} u \\ d\cos\theta_c + s\sin\theta_c \end{pmatrix}_L, \quad -d_L \sin\theta_c + s_L \cos\theta_c;$$
$$u_R, \; d_R, \; s_R \tag{1.94}$$

となる.すると,明らかに荷電カレントにおいて u は d だけでなく s にも遷移することができるのでもはや世代数 $G_{1,2}$ は保存しなくなる.

また,$W^{\pm}$ による荷電カレント相互作用を組み合せると $d \to u \to s$ という遷移,つまり結果的に $d \to s$ という FCNC 過程も可能となる.このように世代数が保存せず,フレーバーの違うクォークの間に遷移が起きる現象を「フレーバー混合」という.3章で述べる $\nu_e \to \nu_\mu$ といった「ニュートリノ振動」という現象もレプトンのセクターにおけるフレーバー混合である.

ここでやっかいな問題が発生する.荷電カレントを組み合せなくても,Z に結合する中性カレントそのものに FCNC が現れてしまうという問題である.実際,電荷が $-\frac{1}{3}$ の "down-type" クォークに関する中性カレントは,(1.29) を用いると

$$\begin{aligned} J_Z^\mu &= \frac{g}{\cos\theta_W} (\bar{d}^0 \ \ \bar{s}^0) \gamma^\mu \begin{pmatrix} -\frac{1}{2}L + \frac{1}{3}\sin^2\theta_W & 0 \\ 0 & \frac{1}{3}\sin^2\theta_W \end{pmatrix} \begin{pmatrix} d^0 \\ s^0 \end{pmatrix} \\ &= \frac{g}{\cos\theta_W} (\bar{d} \ \ \bar{s}) \gamma^\mu \begin{pmatrix} \cos\theta_c & -\sin\theta_c \\ \sin\theta_c & \cos\theta_c \end{pmatrix} \\ &\quad \times \begin{pmatrix} -\frac{1}{2}L + \frac{1}{3}\sin^2\theta_W & 0 \\ 0 & \frac{1}{3}\sin^2\theta_W \end{pmatrix} \times \begin{pmatrix} \cos\theta_c & \sin\theta_c \\ -\sin\theta_c & \cos\theta_c \end{pmatrix} \begin{pmatrix} d \\ s \end{pmatrix} \\ &= -\frac{g}{2\cos\theta_W}(\cos^2\theta_c \bar{d}\gamma^\mu L d + \sin^2\theta_c \bar{s}\gamma^\mu L s) \\ &\quad + \frac{g}{3}\frac{\sin^2\theta_W}{\cos\theta_W}(\bar{d}\gamma^\mu d + \bar{s}\gamma^\mu s) \\ &\quad - \frac{g\cos\theta_c \sin\theta_c}{2\cos\theta_W}(\bar{s}\gamma^\mu L d + \bar{d}\gamma^\mu L s) \end{aligned} \tag{1.95}$$

となり,最後の $\sin\theta_c \cos\theta_c = \frac{\sin 2\theta_c}{2}$ に比例する項は FCNC の存在を示している.このように,ラグランジアン自体に FCNC が存在するということは,古典レベル,すなわちファインマン・ダイアグラムの樹木(tree)レベルですでに FCNC 過程が可能になることを意味するが,以下で述べるように FCNC 過程の確率は一般に非常に小さいものなので,このままでは標準模型の予言する FCNC 過程の確率が実際より大きくなりすぎてしまうという重大な問題に直面する.

FCNC 過程の典型的な例として挙げられるのは,ストレンジネスをもつ中性の K 中間子 K^0,$\bar{K}^0$ の線形結合である.二つの質量の確定した状態(質量

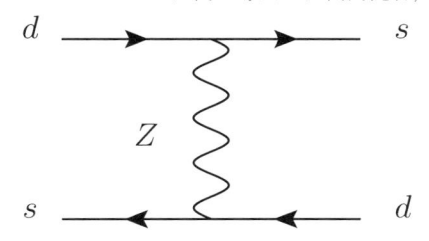

図 1.6　tree レベルで生じる FCNC 過程の例

固有状態) K_L, K_S の間のわずかな質量差 Δm_K の原因である $K^0 \leftrightarrow \bar{K}^0$ 混合という現象である．K^0 とその反粒子 $\bar{K}^0$ は s クォークとその反粒子を含んでいてストレンジネスがそれぞれ $S = -1, 1$ のハドロンなので，$K^0 \leftrightarrow \bar{K}^0$ 混合は，フレーバーの一種であるストレンジネス S が 2 変化する ($|\Delta S| = 2$) FCNC 過程である（クォークレベルでは，この混合は $\bar{s}d \leftrightarrow s\bar{d}$ という過程である）．この混合によって生じる Δm_K の実測値は（K_L, K_S の質量の平均値を m_K として）

$$\Delta m_K = 3.48 \times 10^{-12} \text{ MeV} \quad \to \quad \frac{\Delta m_K}{m_K} \simeq 7 \times 10^{-15} \quad (1.96)$$

というきわめて小さなものである．このように，FCNC 過程の確率は一般に非常に小さく，そのため FCNC 過程は「希少過程（rare process）」ともよばれる．

一方で，すでに述べたように提唱当時の標準模型では，$K^0 \leftrightarrow \bar{K}^0$ 混合が図 1.6 のような中性弱ゲージボソン Z が交換される tree レベルのファインマン・ダイアグラムで生じる（実際には，例えば $\bar{s}$ クォークと d クォークはグルーオン交換による強い相互作用によって束縛されて K^0 中間子を形成する）．このファインマン・ダイアグラムはベータ崩壊のファインマン・ダイアグラム（図 1.1）と同様のものなので，粗くいって，この FCNC 過程の確率振幅が通常の弱い相互作用の場合と同程度になってしまい，希少過程であることを説明できないのである．

1.10 チャームクォークの導入と2世代模型

このように，FCNC 過程は新しい理論が提唱されたときに，それを現象論的に検証する試金石として常に重要な役割を果たし続けてきたといえる．上述の標準模型提唱時の，いかにして FCNC の確率を小さく抑えるか，という問題を見事に解決したのがグラショウ–イリオプーロス–マイアニによるチャームクォークの導入であった [2]．これにより FCNC は tree レベルでは禁止されることになったのである．なお，グラショウ等の論文の7年ほど前でクォークの登場以前に，ハドロンとレプトンの間の類似性という異なる興味深い観点から，チャームに相当する第4のフレーバーの存在がすでに原と牧により独立に議論されていたことも付け加えたい [5]．

グラショウ等のアイデアは意外に簡単なものである．(1.95) を見ると中性カレントの内で d, s クォークの電荷に比例する，$\frac{g}{3}\frac{\sin^2\theta_W}{\cos\theta_W}$ に比例する項はフレーバーを変えず FCNC を生じないことに注意しよう．それは，電荷に比例した部分は d^0, s^0 で共通なので，それを表す行列が単位行列に比例し，直交変換の下でも不変であるからである．

物理的理解としては，中性カレントの内で，電荷に比例する部分が d^0, s^0 に対しまったく同等であるために，d^0, s^0 の間のユニタリ変換で表される大域的な U(2) フレーバー対称性が存在するために FCNC が現れない，と捉えられる．対称性の帰結としてネーターの定理よりフレーバーの保存則が成り立ち，FCNC が生じないのだと理解できるのである．

少し乱暴な類推ではあるが，この事情は，円は回転しても不変であるが，楕円の場合には回転すると形が変わってしまう，ということによく似ている．実際，楕円 $\frac{x^2}{a^2}+\frac{y^2}{b^2}=1$ を座標系の回転によって，回転後の座標 x', y' を用いて表すと x', y' が混合する $x'y'$ の項が生じるが，これは，$a \neq b$ で x, y の間の対称性が破れているからである．

このように考えると，中性カレント (1.95) が FCNC をもつのは，L に比例する部分が d^0, s^0 に対し異なり，上記のフレーバー対称性を破ってしまうからである．グラショウらのアイデアは，その原因は s^0_L のみが孤立しているからであり，s^0_L にも左巻きのパートナーを導入して2重項を形成してやれば，破れている U(2) 対称性を回復することができる，というものである．こう

して導入されたパートナーがチャームクォーク c に他ならない．このようにして現在確立している標準模型の内の 2 世代目までが完成したことになる：

$$\begin{pmatrix} u \\ d^0 \end{pmatrix}_L, \quad \begin{pmatrix} c \\ s^0 \end{pmatrix}_L; \; xu_R, \; c_R, \; d_R, \; s_R. \tag{1.97}$$

チャームクォークの導入後はクォークに関する中性カレントは

$$J_Z^\mu = \frac{g}{\cos\theta_W} \left[\bar{d}\gamma^\mu \left(-\frac{1}{2}L + \frac{1}{3}\sin^2\theta_W \right) d + \bar{s}\gamma^\mu \left(-\frac{1}{2}L + \frac{1}{3}\sin^2\theta_W \right) s \right] \tag{1.98}$$

となり，たしかに FCNC の部分がきれいに消えていることがわかる．

こうして，チャームクォークの導入によって tree レベルでは FCNC は現れなくなったが，ループレベル，すなわち量子レベルでは FCNC は荷電カレントをくり返し用いることで生じることになる．実際，荷電カレント相互作用を 2 回くり返して得られる $d \to u \to s$ や $d \to c \to s$ のように $d \to s$ という FCNC が量子レベルで実現する．すると，FCNC 過程の確率は非常に小さいのであるから問題が再燃するように思えるが，幸いそうではない．その本質的理由は，FCNC 過程を制御しているのはフレーバー対称性であり，これが破れない限り量子レベルにおいても FCNC は決して生じない，という事実である．フレーバー対称性の破れの唯一の原因は，異なるフレーバーのクォークの間の質量差である．よって，FCNC の確率振幅は必然的にクォーク質量の差（実際には質量 2 乗の差）によって支配されることになる．例えば $K^0 \leftrightarrow \bar{K}^0$ 混合の場合には，通常の tree レベルの弱相互作用による確率振幅に比べて，ループレベルで常に現れる摂動展開の因子 $\frac{g^2}{4\pi} \sim \alpha$ に加えて

$$(\sin\theta_c \cos\theta_c)^2 \frac{(m_c^2 - m_u^2)^2}{M_W^2 m_c^2} \sim (\sin\theta_c \cos\theta_c)^2 \frac{m_c^2}{M_W^2} \sim 10^{-5} \tag{1.99}$$

という非常に小さな因子によって強く抑制されることが，具体的な 1 ループのファインマン・ダイアグラム（図 10.2 において内線のトップクォークの寄与を無視したもの）の計算からも確かめられる（(1.99) が $(m_c^2 - m_u^2)^2$ のように質量 2 乗差の 2 乗に比例するのは $|\Delta S| = 2$ の FCNC 過程であることを反映している）．よって FCNC の確率は"自然に"抑えられるのである．このように FCNC を小さな質量 2 乗差で自然に抑制する機構が「GIM 機構」と

呼ばれるものである [2]．ここで，"自然な"という用語は，理論の構造だけで決まりパラメータの詳細な値によらず自然に成り立つ性質を指している．

GIM 機構が働く本質的理由はフレーバー間の対称性が存在すること，すなわちクォークのゲージ相互作用がフレーバーによらず普遍的であるということであり，自然に FCNC 過程を抑制するための条件を標準模型の場合に限らず一般化することが可能である．グラショウとワインバーグは，一般的なゲージ理論を想定し，「自然なフレーバー保存 (natural flavor conservation)」を実現する，すなわち tree レベルで FCNC を禁止するための条件としていわゆる「グラショウ–ワインバーグの条件」を提唱した．実際には，ヒッグス相互作用による FCNC を禁止する条件についても議論されているが，ここでは，ゲージ相互作用についてのみ，その条件を次に示す：

グラショウ–ワインバーグの条件

同一の電荷，同一のカイラリティをもつワイル・フェルミオンはすべてゲージ群の同じ表現に属すべし

同じ電荷とカイラリティをもつワイル・フェルミオンに注目して考える理由は，d_L, s_L が混合したように，フェルミオンの質量項が世代を混合することによって，質量固有状態において異なる世代のワイル・フェルミオンが混合し得るからである．

例として，チャームクォーク導入後の標準模型を考えてみると，左巻きのフェルミオンはすべて SU(2) の 2 重項，また右巻きのフェルミオンはすべて 1 重項に属しており，グラショウ–ワインバーグの条件を満たしていることがわかる．これと比較し，提唱当時の標準模型では d_L^0 は 2 重項に属するのに対して s_L^0 は 1 重項であったので，グラショウ–ワインバーグの条件を満たしていなかったのである．

1.11　CP 対称性の破れと 3 世代模型——小林–益川模型

提唱当時の標準模型が抱えていたフレーバーを変える中性カレント (FCNC) を抑制できないという問題はチャームクォークの導入で解決し 2 世代模型が

1.11 CP対称性の破れと3世代模型——小林–益川模型

完成したが、クォーク、レプトンの世代はさらに拡張されることになった。それは、小林–益川理論により、観測された中性K中間子系でのCP対称性のわずかな破れを説明するためには3世代のクォークの導入が必要であることが示されたからである。これによって、現在われわれが知っている3世代をもった標準模型の確立に至った。

そこで、この節では、前節まで議論してきた標準模型を3世代をもった形に拡張し、また、いかにしてCP対称性の破れが3世代を必要とすることになるか、について簡単に解説する。

クォークのセクターに的をしぼって、3世代あることによってどのように世代間混合やCPの破れが生じるのか見ていくことにする。3世代のクォークを次のように書こう:

$$Q_i^0 = \begin{pmatrix} u_i^0 \\ d_i^0 \end{pmatrix}_L \quad (i=1,2,3), \quad u_{iR}^0, \ d_{iR}^0 \quad (i=1,2,3). \tag{1.100}$$

ゲージ相互作用、特に弱い相互作用はもともとは、これらu_i^0, d_i^0 $(i=1,2,3)$で書かれるので、これらを「弱固有状態 (weak eigenstate)」とよぶ。しかし、一般に弱固有状態は質量、したがってフレーバーの確定した状態であるu, c, tやd, s, bクォークを表す場、すなわち「質量固有状態 (mass eigenstate)」とは異なる。2世代の場合のカビボ角による混合で見たように、まさにこの弱固有状態と質量固有状態とのずれが、世代間(フレーバー)混合の原因である。

例えば荷電カレントによる弱い相互作用では$d_i^0 \to u_i^0$のようにiは変化せず、ゲージ相互作用だけ考えていても世代は混ざることはない。しかし、湯川相互作用においては、異なる世代を混ぜるような相互作用も一般に(ゲージ不変性と矛盾することなく)可能である。1世代の場合の湯川相互作用項(1.83)を3世代の場合に一般化すると、

$$\mathcal{L}_Y = -(f_d)_{ij}\overline{Q_i^0}H d_{jR}^0 - (f_u)_{ij}\overline{Q_i^0}\tilde{H}u_{jR}^0 + \text{h.c.} \tag{1.101}$$

ここで、i, jのような重複して現れる添字については1から3までの和をとるものと理解する。湯川結合定数$(f_{u,d})_{ij}$において$i \neq j$の存在により、異なる世代間の混合が生じることになる。$(f_{u,d})_{ij}$を行列の(i,j)成分とするような行列を$f_{u,d}$と書くことにすると、この行列は一般に非対角であってよいのである。

ここの議論では世代間の混合に興味があるので，同じ電荷をもつ，up-type, down-type のそれぞれ三つのクォークを並べて縦ベクトルとして次のように記述しよう．

$$U^0 = \begin{pmatrix} u_1^0 \\ u_2^0 \\ u_3^0 \end{pmatrix}, \qquad D^0 = \begin{pmatrix} d_1^0 \\ d_2^0 \\ d_3^0 \end{pmatrix}. \tag{1.102}$$

例えば，クォークの運動項はこの記法を用いるとベクトルの内積の形で

$$\overline{U^0} i\slashed{\partial} U^0 + \overline{D^0} i\slashed{\partial} D^0 \tag{1.103}$$

と書ける．ここで $\overline{U^0}$ 等 にはディラック・スピノールに対する $\overline{u_i^0}$ という演算と同時に3成分の縦ベクトルのエルミート共役をとるとの意味も含まれている．ゲージ相互作用に関しても，例えば，弱い相互作用の荷電カレント，中性カレントは次のように表すことができる：

$$J_+^\mu = \frac{g}{\sqrt{2}} \overline{U_L^0} \gamma^\mu D_L^0, \tag{1.104}$$

$$\begin{aligned} J_Z^\mu = & \frac{g}{\cos\theta_W} \left(\frac{1}{2} - \frac{2}{3}\sin^2\theta_W\right) \overline{U_L^0} \gamma^\mu U_L^0 - \frac{2g\sin^2\theta_W}{3\cos\theta_W} \overline{U_R^0} \gamma^\mu U_R^0 \\ & + \frac{g}{\cos\theta_W} \left(-\frac{1}{2} + \frac{1}{3}\sin^2\theta_W\right) \overline{D_L^0} \gamma^\mu D_L^0 \\ & + \frac{g\sin^2\theta_W}{3\cos\theta_W} \overline{D_R^0} \gamma^\mu D_R^0. \end{aligned} \tag{1.105}$$

しかし，湯川結合に関しては一般に世代が混合するので，ベクトルの内積の間に行列 $f_{u,d}$ がはさまれた形になる：

$$\mathcal{L}_Y = -\begin{pmatrix} \overline{U_L^0} & \overline{D_L^0} \end{pmatrix} H f_d D_R^0 - \begin{pmatrix} \overline{U_L^0} & \overline{D_L^0} \end{pmatrix} \tilde{H} f_u U_R^0 + \text{h.c.} \tag{1.106}$$

(1.106)においてヒッグスが真空期待値をもつとクォークに関する質量行列が現れる：

$$\mathcal{L}_{qm} = -\overline{D_L^0} M_d^0 D_R^0 - \overline{U_L^0} M_u^0 U_R^0 + \text{h.c.} \tag{1.107}$$

ここで質量行列 $M_{u,d}^0$ は

$$M_u^0 = \frac{v}{\sqrt{2}} f_u, \quad M_d^0 = \frac{v}{\sqrt{2}} f_d, \tag{1.108}$$

で与えられる．これらは一般に非対角でかつ複素行列であるので，弱固有状

態 U^0, D^0 は一般に質量固有状態にはならない．そこで (1.108) を対角化し，したがって確定した質量をもつ基底，すなわち質量固有状態の基底に移ることを考える．そうした変換として許されるのは，運動項 (1.103) を不変に保つという要請からユニタリ変換になる．そこで質量固有状態を並べた縦ベクトルを U_L 等と書き

$$U_L^0 = V_{uL} U_L, \qquad U_R^0 = V_{uR} U_R, \tag{1.109}$$

$$D_L^0 = V_{dL} D_L, \qquad D_R^0 = V_{dR} D_R \tag{1.110}$$

のようにユニタリ行列 V_{uL} 等による質量固有状態へのユニタリ変換を考える．ユニタリ行列の性質 $V_{uL}^\dagger V_{uL} = I_3$（$I_3 : 3 \times 3$ の単位行列）等から，運動項 (1.103) や中性カレント (1.105) は質量固有状態で書き直しても不変であることが容易にわかる．

このユニタリ変換の自由度を用いて質量行列 (1.108) を対角化することを考えよう．これらの質量行列は一般に 3×3 の複素行列である．任意の複素行列 M は，二つのユニタリ行列 $V_{1,2}$ を用いた双ユニタリ（"bi-unitary"）変換により

$$V_1^\dagger M V_2 = D \quad (D : 対角行列) \tag{1.111}$$

のように対角化可能であることを証明することができる．

この事実を用いて質量行列を (1.109), (1.110) のユニタリ変換によって

$$V_{dL}^\dagger M_d^0 V_{dR} = M_d, \qquad M_d = \mathrm{diag}(m_d, m_s, m_b), \tag{1.112}$$

$$V_{uL}^\dagger M_u^0 V_{uR} = M_u, \qquad M_u = \mathrm{diag}(m_u, m_c, m_t), \tag{1.113}$$

のように対角化することができる．ここで固有値 m_d, m_u 等は d, u クォーク等の質量である．こうして質量固有状態

$$U = \begin{pmatrix} u \\ c \\ t \end{pmatrix}, \qquad D = \begin{pmatrix} d \\ s \\ b \end{pmatrix} \tag{1.114}$$

は質量，したがってフレーバーが確定した状態になる．

このユニタリ変換によってクォークの自由ラグランジアンは完全に"対角化"され，またゲージ相互作用のカレントの内で，弱中性カレントや電磁カレ

ントもフレーバーを変えることはない．したがって前節で述べたように，tree レベルの FCNC は厳密に禁止できる．3 世代に拡張されても，グラショウ–ワインバーグの条件は相変わらず成立しているので，当然ではある．

しかしながら，荷電カレント (1.104) に関しては up-type と down-type では，左巻きクォークのユニタリ変換が一般に違うために，質量固有状態で書き直すと，世代を混ぜる非対角行列が一般に現れる：

$$J_+^\mu = \frac{g}{\sqrt{2}}\overline{U_L^0}\gamma^\mu D_L^0 = \frac{g}{\sqrt{2}}\overline{U_L}V_{KM}\gamma^\mu D_L. \tag{1.115}$$

ここで

$$V_{KM} \equiv V_{uL}^\dagger V_{dL}, \tag{1.116}$$

が「小林–益川行列」とよばれるものである．

小林–益川行列は，二つのユニタリ行列の積なのでユニタリ行列であるが，それ以外に特に制約はなく，一般に非対角の複素行列である．そのために，荷電カレント過程においては，もはやフレーバー（世代）は保存されずに変化し，その結果 FCNC といったフレーバー混合が生じることになり，また，このあと議論するように，複素行列であるがために CP 対称性を破るのである．

なお，(1.116) より，仮に V_{uL} と V_{dL} が完全に同じであったとすると $V_{KM} = I_3$ となり世代間混合は消えてしまうが，これは直感的には $SU(2)_L$ 2 重項のパートナーである up-type, down-type のクォークがまったく同じようにユニタリ変換すれば，実質的には世代が混ざらないのと何ら変わりない，ということをいっているのである．つまり，物理的に意味のあるフレーバー混合は V_{uL} と V_{dL} の差によってのみ生じることがわかる．

ここで，仮に up-type クォークのすべての質量が縮退していて $m_u = m_c = m_t$ であったとすると，対角化された up-type クォークの質量行列は単位行列に比例するので，(1.113) の対角化において V を任意のユニタリ行列として $V_{uL} \to V_{uL}V$, $V_{uR} \to V_{uR}V$ と変更しても，相変わらず質量行列は対角化されたままである．そこで V を適当に選べば $V_{uL} = V_{dL}$ → $V_{KM} = I_3$ とすることが可能であり，世代間混合，さらには CP 対称性の破れも消滅してしまう．つまり，V_{KM} が非対角で一見世代間の混合があるように見えても，仮にクォーク質量の完全な縮退があると世代間混合は物理的には意味をなさ

ないことになる．直感的にいえば，世代やフレーバーの違いは唯一質量の違いにあるので，質量が縮退してしまうと世代が確定しなくなり，世代間混合を考える意味がなくなる，ということである．

もちろん実際には各フレーバーは世代により階層的に大きく異なる質量をもつのであるから，こうした議論は意味がなさそうであるが，この議論の教訓として，世代間混合，それによって引き起こされる FCNC，さらには CP 対称性の破れは，クォーク質量の違い，それに伴うフレーバー対称性の破れによって支配されていることがわかるのである．実際，(1.99) に見られるように FCNC の確率はクォークの質量（2乗）差でコントロールされている．これが GIM 機構の神髄である．同様に，レプトンセクターでのフレーバーが変化する $\nu_e \to \nu_\mu$ といったニュートリノ振動においても，小林‒益川行列に対応するレプトンセクターの行列である牧‒中川‒坂田（MNS）行列の混合角がゼロでなくとも仮にニュートリノ質量が完全に縮退するとニュートリノ振動の確率はゼロとなる．よって，標準模型のようにニュートリノ質量がゼロの場合にはニュートリノ振動は当然起きないことになる．

1.11.1　2世代模型ではCP対称性が破れないということ

1964 にクローニン‒フィッチ等によってアメリカのブルックヘブン国立研究所（Brookhaven National Laboratory, BNL）で発見された，寿命の長い方の中性 K 中間子 K_L の崩壊 $K_L \to \pi^+\pi^-$ は，弱い相互作用の世界で CP 対称性がわずかながら破れていることを初めて示すものであった．K_L は負の CP 固有値をもつのに対して終状態の二つのパイ中間子の状態は正の CP 固有値をもつからである．2008 年にノーベル物理学賞を授与された小林誠，益川敏英，両博士の業績は，この CP 対称性の破れは 2 世代では説明不可能で，これを説明するためには 3 世代（以上）の存在が必要であることを初めて明らかにしたことであった．提唱された 3 世代をもった理論である「小林‒益川模型」の論文では，上記の小林‒益川行列 V_{KM} も具体的に書き下されている．

つまり，CP 対称性の破れに関して，2 世代模型と 3 世代模型の間には本質的違いがあるということであり，その違いを見極めるために，まずは 2 世代

模型ではなぜCP対称性が破れ得ないのかについて考えてみよう.

そもそもCP変換とは,素粒子とその反粒子を互いに入れ替える荷電共役 (charge conjugation) 変換 (C変換) と空間座標の反転 $(x, y, z) \to (-x, -y, -z)$, あるいはそれと等価である鏡に映す鏡像変換であるパリティ (parity) 変換 (P変換) を同時に行う変換である. このCP変換の下での不変性のことをCP対称性という. 例えば電磁相互作用の世界では,水素原子において電子と陽子を陽電子と反陽子に変えたり,あるいは鏡に映したりしても,変換後の運動も同じ電磁気の法則に従った許される運動であり,CやP対称性, したがってCP対称性も存在する. しかし,弱い相互作用においては,C, Pどちらの対称性も最大限に破れていることが知られている.

これを端的に示すものとして,ニュートリノの次のような性質が挙げられる. ニュートリノは弱い相互作用のみをもつが,これに参加するのは左巻きの状態 ν_L のみで, ν_R は参加せず,そもそも標準模型では右巻きニュートリノは理論に存在しない. つまり左右の対称性であるP対称性 (右手を鏡に映すと左手になる) は大きく破れている. また ν_L の反粒子である $\bar{\nu}_L$ も弱い相互作用に参加しないのでC対称性も大きく破れていることになる. しかし, $\bar{\nu}_R$ は弱い相互作用に参加するので,CP対称性だけは理論に対称性として存在するように思える. しかし,すでに上で述べたように,このCP対称性さえもわずかに (1000分の1程度の確率で) 破れていることがBNLでの実験で発見されたのであった.

さて,CやCP変換では粒子と反粒子が入れ替わるが,場の理論の言葉でいえば,これは場をその複素共役 (場を演算子と考えるとエルミート共役) に変換する操作を含む (実際には,クォーク等のフェルミオンに関しては,スピノールの行列による線形変換の操作も同時にあって少々複雑である). これは,場の量子論にまで行かなくても,量子力学のレベルでもわかる. 電子を非相対論的に表す波動関数 (スピンの自由度は無視) ψ を考えると,そのゲージ変換は,スカラーQEDのときの位相変換 (1.50) と同様に

$$\psi \to \psi' = e^{-ie\lambda}\psi \quad (\lambda : 実数のゲージ変換パラメータ) \tag{1.117}$$

である. この式の複素共役 (complex conjugation) をとると

$$\psi^* \to \psi'^* = e^{ie\lambda}\psi^* \tag{1.118}$$

1.11 CP 対称性の破れと 3 世代模型——小林–益川模型

となるから，ψ^* が電子とは逆符号の電荷 $+e$ をもつ陽電子を表すことがわかる．

この議論から，もしも理論の相互作用を表す結合定数（ゲージ結合定数や湯川結合定数）がすべて実数であったとすると，実数は複素共役の下で当然不変なので CP 対称性は破れないと，直感的に推察できる．実際，その通りであり，例えばゲージ結合定数は実数なので CP 対称性を破らないが，湯川結合定数 $f_{ij}^{u,d}$ は一般に複素数であり，CP 対称性を破り得る．実際には，クォークの質量固有状態に移ると質量行列ともども，湯川結合定数も実数になるが，その替わりに荷電カレントによる弱相互作用に現れる "混合行列"（3 世代模型の場合には小林–益川行列）が一般に複素行列になり，これが CP を破り得る唯一の可能性をもつことになる．

さて，話を元に戻し，なぜ 2 世代では CP 対称性は破れないのか考えてみよう．2 世代の場合には混合行列は 2×2 のユニタリ行列であるが，これを V_{cc} と書くことにしよう．一般に $n \times n$ のユニタリ行列と直交行列は，それぞれ n^2 個，および $_nC_2 = \frac{n(n-1)}{2}$ 個の実数の自由度（独立なパラメータの数）をもつ．2 世代 ($n=2$) の場合には直交行列の自由度は 1 であるが，これは平面上の回転を表す回転角（カビボ角 θ_c に対応）に対応する．すると，V_{cc} の内の $2^2 - 1 = 3$ 個の自由度は位相因子に対応するはずである．実際，V_{cc} を以下のようにカビボ角 θ_c と三つの位相 ϕ_i ($i=1,2,3$) を用いて具体的に書き下すことができる：

$$V_{cc} = \begin{pmatrix} \cos\theta_c \, e^{i\phi_1} & \sin\theta_c \, e^{i\phi_2} \\ -\sin\theta_c \, e^{i\phi_3} & \cos\theta_c \, e^{i(-\phi_1+\phi_2+\phi_3)} \end{pmatrix}. \tag{1.119}$$

このように V_{cc} は三つも位相をもった複素行列であるから，2 世代模型においても CP 対称性は容易に破られるように一見思われる．

しかし，小林–益川は，2 世代模型の場合には CP 対称性は破れ得ないことを見抜いたのであった．それは，理論には物理的結果を変えることなく位相を変えてクォークの場を再定義する，「位相の再定義 (rephasing)」の自由度が残されているからである．すなわち，各クォークごとに

$$q \quad \to \quad q' = e^{i\phi_q} q \quad (\phi_q : \text{実定数}) \tag{1.120}$$

という位相変換を考えると，これらの変換の下でクォークの自由ラグランジ

アンは明らかに不変である：
$$\bar{q}(i\partial\!\!\!/ - m)q = \bar{q}'(i\partial\!\!\!/ - m)q'. \tag{1.121}$$

荷電カレントは ((1.115) と同様に)
$$J^\mu_+ = \frac{g}{\sqrt{2}} \begin{pmatrix} \bar{u} & \bar{c} \end{pmatrix} V_{cc} \gamma^\mu L \begin{pmatrix} d \\ s \end{pmatrix} \tag{1.122}$$

と書けるので，rephasing の自由度を用いて
$$u \to e^{i\phi_1} u, \quad c \to e^{i\phi_3} c, \quad s \to e^{i(\phi_1 - \phi_2)} s, \tag{1.123}$$

という変換を行うと，(1.119) で与えられる V_{cc} から完全に位相が除去され
$$V_{cc} \to \begin{pmatrix} \cos\theta_c & \sin\theta_c \\ -\sin\theta_c & \cos\theta_c \end{pmatrix} \tag{1.124}$$

という回転行列に帰着することがわかる．こうして，適当な rephasing によってラグランジアンから複素数の結合定数を完全になくすことが可能である．これは 2 世代模型では CP 対称性は破れないことを意味しているのである．つまり，結合定数に位相が存在することは CP 対称性が破れるための必要条件ではあるが十分条件でもあるとは限らない，ということである．

1.11.2 小林—益川の 3 世代模型

小林—益川は，2 世代では CP 対称性は破れ得ない，との認識に至ってからただちに，3 世代模型へ拡張すれば，荷電カレントを記述する "小林—益川行列" に rephasing では消し去ることのできない，したがって物理的に真に意味のある CP を破る位相（CP 位相）が一つだけ残ることを示した：

$$V_{KM} = \begin{pmatrix} c_1 & s_1 c_3 & s_1 s_3 \\ -s_1 c_2 & c_1 c_2 c_3 - s_2 s_3 e^{i\delta} & c_1 c_2 s_3 + s_2 c_3 e^{i\delta} \\ -s_1 s_2 & c_1 s_2 c_3 + c_2 s_3 e^{i\delta} & c_1 s_2 s_3 - c_2 c_3 e^{i\delta} \end{pmatrix}. \tag{1.125}$$

ここで $c_i = \cos\theta_i$，$s_i = \sin\theta_i$ ($i = 1, 2, 3$) という略記法を用いた．θ_i は 3 個の世代間の混合角（"オイラー角"）であり，δ が CP 位相に他ならない．

なお，一般に n 世代模型における CP 位相の数は

1.11 CP 対称性の破れと3世代模型——小林–益川模型

$$n^2 - {}_nC_2 - (2n-1) = \frac{(n-1)(n-2)}{2} \tag{1.126}$$

で与えられる．ここで n^2 および ${}_nC_2$ は，すでに述べたように $n \times n$ ユニタリ，および直交行列の自由度であるので，$n^2 - {}_nC_2$ はユニタリ行列に存在する位相の数である．$2n-1$ は rephasing により消すことができる位相の数で，2世代模型（$n=2$）の場合には (1.123) に見られるように3である．up-type, down-type それぞれ n 個のクォークに rephasing の自由度，すなわち計 $2n$ 個の rephasing の自由度があるものの，その内の1個はすべてのクォークを同じ位相で変換する自由度に相当し，(1.115) からもわかるようにこの場合混合行列は変化しないので rephasing で消せる自由度は $2n-1$ となるのである．(1.126) より明らかなように，CP 位相は n が3以上，すなわち3世代以上で現れることになる．

このように，CP 対称性に関して2世代と3世代では本質的な違いがあるが，その違いは以下のように本質を失うことなく直感的に理解することができる．混合行列において，例えば第1列の要素を適当なクォーク場の rephasing によりすべて実数にすることができても，別の列の行列要素に新たな位相が加わる．CP が破れるかどうかは rephasing によらない性質であるから，これが示唆することは重要なのは異なる列の間の相対的な位相である，ということである．混合行列はユニタリ行列なので，異なる列の間の関係というと，それらの間の直交性が思い浮かぶ．そこで，2世代の場合について V_{cc} の1列目と2列目の直交条件を書いてみると

$$(V_{cc})_{ud}(V_{cc})_{us}^* + (V_{cc})_{cd}(V_{cc})_{cs}^* = 0 \tag{1.127}$$

となる．直交するという事実は基底のとり方によらないから，rephasing を行ってもこの直交条件は不変である．

ここで (1.127) を複素平面上で表すことを考えよう．その理由は，CP 変換は混合行列の要素については

$$CP: \quad (V_{cc})_{i\alpha} \quad \rightarrow \quad (V_{cc})_{i\alpha}^* \quad (i=u,c;\ \alpha=d,s) \tag{1.128}$$

という複素共役と等価で，複素平面上では実軸に関する折り返し（線対称変換）に他ならないからである．なお，線対称変換は離散的変換である（行列式が -1 の行列で表される）が，そもそも CP 対称性は離散的対称性なので，つ

58 第1章 素粒子の標準模型

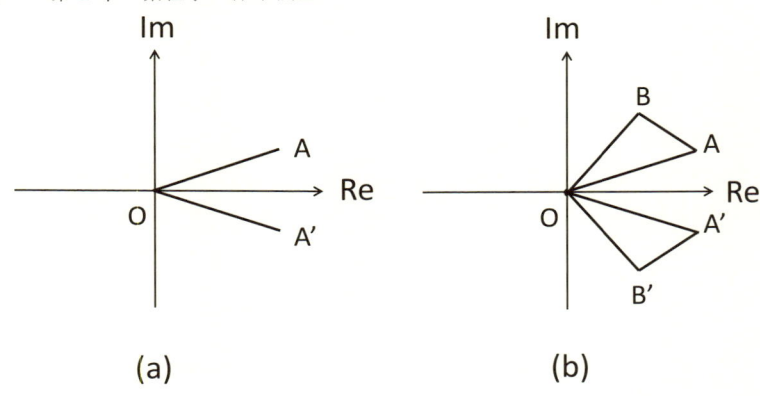

図 1.7 2世代模型と3世代模型の本質的な違い

じつまは合っている．(1.127) の直交条件を $(V_{cc})_{ud}(V_{cc})_{us}^*$ と $(V_{cc})_{cd}(V_{cc})_{cs}^*$ のそれぞれに対応する複素平面上のベクトルを用いて表すと，これらのベクトルは，図 1.7(a) の $\overrightarrow{OA}$ および $\overrightarrow{AO}$ に対応する $(\overrightarrow{OA} + \overrightarrow{AO} = \vec{0})$．CP 変換を行うと線分 OA は実軸（Re 軸）に関して折り返され，図の OA′ に変換される．一見，OA′ は OA と異なる図形に見えるが，原点 O の周りで回転させると OA′ を OA に完全に重ねることができる．この回転は正に rephasing に対応する．これは CP 変換をしても物理的には不変であることを意味している．

ここまで議論して来ると，2世代模型と3世代模型の本質的な違いはほとんど自明になる．つまり，今度は3世代模型に対応して線分ではなく図 1.7 の (b) のように三角形 OAB を考えれば，これを Re 軸に関して折り返してできる三角形 OA′B′ は，もはや回転しても元の三角形 OAB にぴったり一致することはない（三角形が閉じてしまう，といった特別な場合を除き）．これが正に CP 対称性が破れることを意味しているのである．

ここの事情を，もう少しだけ詳しく見てみよう．3世代模型の場合には，直交条件は二つの列の組み合せの数，すなわち三つ存在する．小林–益川行列の α 列目と β 列目 $(\alpha, \beta = d, s, b;\ \alpha \neq \beta)$ の直交条件

$$(V_{KM})_{u\alpha}(V_{KM})_{u\beta}^* + (V_{KM})_{c\alpha}(V_{KM})_{c\beta}^* + (V_{KM})_{t\alpha}(V_{KM})_{t\beta}^* = 0 \quad (1.129)$$

は図 1.7(B) に見られるように閉じた三角形を形成する ($\overrightarrow{OA}+\overrightarrow{AB}+\overrightarrow{BO}=\vec{0}$).
こうした三角形は名前が付いていて，小林–益川行列のユニタリティを表しているので「ユニタリ三角形（unitarity triangle）」とよばれる．

　上述の例外的状況とは内角の一つがゼロになり閉じた三角形になる場合である．この場合 CP 対称性は破れないことになる．この簡単な議論から示唆されることは，ユニタリー三角形の面積が CP の破れを表す指標になっているのではないか，ということである．実際，ここでは厳密な証明は行わないが，この三角形の面積の 2 倍が，3 世代模型において CP の破れを表す物理量に常に登場する，rephasing によらない唯一の指標である「ヤールスコッグ（Jarlskog）パラメータ J」とよばれるものである．実際，rephasing に対応する回転をしても三角形の面積は明らかに不変である．なお，3 個の直交条件に対応し，異なる 3 個のユニタリ三角形が存在するが，それらの面積は皆等しく，常に J の半分となることを示すことができる．ヤールスコッグ・パラメータ J を混合角と CP 位相を用いて具体的に書くと

$$J = \sin^2\theta_1 \sin\theta_2 \sin\theta_3 \cos\theta_1 \cos\theta_2 \cos\theta_3 \sin\delta \tag{1.130}$$

となる．興味深いのは，CP 位相 δ がゼロでない場合であっても，混合角 $\theta_{1,2,3}$ の内の一つでもゼロになると実際には CP 対称性は破れないという事実である．粗い直感的な言い方ではあるが，混合角がゼロになると実質的に 2 世代模型（や 1 世代模型）に帰着してしまい，したがって CP 対称性の破れが消滅するということである．さらには，世代間混合が本質的に重要であるということは，小林–益川理論における CP 対称性の破れは，常に FCNC に伴って生じることを示唆している．実際，さらに踏み込んで，CP が破れるための必要十分条件を求めてみると（この辺の議論に興味のある読者は [4] を参照されたい）

$$\begin{aligned}(m_d^2 - m_s^2)&(m_s^2 - m_b^2)(m_b^2 - m_d^2)(m_u^2 - m_c^2)(m_c^2 - m_t^2)(m_t^2 - m_u^2)J \\ = (m_d^2 - m_s^2)&(m_s^2 - m_b^2)(m_b^2 - m_d^2)(m_u^2 - m_c^2)(m_c^2 - m_t^2)(m_t^2 - m_u^2) \\ &\times \sin^2\theta_1 \sin\theta_2 \sin\theta_3 \cos\theta_1 \cos\theta_2 \cos\theta_3 \sin\delta \neq 0 \end{aligned} \tag{1.131}$$

であることがわかる．すなわち，CP 対称性を破るには，単に CP 位相 δ が存在するだけでは十分ではなく，次のような三つの条件が同時に満たされる

必要がある:

- CP 対称性を破る CP 位相 δ が存在すること
- 三つの世代の間の三つの混合角 $\theta_{1,2,3}$ がすべてゼロではないこと
- up-type, down-type のそれぞれのクォークセクターについて，三つのクォークの質量がすべて異なること

このように，小林–益川行列と関係のないクォーク質量が CP を破るための条件に現れるのは一見不思議であるが，先に FCNC について議論した際に見たように，質量の縮退があると世代間混合はそもそも意味をなさないので CP は破れないことになるのである．なお，上記の 2 番目，3 番目の条件は実際には明らかに満たされていて，これらの条件は無意味であるようにも思えるが，これらの条件が強く示唆しているのは，小林–益川模型においては CP を破る物理量は必ずフレーバー混合とクォーク質量（2 乗）の差によるフレーバー対称性の破れによって生じるフレーバーを変える中性カレント（FCNC）過程に伴って現れる，という事実である．

第2章　標準模型の抱える問題点

　この本の目的は,「標準模型を超える（beyond the standard model, BSM）理論」について解説することである．最初に述べたように，BSM理論を考察する動機は，標準模型がいくつかの基本的で重要な（主として理論的な側面の）問題点を内包しているからである．そこで，この章ではどのような問題が存在するのかまとめてみよう．

（1）ニュートリノ質量とレプトンセクターにおける大きな世代間混合
　ときどき標準模型の予言とは違う実験データが得られたとの報告がなされることがあるが，今のところ，実験データが標準模型の予言と明確に矛盾し，これを超える理論（BSM理論）の必要性を示している確立した例は，ニュートリノ振動のみであろう．この次の3章で述べるように，最近の神岡でのSuper-Kamiokande実験に代表されるような太陽，大気，あるいは原子炉や加速器からのニュートリノの事象数を測定する実験のデータから「ニュートリノ振動」とよばれる現象の存在が確立したといえる．こうしたニュートリノ振動は，ニュートリノがゼロではない有限の質量をもち，またレプトンセクターにおいてもクォークセクター同様に世代間混合が存在することを強く示唆している．これに対し，標準模型では右巻きのニュートリノは導入されず，またレプトン数も（量子異常という例外的効果を除き）保存されるので，ニュートリノ質量は厳密にゼロであり，ニュートリノ振動は起こり得ない．さらに，Super-Kamiokandeの大気ニュートリノ実験のデータは，ある世代間混合角が $\pi/4$ という「最大混合」を示すものであることを強く示唆している．これ

はクォークセクターにおける小さな世代間混合とは顕著に違う性質であり，ニュートリノ質量の存在とともに，BSM 理論の必要性を明確に示している．

なお，標準模型に右巻きニュートリノを導入し，電子等と同じ「ディラック型」の質量をニュートリノにもたせることはただちに可能ではあり，そのように修正された模型も標準模型の範疇に入れられる場合がある．この場合には，本来の模型は "最小標準模型" とよばれる．しかし，ニュートリノだけがなぜ非常に小さな質量をもつのか，なぜレプトンセクターにおける世代間混合が大きいのか，といった問題は，本質的に標準模型とは違う何らかのBSM 理論の存在を示唆しているように思える．

(2) 重力相互作用が取り入れられていない

BSM 理論の必要性は主に理論的側面から指摘されてきたといえる．まず挙げられるわかりやすい問題点は，標準模型には素粒子の四つの相互作用の内で重力相互作用のみが取り入れられていない，ということである．

その理由の一つは，素粒子のようなミクロの世界では重力が他の力に比べて極端に小さいということがあるが，前章で述べた弱い相互作用の場合がそうであったように，重力定数 G_N が質量の逆 2 乗の次元をもつ（自然単位系で）ために，エネルギースケールが大きくなるとしだいに重力は強くなり，プランク質量（Planck mass）$M_{\rm pl} \sim 10^{19}$ GeV（自然単位で G_N を質量に換算したもの）という膨大なエネルギーではあるが，その程度まで大きくなると，他の相互作用と同等に効き出す．

そこで，弱相互作用同様に重力相互作用も他の相互作用と統一しようとすると，重大な理論的問題に直面する．それは，重力は他の相互作用とは異なり時空の幾何学であり，また局所ゲージ対称性ではなく一般座標変換不変性という局所的対称性に基づく一般相対論で記述されるが，これを量子化しようとすると，ゲージ理論の場合とは異なりくり込みができないのである．こうした問題点を克服可能なすべての相互作用の統一理論として提唱されているのが「超弦理論（superstring theory）」あるいは M 理論とよばれるものである．非常に意欲的な理論で，低エネルギー（われわれが到達可能なエネルギー）では標準模型を含むある種の BSM 理論に帰着するものと思われているが，可能な BSM 理論の候補が多すぎて，どの理論が実際に実現される

のかについては結論が得られていない．

(3) 真の統一になっていない

標準模型は，"一つの" $SU(3)_C \times SU(2)_L \times U(1)_Y$ というゲージ対称性をもったゲージ理論ではあるが，それぞれのゲージ群は直積の形で入っている．直積とは，これらの群の操作が互いにまったく独立であることを意味しているので，$SU(3)_C, SU(2)_L, U(1)_Y$ のゲージ結合定数は完全に独立であり．標準模型は真の統一理論とはいえない．特に強い相互作用と電弱相互作用は完全に独立に扱われている．また $SU(2)_L \times U(1)_Y$ で記述される電弱統一理論の部分に関しても，$SU(2)_L$ と $U(1)_Y$ の混合の度合いを表すワインバーグ角 θ_W は $\tan\theta = \frac{g'}{g}$ ($g, g': SU(2)_L, U(1)_Y$のゲージ結合定数) で決まるが，g, g' は互いに独立なので，ワインバーグ角を標準理論の枠内で予言することはできない．

(4) 電荷の量子化が説明できない

水素原子は電気的に中性であるが，これはクォークとレプトンの電荷の間に $|Q(e)| = 3|Q(d)|, |Q(u)| = 2|Q(d)|$ といった関係があり，これらの電荷が基本的な電荷の整数倍に「量子化」されているからである．しかし，標準模型では中野–西島–ゲルマンの法則 $Q = I_3 + \frac{Y}{2}$ において Y の固有値は任意であり，電荷の量子化を説明することは原理的にできない．

(5) 階層性問題

標準模型の典型的な質量（エネルギー）スケールは弱スケール $M_W \simeq 80$ GeV である．しかし，標準模型はここで挙げているような問題点をもつので，M_W よりずっと高いエネルギースケール，例えば上述の $M_{\rm pl}$ といったスケールで，より基本的な BSM 理論にとって替わられると期待されている．階層性問題とは，こうした桁が大きく異なる二つの質量スケール，例えば $M_W \ll M_{\rm pl}$ という階層性をいかにして（自然に）維持できるか，という問題である．階層性問題には古典論，量子論の二つのレベルにおける問題が存在するが，特に量子論レベルでの階層性問題（ヒッグスの質量への量子補正に関する問題）を解決しようとする試みから，超対称理論といった現在よ

く議論されるBSM理論が生まれてきたといっても過言ではなく，重要な問題なので第5章で独立に少し詳しく論じる．

(6) 多くの予言できないパラメータ

上記の階層性問題はヒッグス粒子に関わる問題であるが，もう一つこの粒子にまつわる理論的な問題点がある．

標準模型において，ゲージ相互作用の部分に関しては，ゲージ原理から規定され何の不定性もない．このため理論の明確な予言を行うことが可能である．

これに対して，自発的対称性の破れを引き起こすために導入されるヒッグス粒子はスピンが0のスカラー粒子であり，スピンをもったゲージボソンのように何らかの局所的対称性を保証するために導入される粒子ではない．そのためヒッグス粒子による相互作用，すなわち「ヒッグス相互作用」に関しては，これを規定する原理が標準模型では存在しない．具体的には，クォークやレプトンとの湯川相互作用やヒッグス自身の自己相互作用の大きさや位相についてはゲージ不変性と矛盾なく勝手な値をとることができるのである．第1章で見たように，湯川相互作用によって3世代のクォークやレプトンの質量と世代間混合，さらにはCP位相が決まるが，標準理論としてこれらの値を予言することはできないのである．

(7) 暗黒物質

宇宙論あるいは天文物理学における有名な問題として「暗黒物質 (dark matter)」の正体は何か，というのがある．よく宇宙に存在するすべての物質は標準模型に現れる素粒子で構成されている，という言い方をするが，最新の観測結果はそうした通常の物質（ニュートリノも含め）の宇宙の全エネルギーに占める割合は4%程度にすぎないことを示している．そして，残りの96%の内の23%程度が暗黒物質によるエネルギー（質量といってもよい）で占められていると思われている．暗黒物質とは，他の物質との相互作用が非常に弱い質量をもった物質で観測にかかりにくく，そのため宇宙に存在しているにもかかわらず発見が遅れた．暗黒物質の存在を示す観測事実がいろいろと報告されているが，例えば，われわれの天の川銀河の星の銀河中心の周りの回転速度が銀河中心から相当離れてもそれほど減衰しない，という事

実がある．すると大きな遠心力を打ち消すためには，それまで知られていなかった相当量の質量が銀河中心から星の位置までに存在している必要があり，これが暗黒物質によって供給されていると思われている．

　暗黒物質の正体については現時点では不明であるが，素粒子物理学の枠内で説明されるものであるとの説が有力である．暗黒物質は通常の物質ではないので，何らかのBSM理論の予言する新粒子であろうと予想されている．例えば，第6章で紹介するBSM理論の代表的存在である超対称性をもった「最小の超対称標準模型（MSSM）」では，理論のもつRパリティとよばれる対称性のために，最も軽い超対称パートナーの粒子（LSP）は重いながら崩壊せず安定な粒子であり，暗黒物質の有力な候補となっている．さらに，第7章で紹介する余剰次元をもった高次元理論の中にも暗黒物質の候補を提供するものがある．

(8) 暗黒エネルギー

　さらに不思議なことに，暗黒物質を考慮しても依然として残る73%程度，すなわち宇宙のエネルギーの$\frac{3}{4}$程度のエネルギーの正体がわかっていないのである．このエネルギーを「暗黒エネルギー（dark energy）」とよぶ．これは，ちょうど宇宙初期にインフレーションとよばれる加速膨張を引き起こしたような，単位体積あたりの宇宙のエネルギーを表す宇宙項（cosmological constant）に相当するものであろうと考えられているが，それを自然に導く理論は現時点では存在していないと思われる．そもそも，素粒子理論に基づいて説明すべきか，重力理論（一般相対論）の何かの変更により説明可能か，といった点についてもはっきりしていない．

　以下で順次議論するいくつかの代表的なBSM理論は，こうした標準模型の問題点を解決する試みから生まれてきた．ただし，どの理論も上記のすべての問題を一気に解決することには（少なくても現時点では）成功していない．

第3章 ニュートリノ質量とニュートリノ振動

　素粒子の標準模型はさまざまな実験データを（ほぼ）完璧に説明する確立した理論である．しかし，理論的考察からだけでなく実験事実からも，これを超える理論（BSM 理論）の必要性が指摘されている．標準模型では説明できない実験事実というのは，日本の Super-Kamiokande 実験に代表されるような実験で発見された「ニュートリノ振動」という現象である．これは弱い相互作用により生成されたニュートリノが検出器に到達した際に別のフレーバーのニュートリノに変わってしまい，それによって元のフレーバーのニュートリノの数が減ってしまう現象である．それらの確率が生成されてからの時間，あるいは走った距離の関数として振動的に振る舞うことからニュートリノ振動とよばれる．

　フレーバーが変化するということはフレーバーの対称性が破れていることを意味するが，実際仮にニュートリノの質量がすべて同じである（縮退している）としたら，1.11 節で述べたようにニュートリノ振動は起こり得ないことになる．よって，ニュートリノ振動が存在したとすると，それはニュートリノの質量が縮退していないこと，すなわちニュートリノが質量をもつことを明確に示すことになる．標準模型ではニュートリノは質量をもつことはできないので．ニュートリノ振動は標準模型の，少なくともレプトンセクターの変更を強いることになる．

　この章では，こうした観点からニュートリノ質量とそれによって引き起こされるニュートリノ振動について議論する．ニュートリノ質量に関しては，特にどのようなタイプがあり得るか，ニュートリノが他のフェルミオンに比べて

極端に軽いことを自然に説明できる機構があるか，またそれを実現するBSM理論としてはどのような理論が可能か，という点に注意しながら考えていくことにする．

3.1 スピノールの2成分表示とスピノールのタイプ

まずは，少し技術的な話ともいえるがニュートリノを記述する際に有用であるスピノールの2成分表示について解説する．この表示は第6章の「超対称理論」の議論においても用いられるが，ここで一通りの導入を行うことにする．

素粒子理論は場の量子論を用いて記述されるが，そうした理論のひな形である量子電気力学（QED）では，物質であるスピン1/2の電子は4成分の複素ベクトルであるディラック・スピノールで表される．4成分で表されるのは，スピンの上下の2自由度とともに粒子・反粒子の2自由度を区別する必要があるからである．QEDではパリティ対称性があり電子の右巻き，左巻きの状態が対等に存在し，また電子は質量をもつので，ディラックが電子を記述するのにこのようなスピノールを用いたのは自然なことであった．しかし，第1章で議論したように標準模型においては弱い相互作用のためにパリティ対称性は大きく破れており，また自発的対称性の破れが起きる前のフェルミオンは質量をもたない．このような場合には，右巻き，左巻きの状態をそれぞれ独立なワイル・スピノールとして表し，フェルミオンが質量をもつ段階で，これらが"カイラルパートナー（chiral partner）"となって一つのディラック・スピノールを構成すると考える方が自然である．特に，標準模型では弱い相互作用には右巻きニュートリノは関与しないこと，またニュートリノ質量はゼロと見なせる，との立場から左巻きニュートリノのみが導入された．

ここで，ゼロ質量のフェルミオンの場合には，右巻き，左巻きの状態，すなわち γ_5 の固有値が ± 1 の状態と，ヘリシティ（運動量方向のスピン成分の2倍）が ± 1 の状態は完全に一致し，さらには右巻き，左巻きの状態は決して互いに混合しないことに注意しよう．これは直感的にも理解可能である．ゼ

3.1 スピノールの2成分表示とスピノールのタイプ

ロ質量のフェルミオンは光速度で運動するので,ある慣性系においてスピンが運動量方向を向くヘリシティ $h=1$ の状態のフェルミオンがあったとすると,どの慣性系にローレンツ変換してもこのフェルミオンを追い越すことはできず,したがって運動量の方向が逆転することはない.これに対して質量をもつフェルミオンの場合には,その速度は光速度より小さいので,これを追い越すような慣性系に移ることが可能で,その場合運動量の方向は逆転するので,ヘリシティも $h=-1$ に反転し,変換後の系から見るとフェルミオンは左巻きになる.

別の言い方をすると,質量をもつフェルミオンの場合には必然的に右巻きと左巻きのワイル・スピノール,ψ_R, ψ_L が混合することになる.実際,標準模型では自発的対称性の破れの後,フェルミオンは $\psi_D = \psi_L + \psi_R$ というディラック・スピノールを用いて

$$m_D \bar{\psi}\psi = m_D(\bar{\psi}_L \psi_R + \text{h.c.}) \tag{3.1}$$

と書かれる質量項をもつことになる.このように,フェルミオンが質量項を構成するには右巻き,左巻きの状態がカイラルパートナーとして混合することが必要になる.

数学的には,右巻き,左巻きのワイル・スピノールはそれぞれローレンツ変換の既約表現をなし,したがってディラック・スピノールに比べより基本的なスピノールである,という言い方もできる.ワイル・スピノールがローレンツ変換の既約表現をなすことは

$$[\gamma_5, \Sigma^{\mu\nu}] = 0 \tag{3.2}$$

からも容易に理解される.ここで $\Sigma^{\mu\nu} = \frac{i}{4}[\gamma^\mu, \gamma^\nu]$ はスピノールに関するローレンツ変換の群 $SL(2,C)$ の生成子である.この関係式は,ローレンツ変換をしても γ_5 の固有値は変わらないことを意味しており,したがってローレンツ変換の下で ψ_R と ψ_L は互いに混ざり合わず,それぞれがローレンツ変換の(異なる)既約表現をなすことになる.

$\psi_D = \psi_L + \psi_R$ のように二つのワイル・スピノールが合わさって一つのディラック・スピノールを構成するということは,それぞれのワイル・スピノールはディラック・スピノールの半分の物理的自由度をもつと考えられ,し

たがって 4 成分ではなく 2 成分のスピノール（複素ベクトル）を用いて記述できそうである．実際，これは次のような γ_5 が対角化されるようなガンマ行列の基底である "カイラル基底" において明白になる：

$$\gamma^\mu = \begin{pmatrix} 0 & \sigma^\mu \\ \bar{\sigma}^\mu & 0 \end{pmatrix}, \tag{3.3}$$

$$\sigma^\mu = (I, \sigma_i), \tag{3.4}$$

$$\bar{\sigma}^\mu = (I, -\sigma_i), \tag{3.5}$$

$$\gamma_5 = i\gamma^0\gamma^1\gamma^2\gamma^3 = \begin{pmatrix} -I & 0 \\ 0 & I \end{pmatrix}. \tag{3.6}$$

ここで，I は 2×2 の単位行列であり，また σ_i $(i=1,2,3)$ はパウリ行列に他ならない．期待したように，この基底では左巻き，右巻きのワイル・スピノールは $\gamma_5\psi_L = -\psi_L$, $\gamma_5\psi_R = \psi_R$ の性質から，それぞれ 2 成分スピノールで表されることになる：

$$\psi_L = \begin{pmatrix} \eta_\alpha \\ 0 \end{pmatrix}, \tag{3.7}$$

$$\psi_R = \begin{pmatrix} 0 \\ \bar{\xi}^{\dot{\alpha}} \end{pmatrix}, \qquad (\alpha, \dot{\alpha} = 1, 2). \tag{3.8}$$

また，ローレンツ変換の生成子もブロック対角化された 2×2 行列を用いて以下のように表されるので，$\psi_{L,R}$ のそれぞれが異なる既約表現をなすことも明白である：

$$\Sigma^{\mu\nu} = \frac{i}{2}\begin{pmatrix} \sigma^{\mu\nu} & 0 \\ 0 & \bar{\sigma}^{\mu\nu} \end{pmatrix}, \tag{3.9}$$

$$\sigma^{\mu\nu} \equiv \sigma^\mu\bar{\sigma}^\nu, \qquad \bar{\sigma}^{\mu\nu} \equiv \bar{\sigma}^\mu\sigma^\nu \quad (\mu \neq \nu). \tag{3.10}$$

(3.7), (3.8) において，左巻きと右巻きのワイル・スピノールの添字は上付き，下付きという違いがあり，さらにドット（点）付き，ドットなしという点でも（またバーが付いていたりいなかったりという点でも）異なるが，これはこれらが粒子と反粒子を入れ替える C（荷電共役）変換の下で互いに入れ替わることを意味している．実際，(3.7) の C 変換を行ってみると

3.1 スピノールの2成分表示とスピノールのタイプ

$$(\psi_L)^c = i\gamma^2(\psi_L)^* = \begin{pmatrix} 0 \\ \overline{\eta}^{\dot{\alpha}} \end{pmatrix}, \tag{3.11}$$

となり，たしかに右巻きの状態に変化することがわかる．ここで，$\overline{\eta}_{\dot{\alpha}} \equiv (\eta_\alpha)^*$ でありドットおよびバーは複素共役を表すことになる．また $\overline{\eta}^{\dot{\alpha}} = \epsilon^{\dot{\alpha}\dot{\beta}}\overline{\eta}_{\dot{\beta}}$ で，$\epsilon^{\dot{\alpha}\dot{\beta}}$ は2階の完全反対称（レビ–チビタ（Levi-Civita））テンソルである（$\epsilon^{12} = -\epsilon^{21} = 1$）．これは，レビ–チビタ・テンソルがスピノールに関していわば計量テンソルの役割を果たすことを意味するが，実際，任意の二つの左巻きスピノール η_α, χ_β の "内積"

$$\epsilon^{\alpha\beta}\eta_\alpha\chi_\beta \tag{3.12}$$

は SL(2,C) 変換の下で不変であることが（SL(2,C) の変換行列の行列式が1であることから）容易にわかる．こうして左巻き，右巻きのスピノールは SL(2,C) の基本表現とその反表現として振る舞うことがわかり，添字のドットなし，ドット付きはそうした表現の違いを表していることが理解される．

(3.12) がローレンツ不変であるのは，ちょうど SU(2) において二つの2重項（doublet）を反対称に組んだものが1重項として振る舞うことによく似ている．実際，(3.10) に与えられる 2×2 のローレンツ変換の生成子 $\sigma^{\mu\nu}, \overline{\sigma}^{\mu\nu}$ は，SU(2) のリー代数と同じ交換関係を満たすことがわかる．よってスピノールに対するローレンツ変換は "SU(2)" × "SU(2)" のように見なすことも可能である．SU(2) に " " を付けた理由は，時空がミンコフスキー的であるために，生成子 $\sigma^{\mu\nu}, \overline{\sigma}^{\mu\nu}$ に反エルミートの部分が含まれるからである．仮に時空がユークリッド的であるとすると，ローレンツ変換は正確に SO(4)～SU(2)×SU(2) となる．ところで，例えば $\sigma^{\mu\nu}$ はローレンツ変換の6個の独立な生成子をもつように見えるが，一方で SU(2) の生成子は3個であり，上で述べた $\sigma^{\mu\nu}$ が SU(2) と同じ代数を満たすという主張は一見おかしいように思われる．しかし，この生成子は左巻きのワイル・スピノールに対するものなので，$\Sigma^{\mu\nu}L$（$L = \frac{1-\gamma_5}{2}$ は左巻き状態への射影演算子）と同等である．ここで例えば $\gamma^0\gamma^1\gamma_5 = i\gamma^2\gamma^3$ が成り立つことから予想されるように，σ^{01} と σ^{23} は独立ではなく，実際にはローレンツ・ブースト（本来のローレンツ変換）と空間回転の線形結合である3個の独立な生成子のみが存在することがわかる．もう少し踏み込んでいえば，この演算子は以下のような「(反) 自己

双対性((anti) self-duality)」をもっているために独立な生成子の数が半減するのである：

$$\frac{1}{2}\epsilon_{\mu\nu\kappa\lambda}\Sigma^{\kappa\lambda}L = -i\Sigma_{\mu\nu}L \quad \leftrightarrow \quad \frac{1}{2}\epsilon_{\mu\nu\kappa\lambda}\sigma^{\kappa\lambda} = -i\sigma_{\mu\nu}. \tag{3.13}$$

ここで右辺に -1 ではなく $-i$ が現れることからもわかるように，ユークリッド的時空の場合とは違い，真の(反)自己双対性にはなっていないことに注意しよう．

いずれにせよ，"SU(2)" × "SU(2)" に関するスピノールの表現を，あたかもそれぞれの SU(2) をスピンに関する回転対称性のように見なしてスピンの大きさを用いて書けば，各ワイル・スピノールの表現は

$$\psi_L: \ (\frac{1}{2}, 0), \qquad \psi_R: \ (0, \frac{1}{2}) \tag{3.14}$$

のように書ける．すなわち，ドットなし，ドット付きは，どちらの SU(2) に属しているかを表していることになる．

こうした議論から，ガンマ行列等の添字は

$$(\sigma^\mu)_{\alpha\dot\alpha}, \ (\bar\sigma^\mu)^{\dot\alpha\alpha}, \ (\sigma^{\mu\nu})_\alpha{}^\beta, \ (\bar\sigma^{\mu\nu})^{\dot\alpha}{}_{\dot\beta}, \ \cdots \tag{3.15}$$

のように決まり，それぞれ次のような表現に属することが容易にわかる $((\sigma^{\mu\nu})_{\alpha\beta} = (\sigma^{\mu\nu})_{\beta\alpha}$ 等より)：

$$\sigma^\mu : (\frac{1}{2}, \frac{1}{2}), \quad \bar\sigma^\mu : (\frac{1}{2}, \frac{1}{2}), \quad \sigma^{\mu\nu} : (1, 0)), \quad \bar\sigma^{\mu\nu} : (0, 1), \cdots. \tag{3.16}$$

少し脇道にそれるが，電磁場の場の強さテンソル $F_{\mu\nu}$ から $F_{\mu\nu}\sigma^{\mu\nu}$ の行列を作ると，これは $(1,0)$ という規約表現に属する電磁場の反自己双対の部分を，$F_{\mu\nu}\bar\sigma^{\mu\nu}$ は $(0,1)$ という規約表現に属する自己双対の部分を表すことになり，例えばインスタントン解のような自己双対性をもつ解の場合には $F_{\mu\nu}\sigma^{\mu\nu} = 0$ が満たされる．

すでに述べたように，フェルミオンが質量をもつと，右巻き，左巻きという異なるカイラリティをもつワイル・スピノールが互いのカイラルパートナーとして混合するので，これらを足し合せた四つの成分すべてをもつディラック・スピノール ψ_D で理論を記述するのが便利である：

$$\psi_D = \psi_L + \psi_R = \begin{pmatrix} \eta_\alpha \\ \bar\xi^{\dot\alpha} \end{pmatrix}. \tag{3.17}$$

しかし，考えてみると (3.11) に見るようにC変換でカイラリティが変化するので，あるワイル・フェルミオンのカイラルパートナーはこれと独立なワイル・フェルミオンである必要は必ずしもなく，自分自身の反粒子でもよいわけである．この場合，(3.17) において $\xi = \eta$ となるので，ψ_L, ψ_R のそれぞれからC変換の下で不変な，したがって粒子，反粒子の区別のない2種類のフェルミオンが得られる：

$$\psi_{M1} = \psi_L + (\psi_L)^c = \begin{pmatrix} \eta_\alpha \\ \overline{\eta}^{\dot\alpha} \end{pmatrix}, \quad (3.18)$$

$$\psi_{M2} = \psi_R + (\psi_R)^c = \begin{pmatrix} \xi_\alpha \\ \overline{\xi}^{\dot\alpha} \end{pmatrix}. \quad (3.19)$$

ここで

$$(\psi_{M1,M2})^c = \psi_{M1,M2} \quad (3.20)$$

である．こうした性質をもつスピノールをマヨラナ・スピノール（Majorana spinor）といい，それで記述されるフェルミオンを「マヨラナ・フェルミオン（Majorana fermion）」とよぶ．

粒子，反粒子の区別がない粒子というのは，ボソンの場合でいえば光子あるいは中性パイ中間子のような電荷をもたず実場で表される粒子に対応するので，マヨラナ・スピノールは"実数的スピノール"であるともいえる（実際，ある基底ではマヨラナ・スピノールは4成分の実ベクトルとなる）．これと関連して，マヨラナ・スピノールは両方のカイラリティをもつのでディラック・スピノール同様4成分のベクトルであるが，($\eta = \xi$ なので) 独立な複素数で数えた自由度は2であり，ワイル・フェルミオンと実は同じである．このために，カイラリティの混ざらない運動項においては，マヨラナ，ワイルどちらで書いても結果は同じであり，またディラックは単にこれらの2倍の自由度をもつだけで，三つのスピノールの間の本質的な違いは存在しない：

$$\overline{\psi}_D i\partial\!\!\!/\psi_D = \overline{\psi}_R i\partial\!\!\!/\psi_R + \overline{\psi}_L i\partial\!\!\!/\psi_L = \frac{1}{2}(\overline{\psi}_{M1} i\partial\!\!\!/\psi_{M1} + \overline{\psi}_{M2} i\partial\!\!\!/\psi_{M2}). \quad (3.21)$$

しかし，質量をもつフェルミオンを記述する段階になると，ディラックとマヨラナでは決定的な違いが生じる．通常のディラック・フェルミオンについての質量項，すなわち「ディラック型質量項」は

$$-m_D \overline{\psi_D} \psi_D = -m_D(\overline{\psi_L}\psi_R + \text{h.c.}) = m_D(\xi^\alpha \eta_\alpha + \text{h.c.}), \tag{3.22}$$

であり，カイラルパートナーは独立な二つのワイル・フェルミオン，ξ_α と η_α であるから，これらに逆符号のフェルミオン数を付与すれば，フェルミオン数，あるいはクォークやレプトンを想定する場合にはバリオン数 B やレプトン数 L は保存されることになる．一方，マヨラナ・フェルミオンの場合には，その質量項，すなわち「マヨラナ型質量項」は

$$-m_L \overline{\psi_{M1}} \psi_{M1} = m_L(\eta^\alpha \eta_\alpha + \text{h.c.}), \tag{3.23}$$
$$-m_R \overline{\psi_{M2}} \psi_{M2} = m_R(\xi^\alpha \xi_\alpha + \text{h.c.}), \tag{3.24}$$

のようになり，同じワイル・フェルミオンどうしの結合になるので，フェルミオン数は保存されなくなる．これは，そもそもマヨラナの場合のカイラルパートナーは互いの反粒子であり，質量項によって粒子と反粒子の間の遷移が起きることになるので当然である．したがってニュートリノをマヨラナ・フェルミオンと見なす場合には，その質量項によりレプトン数の破れが生じることになる：$|\Delta L| = 2$．

　運動項の規格化も考慮すると，マヨラナ・フェルミオンに関する自由ラグランジアンは，ちょうど実スカラー場の場合と同様に係数 $\frac{1}{2}$ を伴って

$$\frac{1}{2}\overline{\psi}_{M1}(i\slashed{\partial} - m_L)\psi_{M1} + \frac{1}{2}\overline{\psi}_{M2}(i\slashed{\partial} - m_R)\psi_{M2} \tag{3.25}$$

のように書かれる．この規格化の妥当性は (3.21) からも理解できる．

3.2　三つのタイプのニュートリノ

　前節で見たように，マヨラナ質量項は理論的にはローレンツ不変性と矛盾することなく導入できるもので，そうした質量をもつマヨラナ・フェルミオンは十分存在し得るものである．しかしながら，例えば電子をマヨラナ・フェルミオンと見なすことが妥当かといえば，そうではない（実は，電子でも2個の質量の縮退したマヨラナ・フェルミオンを用いて記述することは可能なのであるが，この点は後述する）．それは，マヨラナ質量項はフェルミオンを反フェルミオンに変えたり，その逆を起こしたりするので，標準模型で（量

子異常を除き）成り立つフェルミオン数（フェルミオンには 1 を反フェルミオンには -1 を付与する）の保存則が破られてしまうからである．そればかりでなく，電子がマヨラナ質量をもつと，電子と陽電子の間の遷移が起きるので電荷の保存則まで破られることになる．いまだかつて電荷の保存則に反する実験事実は一切なく，これはぜひ避けたいところである．

よって，マヨラナ質量やマヨラナ・フェルミオンというのはニュートリノ，あるいは第 6 章で議論する超対称理論における光子の超対称パートナーである「フォティーノ（photino）」といった電荷をもたないフェルミオンにのみ適用可能である．マヨラナ質量が許されるニュートリノに関しては，電子のようにディラック型の質量のみ可能な場合とは違い，いくつかの違うタイプが理論的に可能となる．この節では，ニュートリノの三つの典型的なタイプに関して順次議論する．

3.2.1 最も一般的な質量項

ニュートリノの三つのタイプの個々の場合について解説する前に，まずは理論的に許される最も一般的なニュートリノの質量項はどのようなものか考えてみよう．三つのタイプというのは，この一般的な場合のそれぞれ特別な極限としてとらえることができる．

もちろん，ニュートリノも通常のフェルミオンと同様にディラック質量項をもつことは可能である．ただし，そのためには標準模型に存在する左巻きニュートリノ ν_L に加えて独立なワイル・スピノールとして右巻きニュートリノ ν_R も導入する必要がある．ν_R と ν_L の両方がある場合の最も一般的な質量項は，(3.22), (3.23), (3.24) を合せたものになる：

$$\mathcal{L}_m = -\frac{1}{2} m_R \overline{(\nu_R)^c} \nu_R - \frac{1}{2} m_L \overline{(\nu_L)^c} \nu_L - m_D \bar{\nu}_R \nu_L + \text{h.c.} \quad (3.26)$$

ここで m_D はディラック質量．また，m_L, m_R は左巻き，右巻きニュートリノ自身のもつマヨラナ質量であり，2 成分表示の (3.23), (3.24) に対応する．(3.26) を，2×2 行列の形で（全体としてマヨラナ質量項のように）表すことができる：

76 第3章 ニュートリノ質量とニュートリノ振動

$$\mathcal{L}_m = -\frac{1}{2} \begin{pmatrix} \overline{(\nu_L)^c} & \overline{\nu_R} \end{pmatrix} \begin{pmatrix} m_L & m_D \\ m_D & m_R^* \end{pmatrix} \begin{pmatrix} \nu_L \\ (\nu_R)^c \end{pmatrix} + \text{h.c.} \quad (3.27)$$

ここで $\overline{\nu_R}\nu_L = \overline{(\nu_L)^c}(\nu_R)^c$ といった恒等式を用いた．なお，任意の二つの左巻きニュートリノ ν_{iL}, ν_{jL} に対して $\overline{(\nu_{iL})^c}\nu_{jL} = \overline{(\nu_{jL})^c}\nu_{iL}$ がいえるので，(3.27) に現れる 2×2 の"質量行列"は一般に複素対称行列（エルミート行列ではなく）であることに注意しよう．(3.27) では1世代分のニュートリノのみを想定しているが，3世代模型に拡張しても質量行列は複素対称行列である．任意の複素対称行列は，ユニタリ行列とその転置行列を左右から掛算することで対角化可能であることを数学的に証明できるが，ここでは簡単のために m_D, m_L, m_R はすべて実数であるとし，したがって対角化は直交行列を用いて行うものとする．(3.27) には非対角成分であるディラック質量 m_D が存在するので，二つの質量固有状態では ν_L と $(\nu_R)^c$ という同じ左巻きの状態の間に混合が生じる．質量行列を対角化すると，二つの質量固有値 m_s, m_a およびこれらに対応する質量固有状態 ν_s, ν_a が

$$m_s = \frac{1}{2}\left[(m_R + m_L) + \sqrt{(m_R - m_L)^2 + 4m_D^2}\right], \quad (3.28)$$

$$m_a = \frac{1}{2}\left[-(m_R + m_L) + \sqrt{(m_R - m_L)^2 + 4m_D^2}\right], \quad (3.29)$$

$$\nu_s = \sin\theta_\nu \nu_L + \cos\theta_\nu (\nu_R)^c, \quad (3.30)$$

$$\nu_a = i\left[\cos\theta_\nu \nu_L - \sin\theta_\nu (\nu_R)^c\right], \quad (3.31)$$

と与えられる．ここで ν_L, $(\nu_R)^c$ の間の混合角 θ は

$$\tan 2\theta_\nu = \frac{2m_D}{m_R - m_L} \quad (3.32)$$

で決まる．こうして，1世代分のニュートリノであるにもかかわらず，質量項は二つのマヨラナ型質量項の和の形に対角化される：

$$\mathcal{L}_m = -\frac{1}{2}m_s \overline{(\nu_s)^c}\nu_s - \frac{1}{2}m_a \overline{(\nu_a)^c}\nu_a + \text{h.c.} \quad (3.33)$$

ν_s, ν_a とそれぞれの反粒子をカイラルパートナーとして足して二つのマヨラナ・ニュートリノ

$$N_s = \nu_s + (\nu_s)^c, \quad (3.34)$$

$$N_a = \nu_a + (\nu_a)^c \quad (3.35)$$

3.2 三つのタイプのニュートリノ

を作ると，結局ニュートリノの自由ラグランジアンは

$$\mathcal{L}_\nu = \frac{1}{2}\left[\,\overline{N_s}(i\partial\!\!\!/ - m_s)N_s + \overline{N_a}(i\partial\!\!\!/ - m_a)N_a\,\right] \tag{3.36}$$

と書かれる．

さて，質量固有値 (3.28)，(3.29) について一つ注意すべきことがある．質量行列を素直に対角化すると固有値は m_s と $-m_a$ (m_a ではなく) になることである．これは仮に $m_L = m_R = 0$ とすると質量行列のトレースがゼロになることからも容易にわかる．しかし，ここでは (3.31) のように質量固有状態 ν_a において i を付け加えることで，その固有値を $-m_a$ から m_a に変更している．このようにしたのは $m_L = m_R = 0$ の場合，つまりニュートリノが電子のようなディラック型のフェルミオンの場合に，一つのディラック・ニュートリノが質量の縮退した二つのマヨラナ・ニュートリノと等価であることを明確な形で示すためである．これは，ちょうどスカラー場の理論において 質量の縮退した二つのスカラー場が一つの複素スカラー場を用いて書けることに対応している．

ディラック 1 個がマヨラナ 2 個と等価だという主張は一見おかしいように思える．それは，ディラック型質量項がレプトン数を保存するのに対してマヨラナ型質量項はレプトン数を保存しないからである．しかし，実際にはレプトン数の破れで生じる過程への二つのマヨラナ・ニュートリノの寄与は，それらの質量が縮退している場合には正確に相殺するのである．典型的な例は，ニュートリノを伴わない二重ベータ崩壊（neutrinoless double beta decay）である．第 1 世代のみ存在するとして図 3.1 のファインマン・ダイアグラムにより崩壊の確率振幅を計算すると，内線の N_s と N_a の寄与は，それらの質量が縮退している場合には伝播子が同一となり二つの荷電カレントによる相互作用頂点の因子の積が $i^2 = -1$ 倍だけ異なるために，互いに正確に相殺することになる．読者自身で確認していただきたい．

最も一般的な場合を議論したので，いよいよディラック質量，二つのマヨラナ質量の相対的な大きさに応じて現れる三つの典型的なニュートリノのタイプについて議論することにしよう．

78 第 3 章 ニュートリノ質量とニュートリノ振動

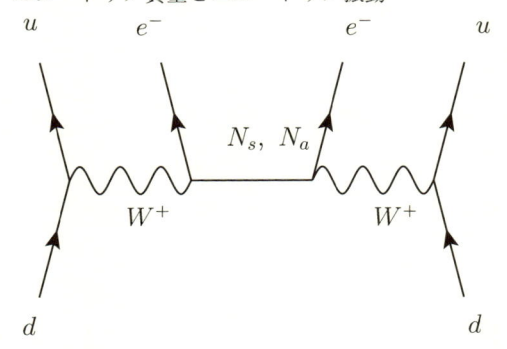

図 3.1 ニュートリノを伴わない二重ベータ崩壊への二つのマヨラナ・ニュートリノの寄与

3.2.2 ディラック型

最初に議論するのは，ニュートリノがマヨラナ質量をもたない場合，$m_R = m_L = 0$ である．この場合，ニュートリノは電子といった荷電フェルミオンと同様に（純粋な）ディラック粒子であり，その質量は m_D になるはずである．実際，この場合には (3.28), (3.29) より $m_s = m_a = m_D$ である．上述のように，この場合でも，(3.36) のように 2 個のマヨラナ・ニュートリノで記述可能であるが，これはすでに述べたように 1 個のディラック・ニュートリノは 2 個の質量の縮退したマヨラナ・ニュートリノと同等であるからである．具体的には，この場合 (3.32) より

$$\theta_\nu = \frac{\pi}{4} \tag{3.37}$$

なので「最大混合（maximal mixing）」が実現することになり，

$$\nu_D = \frac{N_s - iN_a}{\sqrt{2}} = \nu_L + \nu_R \tag{3.38}$$

という線形結合でたしかにディラック型のニュートリノ $\nu_D = \nu_L + \nu_R$ が得られることになる．スカラー場との類推でいえば，ν_D が複素場で $N_{s,a}$ がその実部と虚部にあたる二つの質量の縮退した実場に相当する．

後で議論するように，ニュートリノ振動は，ちょうどクォークセクターにおける FCNC 過程と同様に，世代間混合とフレーバーによる質量差により

引き起こされる現象である．すると (3.37) に見られる最大混合により，一見ニュートリノ振動が可能であるように思われる．後述のように大気ニュートリノのニュートリノ振動においては関与する混合角がほぼ $\pi/4$ であるということを考えると大変興味深い．ただし，ここで考えられるニュートリノ振動は $\nu_L \to \overline{\nu_R}$ というニュートリノから反ニュートリノ，いわゆる弱い相互作用をもつ"active"ニュートリノから弱い相互作用をもたない"sterile"ニュートリノへの振動であり，世代やフレーバーの変わるニュートリノ振動とは異なる．ちょうど，ポンテコルボ（Pontecorvo）がクォークセクターの代表的 FCNC 過程である $K^0 \leftrightarrow \bar{K}^0$ 混合との類推でニュートリノ振動を提唱したときのものと同じタイプの振動である [6]．しかし，実際には（純）ディラック型の場合にはニュートリノ振動は起きない．それは，ニュートリノ振動が起きるには，異なるニュートリノの状態の間の混合とともに，ニュートリノ質量に差があることが必要条件となるからであり，縮退した質量をもつディラック粒子の場合には振動は起こり得ないことになる．また，仮に $\nu_L \to \overline{\nu_R}$ という振動が生じたとするとレプトン数の保存を破るが，一方でディラック・ニュートリノの場合にはレプトン数は当然保存するはずであり矛盾が生じる．こうして，ディラック・ニュートリノの場合にはニュートリノ振動は異なる世代間（フレーバー間）の混合によって生じることになる．

しかし，原理的には世代間混合がなくてもニュートリノ振動は可能である．例えば次の小節で述べる擬ディラック型ニュートリノの場合には，1 世代のみでもニュートリノ振動は可能である [7]．また，ニュートリノが磁気モーメントをもち，例えば太陽や超新星の内部のような強い磁場中を運動する場合には，1 世代のみのディラック・ニュートリノの場合でも $\nu_L \to \nu_R$ というスピン歳差によるカイラリティの変化するニュートリノ振動が可能である [8], [9]．

ニュートリノが電子と同様なディラック・フェルミオンであっても特に構わないのであるが，一つ重大な理論的問題点は，するとニュートリノ質量が荷電レプトンやクォークの質量に比べて極端に小さい理由が特に存在しない，ということである．この問題点の解法として提唱されているのが，第 3 のタイプとして後に議論するシーソー機構である．

3.2.3 擬ディラック型

次に,マヨラナ質量 m_L, m_R は存在するものの,それらがディラック質量よりずっと小さい場合

$$m_R, m_L \ll m_D \tag{3.39}$$

を考えてみよう.ニュートリノは依然としてほぼディラック粒子であるといえるので,「擬ディラック・ニュートリノ(pseudo Dirac neutrino)」とよばれる [10]. (3.32) より,ディラック型の場合同様,混合角はほぼ最大である:

$$\theta_\nu \simeq \frac{\pi}{4}. \tag{3.40}$$

しかし,純粋なディラック型の場合との重要な定性的違いは,わずかながら質量固有値に差が生じるということである:

$$m_s^2 - m_a^2 \simeq 2m_D(m_R + m_L). \tag{3.41}$$

この質量差は,ほぼ最大の混合角と相まって,今度はニュートリノ振動を導くことになる [7]. このニュートリノ振動,$\nu_L \to (\nu_R)^c$ は,仮に1世代のみの場合でも起きるという意味で興味深い.すでに述べたように大気ニュートリノ振動から示唆される最大の混合角はクォークセクターにはない大変興味深いレプトンセクターの特徴といえ,擬ディラック・ニュートリノのニュートリノ振動によりこれを説明する可能性も考えられるが,Super-Kimiokande 実験によると $\overline{\nu_R}$ という sterile ニュートリノへの振動は active ニュートリノへの振動に比べてデータとの整合性が悪い(物質効果の違いにより二つの場合が判別可能)とのことである.

3.2.4 シーソー型

第三の可能性として,逆の極端な場合,すなわちマヨラナ質量がディラック質量よりずっと大きい場合を考えてみよう.ただし,二つのマヨラナ質量の内で m_L を勝手に大きくすることはできない.それは左巻きニュートリノのマヨラナ質量項

$$-\frac{1}{2}m_L \overline{(\nu_L)^c} \nu_L \tag{3.42}$$

3.2 三つのタイプのニュートリノ

の演算子が弱アイソスピンの大きさ $I=1$ の 3 重項として振る舞うからである．(3.42) の演算子の部分は $\overline{(\nu_L)^c}\nu_L = (\nu_L)^t C \nu_L$ ($C = i\gamma^0 \gamma^2$: 荷電共役に現れる行列) と書けるが，ν_L は弱アイソスピンの第 3 成分 $I_3 = 1/2$ をもつので演算子は $I_3 = 1$ をもつことになる．一方で，ν_L は SU(2)$_L$ の 2 重項に属するので，角運動量の合成のときと同様にこの演算子は $I=1$ か $I=0$ のいずれかに属するが，$I=0$ だと $I_3=1$ はあり得ないので，演算子は $I=1$ の弱アイソスピン 3 重項として振る舞うことがわかる．よって SU(2)$_L$ ゲージ不変性の要請から演算子の係数である m_L は SU(2)$_L$ 3 重項として振る舞う必要がある．しかし，そのために SU(2)$_L$ 3 重項として振る舞うヒッグス場を理論に導入し，その真空期待値で m_L を供給しようとすると，この真空期待値により弱ゲージボソンが得る質量に関しては (1.78) で定義される ρ パラメータが 1 からずれてしまう．例えば $I=1$, $I_3=0$ として振る舞うスカラー場が真空期待値をもった場合には $M_Z = 0 \rightarrow \rho = +\infty$ となってしまう．実際には ρ パラメータはほぼ 1 なので，仮に 3 重項のヒッグス場が導入される場合でも，その真空期待値は弱スケール M_W よりずっと小さくなければならない．こうした理由から，簡単のために，3 重項のヒッグス場を導入しないで $m_L = 0$ として議論する場合も多い．

これに対して右巻きニュートリノ自身のもつマヨラナ質量である m_R の方は，ν_R が SU(2)$_L$ 1 重項であるので，明らかにゲージ不変な質量であり，ヒッグス・スカラーの導入は必要とされない（少なくともゲージ対称性が標準模型と同じである限り）．ゲージ不変であるから m_R は特に小さくなる必要はなく，むしろ弱スケール M_W よりずっと大きいと考えるのが自然であるともいえる．それは，3.3.1 項で紹介する m_R の存在とそれが大きいことを自然に説明することができる左右対称模型のような標準模型を超える（BSM）理論に典型的な質量スケールは当然 SU(2)$_L \times$ U(1)$_Y$ 不変であって M_W よりずっと大きく，そのためにその存在が現在見えていないと考えられるからである．

こうした考察から，ここでは簡単のため $m_L = 0$ とし，次のような質量の間の階層性を想定する：

$$m_D \ll m_R. \tag{3.43}$$

すると質量行列は

$$M_\nu = \begin{pmatrix} 0 & m_D \\ m_D & m_R \end{pmatrix} \tag{3.44}$$

と単純化されるが，(3.43) の下で，この行列の一つの固有値は明らかに

$$m_s \simeq m_R \tag{3.45}$$

でよく近似されるはずである．また，(3.44) の行列式は $-m_D^2$ なので，符号を変えた m_D^2 が二つの固有値の積になる．よってもう一つの固有値は

$$m_a \simeq \frac{m_D^2}{m_R} \ll m_D, \tag{3.46}$$

と近似される．もちろん，これらの固有値は (3.28), (3.29) を $m_L = 0$ と (3.43) を用いて近似しても得られる．

上述の固有値の間の関係式

$$m_s \cdot m_a \simeq m_D^2 \tag{3.47}$$

から，二つの固有値の幾何平均が m_D になるので，大きい方の $m_s \simeq m_R$ が，弱スケールのヒッグスの真空期待値で供給される m_D よりずっと大きくなると，もう一つの小さい方の固有値 m_a は m_D よりずっと小さくなる．m_D は電子のような荷電レプトンの質量と同程度と考えるのが自然であるので，このようにして，ニュートリノ特有のマヨラナ質量が許されるという性質に基づき，ニュートリノの質量（正確には軽い方の，ほぼ ν_L と見なしてよい ν_a のマヨラナ質量）が他の荷電フェルミオンの質量に比べてずっと小さいという事実を説明することが可能になる．一方が重くなると，もう一方が軽くなるということから，この機構は「シーソー機構」とよばれる [11], [12].

擬ディラック型の場合と違い，シーソー型のニュートリノの場合には，質量行列 M_ν の非対角成分 m_D に比べてマヨラナ質量 m_R がずっと大きいので，(3.32) で定義される混合角は小さくなる：

$$\theta_\nu \simeq \frac{m_D}{m_R} \ll 1. \tag{3.48}$$

よって，(3.30), (3.31), (3.34), (3.35) より，二つの質量固有状態であるマヨラナ・ニュートリノ N_s, N_a は，それぞれほぼ ν_R と ν_L のみからなるマヨラ

ナ・フェルミオンとなる:

$$N_s \simeq \nu_R + (\nu_R)^c, \quad N_a \simeq i\{\nu_L - (\nu_L)^c\}. \tag{3.49}$$

こうして N_s は,ほとんど相互作用をしない sterile ニュートリノとなり,またその質量が弱スケールよりずっと大きいために,実験的に到達可能な低エネルギーの世界からは"離脱 (decouple)"して顔を出さない.単純化していえば,重い粒子は $E = mc^2$ (自然単位系では $E = m$) より,低いエネルギーでは生成できない(重い粒子の decoupling についてのきちんとした議論は 10.1.2 項でなされる).よって,active ニュートリノの N_a のみが「低エネルギー有効理論 (low energy effective theory)」には現れることになる.よって,シーソー型の場合には,純粋なディラック型の場合と同様に,ニュートリノ振動が起きるためには世代間の混合が必要となる.

ところで,SU(2) 3 重項のヒッグス場を導入せず $m_L = 0$ としたにもかかわらず結果的には ν_L に対してマヨラナ質量 m_a が小さいながら生じたことになる.しかし,ゲージ不変な理論である以上,ν_L のマヨラナ質量項は,標準模型のヒッグス 2 重項を含む何らかのゲージ不変な演算子で記述できるはずである.3 重項のヒッグス場が素粒子として存在しないので,くり込み可能な質量次元 d が 4 以下の演算子ではこうした演算子は書けないのであるが,次のような質量次元 $d = 5$ の演算子をヒッグス 2 重項 $H = (\phi^+, \phi^0)^t$ (t: 転置) およびレプトンの 2 重項 $L = (\nu_L, l_L)^t$ (l: 荷電レプトン) を用いて書くことが可能であり,H に真空期待値を与えると結果的に m_L を生成することがわかる:

$$\frac{c_W}{M}(L^t \epsilon H) C (H^t \epsilon L). \tag{3.50}$$

ここで ϵ は 2×2 の完全反対称テンソル(レビ–チビタ・テンソル),C は荷電共役の行列である.(ウィルソン)係数 c_W は次元のない定数であるが,$c_W = f_D^2$ (f_D: ディラック質量を与える湯川結合定数) とし,また $M = m_R$ とすると,ϕ^0 が真空期待値 $v/\sqrt{2}$ をもった後に,ν_L はマヨラナ質量 $\sim \frac{f_D^2 v^2}{m_R} \sim \frac{m_D^2}{m_R}$ をもつことになる.これは (3.46) と一致している.ファインマン・ダイアグラムを用いると,この質量次元 5 の演算子は具体的には tree レベルの図 3.2 のダイアグラムから得られることがわかる.ただし,中間状態の右巻きニュートリノの伝播子において,質量が大きいために $i/(-m_R)$ という近似をする

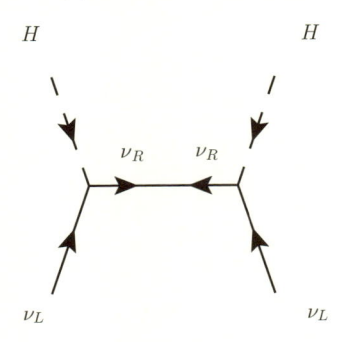

図 3.2 シーソー機構に関わる質量次元 5 の演算子に寄与するファインマン・ダイアグラム

と，これが (3.50) における $1/M$ を与える．

いま考えているシーソー機構の場合には，(3.50) のような演算子をもち出さなくとも，質量行列 M_ν の対角化をすれば質量固有値は得られる．では，こうした演算子を用いた解析を行う利点は何であろうか．それは，ニュートリノの小さなマヨラナ質量を説明することのできるどのような BSM 理論においても，標準模型のゲージ対称性は尊重される以上，マヨラナ質量項は必ず (3.50) のような低エネルギー有効理論での演算子の形で記述可能であるからである．つまり，この演算子は想定する理論によらない普遍的なものである．

この議論が示唆することは，この演算子は必ずしも図 3.2 のファインマン・ダイアグラムから得られるとは限らないということである．例えば 3.3.2 項で議論するジー（Zee）模型の場合には，この演算子は量子補正によるループダイアグラムから得られることがわかる．もう一つこの演算子解析からわかることは，左巻きニュートリノのマヨラナ質量が小さくなるのは $1/M$ という大きな質量の逆べきの因子で抑制されるからであるということである．つまり，シーソー機構の本質は一言でいえば標準模型には存在しない重い粒子の decoupling である，といえる．ここで述べた機構においては，この重い粒子は右巻きニュートリノに他ならない．直感的にいうと，左巻きニュートリノにとっては右巻きニュートリノと組んでディラック質量をもったものの，パートナーの右巻きニュートリノが大きなマヨラナ質量をもってこの世界から decouple してしまったために質量をほとんどもてなくなった，ということ

である．ただし，ここで述べていることの本質的な点は，この decouple する粒子が必ずしも右巻きニュートリノである必要はないということである．

3.3 小さなニュートリノ質量のモデル

3.8 節で詳しく議論するように，太陽ニュートリノ，大気ニュートリノに関するパズルの最も有力な解法としてニュートリノ振動が注目され，その存在が地上での実験でも確かめられるに至って，こうしたニュートリノ振動を引き起こす小さいながらゼロではないニュートリノ質量の存在も揺るぎない事実となってきている．すでに述べたシーソー機構のように，小さなニュートリノ質量を説明する機構は存在するが，具体的にこうした機構を実現し，小さなニュートリノ質量を説明可能な BSM 理論としてどのようなものが存在するか，以下ごく簡単ではあるが二つのシナリオについて順次紹介する．

3.3.1 左右対称模型

前節で解説したシーソー機構は重い右巻きニュートリノの存在を必要とする．標準模型においても，右巻きニュートリノを SU(2)$_L$×U(1)$_Y$ 不変な一重項として導入すること，またそれに大きなマヨラナ質量をヒッグスとの湯川結合によらないゲージ不変な質量項 $m_R \nu_R^2$ （ν_R^2 は，荷電共役の行列 C を用いた $\nu_R^T C \nu_R$ を簡略化したもの）によって与えることは可能である．しかし，本来パリティ対称性の破れた左右非対称な理論である標準模型では右巻きニュートリノを導入する必然性はなく，また右巻きのマヨラナ質量 m_R はゲージ不変量なので，その大きさを理論的に制約する原理は何も存在しない．

そこで，この小節では，左右対称性をもっていて ν_R も必然的に導入される「左右対称ゲージ模型 [13]」を，シーソー機構を自然にとり入れることのできる理論として考察する．この理論では m_R が大きいことは，弱い相互作用でパリティ対称性が大きく破れていることにその起源をもつことになる．また，この理論は SO(10) や E$_6$ といったゲージ対称性をもった（超対称超弦理論からも自然に導かれる）大統一理論（これについては次章を参照された

し）にも内包されている.

　左右対称ゲージ理論の電弱統一理論の部分のゲージ対称性は $SU(2)_L \times SU(2)_R \times U(1)_{B-L}$ のように標準模型の $SU(2)_L \times U(1)_Y$ を少し拡張した形をしている. 左右対称なのであるから, $SU(2)_L$ と並び, 右巻きクォークやレプトンに作用する $SU(2)_R$ も同様に導入される. 標準模型と同様に, クォーク, レプトンの電荷を再現するために $U(1)_{B-L}$ も導入する必要がある. ここで下付き添字の $B - L$ は, バリオン数 B 引くレプトン数 L (クォークは $B = \frac{1}{3}, L = 0$, レプトンは $B = 0, L = 1$ をもつ) を表す. 実際, 標準模型の場合の中野–西島–ゲルマンの法則 $Q = I_3 + \frac{Y}{2}$ は, 左右対称模型では左右対称な形で

$$Q = I_{3L} + I_{3R} + \frac{B-L}{2} \tag{3.51}$$

のように書けるので, $U(1)$ 因子は $U(1)_{B-L}$ と書くのが妥当なのである. ここで, I_{3L} (標準模型の場合の I_3 に対応), I_{3R} は, $SU(2)_L, SU(2)_R$ の3番目の生成子の固有値である. (3.51) が成立することは, 例えば左巻きのクォーク, レプトンの2重項の電荷をチェックしてみると容易にわかる (この場合 $Q = I_{3L} + \frac{B-L}{2}$). すなわち, この理論では標準模型に登場する弱ハイパーチャージの正体は

$$Y = 2I_{3R} + B - L \tag{3.52}$$

である. なお, $U(1)_{B-L}$ の対称性は, "レプトンを第4のカラーの状態" と見なす, パティ–サラム (Pati-Salam) の $SU(4)_{PS}$ 対称性 ($SO(10)$ に含まれる) の部分群 $SU(3)_c \times U(1)_{B-L}$ としても自然に出現する.

　クォーク, レプトン (第1世代のみ) のゲージ群 $SU(2)_L \times SU(2)_R \times U(1)_{B-L}$ に関する表現を, $(2, 1, -1)$ のような記法で表すと (3番目の -1 は B-L の値を表す) 次のようになる:

$$Q_L = \begin{pmatrix} u \\ d \end{pmatrix}_L \ (2, 1, \tfrac{1}{3}), \quad Q_R = \begin{pmatrix} u \\ d \end{pmatrix}_R \ (1, 2, \tfrac{1}{3}) \tag{3.53}$$

$$L_L = \begin{pmatrix} \nu_e \\ e \end{pmatrix}_L \ (2, 1, -1), \quad L_R = \begin{pmatrix} \nu_e \\ e \end{pmatrix}_R \ (1, 2, -1). \tag{3.54}$$

カラーの自由度を考慮すると, 1世代分のフェルミオンは16個のワイル・フェルミオンの自由度をもつことがわかるが, これは $SO(10)$ のスピノール表現

の次元 16 とちょうど一致しており，SO(10) 大統一理論では（次章で述べる SU(5) 大統一理論の場合と違って）フェルミオンが一つの規約表現に統一される，という興味深い性質がある．

標準模型では右巻きの $SU(2)_R$ 対称性は存在しないが，これは弱スケール M_W よりずっと高エネルギーで大きな真空期待値によってこの対称性が自発的に破られ，その結果弱スケールでは左右非対称になるため，と理解される：

$$SU(2)_L \times SU(2)_R \times U(1)_{B-L} \quad \to \quad SU(2)_L \times U(1)_Y. \tag{3.55}$$

これに関与する真空期待値は当然標準模型のゲージ変換の下で不変であり（そうでないと M_W よりずっと大きいスケールで標準模型の対称性が破れてしまう），$SU(2)_R$ の下では変換するものである必要がある．この目的だけであれば，真空期待値をもたせる新たに導入するスカラー場は $SU(2)_R$ の 2 重項であってもよいが，(3.55) の対称性の破れと同時に右巻きニュートリノに大きなマヨラナ質量をもたせることを考えると，$SU(2)_R$ の 3 重項を導入するのが望ましい．これは，ν_L のマヨラナ質量項のために $SU(2)_L$ の 3 重項が必要であったのと同様の理由からである．

こうして，この理論のスカラー（ヒッグス）場のセクターには以下のような表現が存在することになる：

$$\Phi = \begin{pmatrix} \phi_1^0 & \phi_1^+ \\ \phi_2^- & \phi_2^0 \end{pmatrix} \quad (2,2,0) \tag{3.56}$$

$$\Delta_{L,R} = \begin{pmatrix} \delta^0_{L,R} & \frac{1}{\sqrt{2}}\delta^+_{L,R} \\ \frac{1}{\sqrt{2}}\delta^+_{L,R} & \delta^{++}_{L,R} \end{pmatrix} \quad \Delta_L : (3,1,2), \quad \Delta_R : (1,3,2). \tag{3.57}$$

ここで例えば $\delta^{++}_{L,R}$ は電荷 2 のスカラー場である．Φ は標準模型のヒッグス 2 重項に対応するもので，左巻き，右巻きのクォーク，レプトンが $SU(2)_L \times SU(2)_R$ の下で $(2,1)$, $(1,2)$ 表現として変換するので，これらを結ぶゲージ不変な湯川結合を作るためには，$(2,2)$ 表現として振る舞う必要がある．これはテクニカラー理論における custodial symmetry の議論で登場する，ヒッグス 2 重項 H と $\tilde{H}$ を並べた $\Phi = (\tilde{H}, H)$（(8.13) を参照）と同じ表現である．また，シーソー機構のためには Δ_R のみを導入すればよいが，左右対称模型なので Δ_L も同様に導入した．$\Delta_{L,R}$ の $B-L$ が 2 であるのは，これら

がいずれもレプトン数 -2 をもつことを意味し,レプトン数を 2 変えるマヨラナ質量項に関与することを端的に表している.これに対し Φ は $B-L$ をもたず,クォーク,レプトンの双方にディラック質量を与えることになる.

それぞれのスカラー場の真空期待値を

$$\langle \Phi \rangle = \frac{1}{\sqrt{2}} \begin{pmatrix} k_1 & 0 \\ 0 & k_2 \end{pmatrix}, \tag{3.58}$$

$$\langle \Delta_{L,R} \rangle = \frac{1}{\sqrt{2}} \begin{pmatrix} v_{L,R} & 0 \\ 0 & 0 \end{pmatrix} \tag{3.59}$$

と書くと,望ましい真空期待値の階層性は

$$v_L \ll k_{1,2} \ll v_R \tag{3.60}$$

である.$k_{1,2} \ll v_R$ は左右対称性(パリティ対称性)を大きく破るため,また同時にシーソー機構を働かせるために必要である.また $v_L \ll k_{1,2}$ は,すでに述べたように ρ パラメータが 1 から大きくずれないためであるが,同時に後述のように仮に v_L が $k_{1,2}$ と同程度になると,左巻きニュートリノが荷電レプトンの質量と同程度のマヨラナ質量をもってしまい,シーソー機構が働かなくなってしまうからである.幸いなことに,詳しくは述べないが,スカラー場のポテンシャルを解析してみると,(3.60) の階層性を仮定すると以下のような興味深い関係式を導くことができる:

$$v_L v_R \sim k_1 k_2. \tag{3.61}$$

これはシーソー機構が目指す $m_L m_R \sim m_D^2$($m_{L,R}$ は左巻き,および右巻きニュートリノのマヨラナ質量,m_D はディラック質量)の関係と等価である.なお,標準模型の場合のヒッグス場の真空期待値に相当する v は $v = \sqrt{k_1^2 + k_2^2}$ で与えられる.

シーソー機構に関係するスカラー場とレプトンとの湯川相互作用は,(1 世代のみの場合に限定して)以下のように書かれる:

$$\mathcal{L}_Y = -f \overline{(L_L)^c} \Delta_L L_L - g \overline{(L_R)^c} \Delta_R L_R$$
$$- h \bar{L}_L \Phi L_R - h' \bar{L}_L \tilde{\Phi} L_R + \text{h.c.} \tag{3.62}$$

ここで $\tilde{\Phi} = \sigma_2 \Phi^* \sigma_2$ であり,元の Φ と同じ群の表現 $(2,2,0)$ に属する.スカ

ラー場が (3.58), (3.59) の真空期待値をもつと，ニュートリノは以下のような 3 種類の質量をもつ：

$$m_D = \frac{1}{\sqrt{2}}(hk_1 + h'k_2), \quad m_L = \frac{1}{\sqrt{2}}fv_L, \quad m_R = \frac{1}{\sqrt{2}}gv_R. \quad (3.63)$$

前節の (3.43), (3.46) のように，シーソー機構は，$m_L = 0$ とし，$m_D \ll m_R$ の階層性の下で，小さい方の質量固有値が $\simeq \frac{m_D^2}{m_R}$ となることによって実現される．(3.63) より，湯川結合 f, g, h, h' が皆同程度であっても，(3.60) より $k_{1,2} \ll v_R$ なので $m_D \ll m_R$ が自然に実現することになる．$k_{1,2} \ll v_R$ は左右の対称性（パリティ対称性）が大きく破れることをいっているので，小さなマヨラナ質量は，まさにパリティ対称性の大きな破れの帰結として生じることになる．

しかし，ここで一つ注意が必要である．通常 $m_L = 0$ としてシーソー機構が議論されるものの，左右対称模型である限り，m_R と並んで m_L も存在する．すでに述べたように，仮に v_L が $k_{1,2}$ と同程度だと v_L は直接，左巻きニュートリノのマヨラナ質量を与えるので $m_L \sim m_D$ となってしまい困ることになる．しかし，すでに述べたように，幸い (3.61) の関係が成立するため，この場合でも結局 $m_L m_R \sim m_D^2$ が成立することになり，シーソー機構による質量の関係式は保たれることになる．すなわち，(3.61) は，いわば"真空期待値に関するシーソー機構"が働くことを意味しているのである．

3.3.2 ジー模型（量子効果）

もともとのシーソー機構は右巻きニュートリノ ν_R の存在を前提としていたが，すでに前節で述べたように，シーソー機構が働く本質的な理由を演算子の言葉で述べれば，質量次元 5 の演算子 $H^2 L_L^2$（正確には (3.50) の演算子）の係数が大きな質量の逆べきで強く抑制される，ということである．よって，ν_R を導入せず 左巻きニュートリノ ν_L のみ存在する場合でも，レプトン数を破る相互作用が存在すれば 元のラグランジアンには存在しないこの演算子を輻射補正で得ることは可能なはずである．マヨラナ質量を与えるので当然ではあるが，演算子 $\phi^2 L_L^2$ はレプトン数 2 をもつ演算子でありレプトン数の保存を破る演算子である．

実際，A. Zee は ν_L のみの理論でも，量子効果（ループダイアグラム）によって左巻きニュートリノの小さなマヨラナ質量が生成されることを具体的な模型を構築して示した [14]．

このジー模型の特徴は，ゲージ対称性は標準模型の場合と同じで右巻きニュートリノも導入しないが，その替わりに $SU(2)_L$ 1 重項で電荷 -1 のスカラー粒子 h^- が導入されることである．また，レプトン数の保存を破る相互作用を実現するために複数のヒッグス 2 重項 ϕ^α（弱ハイパーチャージ $Y = 1$ をもつ）が必要とされる．ここでは簡単のため 2 個だけ導入することにする：$\alpha = 1, 2$．

新粒子である h^- と左巻きレプトン 2 重項 L_L との湯川相互作用は以下のように与えられる：

$$\mathcal{L}_{\text{Yukawa}} = f^{ab}\epsilon_{ij}\overline{(L^a_{Li})^c}L^b_{Lj}h^+ + \text{h.c.} \tag{3.64}$$

ここで i, j は $SU(2)_L$ 2 重項の各要素を表す添字（$i, j = 1, 2$），また a, b は世代を表す添字である．ニュートリノのフェルミ統計の帰結として係数は反対称性 $f^{ba} = -f^{ab}$ をもつので，ヒッグス 2 重項と同様に複数の世代が必要である．

また，h^- とヒッグス 2 重項 ϕ^α との 3 点相互作用項は以下のようである：

$$\mathcal{L}_{\text{scalar}} = M_{\alpha\beta}\epsilon_{ij}\phi^\alpha_i\phi^\beta_j h + \text{h.c.} \tag{3.65}$$

係数 $M_{\alpha\beta}$ についても反対称性 $M_{\beta\alpha} = -M_{\alpha\beta}$ が存在し $M_{\alpha\alpha} = 0$ なので，ヒッグス 2 重項が複数必要になるのである．

これら二つの種類の相互作用が共存することでレプトン数の保存が破られることがわかる．(3.64) のみに着目すれば，h^- がレプトン数 2 を運ぶとすれば，この相互作用でレプトン数は保存される．同様に (3.65) のみに着目すれば，ϕ^α は標準模型のヒッグス場と同様に荷電フェルミオンにディラック質量を供給するのでレプトン数をもたず，したがって h^- もレプトン数をもっていないとすれば，この相互作用でレプトン数は保存されることになる．しかし，両方の相互作用が共存すると，h^- に一意的にレプトン数を付与することが不可能になり，これによってレプトン数の保存が破られることになるのである．

これから，実際にマヨラナ質量を得ようとすると，これら両方の相互作用が参加することが必要条件になるが，実際，図 3.3 の 1 ループのファインマン・ダイアグラム（l は荷電レプトンを表す．また $\alpha \neq \beta$) から ν_L のマヨラナ質量項 $m_{ab}\nu_L^a \nu_L^b$ (ν_L^a は正確には $\overline{(\nu_L^a)^c}$) が生成されることにがわかる．ループ計算の結果は次のようになることが知られている：

$$m_{ab} = f^{ab}(m_b^2 - m_a^2)\frac{M_{12}v_2}{v_1}F(m_h^2, m_\phi^2). \tag{3.66}$$

こうして得られる質量行列は対称行列である：$m_{ba} = m_{ab}$．なお関数は

$$F(x,y) \equiv \frac{1}{16\pi^2}\frac{\ln x - \ln y}{x - y} \tag{3.67}$$

で定義され，m_h, m_ϕ は二つの物理的に残る荷電スカラーの質量固有値を表す．新粒子である h^- の質量と見なせる m_h は，弱スケール程度の m_ϕ よりずっと大きいものとする：$m_h^2 \gg m_\phi^2$．また m_a は a 番目の世代の荷電レプトンの質量である．

(3.66) において $m_b^2 - m_a^2$ の因子が引算で現れるのは，図 3.3 において，外線の左右のニュートリノのとり方に (ν_L^a, ν_L^b), (ν_L^b, ν_L^a) の 2 通りがあり，加えて f^{ab} の反対称性が効くからである．特に $m_{aa} = 0$ であり，ニュートリノの質量行列は，対称行列ながら対角成分をもたないというのがこの模型の特徴である．

さて，$M_{\alpha\beta}$ を m_ϕ 程度とし，また $v_1 \sim v_2$ とすると，左巻きニュートリノのマヨラナ質量は

$$m_{ab} \sim \frac{f^{ab}}{16\pi^2}m_\phi \frac{m_b^2 - m_a^2}{m_h^2} \tag{3.68}$$

と見積もられ，小さな比 $\frac{m_b^2 - m_a^2}{m_h^2}$ および小さな湯川結合の因子 $\frac{f^{ab}}{16\pi^2}$ により強く抑制され，小さなニュートリノ質量が得られることになる．

なお，図 3.3 において外線に，二つの左巻きニュートリノとともに，ϕ^β, $\phi^{\alpha,\beta}$ という 2 個のヒッグス 2 重項が（それらの真空期待値 $\langle \cdots \rangle$ におき換わっているが）現れていることに注意しよう．これは，このダイアグラムがまさに，(3.50) に相当する質量次元 5 の演算子 $\phi^2 L_L^2$ を生成していることを表しているのである．

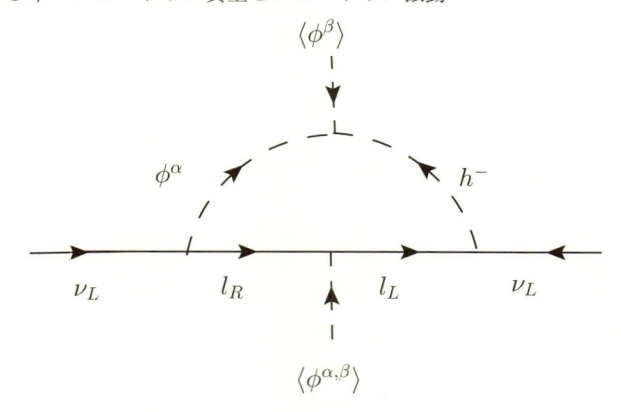

図 3.3 ジー模型における，量子効果によるニュートリノのマヨラナ質量生成

3.4 レプトンセクターにおけるフレーバー混合

ニュートリノが質量をもつとニュートリノ振動とよばれる現象が可能になる．その理論的可能性はずっと以前から指摘されていた．すでに述べたように，最初にポンテコルボが提唱したものは $\nu_L \to \overline{\nu_R}$ といったニュートリノが反ニュートリノに遷移するタイプのものであったが，現在通常議論されるような $\nu_e \to \nu_\mu$ といった，世代あるいは（レプトンの）フレーバーが変化するタイプのニュートリノ振動を最初に提唱したのは牧–中川–坂田であった [15].

そこで，今までの 1 世代のみの理論を 3 世代模型に拡張し，3 世代分の右巻きニュートリノを導入することにする．クォークセクターと同様に左巻きレプトンは $SU(2)_L$ の 2 重項として，また右巻きレプトンは 1 重項として変換する：

$$\begin{pmatrix} \nu_e \\ e \end{pmatrix}_L, \begin{pmatrix} \nu_\mu \\ \mu \end{pmatrix}_L, \begin{pmatrix} \nu_\tau \\ \tau \end{pmatrix}_L;$$
$$\nu_{eR}, \nu_{\mu R}, \nu_{\tau R}, e_R, \mu_R, \tau_R. \tag{3.69}$$

ここで，荷電レプトン e, μ, τ は，右巻き，左巻きともに質量固有状態であると仮定する．一般には，2 重項のメンバーは弱い相互作用の固有状態である弱固有状態（weak eigenstate）であり，質量固有状態（mass eigenstate）とは

一致しなくてもよいが，ユニタリ変換によって，荷電レプトン，ニュートリノのいずれかを質量固有状態にもっていくことは常に可能である．こうして，例えば ν_e はベータ崩壊といった弱い相互作用で質量固有状態である e のペアとして生成されるニュートリノという意味をもつことになる．よって，例えば太陽の中心部付近で核融合により生成される"太陽ニュートリノ"はこの ν_e であり，これを地上で検出した際に，太陽中の核反応を記述する「標準太陽模型」の予言の半分以下の事象数しかない，というのが「太陽ニュートリノ問題」である．現在の理解では，これは ν_e が ν_μ, ν_τ のようなフレーバーの異なるニュートリノへ遷移するニュートリノ振動が太陽ニュートリノに関して起きているからである，と考えられている．ν_e が質量固有状態であれば他の状態へ変化することはあり得ないので，これは ν_e のようなニュートリノの弱固有状態と質量固有状態がずれていて，クォークの場合と同様の世代間混合が存在することを意味する．

こうして，ニュートリノの質量行列を ν_e, ν_μ, ν_τ の基底で書いたときに非対角行列になり，これによって世代（フレーバー）間の混合が生じることがニュートリノ振動が生じるための必要条件となる．しかしながら，これは十分条件ではない．フレーバー混合が存在したとしても，ニュートリノ質量がすべて縮退していたとすると三つのフレーバー間に U(3) の大域的対称性であるフレーバー対称性が生じ，ネーターの定理が示唆するように各フレーバーの量子数は保存することになってニュートリノ振動は禁止される．物理的には，そもそも質量が縮退してしまうとフレーバーを区別するものがなくなり，フレーバー混合は意味をなさないはずである．こうして，ニュートリノ振動が起きるためには「フレーバー混合およびニュートリノ質量の差」の両方が必要とされる．こうした事情は 1.9 節以降で議論したクォークセクターでのフレーバーを変える中性カレント（FCNC）過程の場合と同様である．FCNC 過程が自然に抑制されるのは，例えば 2 世代模型の場合に FCNC 過程の遷移振幅が $(m_c^2 - m_u^2)/M_W^2$ といった非常に小さな因子に比例するためであるが（GIM 機構，(1.99) 参照），これも，クォーク質量が縮退したときにフレーバーが保存され FCNC 過程が厳密に禁止されることに起因している．

次に，ニュートリノ振動を導く，フレーバー混合に関して，ディラック，シーソーという二つのタイプの場合に分けてそれぞれ議論することにする．

3.4.1 ディラック型の場合のフレーバー混合

ニュートリノがディラック型の場合には，その質量項は up-type のクォークセクターとまったく同じようなヒッグス 2 重項との湯川相互作用で与えられ，弱固有状態 (ν_e, ν_μ, ν_τ) を基底とする 3×3 行列 m_D を用いて書くと

$$\mathcal{L}_m = (m_D)_{\alpha\beta} \overline{\nu_{\alpha L}} \nu_{\beta R} + \text{h.c.} \quad (\alpha,\ \beta = e,\ \mu,\ \tau) \tag{3.70}$$

となる．ここで少し注意したいのは (3.27) を 3 世代の場合に拡張するならばニュートリノの質量行列は一般に 6×6 の行列になるはずであるということである．実際，後述のシーソー型の場合にはそのような行列を扱うことになる．ディラック型の場合でも同様な扱いが可能ではあるが，質量の縮退したペアが 3 個現れることになるので，あえて複雑にすることは避け 3×3 行列 m_D で記述することにする．

クォークセクターの場合と同様に，m_D は（一般に）異なる二つのユニタリ行列 U, V を用いた双ユニタリ（bi-unitary）変換で対角化可能である：

$$U^\dagger m_D V = \begin{pmatrix} m_1 & 0 & 0 \\ 0 & m_2 & 0 \\ 0 & 0 & m_3 \end{pmatrix}. \tag{3.71}$$

これらの質量固有値 m_1, m_2, m_3 をもった質量固有状態をそれぞれ ν_1, ν_2, ν_3 で表すことにする．弱い相互作用に関与し，したがってニュートリノの生成，検出の際に現れるのは左巻きの active な状態なので，それらに注目してみよう．左巻きの弱固有状態を左巻きの質量固有状態 ν_{1L}, ν_{2L}, ν_{3L} を用いて表すと

$$\begin{pmatrix} \nu_{eL} \\ \nu_{\mu L} \\ \nu_{\tau L} \end{pmatrix} = U \cdot \begin{pmatrix} \nu_{1L} \\ \nu_{2L} \\ \nu_{3L} \end{pmatrix} \tag{3.72}$$

のように，ユニタリ行列 U が現れる．このユニタリ行列 U は，$\nu_e \to \nu_\mu$ といったフレーバーの変わるニュートリノ振動の提唱者の名前を冠して牧–中川–坂田（Maki-Nakagawa-Sakata, MNS）行列とよばれ [15]，ちょうどクォークセクターにおける小林–益川行列に対応するものである．実際，ニュートリ

ノの質量固有状態を用いて荷電カレントによる弱い相互作用の項を書いてみると

$$\mathcal{L}_c = \frac{g}{\sqrt{2}} \begin{pmatrix} \overline{e_L} & \overline{\mu_L} & \overline{\tau_L} \end{pmatrix} U \gamma_\mu \begin{pmatrix} \nu_{1L} \\ \nu_{2L} \\ \nu_{3L} \end{pmatrix} \cdot W^{-\mu}, \quad (3.73)$$

となり，確かに U が小林–益川行列に対応していることがわかる．

3.4.2 シーソー型の場合のフレーバー混合

次に，小さなニュートリノ質量を自然に説明することのできるシーソー型の場合のフレーバー混合について考えてみよう．この場合には，

$$\begin{pmatrix} \nu_{eL} \\ \nu_{\mu L} \\ \nu_{\tau L} \\ (\nu_{eR})^c \\ (\nu_{\mu R})^c \\ (\nu_{\tau R})^c \end{pmatrix} \quad (3.74)$$

を基底とする 6×6 の質量行列を考える必要がある．この行列をディラック質量，2種類のマヨラナ質量を表す m_D, m_L, m_R という三つの 3×3 行列を用いて

$$M_\nu = \begin{pmatrix} m_L & m_D^t \\ m_D & m_R^* \end{pmatrix}, \quad (3.75)$$

のように表してみよう．これは1世代のみの場合の (3.27) の行列を3世代の場合に拡張したものである．1世代の場合についてすでに述べたように，質量行列 M_ν は全体として複素対称行列である．したがって $m_L^t = m_L, m_R^t = m_R$ である．簡単化のために，1世代の場合と同様に SU(2)$_L$ 3重項のヒッグスは導入せず $m_L = 0$ としよう．m_D はディラック型の場合と同じく，ヒッグス2重項との湯川結合で与えられ，また m_R はゲージ不変な質量項 $-(m_R)_{\alpha\beta} \overline{(\nu_{\alpha R})^c} \nu_{\beta R}$ で与えられる．すでに述べたように，複素対称行列はユニタリ行列とその転置を左右から掛けて対角化可能である．6×6 行列の対角化は一般に難しい

が，シーソー型の場合には，ディラック質量より右巻きのマヨラナ質量の方がずっと大きいと考えるので，m_D の成分より m_R の成分の方がずっと大きいものとする．すると，左巻きニュートリノと右巻きニュートリノ（の反粒子）との混合角は 1 世代の場合と同様に小さいと考えられるが，具体的には行列 $m_D^t m_R^{*-1}$ の各成分は 1 に比べて十分小さいと見なせる．そこで，次のようなユニタリ変換を行うことで，質量行列を"ブロック対角"の形に，近似的にもっていくことが可能になる：

$$\begin{pmatrix} iI & -im_D^t m_R^{*-1} \\ m_R^{-1} m_D^* & I \end{pmatrix} m_\nu \begin{pmatrix} iI & m_D^\dagger m_R^{-1} \\ -im_R^{*-1} m_D & I \end{pmatrix}$$
$$\simeq \begin{pmatrix} m_D^t (m_R^*)^{-1} m_D & 0 \\ 0 & m_R^* \end{pmatrix}. \tag{3.76}$$

こうして，1 世代の場合と同様に，ほとんど右巻きのニュートリノよりなる 3 個のマヨラナ・ニュートリノ（1 世代の場合の N_s に相当）は m_R の固有値である大きなマヨラナ質量を得て低エネルギー過程から decouple し，残りのほとんど左巻きのニュートリノよりなる 3 個のマヨラナ・ニュートリノ（1 世代の場合の N_a に相当）は次のような実効的なマヨラナ型の質量行列をもつことになる：

$$m_{\nu L} = m_D^t (m_R^*)^{-1} m_D. \tag{3.77}$$

この行列も再び対称行列なので，一つのユニタリ行列 U を用いて対角化可能である：

$$U^t m_{\nu L} U = \mathrm{diag}(m_1, \ m_2, \ m_3). \tag{3.78}$$

(3.78) はディラック型の場合の対角化 (3.71) とは少し違う．こうした違いは，左巻きニュートリノとカイラルパートナーを組む右巻きの状態が独立なワイル・フェルミオンであるか（したがって (3.71) において V は U とは独立），左巻き状態の反粒子であるか（したがって (3.78) において U^t は U とは独立ではない）という違いから本質的に生じている．しかしながら，ここで注意したいのは，通常想定されているニュートリノ振動においては，こうした違いは表には現れない，ということである．それは，通常想定されているニュートリノ振動は，カイラリティの変わらない $\nu_{eL} \to \nu_{\mu L}$ といった振動

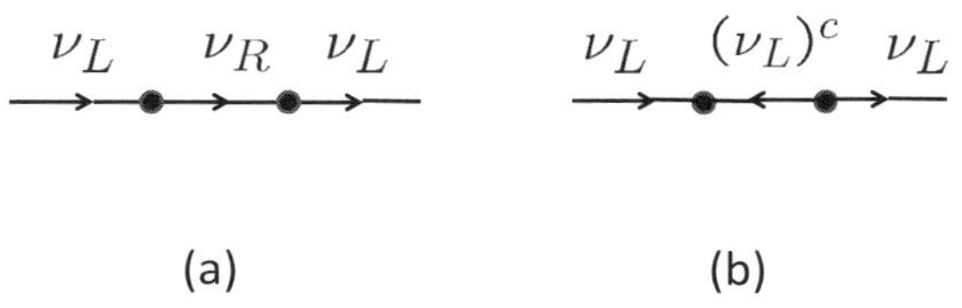

$$\nu_L \quad \nu_R \quad \nu_L \qquad \nu_L \quad (\nu_L)^c \quad \nu_L$$

(a)　　　　　　　(b)

図 **3.4** ニュートリノ振動における，(a) ディラック型，(b) マヨラナ型による中間状態の右巻きニュートリノの違い

であるからである．一般にあるフェルミオン（質量 m）の伝播子

$$\frac{i(\not{p}+m)}{p^2-m^2} \tag{3.79}$$

において，分子の $\not{p}$ に比例する部分が質量項を偶数回挿入したカイラリティのフリップ (flip) しないファインマン・ダイアグラムの和を表すのに対して，m に比例する部分は，質量項を奇数回挿入した，カイラリティのフリップするファインマン・ダイアグラムの和を表す．このことからもわかるように，実際にはカイラリティフリップのないニュートリノ振動とともにカイラリティフリップのあるニュートリノ振動も同時に起きているはずなのである．こちらを考えない理由は，上の議論から示唆されるように，その遷移振幅がニュートリノの質量に比例して強く抑制され，振動の確率が非常に小さくなるためである（典型的には $\mathcal{O}(m^2/E^2)$)．一方において，左巻きから左巻きへの振動を想定するのであれば，中間状態として現れる右巻きの状態の違い（独立なワイルか，自分自身の反粒子か）は外には見えてこないことになる（図 3.4 を参照）．実際，カイラリティフリップのないニュートリノ振動には質量の偶数乗が寄与するので，その確率振幅に現れるのは質量行列そのものではなく，そのエルミート共役を掛けたものであると考えると，(3.78) より

$$m_{\nu L}^\dagger m_{\nu L} = U \ \mathrm{diag}(m_1^2, m_2^2, m_3^2) \ U^\dagger \tag{3.80}$$

が得られるが，これはディラック型の場合の (3.71) から得られる

$$m_D m_D^\dagger = U \ \mathrm{diag}(m_1^2, m_2^2, m_3^2) \ U^\dagger \tag{3.81}$$

とまったく同じ形になり区別がつかない．

　この簡単な考察から重要な物理的帰結が得られる．すなわち，(フレーバー

の変わるような）ニュートリノ振動の実験データからは，ニュートリノのタイプ（ディラック型かマヨラナ型か）を決めることは実質的にできない，ということである．

3.7.2項で議論するようなニュートリノ振動における CP 対称性の破れの観点からすると，ニュートリノがマヨラナ型の場合には小林–益川行列の場合と同様な MNS 行列に現れる一つの CP 位相の他に，マヨラナ位相とよばれる位相が rephasing で消されることなく新たに生じることになるが，そうしたマヨラナ位相はニュートリノ振動の確率には顔を出さないのである．ニュートリノのタイプをはっきりさせるためには，カイラリティフリップがあり，ニュートリノのタイプに応じてレプトン数が破れたり破れなかったりするような過程を選択するのが望ましい．その典型的な例は，先に議論したニュートリノを伴わない2重ベータ崩壊過程（neutrinoless double beta decay）である．これはニュートリノがディラック型の場合には決して起こり得ないレプトン数の保存則を破る過程である．

蛇足ではあるが，原理的にはニュートリノに質量がなくてもカイラリティフリップが起き，したがってその確率が小さなニュートリノ質量で抑制されない場合があり得る．その例は，太陽あるいは超新星といった強い磁場のある環境に磁気モーメントをもったニュートリノが置かれた場合に生じるスピン歳差である．この場合磁場によってスピンの向き，したがってヘリシティが変わることが可能であるが，その確率はニュートリノ質量による抑制を受けない [8], [9]．ただし，後述のようにこうしたシナリオは太陽ニュートリノ問題の少なくとも主たる解決法ではないことが知られている．

3.5 真空中のニュートリノ振動

それでは，いよいよフレーバー混合により生じるニュートリノ振動について考えよう．太陽ニュートリノのニュートリノ振動を考える場合には後述のように，太陽中の物質との弱い相互作用の寄与（物質効果）が重要となることが指摘されているが，ここでは最も簡単な設定として物質のない真空中をニュートリノが伝播する，真空中のニュートリノ振動に関して考える．

3.5 真空中のニュートリノ振動

前節の最後の方で議論したように，カイラリティフリップを伴わないニュートリノ振動を考える際には，その振動確率には質量行列そのものでなくその2乗（正確には (3.80), (3.81) のようにエルミート共役を掛けたもの）の形で寄与する．これは，カイラリティフリップがないのでスピンの自由度は重要ではなくディラック方程式の代わりに，スカラー場の運動方程式であるクライン–ゴルドン方程式（Klein-Gordon equation）を用いて解析すればよいということを示唆している．また，カイラリティフリップを伴わないニュートリノ振動の場合にはニュートリノのタイプがディラックかマヨラナかは判別できないことも前節で見たので，ここではニュートリノはディラック型と仮定して話を進めることにする．

まず，質量固有状態である ν_{iL} ($i=1,2,3$) の従うクライン–ゴルドン方程式は

$$(\Box + m_i^2)\, \nu_i = 0 \tag{3.82}$$

である．三つのニュートリノの運動量を $\vec{p}$ とそろえることにしても，質量は異なるので，それぞれのエネルギー E_i は異なることになる．よって，(3.82) の平面波解は

$$\nu_i = e^{-i p_{i\mu} \cdot x^\mu} = e^{-i E_i t} \cdot e^{i \vec{p}\cdot \vec{x}} \tag{3.83}$$

と書け，アインシュタインの関係式から $E_i = \sqrt{\vec{p}^2 + m_i^2}$ である．ニュートリノ振動が起きる理由は，波動でよく知られた現象との類推で直観的に理解できる．ν_e といった弱固有状態として生成されたニュートリノは (3.72) のように三つの質量固有状態 ν_i の線形結合で表され，質量固有状態の混ざった状態として生成される．しかし，ν_i のエネルギー E_i は質量の違いから皆わずかに異なるので，それらの物質波の振動数もわずかに異なることになる．よって，三つの ν_i の物質波が混合すると，波動でよく知られた「うなり」の現象が生じることになる．うなりとは，振幅が，重ね合された波動の振動数の差の振動数でゆっくりと振動する現象であるが，量子力学では物質波の振幅は，その粒子の存在確率を表すので，生成されたニュートリノの存在確率が時間とともに振動することになる．これが正にニュートリノ振動とよばれるゆえんである．一方で，ニュートリノの状態の時間発展を記述するハミルトニアンは当然エルミートなので，ニュートリノの存在確率の和は保存される（ユ

ニタリティ）はずである．つまり，生成されたあるフレーバー（ν_e, ν_μ 等）の
ニュートリノは，他のフレーバーのニュートリノに変化したり，また元のフ
レーバーに戻ったりということをくり返しながら空間を伝播することになる．

ニュートリノ振動の振動数はエネルギー固有値 E_i の差になるはずなので，
これに注目しよう．$E_i = \sqrt{\vec{p}^2 + m_i^2}$ において，ニュートリノは相対論的粒
子で，その質量が運動量の大きさに比べて十分小さいという近似 $|\vec{p}| \gg m_i$
を用いると

$$E_i \simeq |\vec{p}| + \frac{m_i^2}{2|\vec{p}|} \simeq |\vec{p}| + \frac{m_i^2}{2E} \tag{3.84}$$

と近似される．ここで $E \simeq |\vec{p}|$ は平均的なニュートリノのエネルギーである．
よって，うなりの振動数は，

$$|E_i - E_j| = \frac{|\Delta m_{ij}^2|}{2E} \qquad (\Delta m_{ij}^2 \equiv m_i^2 - m_j^2) \tag{3.85}$$

となる．予想したように，ニュートリノ質量に縮退があると，うなり，した
がってニュートリノ振動は生じないことになる．

こうした考察を基に，具体的に3世代のニュートリノに関する時間発展の
方程式を解いてみよう．まず，物質波において $e^{-i|\vec{p}|t} \cdot e^{i\vec{p}\cdot\vec{x}}$ の因子はニュー
トリノの種類によらない共通の因子なので，最終結果に影響しない．そこで
ν_i の物質波を $\nu_i(t) = e^{-i\frac{m_i^2}{2E}t}$ であると見なすと，これらは次の時間発展の方
程式の解である：

$$i\frac{d}{dt}\begin{pmatrix} \nu_1 \\ \nu_2 \\ \nu_3 \end{pmatrix} = \begin{pmatrix} \frac{m_1^2}{2E} & 0 & 0 \\ 0 & \frac{m_2^2}{2E} & 0 \\ 0 & 0 & \frac{m_3^2}{2E} \end{pmatrix} \cdot \begin{pmatrix} \nu_1 \\ \nu_2 \\ \nu_3 \end{pmatrix}. \tag{3.86}$$

実際にはニュートリノは弱固有状態 ν_e, ν_μ, ν_τ として生成され，また検出さ
れるので，(3.72), (3.81) を用いて，MNS行列 U によるユニタリ変換を行っ
て弱固有状態における時間発展の方程式に書き直すと

3.5 真空中のニュートリノ振動

$$i\frac{d}{dt}\begin{pmatrix}\nu_e\\\nu_\mu\\\nu_\tau\end{pmatrix}=U\cdot\begin{pmatrix}\frac{m_1^2}{2E}&0&0\\0&\frac{m_2^2}{2E}&0\\0&0&\frac{m_3^2}{2E}\end{pmatrix}\cdot U^\dagger\cdot\begin{pmatrix}\nu_e\\\nu_\mu\\\nu_\tau\end{pmatrix}$$

$$=\frac{1}{2E}\cdot m_D m_D^\dagger\cdot\begin{pmatrix}\nu_e\\\nu_\mu\\\nu_\tau\end{pmatrix}\tag{3.87}$$

が得られる.先に議論したように,$m_D m_D^\dagger$ という組み合せで現れるのでディラック型,マヨラナ型の違いは生じず,この表式はどちらの場合についても適用可能である.

この微分方程式の解は容易に次のように求められる:

$$\begin{pmatrix}\nu_e(t)\\\nu_\mu(t)\\\nu_\tau(t)\end{pmatrix}=\exp(-\frac{i}{2E}m_D m_D^\dagger t)\cdot\begin{pmatrix}\nu_e(0)\\\nu_\mu(0)\\\nu_\tau(0)\end{pmatrix}$$

$$=U\begin{pmatrix}e^{-i\frac{m_1^2}{2E}t}&0&0\\0&e^{-i\frac{m_2^2}{2E}t}&0\\0&0&e^{-i\frac{m_3^2}{2E}t}\end{pmatrix}U^\dagger\cdot\begin{pmatrix}\nu_e(0)\\\nu_\mu(0)\\\nu_\tau(0)\end{pmatrix}.\tag{3.88}$$

ここで

$$\exp(-\frac{i}{2E}m_D m_D^\dagger t)=\exp(-\frac{i}{2E}U m_{\mathrm{diag}}^2 U^\dagger t)=U\exp(-\frac{i}{2E}m_{\mathrm{diag}}^2 t)U^\dagger$$
$$(m_{\mathrm{diag}}^2=\mathrm{diag}(m_1^2,m_2^2,m_3^2))\tag{3.89}$$

といった関係式を用いている.

時刻 $t=0$ において,ν_α ($\alpha=e,\mu,\tau$) が生成されたとする.初期条件は $\nu_\alpha(0)=1$(他のフレーバーの物質波はゼロ)と与えられる.すると,時刻 t において ν_β として検出される確率振幅は (3.88) より $\nu_\beta(t)=\sum_i U_{\beta i}\,e^{-i\frac{m_i^2}{2E}t}\,U_{\alpha i}^*$ となり,したがって ν_α として生成されたニュートリノが時間 t の後に ν_β として検出される確率は

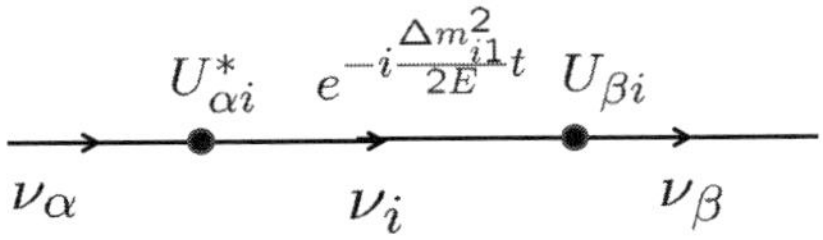

$$\begin{array}{c} U^*_{\alpha i} \quad e^{-i\frac{\Delta m^2_{i1}}{2E}t} \quad U_{\beta i} \\ \longrightarrow\bullet\longrightarrow\bullet\longrightarrow \\ \nu_\alpha \qquad\qquad \nu_i \qquad\qquad \nu_\beta \end{array}$$

図 **3.5** ニュートリノ振動の確率振幅の直感的理解

$$\begin{aligned} P(\nu_\alpha \to \nu_\beta) &= |\sum_i U_{\beta i}\, e^{-i\frac{m_i^2}{2E}t}\, U^*_{\alpha i}|^2 \\ &= |\sum_i U_{\beta i}\, e^{-i\frac{\Delta m^2_{i1}}{2E}t}\, U^*_{\alpha i}|^2 \end{aligned} \qquad (3.90)$$

で与えられることになる.

この結果から,ニュートリノ振動を得るには,U で記述されるフレーバー混合とともに明らかに Δm^2_{i1} というニュートリノ質量2乗の差が必要とされることがわかる.仮にニュートリノ質量が縮退していて $\Delta m^2_{21} = \Delta m^2_{31} = 0$ だとすると,$\alpha \neq \beta$ の場合に $P(\nu_\alpha \to \nu_\beta) = 0$ となることが,U のユニタリティ $(UU^\dagger)_{\beta\alpha} = 0$ から容易にわかる.また,期待したように,ニュートリノ振動の振動数は,"うなり"の振動数 $\frac{\Delta m^2_{i1}}{2E}$ になっていることが見てとれる.

式 (3.90) は,以上述べた多少形式的な導出を経なくても容易に書き下すことができる.つまり,確率振幅は,ν_α で生成されたニュートリノの中に $U^*_{\alpha i}$ の割合で ν_i が含まれ,それが $e^{-i\frac{\Delta m^2_{i1}}{2E}t}$ で時間発展し,最後に $U_{\beta i}$ の割合で ν_β として検出される,と考えてこれらを掛け合せれば得られるのである(図 3.5 を参照).

さて,実際には3世代のレプトンが存在するので (3.90) 式から計算されるニュートリノ振動の確率を与える式は一般に結構複雑になるが,ここでは2世代モデルを仮定し,振動確率の式を簡単化してみよう.一つはニュートリノ振動の本質を理解しやすくするためであるが,現実的にも二つの質量2乗差に $\Delta m^2_{21} \ll \Delta m^2_{31}$ という階層性を仮定すると,例えば太陽ニュートリノの振動には Δm^2_{21} が,一方で伝播する距離の短い大気ニュートリノの振動には Δm^2_{31} が主に寄与する,といった役割分担が可能になり実質的に2世代モデルの解析に(近似的に)帰着できるからでもある.ただし,後述のように CP

対称性の破れといった3世代すべての関与が本質的である物理量については，こうした単純化は正当化できないので注意が必要である．

ということで，$\nu_\alpha = \nu_e, \nu_\mu$，また$\nu_i = \nu_1, \nu_2$としよう．この場合，クォークセクターの場合と同様に混合行列UにはCP位相は存在しないと考えてよく，したがってUは混合角θをもった直交行列となる：

$$U = \begin{pmatrix} \cos\theta & \sin\theta \\ -\sin\theta & \cos\theta \end{pmatrix}. \tag{3.91}$$

すると，$\nu_e \to \nu_\mu$の遷移確率は(3.90)式で$\alpha = e, \beta = \mu$として，唯一の質量2乗差Δm_{21}^2を用いて

$$P(\nu_e \to \nu_\mu) = \sin^2 2\theta \, \sin^2(\frac{\Delta m_{21}^2}{4E}t) \tag{3.92}$$

と得られる．予想通り$\theta = 0$あるいは$\Delta m_{21}^2 = 0$だと遷移確率が消えニュートリノ振動は起こらないことがわかる．一方，ν_eで生成されたニュートリノがν_eのままで検出される"生き残り確率（survival probability）"は，$\alpha = \beta = e$として

$$P(\nu_e \to \nu_e) = \cos^4\theta + \sin^4\theta + 2\cos^2\theta\sin^2\theta\cos(\frac{\Delta m_{21}^2}{2E}t)$$
$$= 1 - \sin^2 2\theta \, \sin^2(\frac{\Delta m_{21}^2}{4E}t) \tag{3.93}$$

と求まる．先に述べたように，ニュートリノ振動が起きてもすべてのニュートリノの存在確率の和は保存されるので，当然ながら次のような確率保存の式が成立する：

$$P(\nu_e \to \nu_e) + P(\nu_e \to \nu_\mu) = 1. \tag{3.94}$$

ここで，相対論的で局所的相互作用のみをもつ場の量子論で一般に成立するCPT定理の帰結について少し考えてみよう．これは，C（粒子・反粒子を入れ替える荷電共役）変換，P（空間座標の符号を反転させるパリティ）変換，T（時間軸を反転させる「時間反転（time reversal）」）変換という離散的変換をすべて同時に行うCPT変換の下で，上述の条件を満たす場の理論は不変である，という定理である．ここまで2世代模型を想定してきたが，世代の数に関係なくCPT定理より一般に

104 第3章 ニュートリノ質量とニュートリノ振動

$$P(\nu_\alpha \to \nu_\beta) = P(\bar{\nu}_\beta \to \bar{\nu}_\alpha) \tag{3.95}$$

が成立する．さらに CP 対称性があると仮定すると

$$P(\nu_\alpha \to \nu_\beta) = P(\bar{\nu}_\alpha \to \bar{\nu}_\beta) \tag{3.96}$$

の関係も得られる．一方，時間反転の T 対称性があると

$$P(\nu_\alpha \to \nu_\beta) = P(\nu_\beta \to \nu_\alpha) \tag{3.97}$$

の関係が得られる．(3.97) は，(3.95) と (3.96) を組み合せても得られるが，CPT 定理の下では CP 対称性と T 対称性は同等であるので，これは当然の結果であるといえる．

特に単純化された 2 世代模型の場合には，(3.91) に見られるように混合行列に CP 位相はなく CP 対称性があるので，これらすべての関係が正確に成立することになる（ただし，物質効果を考慮すると，物質の存在自身が CP 対称性を破るので，2 世代であってもこれらの関係は崩れることに注意しよう）．この結果，例えば T 対称性から遷移確率に関しては

$$P(\nu_\mu \to \nu_e) = P(\nu_e \to \nu_\mu) \tag{3.98}$$

がいえ，一方，確率の保存則から生き残り確率に関しては

$$P(\nu_\mu \to \nu_\mu) = P(\nu_e \to \nu_e) \tag{3.99}$$

がいえることになる．

さて，現実的な状況下ではニュートリノ振動の波長（ほぼ光速を振動数で割ったもの）に比べて，ニュートリノの生成地点から検出地点までの距離の不定性の方が大きいということが十分にあり得る．そのような場合にはニュートリノの伝播する距離に関する平均，すなわち t に関する時間平均をとる必要がある．時間平均した振動確率を一般に $\bar{P}$ で表すことにすると，2 世代模型の場合には (3.92) および (3.93) より

$$\overline{P}(\nu_e \to \nu_\mu) = \frac{1}{2}\sin^2 2\theta, \tag{3.100}$$

$$\overline{P}(\nu_e \to \nu_e) = 1 - \frac{1}{2}\sin^2 2\theta \tag{3.101}$$

が得られる．フレーバー混合角が $\theta \simeq \pi/4$ という"最大混合"の場合を考え

ると，(3.92) および (3.93) よりわかるように遷移確率は最大になり，また逆に生き残り確率は t を調整すればいくらでも小さくできるのであるが，時間平均をとると (3.101) より生き残り確率に以下のような下限が存在し，最大混合の場合であっても勝手に小さくすることはできないことになる：

$$\overline{P}(\nu_e \to \nu_e) \geq \frac{1}{2}. \tag{3.102}$$

この不等式は，任意の世代数 n の場合に一般化できる：

$$\overline{P}(\nu_e \to \nu_e) \geq \frac{1}{n}. \tag{3.103}$$

この不等式の証明を簡単に述べよう．まず (3.90) において時間平均をとると次の関係が得られる：

$$\overline{P}(\nu_\alpha \to \nu_\beta) = \sum_i |U_{\beta i}|^2 |U_{\alpha i}|^2. \tag{3.104}$$

特に，生き残り確率に関しては

$$\overline{P}(\nu_\alpha \to \nu_\alpha) = \sum_i |U_{\alpha i}|^4 \tag{3.105}$$

が導かれる．ここで MNS 行列のユニタリティを示す $\sum_i |U_{\alpha i}|^2 = 1$ の式を 2 乗すると

$$\sum_i |U_{\alpha i}|^4 + 2\sum_{i<j} |U_{\alpha i}|^2 |U_{\alpha j}|^2 = 1 \tag{3.106}$$

となる．一方で，次の自明な関係も成立する：

$$\sum_{i<j} (|U_{\alpha i}|^2 - |U_{\alpha j}|^2)^2 \geq 0. \tag{3.107}$$

これは

$$(n-1)(\sum_i |U_{\alpha i}|^4) - 2\sum_{i<j} |U_{\alpha i}|^2 |U_{\alpha j}|^2 \geq 0 \tag{3.108}$$

と同等である．(3.108) と (3.106) の和をとると，求めたい不等式が得られる：

$$\overline{P}(\nu_\alpha \to \nu_\alpha) = \sum_i |U_{\alpha i}|^4 \geq \frac{1}{n}. \tag{3.109}$$

なお，この式で等号が成立するのは (3.107) において等号が成立する場合，す

なわち

$$|U_{\alpha 1}|^2 = |U_{\alpha 2}|^2 = \cdots = |U_{\alpha n}|^2 \tag{3.110}$$

が成立する場合であるが，これは，いわばすべての世代間の混合が最大混合になっている，という特別な場合に相当する．

こうした議論から，例えば2世代を想定すると，ニュートリノの生き残り確率が$1/2$より小さくなることは不可能であり，また$1/2$となるのも混合角を最大混合$\pi/4$に微調整した場合にのみ可能である，ということになる．一方，太陽ニュートリノに関しては，デービス（R. Davis）等による先駆的な実験のデータでは，太陽中の核融合反応を記述する理論である「標準太陽模型」の予言値の$1/3$あるいは$1/4$といった値まで，太陽ニュートリノν_eの事象数が減少することが報告されていた．この問題を解決すべく登場したニュートリノ振動のシナリオが，太陽中の物質との相互作用による「物質中の共鳴的ニュートリノ振動」を用いて，仮に混合角θが小さくても効率的な遷移を可能にする，というものである．

3.6 物質中の共鳴的ニュートリノ振動

前節で，時間平均をとったニュートリノの生き残り確率が$1/n$（n：世代数）より小さくなれないことを示した．よって，3世代の場合には，例えばデービス等による太陽ニュートリノのデータが示唆している$1/3$より小さな生き残り確率を説明することはできない．さらに，この最小の生き残り確率$1/3$を実現するには$|U_{\alpha 1}|^2 = |U_{\alpha 2}|^2 = |U_{\alpha 3}|^2$を満たすように世代間の混合角を微調整する必要もある．こうした困難は，例えば太陽（や超新星）の中心部のような高密度の物質中での，ニュートリノと物質との弱い相互作用を考慮することによって生じる共鳴的なニュートリノ振動によって回避することが可能である．

まず，物質中を伝播するニュートリノは，物質との弱い相互作用による「物質効果」により，いわば電磁相互作用のときのクーロン・ポテンシャルに相当するポテンシャルエネルギー$V(x)$を得ることに注目しよう．大切なことは，この物質効果を得るのは実質的には電子ニュートリノν_eのみである，という

3.6 物質中の共鳴的ニュートリノ振動

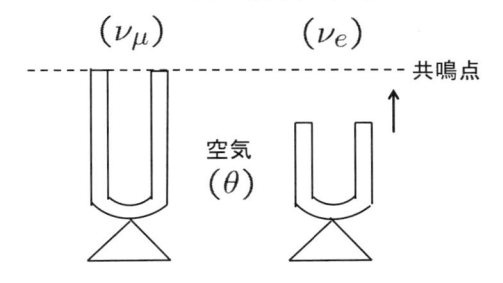

図 **3.6** 二つの音叉の共鳴現象

ことである．$V(x)$ は ν_e の物質波の振動数を場所 x, したがって時間 t $(x \simeq t)$ に依存した形で変化させることになるが，一方で，物質効果をもたない他のニュートリノ，例えば 2 世代模型で考えると ν_μ の物質波の振動数は変化しないことになる．すると，ある時点において二つのニュートリノの物質波の振動数が一致し，共鳴現象が起こり得るのである．ある時刻に生成された ν_e がこうした振動数の一致する "共鳴点" に到達すると，仮に世代間の混合角 θ が小さくとも，適当な条件が満たされる限り ν_e から ν_μ へのほぼ完全な遷移が可能になるのである．

この事情は，楽器の調律に用いられる音叉（おんさ）の振動との類推で直感的に理解することができる．図 3.6 のように二つの音叉があり，片方の音叉の長さは変化し得るものとする．最初，長さが変わる方の音叉のみが振動していて，長さが徐々に長くなり振動が徐々にゆっくりとなって二つの音叉の長さが一致する共鳴点に達すると，その振動が共鳴的にもう一つの振動していなかった音叉に移ることが可能である．音叉の長さの変化が十分ゆっくりであれば，ほぼ完全な振動の移行が可能になる．仮に共鳴点に達してもそこで音叉の長さが固定されると移ったはずの振動がまた自分に戻ったりで，二つの音叉は最終的に同じ振幅で振動するであろうから，音叉の長さが変化することが本質的に重要である．しかし一方で，長さの変化が速すぎると振動の移行は不十分になるであろう．ということで，共鳴現象によって振動が十分に移行するために必要な，音叉の長さがゆっくり変化すべしという条件が「断熱条件（adiabaticity condition）」とよばれるものである．なおこの場合，ニュートリノ振動の場合の二つのニュートリノを混合させる役割を担う θ に

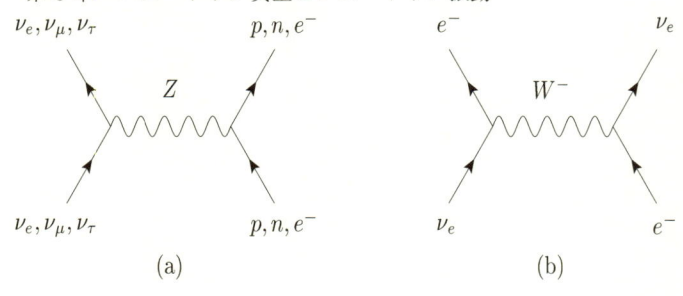

108　第3章　ニュートリノ質量とニュートリノ振動

(a)

(b)

図 3.7　ニュートリノの物質との弱い相互作用

対応するのは音を伝える媒質である空気であると考えられる．

次に，上述の直感的な議論がニュートリノ振動の場合にもたしかに成り立つことを，少し数式を用いて確認してみよう．まず必要なのはポテンシャルエネルギー $V(x)$ を求めることである．これはニュートリノが運動する際に周囲にある物質との弱い相互作用によって生じるが，まず，ゲージボソン Z を交換する図 3.7 の (a) のような媒質中の陽子，中性子，電子との中性カレント相互作用により得るポテンシャルエネルギー，したがって物質波の振動数の変化は，明らかに ν_e, ν_μ, ν_τ のすべてのニュートリノに対して同じであり，その効果は共通の位相因子をすべてのニュートリノの物質波に与えることであることに注意しよう．ニュートリノ振動は，音波の場合のうなりと同様に三つのニュートリノの物質波の振動数の違いにより生じるものなので，この中性カレントによる物質効果はニュートリノ振動には効かない．

先に，実質的に電子ニュートリノ ν_e のみが物質効果をもつといったのは，ν_e だけが図 3.7 の (b) に示すような荷電カレントによる弱相互作用を媒質中の電子との間で付加的にもつからである．ただ，一見このファインマン・ダイアグラムは，中性カレント相互作用の場合のようなニュートリノが電子からポテンシャルエネルギーを得て運動している過程のようには見えない（相互作用頂点で，ニュートリノは電子に変化している）．しかしながら，この荷電カレントによる過程は重い W ゲージボソンの交換によるもので，いま想定しているような低エネルギー過程の場合にはベータ崩壊の場合と同様に

$$\frac{G_F}{\sqrt{2}} \cdot \overline{\nu_e}\gamma_\mu(1-\gamma_5)e \cdot \overline{e}\gamma^\mu(1-\gamma_5)\nu_e \tag{3.111}$$

のように $(V-A) \times (V-A)$ 型（V はベクトル（vector）型カレント，A は軸性ベクトル（axial vector）型カレントの意）の 4 フェルミ相互作用の形で書け，さらにフィルツ変換（Fierz transformation）を用いると，$(V-A) \times (V-A)$ 型のままで始状態のニュートリノと電子を交換することが可能である：

$$\frac{G_F}{\sqrt{2}} \cdot \overline{\nu_e}\gamma_\mu(1-\gamma_5)\nu_e \cdot \overline{e}\gamma^\mu(1-\gamma_5)e. \tag{3.112}$$

こうして，あたかも中性カレント過程による物質効果のように見なすことが可能なので，これからポテンシャルエネルギーを導出することができるのである．電磁気の理論である QED の場合を思い出すと，電子のクーロン・ポテンシャル $V(x)$ による相互作用項は $\overline{e}\gamma_0 e \cdot V(x)$ と書ける．同様に，(3.112) の 4 フェルミ相互作用は，左巻ニュートリノの "クーロン型" ポテンシャル $V_c(x)$ との相互作用と見なすことができる：

$$\overline{\nu_{eL}}\gamma_0 \nu_{eL} \cdot V_c(x), \tag{3.113}$$

$$V_c(x) = \sqrt{2}G_F N_e(x). \tag{3.114}$$

ここで，$\overline{e}\gamma^0 e$ が，媒質である電子の（場所による）数密度 $N_e(x)$ と同定されている．$\overline{e}\gamma^i e$ $(i=1,2,3)$, $\overline{e}\gamma^\mu \gamma_5 e$ に比例した他の項も 4 フェルミ相互作用には存在するが，これらは，電子の速度やスピンの期待値に比例するので，媒質中の電子は静的で無偏極な（スピンが特定の方向を向いていない）ものと想定して無視している．こうして，ν_e のみが物質効果によるポテンシャルエネルギー V_c を得て，その分だけ物質波のエネルギー，したがって振動数が $E \to E + V_c$ （E：自由粒子の場合のエネルギー）のように変更を受けることになる．

物質効果を考慮すると，$(\nu_e, \nu_\mu, \nu_\tau)$ の基底での時間発展の方程式 (3.87) は次のように修正される：

$$i\frac{d}{dt}\begin{pmatrix} \nu_e \\ \nu_\mu \\ \nu_\tau \end{pmatrix}$$

$$= \left\{ U \cdot \begin{pmatrix} 0 & 0 & 0 \\ 0 & \frac{\Delta m_{21}^2}{2E} & 0 \\ 0 & 0 & \frac{\Delta m_{31}^2}{2E} \end{pmatrix} \cdot U^\dagger + \begin{pmatrix} a(t) & 0 & 0 \\ 0 & 0 & 0 \\ 0 & 0 & 0 \end{pmatrix} \right\} \cdot \begin{pmatrix} \nu_e \\ \nu_\mu \\ \nu_\tau \end{pmatrix} \cdot \tag{3.115}$$

ここで，物質効果は V_c の代わりに $a(x) = \sqrt{2} G_F N_e(x)$ で書かれている．また，共通の位相に寄与する $m_1^2/2E$ を無視し，$m_i^2 \to \Delta m_{i1}^2$ のおき換えを行っている．

本来は，この3世代の枠組みの中での微分方程式を解くべきであるが，$a(t)$ が t に依存しているので，これを解析的に解くことは $a(t)$ が特別な関数形をとらない限り無理である．また，仮に $a(t)$ が定数で微分方程式が解析的に解けたとしても，その解は複雑になり扱いにくいものである．しかし，幸い，次の節で議論するようにニュートリノの質量2乗差に $\Delta m_{21}^2 \ll \Delta m_{31}^2$ という階層性が存在する場合には，3世代模型の問題を実質的に（近似的に）2世代模型の問題に帰着させることが可能である．

そこで，ここでは一般的に $(\Delta m^2, \theta)$ というパラメータで記述される2世代模型の枠組みにおける物質中の共鳴的ニュートリノ振動を考察してみよう．(3.115) を2世代の場合に限定し，U として (3.91) を用いると（行列の対角成分から $\frac{\Delta m_{21}^2}{2E} \sin^2\theta$ の共通部分を引算して）

$$i\frac{d}{dt} \begin{pmatrix} \nu_e \\ \nu_\mu \end{pmatrix} = \begin{pmatrix} \sqrt{2} G_F N_e(t) & \frac{\Delta m^2}{4E} \sin 2\theta \\ \frac{\Delta m^2}{4E} \sin 2\theta & \frac{\Delta m^2}{2E} \cos 2\theta \end{pmatrix} \cdot \begin{pmatrix} \nu_e \\ \nu_\mu \end{pmatrix} \tag{3.116}$$

が得られる．2×2行列の部分（"ハミルトニアン"）を $H(t)$ と書くと，すでに述べたように電子の個数密度 $N_e(t)$ が特別な関数形をとらない限り微分方程式 (3.116) を解析的に解くことはできない．しかし，$N_e(t)$ の時間変化が十分ゆっくり（その正確な意味は後で述べる）である場合，すなわち音叉の共鳴現象の議論のところで述べた「断熱条件」が満たされる場合には解析的な解をよい近似で求めることができる．

これを具体的に示すために，$H(t)$ を対角化するような基底，すなわち時刻を t と固定したときのニュートリノの質量固有状態 ν_{m1}, ν_{m2} を考えよう．この状態へのユニタリ変換は

$$U_m(t)^\dagger H(t) U_m(t) = \text{diag}(E_1(t), E_2(t)), \tag{3.117}$$

3.6 物質中の共鳴的ニュートリノ振動

$$U_m(t) = \begin{pmatrix} \cos\theta_m(t) & \sin\theta_m(t) \\ -\sin\theta_m(t) & \cos\theta_m(t) \end{pmatrix}, \tag{3.118}$$

$$\begin{pmatrix} \nu_e \\ \nu_\mu \end{pmatrix} = U_m(t) \cdot \begin{pmatrix} \nu_{m1} \\ \nu_{m2} \end{pmatrix}, \tag{3.119}$$

のように t に依存した角 $\theta_m(t)$ をもつユニタリ行列 $U_m(t)$ によって書かれる．ここで固有値と角 $\theta_m(t)$ は以下のように与えられる：

$$\begin{aligned} E_{1,2}(t) = \frac{1}{2} \Bigg(& \sqrt{2}G_F N_e(t) + \frac{\Delta m^2}{2E}\cos 2\theta \\ & \pm \sqrt{(\sqrt{2}G_F N_e(t) - \frac{\Delta m^2}{2E}\cos 2\theta)^2 + (\frac{\Delta m^2}{2E}\sin 2\theta)^2} \Bigg), \end{aligned} \tag{3.120}$$

$$\tan 2\theta_m = \frac{\frac{\Delta m^2}{2E}\sin 2\theta}{\frac{\Delta m^2}{2E}\cos 2\theta - \sqrt{2}G_F N_e(t)}. \tag{3.121}$$

音叉の場合，共鳴点は二つの音叉の振動数が一致する点であったが，同様にこの場合も共鳴点は $H(t)$ の二つの対角成分が一致する点，すなわち

$$\sqrt{2}G_F N_e(t) = \frac{\Delta m^2}{2E}\cos 2\theta \tag{3.122}$$

が成り立つ時刻（それに対応する場所）になる．共鳴点ではニュートリノ間の混合が最大になると直感的にも予想されるが，実際 (3.121) からわかるようにこのときには

$$\theta_m = \frac{\pi}{4} \tag{3.123}$$

となり最大混合が実現される．

時間発展の方程式 (3.116) をこの新しい基底で書き直すと

$$\begin{aligned} i\frac{d}{dt}\begin{pmatrix} \nu_{m1} \\ \nu_{m2} \end{pmatrix} \\ = \left\{ \begin{pmatrix} E_1(t) & 0 \\ 0 & E_2(t) \end{pmatrix} + \begin{pmatrix} 0 & i\dot{\theta}_m \\ -i\dot{\theta}_m & 0 \end{pmatrix} \right\} \cdot \begin{pmatrix} \nu_{m1} \\ \nu_{m2} \end{pmatrix} \end{aligned} \tag{3.124}$$

となり，質量固有状態に移ったにもかかわらずハミルトニアンは対角化されないことがわかる．それはユニタリ変換が t に依存しているために θ_m の時

間微分 $\dot{\theta}_m$ に比例した非対角成分が余分に現れるからである.

すると,一見この基底に移っても何も利点はなさそうであるが,θ_m の時間変化がゆっくりで $\dot{\theta}_m$ が十分小さければ,より正確にはこの比対角成分が二つの対角成分の差より十分小さいという条件

$$|\dot{\theta}_m| \ll |E_2 - E_1| \tag{3.125}$$

が満たされれば非対角成分は近似的に無視できて,(3.124) は解析的に容易に解くことができる.この条件こそ断熱条件に他ならない.(3.125) の条件が問題になるのは θ_m が最も急激に変わる共鳴点においてであるので,この条件式は共鳴点での条件におき換えてよい.すると $|E_2 - E_1| = \frac{\Delta m^2}{2E}\sin 2\theta$ を用いて,断熱条件は

$$\frac{\frac{d \log N_c}{dx}|_{res}}{\tan 2\theta} \ll \frac{\Delta m^2 \sin 2\theta}{E}, \tag{3.126}$$

と書かれることがわかる.ここで $\dot{\theta}_m$ は共鳴点で評価される $\frac{d \log N_e}{dx}|_{res}$ で書き直されている.

(3.124) は非対角成分を無視すると容易に解くことができる:

$$\nu_{m1}(t) = \exp(-i\int_0^t E_1(t')dt') \cdot \nu_{m1}(0), \tag{3.127}$$

$$\nu_{m2}(t) = \exp(-i\int_0^t E_2(t')dt') \cdot \nu_{m2}(0). \tag{3.128}$$

よって,断熱条件が満たされる場合には,例えば ν_e の生き残り確率は

$$\begin{aligned}&P(\nu_e \to \nu_e)\\&= \left| \cos\theta_m(t)\cos\theta_m(0) \exp(-i\int_0^t E_1(t')dt') \right.\\&\left. + \sin\theta_m(t)\sin\theta_m(0) \exp(-i\int_0^t E_2(t')dt') \right|^2 \end{aligned} \tag{3.129}$$

のように書ける.右辺の 1 項目は,小さい方のエネルギー固有値 E_1 ($E_1 < E_2$ と仮定する) をもつ ν_{m1} として伝播する寄与,2 項目は,大きい方のエネルギー固有値 E_2 をもつ ν_{m2} として伝播する寄与をそれぞれ表している.さらに,太陽ニュートリノの場合のようなニュートリノの生成場所に主として起因する t の不定性を考慮して t に関する時間平均をとると,この二つの項の

3.6 物質中の共鳴的ニュートリノ振動

間の干渉項は消え，時間平均をとった生き残り確率 $\overline{P}(\nu_e \to \nu_e)$ は次のような簡単な式で与えられる：

$$\overline{P}(\nu_e \to \nu_e) = \cos^2\theta_m(t)\cos^2\theta_m(0) + \sin^2\theta_m(t)\sin^2\theta_m(0). \qquad (3.130)$$

物質効果を無視し，$N_e = 0$ したがって $\theta_m(t) = \theta_m(0) = \theta$ とすると，この式は真空中のニュートリノ振動の場合の (3.101) と当然のことながら一致することがわかる．

図 3.6 に示した音叉の共鳴現象との類推で太陽ニュートリノの共鳴的ニュートリノ振動を考えると，長さの変化し得る音叉に対応するのが太陽中心で生成された ν_e であり，太陽ニュートリノの生成時は ν_e のみが太陽中心の高密度の媒質から得る大きな物質効果により高い振動数で振動しており，その後太陽表面に向かって伝播するとともに物質効果の減少により，ちょうど音叉が長くなるのと同様に振動数が下がり，やがてもう一つの音叉に対応する物質効果をもたず一定の固有振動数をもつ ν_μ の振動数と一致する共鳴点に達すると，最大混合により ν_e の振動が ν_μ の振動に共鳴的に移行し，(3.126) の断熱条件が満たされると，（真空中での"本来の"混合角 θ が小さくても）ほぼ完全な ν_μ への遷移が実現するのである．これがミケーエフ，スミルノフ（Mikheyev and Smirnov）およびウォルフェンシュタイン（Wolfenstein）によって提唱された，いわゆる「MSW 効果」である [16]．実際，太陽中心では電子密度が大きいために ν_e は大きい方のエネルギー E_2 をもつ ν_2 と同定されると考えると $\theta_m(0) \simeq \frac{\pi}{2}$ であり，また太陽表面から出た後は物質効果は無視できて $\theta_m(t) \simeq \theta$ であるとすると，(3.130) は

$$\overline{P}(\nu_e \to \nu_e) \simeq \sin^2\theta, \qquad (3.131)$$

と簡単になる．よって，(3.101) の場合とは大きく異なり，仮に θ が小さい場合であっても，生き残り確率はいくらでも小さくなり得て，したがってほぼ完全な共鳴的遷移が可能になることがわかる．

こうした事情は，図 3.8 を見ると視覚的に理解しやすいであろう．この図で，二つの点線の直線は，(3.116) のハミルトニアンの二つの対角成分を N_e の関数として表したものである．ただし θ が小さい場合をここでは想定している，また二つの実線の曲線は N_e に依存した $E_{1,2}$ （式 (3.120)）を表して

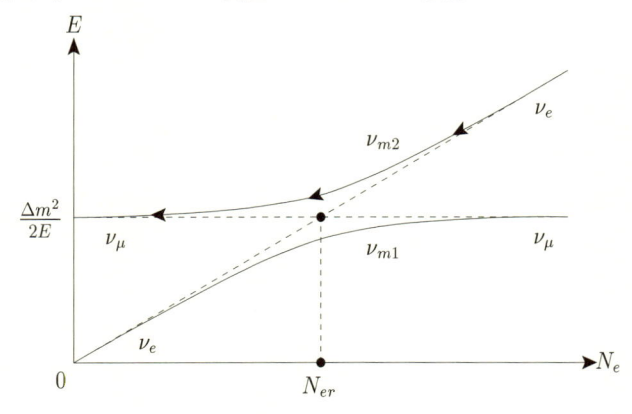

図 3.8 レベル交差と二つのニュートリノの間の共鳴的遷移

いる．図に示されているように，太陽中心で N_e が十分大きいときには ν_e は大きい方のエネルギー E_2 をもった状態とほぼ一致する．太陽表面に向かって電子密度が下がっていくと，二つの点線が交差する（"レベル交差"（level crossing））点，すなわち共鳴点に達するが，断熱近似がよいとすると，ν_e は上側の E_2 を表す実線の曲線に沿って変化するので，今度は平行な点線の直線に沿って太陽表面 ($N_e \simeq 0$) に到着する．このときの状態は真空中でのエネルギー固有値の大きい ν_2 であるが，θ が小さければほぼ ν_μ に他ならない．こうして，ほぼ完全な $\nu_e \to \nu_\mu$ の遷移が可能になることがわかる．

しかし，この断熱条件はいつも満たされるとは限らない．この条件が満たされない場合には，レベル交差において ν_{m1} と ν_{m2} の間の"ジャンプ"が起きて点線に沿って素通りしてしまい，完全な遷移は実現しないことになる．このジャンプの確率を一般的に解析的に求めることはできないが，共鳴点付近では N_e が線形の関数になる，といった仮定をおくなどの手法で，これを見積もる定性的な議論が成されている．

その詳細はここでは述べないが，こうした解析的な手法を用いると，与えられた $N_e(x)$（太陽内部では，ほぼ指数関数的な振る舞いをする）とニュートリノのエネルギーに対して ν_e の生き残り確率を二つのパラメータ ($\Delta m^2, \theta$) の関数として解析的に見積もることができる．これから逆に，生き残り確率

3.6 物質中の共鳴的ニュートリノ振動

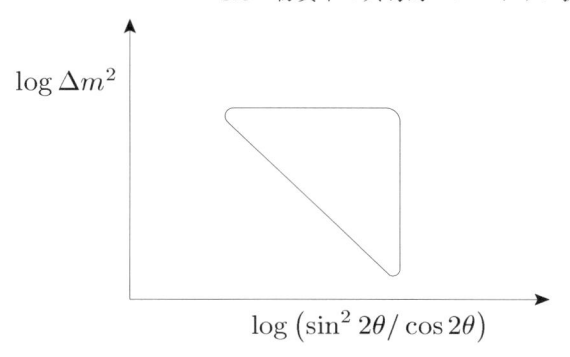

[図: 縦軸 $\log \Delta m^2$、横軸 $\log(\sin^2 2\theta / \cos 2\theta)$ の両対数グラフ上に描かれた三角形]

図 3.9 MSW 三角形

についての実験データ（ニュートリノ振動がないとしたときの予言値に対する実測されたニュートリノ事象数の比）から $(\theta, \Delta m^2)$ のパラメータの平面で一つの曲線が得られることになる．

生き残り確率 $\overline{P}(\nu_e \to \nu_e)$ が $\frac{1}{2}$ より小さい場合には，その曲線は，図 3.9 に与えられるような，ほぼ三角形（MSW 三角形ともよばれる）の形になる（$\frac{1}{2}$ より大きい場合には，ほぼ真空中のニュートリノ振動の関係式 (3.101) から決まる θ が一定の垂直な直線になる）．ただし，この図では横軸は θ の代わりに $\frac{\sin^2 2\theta}{\cos 2\theta}$ であり両対数のグラフになっている．

生き残り確率が $\frac{1}{2}$ より小さいということは，共鳴的な振動が効いている，ということになるが，三角形の 3 辺の物理的な意味は，それぞれ次のようにおおざっぱに解釈できる．まず，水平の辺は，これが示す Δm^2 以下でレベル交差が可能になり共鳴的な振動が起きる，ということを意味している．垂直の辺は，レベル交差があり，断熱条件が満たされる場合の生き残り確率の式 $\overline{P}(\nu_e \to \nu_e) = \sin^2 \theta$ （(3.131) 式）から決まる直線に対応する．最後に対角線（傾いた辺）は，断熱条件が満たされない場合の，ジャンプの確率が一定の直線を表している．断熱条件 (3.126) から推察されるように，断熱条件が満たされる度合いは $\Delta m^2 \cdot \frac{\sin^2 2\theta}{4E \cos 2\theta}$ で決まり，対角線はこの量が一定という条件を両対数のグラフで表したものと理解できる．

3.7 3世代模型におけるニュートリノ振動

これまでのところ,具体的なニュートリノ振動の確率は単純化された2世代の枠組みを仮定して与えられてきているが,実際にはレプトンセクターも3世代存在するので,本来はすべての振動確率は独立な二つの質量2乗の差

$$\Delta m_{21}^2, \quad \Delta m_{31}^2 \tag{3.132}$$

および,クォークの場合の小林–益川行列に対応する MNS (牧–中川–坂田) 行列

$$U = \begin{pmatrix} c_{12}c_{13} & s_{12}c_{13} & s_{13}e^{-i\delta} \\ -s_{12}c_{23} - c_{12}s_{23}s_{13}e^{i\delta} & c_{12}c_{23} - s_{12}s_{23}s_{13}e^{i\delta} & s_{23}c_{13} \\ s_{12}s_{23} - c_{12}c_{23}s_{13}e^{i\delta} & -c_{12}s_{23} - s_{12}c_{23}s_{13}e^{i\delta} & c_{23}c_{13} \end{pmatrix} \tag{3.133}$$

を記述する三つの混合角と一つの CP 位相

$$\theta_{12}, \quad \theta_{23}, \quad \theta_{13}, \quad \delta \tag{3.134}$$

の関数として表すべきである.なお,(3.133) において s_{ij}, c_{ij} は,それぞれ $\sin\theta_{ij}$ および $\cos\theta_{ij}$ を表す.

しかしながら,真空中のニュートリノ振動の場合であっても,そうした表式は6個のパラメータで記述され一般に複雑な式になる.そればかりでなく,実験的に振動確率が決定されても,それで決まる可能なパラメータの領域は5次元的な超曲面で表され,そこから何らかの物理的帰結を導き出すのは容易ではない.さらに,通常実験データから与えられるパラメータの許容範囲は $(\theta, \Delta m^2)$ という2世代模型を想定した二つのパラメータに関して与えられるが,それが6個のパラメータの内のどのパラメータに関する情報なのかわからない.

幸い,大気ニュートリノ振動,および太陽ニュートリノ振動を司る質量2乗差には大きな違いがあり,二つの質量2乗差には

$$\Delta m_{21}^2 \ll \Delta m_{31}^2 \tag{3.135}$$

という階層的な構造があることが Super-Kamiokande 実験等のデータからわ

3.7　3世代模型におけるニュートリノ振動

かっている．このために，以下で説明するように，3世代の場合のニュートリノ振動の解析を実質的に2世代の場合の解析に帰着させることが可能になる．これにより，それぞれの振動に関与するパラメータを同定し，実験データとの比較からそれらに制限を与えることがただちにできることになる．

具体的には，次節で述べるように大気ニュートリノ振動，太陽ニュートリノ振動に関与する質量2乗差は，それぞれ $\Delta m^2_{atm} \simeq 2.4 \times 10^{-3}\,\mathrm{eV}^2$, および $\Delta m^2_{solar} \simeq 7.6 \times 10^{-5}\,\mathrm{eV}^2$. である．そこで

$$\Delta m^2_{31} = \Delta m^2_{atm}, \qquad \Delta m^2_{21} = \Delta m^2_{solar} \tag{3.136}$$

と同定すると，たしかに (3.135) という階層的な構造が存在しているといえる．以下で，こうした階層性の下で導かれる3世代から2世代へ還元する公式を求めていこう．

3.7.1　3世代模型における真空中のニュートリノ振動

こうした階層的な質量2乗差 (3.135) の下でも，考えているニュートリノ振動において Δm^2_{21} と Δm^2_{31} の内のどちらが振動を司っているかによって，2世代への還元公式も違うので，以下それぞれの場合に分けて議論する．

Δm^2_{31} による真空中のニュートリノ振動

まず，大きい方の質量2乗差 Δm^2_{31} によって振動が支配される場合を考察しよう．この場合，小さい方の質量2乗差 Δm^2_{21} は振動を起こすには小さすぎると考えられ，無視することが可能である．正確には，この扱いは以下の条件が満たされる実験の場合に有効である：

$$\begin{aligned}
\frac{\Delta m^2_{21}}{E}L &= 3.6 \times 10^{-2} \cdot \frac{\left(\frac{\Delta m^2_{21}}{7\times 10^{-5} eV^2}\right)}{\left(\frac{E}{1GeV}\right)}\left(\frac{L}{100km}\right) \ll 1, \\
\frac{\Delta m^2_{31}}{E}L &= 1.0 \cdot \frac{\left(\frac{\Delta m^2_{31}}{2\times 10^{-3} eV^2}\right)}{\left(\frac{E}{1GeV}\right)}\left(\frac{L}{100km}\right) \geq 1.
\end{aligned} \tag{3.137}$$

ここで "基線 (baseline)" L は，ニュートリノの生成点から検出点までの距離である．後で述べる Super-Kamiokande における大気ニュートリノ振動の

実験や，地上でのK2KやT2Kといった長基線の加速器ニュートリノ振動実験などがこの場合に分類される．なお，Super-Kamiokande検出器による大気ニュートリノ振動実験の天頂角分布（神岡の真上の大気の位置を天頂角ゼロにとる）のデータによると，天頂角が$\frac{\pi}{2}$の辺りからニュートリノ振動の効果が見えはじめるので，Lは地球のサイズのオーダーではなく，せいぜい数百キロメートルといったところである（これが，K2KやT2Kといった地上の長基線実験で大気ニュートリノ振動の追試が可能である理由でもある）．

そこで，一般的な表式(3.90)において$\Delta m_{21}^2 = 0$とすると，3世代模型における$\nu_\alpha \to \nu_\beta$の振動確率は

$$P(\nu_\alpha \to \nu_\beta) = \left| \delta_{\alpha\beta} - U_{\beta 3} U_{\alpha 3}^* \left(1 - e^{-i\frac{\Delta m_{31}^2}{2E}t} \right) \right|^2, \quad (3.138)$$

と簡単になる．ここでMNS行列のユニタリ性からいえる$\sum_i U_{\beta i} U_{\alpha i}^* = \delta_{\alpha\beta}$を用いた．例えば，大気ニュートリノ振動に関係するいくつかの表式を，MNS行列(3.133)の行列要素を用いて具体的に書くと以下のようになる：

$$P(\nu_e \to \nu_e) = 1 - 4(1 - |U_{e3}|^2)|U_{e3}|^2 \sin^2\left(\frac{\Delta m_{31}^2}{4E}t\right)$$
$$= 1 - \sin^2 2\theta_{13} \, \sin^2\left(\frac{\Delta m_{31}^2}{4E}t\right) \simeq 1, \quad (3.139)$$

$$P(\nu_\mu \to \nu_\tau) = 4|U_{\mu 3}|^2 |U_{\tau 3}|^2 \sin^2\left(\frac{\Delta m_{31}^2}{4E}t\right)$$
$$= \sin^2 2\theta_{23} \cos^4 \theta_{13} \, \sin^2\left(\frac{\Delta m_{31}^2}{4E}t\right)$$
$$\simeq \sin^2 2\theta_{23} \, \sin^2\left(\frac{\Delta m_{31}^2}{4E}t\right), \quad (3.140)$$

$$P(\nu_\mu \to \nu_e) = 4|U_{e3}|^2 |U_{\mu 3}|^2 \sin^2\left(\frac{\Delta m_{31}^2}{4E}t\right)$$
$$= \sin^2 2\theta_{13} \sin^2 \theta_{23} \, \sin^2\left(\frac{\Delta m_{31}^2}{4E}t\right) \simeq 0. \quad (3.141)$$

ここで，最後の近似式はいずれも比較的小さいことが知られているθ_{13}を無視したときのものである．

これらの結果から，ν_eはほとんど振動を起こさず，生き残り確率はほぼ1であるが，一方ではν_μは振動を起こし，その振動先はν_eではなく，ほとん

どう ν_τ になる，という結論が得られる．後述のように，これは正に大気ニュートリノにおいて起きていることに一致している．

また，$\nu_\mu \leftrightarrow \nu_\tau$ 振動の表式 (3.140) は，2 世代を想定した場合の表式 (3.92) において $\theta \to \theta_{23}$, $\Delta m^2_{21} \to \Delta m^2_{31}$ というおき換えを行ったものになっている．よって，大気ニュートリノ振動実験から得られるデータは $(\theta_{23}, \Delta m^2_{31})$ のパラメータのセットに関して制限を与えるものである，と理解することができる．

ただし，ニュートリノ振動における CP 対称性の破れに関して考える際には，ちょうどクォークセクターに関する (1.131) の条件式に見られるように，Δm^2_{21} や θ_{13} を無視すると CP 対称性の破れは消えてしまうので上述のような単純化は正当化できず，後で述べるように正確な取り扱いが必要となる．

Δm^2_{21} による真空中のニュートリノ振動

次に小さい方の質量 2 乗差 Δm^2_{21} によってニュートリノ振動が引き起こされる場合を議論する．この場合，大きい方の Δm^2_{31} による振動も存在するが，この振動は速すぎるのでその時間平均を考えるべきである．すると，Δm^2_{21} による振動との干渉項は消えるので，ν_3 は，いわば ν_1, ν_2 の系から decouple することになる．こうした扱いが可能なのは次の条件が成り立つ場合である：

$$\begin{aligned}
\frac{\Delta m^2_{21}}{E} L &= 7.2 \cdot \frac{\left(\frac{\Delta m^2_{21}}{7 \times 10^{-5} eV^2}\right)}{\left(\frac{E}{5 MeV}\right)} \left(\frac{L}{100 km}\right) \geq 1, \\
\frac{\Delta m^2_{31}}{E} L &= 2.0 \times 10^2 \cdot \frac{\left(\frac{\Delta m^2_{31}}{2 \times 10^{-3} eV^2}\right)}{\left(\frac{E}{5 MeV}\right)} \left(\frac{L}{100 km}\right) \gg 1.
\end{aligned} \quad (3.142)$$

太陽ニュートリノ振動を地上で追試するという意味でも重要な実験である KamLAND 実験（神岡に検出器を置き，周辺の原子炉からの $\bar{\nu}_e$ を検出する実験）では，基線 L は大気ニュートリノ振動の場合よりはむしろ短いが，ニュートリノのエネルギー E が 1 MeV のオーダーで大気ニュートリノの場合（主に寄与するのは 1 GeV のオーダーのニュートリノ）よりずっと小さいので (3.142) の条件が満たされている．すでに述べたように太陽ニュートリノは Δm^2_{21} で振動しているので，KamLAND はその確認を地上で行える実験といえるのである．

ν_3 と ν_1, ν_2 の系との干渉効果を無視すると,一般的な表式 (3.90) は以下の式になる:

$$P(\nu_\alpha \to \nu_\beta) = |\delta_{\alpha\beta} - U_{\beta 3}U^*_{\alpha 3} - U_{\beta 2}U^*_{\alpha 2}(1 - e^{-i\frac{\Delta m^2_{21}}{2E}t})|^2$$
$$+ |U_{\beta 3}|^2|U_{\alpha 3}|^2. \tag{3.143}$$

KamLAND で検証されたような生き残り確率の場合,すなわち $\alpha = \beta$ の場合には,次のような 3 世代から 2 世代へ還元する表式が得られる:

$$P(\nu_\alpha \to \nu_\alpha) = (1 - |U_{\alpha 3}|^2)^2\, P_{eff}(\nu_\alpha \to \nu_\alpha) + |U_{\alpha 3}|^4. \tag{3.144}$$

ここで P_{eff} は,実質的な 2 世代模型の枠組みでの生き残り確率と見なされるものであり

$$P_{eff}(\nu_\alpha \to \nu_\alpha) = 1 - 4\frac{|U_{\alpha 2}|^2(1 - |U_{\alpha 2}|^2 - |U_{\alpha 3}|^2)}{(1 - |U_{\alpha 3}|^2)^2}$$
$$\times \sin^2(\frac{\Delta m^2_{21}}{4E}t) \tag{3.145}$$

で与えられる.これは,一般的な 2 世代の枠組みで得られた (3.93) において,$\sin^2\theta$ を $\frac{|U_{\alpha 2}|^2}{1-|U_{\alpha 3}|^2} = \frac{|U_{\alpha 2}|^2}{|U_{\alpha 1}|^2+|U_{\alpha 2}|^2}$ でおき換えたものになっている.

例として ν_e の生き残り確率を考え S と書くと,MNS 行列の行列要素を具体的に混合角を用いて表すことで

$$S = \cos^4\theta_{13} \cdot S_{eff}(\theta_{12}, \Delta m^2_{21}) + \sin^4\theta_{13}, \tag{3.146}$$

が得られる.ここで実質的な 2 世代模型のおける ν_e の生き残り確率 S_{eff} は $(\theta_{12}, \Delta m^2_{21})$ のパラメータのセットで表される:

$$S_{eff}(\theta_{12}, \Delta m^2_{21}) = 1 - \sin^2 2\theta_{12}\, \sin^2(\frac{\Delta m^2_{21}}{4E}t). \tag{3.147}$$

こうして,この場合にはニュートリノ振動に関与する混合角は θ_{12} に他ならないことがわかる.なお,(3.146), (3.147) は KamLAND で検証された $\bar\nu_e$ の生き残り確率にも用いてよい(正確には,地球との物質効果が無視できる場合には).それは,これらの表式は 2 世代模型に還元されたもので CP 対称性の破れの効果は表れていないからである.

3.7.2 ニュートリノ振動における CP 対称性の破れ

すでに標準模型の小林–益川模型の紹介のところでクォークセクターについて議論したように，CP 対称性の破れを得るには 3 世代がすべて関与する必要がある．別の言い方をすると，(1.131) からわかるように，仮に up-type あるいは down-type クォークのセクターで，一つでも質量の縮退があれば，また，仮に混合角の内一つでもゼロとなると，CP 位相 δ がゼロでなくても CP 対称性の破れは消えることになる．

まったく同様の議論が（少なくともニュートリノ質量がディラック型である限り）レプトンセクターでもいえる．よって，上で議論したような Δm_{31}^2, Δm_{21}^2 の一方のみが（支配的に）振動に関与するという近似は，CP の破れを議論する際には適切ではなく，複雑であっても元の正確な表式 (3.90) に頼る必要がある．

ニュートリノ振動における CP 対称性の破れは，典型的にはニュートリノと反ニュートリノの振動確率の差に表れる．そこで CP 非対称性（CP asymmetry）

$$A_{\alpha\beta}^{CP} = P(\nu_\alpha \to \nu_\beta) - P(\bar{\nu}_\alpha \to \bar{\nu}_\beta) \tag{3.148}$$

を考えよう．CPT 定理より (3.95) がいえるので，これから CP 非対称性は次式で定義される時間反転非対称性とも同等である：

$$A_{\alpha\beta}^T = P(\nu_\alpha \to \nu_\beta) - P(\nu_\beta \to \nu_\alpha). \tag{3.149}$$

すると，自明な関係式 $A_{\alpha\beta}^T = -A_{\beta\alpha}^T$ を用いると

$$A_{\alpha\beta}^{CP} = -A_{\beta\alpha}^{CP}, \tag{3.150}$$

がいえるが，特にこれから $A_{\alpha\alpha}^{CP} = 0$, すなわち

$$P(\nu_\alpha \to \nu_\alpha) = P(\bar{\nu}_\alpha \to \bar{\nu}_\alpha) \tag{3.151}$$

が帰結される．こうして，生き残り確率には CP 非対称性は現れず，遷移確率にのみ現れ得ることがわかる．

一方，ニュートリノの存在確率の保存から

$$\sum_{\beta=e,\mu,\tau} P(\nu_\alpha \to \nu_\beta) = \sum_{\beta=e,\mu,\tau} P(\bar{\nu}_\alpha \to \bar{\nu}_\beta) = 1 \tag{3.152}$$

が成り立つが、これは $\sum_\beta A^{CP}_{\alpha\beta} = 0$ を意味し、$A^{CP}_{\alpha\alpha} = 0$ および $A^{CP}_{\alpha\beta} = -A^{CP}_{\beta\alpha}$ と合せると、例えば $\alpha = e$ の場合には $A^{CP}_{e\mu} = A^{CP}_{\tau e}$ がいえる。同様に、$\alpha = \mu$ とすると $A^{CP}_{\mu\tau} = A^{CP}_{e\mu}$. こうして3世代模型の特徴として

$$A^{CP}_{e\mu} = A^{CP}_{\mu\tau} = A^{CP}_{\tau e} \equiv A^{CP} \tag{3.153}$$

という興味深い関係が得られる。これは3世代では、独立な CP 非対称性は一つだけである、ということと直感的に理解することができる。1章で、クォークセクターでは CP の破れはヤールスコッグ・パラメータという唯一のパラメータですべて記述されることを見たが、これと同様に、ニュートリノ振動における CP の破れも、下で見るようにすべてレプトンセクターでのヤールスコッグ・パラメータ J によって記述されることになる。

それでは、具体的に A^{CP} を求めてみよう。(3.90) より、勝手な (α, β) に対して

$$\begin{aligned} A^{CP}_{\alpha\beta} &= P(\nu_\alpha \to \nu_\beta) - P(\bar\nu_\alpha \to \bar\nu_\beta) \\ &= -4 \sum_{i<j} \mathrm{Im}(U_{\alpha i} U^*_{\beta i} U_{\beta j} U^*_{\alpha j}) \cdot \sin\left(\frac{\Delta m^2_{ij}}{2E} t\right) \end{aligned} \tag{3.154}$$

が得られる。ここで、小林–益川模型のところで議論したように、$\mathrm{Im}(U_{\alpha i} U^*_{\beta i} U_{\beta j} U^*_{\alpha j})$ は $\alpha \neq \beta$, $i \neq j$ のときにゼロでなく、さらに α, β および i, j の組み合せによらず、符号を除きすべて同一であることを示すことができる。そこで $J \equiv J_{e\mu, 12}$ と定義すると、この J はレプトンセクターでのヤールスコッグ・パラメータに他ならない。MNS 行列の表式 (3.133) を用いて具体的に計算すると

$$J = c_{12} s_{12} c_{23} s_{23} c^2_{13} s_{13} s_\delta. \tag{3.155}$$

ここで δ は CP を破る CP 位相である。(3.155) はクォークセクターの場合の (1.130) に対応するものである。$\alpha = e$, $\beta = \mu$ とし、$J_{e\mu, 12} = J_{e\mu, 23} = J_{e\mu, 31}$ の関係 ($J_{\alpha\beta, ij} \equiv \mathrm{Im}(U_{\alpha i} U^*_{\beta i} U_{\beta j} U^*_{\alpha j})$ として、$J_{\alpha\beta, ji} = -J_{\alpha\beta, ij}$ および MNS 行列の異なる行の間の直交性 $\sum_i J_{\alpha\beta, ij} = 0$ より導かれる) を用いると

$$A^{CP} = -4J \left\{ \sin\left(\frac{\Delta m_{12}^2}{2E}t\right) + \sin\left(\frac{\Delta m_{23}^2}{2E}t\right) + \sin\left(\frac{\Delta m_{31}^2}{2E}t\right) \right\}$$

$$= 16J \sin\left(\frac{\Delta m_{12}^2}{4E}t\right) \sin\left(\frac{\Delta m_{23}^2}{4E}t\right) \sin\left(\frac{\Delta m_{31}^2}{4E}t\right) \qquad (3.156)$$

が得られる．右辺の2行目への変形では $\Delta m_{12}^2 + \Delta m_{23}^2 + \Delta m_{31}^2 = 0$ の関係を用いた．

この表式は CP 対称性の破れは，次のいずれか一つでも満たされると消えてしまうことを明確に示している：(1) $\Delta m_{21}^2 = 0$ あるいは $\Delta m_{31}^2 = 0$, (2) 混合角 θ_{ij} あるいは CP 位相 δ のいずれか一つでもゼロとなる，(3) ニュートリノ振動の確率の時間平均をとる（$\sin(\frac{\Delta m_{ij}^2}{2E}t)$ の時間平均はゼロ）．したがって，CP 非対称性を観測しようとする実験においては，遷移確率を時間平均をとることなく測定し，また Δm_{21}^2 と Δm_{31}^2 による両方の振動の効果を観測可能なように実験を設定する必要がある．特に Δm_{21}^2 は小さいからといって無視することはできない．さらに，(2) から，CP 非対称性の大きさは最も小さな混合角 θ_{13} の大きさに敏感であり，これが小さいと（δ が大きくても）CP 非対称性の測定は困難になるが，最近の Daya Bay 実験，および RENO 実験のデータは θ_{13} の大きさが想定されていた範囲の中では比較的大きいことを示している：

$$\sin^2(2\theta_{13}) = 0.092 \pm 0.016(\text{stat.}) \pm 0.005(\text{syst.}) \quad (\text{Daya Bay 実験})$$
$$\sin^2(2\theta_{13}) = 0.113 \pm 0.013(\text{stat.}) \pm 0.019(\text{syst.}) \quad (\text{RENO 実験})$$
$$(3.157)$$

ここで stat. は統計誤差（statistical error）を，syst. は系統誤差（systematic error）を表している．

なお，物質効果が無視できない場合には，ニュートリノと反ニュートリノでは物質効果に当然異なるので（媒質は当然物質でできている），そのために CP 非対称性に似た効果が生じ注意を要する．物質効果による寄与と，真の CP 非対称性による寄与とを分離する工夫が必要となる．

3.7.3 3世代模型における物質中のニュートリノ振動

物質効果をとり入れた3世代模型の場合の時間発展の方程式 (3.115) は一般に解析的には解くことができず,仮に解けたとしてもその結果は複雑なものになる.しかし,太陽ニュートリノの場合のように物質効果が Δm_{31}^2 に比べて十分小さい場合,すなわち

$$\frac{\Delta m_{21}^2}{2E}, \sqrt{2}G_F N_e \ll \frac{\Delta m_{31}^2}{2E}, \tag{3.158}$$

の場合には,真空中の場合と同様に3世代から2世代への還元公式を導くことができる.ここでは ν_e の生き残り確率 S に注目しよう.物質効果の存在にもかかわらず,Δm_{12}^2 による真空中のニュートリノ振動の場合の (3.146) と同様な次のような還元公式が得られることが知られている [17]:

$$S = \cos^4\theta_{13} \cdot S_{eff}(\theta_{12}, \Delta m_{21}^2; a_{eff}) + \sin^4\theta_{13}. \tag{3.159}$$

ここで,$S_{eff}(\theta_{12}, \Delta m_{21}^2; a_{eff})$ は実質的な2世代模型の枠組みにおける共鳴的ニュートリノ振動による生き残り確率を表し,(3.116) においてハミルトニアンの混合角と質量2乗差を $\theta_{12}, \Delta m_{21}^2$ とし,また物質効果 $a(x) = \sqrt{2}G_F N_e(x)$ を $a_{eff} \equiv \cos^2\theta_{13}\, a(x)$ という実質的な物質効果におき換えて得られる微分方程式を解くことで得られる $\nu_e \to \nu_e$ の生き残り確率である.

ここでは,この還元公式の導出は行わないが,本質的なことは ν_3 は $\nu_{1,2}$ の系と decouple し,$\nu_{1,2}$ の部分系は実質的な2世代模型として解析可能だが,その部分系に現れる物質効果は $\cos^2\theta_{13}$ だけ "薄められた" ものになる,ということである.この導出に興味のある読者は [18] を参照されたい.

3.8 大気ニュートリノ異常および太陽ニュートリノ問題

ニュートリノの質量,したがってその質量差は非常に小さいと考えられているので,ニュートリノ振動を観測するには,ニュートリノの生成点から検出点までの距離(基線)がかなり大きくなる必要があり,通常の実験施設内での実験での検証は難しい.基線を長くとることのできる理想的な状況は,太陽や超新星といった天体起源のニュートリノの検出や大気ニュートリノと

3.8 大気ニュートリノ異常および太陽ニュートリノ問題

いった地球規模の基線を実現できるニュートリノ振動の実験で実現される.

以下で簡単に紹介するように，太陽ニュートリノ，大気ニュートリノのいずれもがパズルを抱えている．すなわち，いずれについても実験で検出されたニュートリノの事象数が予言値より有意に小さいということが起きていたのである．これを「太陽ニュートリノ問題」,「大気ニュートリノ異常」という．以下で見るように，こうしたパズルは，ニュートリノがそれぞれ異なる質量2乗差によるニュートリノ振動を起こしているとして自然に説明されることがわかる．

3.8.1 大気ニュートリノ異常

宇宙から地球にほぼ等方的に，宇宙線とよばれる高エネルギーの粒子（実態はほとんど陽子）が降り注いでいることが知られている．宇宙線は地球を取り巻く大気中の原子核とぶつかると，強い相互作用によりパイ中間子やK中間子を生成するが，これらはただちに弱い相互作用によりニュートリノを放出しながら，例えば次のように順次崩壊する:

$$\pi^+ \to \mu^+ + \nu_\mu, \qquad \mu^+ \to e^+ + \nu_e + \bar{\nu}_\mu. \tag{3.160}$$

こうして生成されるニュートリノを「大気ニュートリノ」と称する．生成され地球に降り注ぐ大気ニュートリノのフラックス（単位時間，単位面積あたりの個数）には不定性が存在するものの，フラックスの比 $(\nu_\mu + \bar{\nu}_\mu)/(\nu_e + \bar{\nu}_e)$（例えば ν_μ は ν_μ のフラックスを表す）をとることでそうした不定性は相当に軽減される. (3.160) の一連の崩壊から考えると，この比はほぼ2になると予想される．

しかしながら，Super-Kamiokande 実験は，測定された比 $(\nu_\mu + \bar{\nu}_\mu)_{obs}/(\nu_e + \bar{\nu}_e)_{obs}$ の予言値との比である "2重比" R が1から有意にずれていることを発見したのである:

$$R = \frac{(\nu_\mu + \bar{\nu}_\mu)_{obs}/(\nu_e + \bar{\nu}_e)_{obs}}{(\nu_\mu + \bar{\nu}_\mu)_{pred}/(\nu_e + \bar{\nu}_e)_{pred}} \sim 0.6. \tag{3.161}$$

これが,「大気ニュートリノ異常」とよばれるものである．

より正確には，Super-Kamiokande 実験データによると ν_μ の事象数が予

言値より有意に小さいのに対して，ν_e の方の事象数はほぼ予言値通りであった．よって，パズルの自然な説明として考えられるのは，ν_e は何も起こさないが ν_μ の方だけ

$$\nu_\mu \rightarrow \nu_\tau \tag{3.162}$$

というニュートリノ振動を起こし，ν_τ は検出にかからないために ν_μ の事象数だけが予言値より減ってしまったように見える，ということである．これは，(3.139) から (3.141) に与えられた，Δm_{21}^2 を無視し，θ_{13} を小さいとしたときのニュートリノ振動の特徴と非常に整合性のよいものである．

さらに，ニュートリノ振動が起きていることの直接的証拠として，Super-Kamiokande は，大気ニュートリノの事象数の天頂角分布のデータを提供している（図 3.10）．天頂角は神岡の真上の方向をゼロにとり，図 3.10 では事象数を天頂角 θ の cos の関数としてプロットしている．また，データ点に沿って引かれた実線はニュートリノ振動を仮定したときの最適にフィットする分布を，また小さな箱型のヒストグラムは振動がないときの予想される分布を表している．図からわかるように，ν_e の方の事象（図では "e-like" と示されている）はニュートリノ振動がないときの予想される分布とよく一致しているのに対して，ν_μ の方（"μ-like"）の事象数については，天頂角ゼロ，つまり $\cos\theta = 1$ の事象数は予想通りであるものの $\cos\theta = 0$ つまり $\theta = \frac{\pi}{2}$ の辺りからニュートリノ振動がないときの予想に比べて事象数が減りだし，地球の反対側である $\cos\theta = -1$ の場合に最も予想より小さくなっている．これは，真上から来る場合にはニュートリノの伝播する距離（基線）が短くニュートリノ振動がほとんど起きないのに対し，真下から来る場合には基線が長いために振動が十分に起きるためであると考えるとつじつまが合う．さらに，$\theta = \frac{\pi}{2}$ 辺りから減少しだすことから，ニュートリノ振動の波長は（地球の半径よりずっと小さく）数百から 500 キロメートル程度であることもわかる．これが，K2K（KEK で生成された ν_μ を神岡に向けて照射し Super-Kamiokande により検出）や T2K（東海村から神岡）といった，加速器で生成されたニュートリノを用いた長基線ニュートリノ振動実験によって大気ニュートリノ振動の追試が可能である大きな理由である（エネルギーがほぼ同程度であることも要因の一つであるが）．

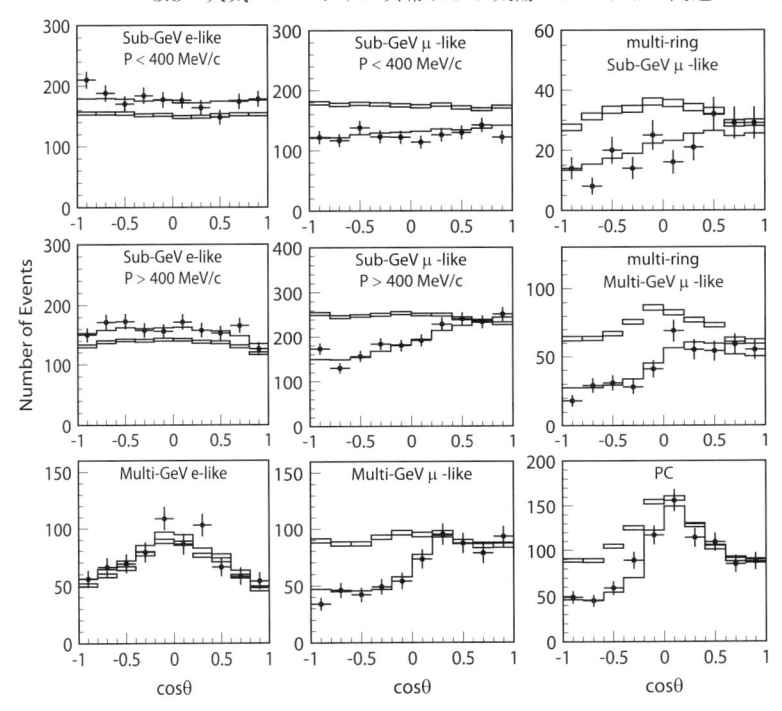

図 3.10　大気ニュートリノ事象数の天頂角分布に関する Super-Kamiokande のデータ [19]

こうした ν_μ 事象数の減少と，天頂角分布のデータから，Super-Kamiokande グループは，最もデータとよく合うパラメータのセットとして

$$\sin^2(2\theta_{23}) = 1.00, \quad \Delta m_{31}^2 = 2.4 \times 10^{-3} \text{ eV}^2 \qquad (3.163)$$

を得ている [20]．これは θ_{23} による混合が最大混合になっていることを意味し，世代間混合が小さいクォークセクターとの対比が際立つ興味深い特質である．ニュートリノ振動の存在は，実験的，あるいは観測的に標準模型を超える物理の存在を明確に示す数少ない事実であることもあり，この大きな世代間混合が標準模型を超える物理に関する大きなヒントになる可能性がある．

3.8.2 太陽ニュートリノ問題

次に天体起源のニュートリノの代表例として，太陽中心部の核融合によって生成され地球に降り注ぐ「太陽ニュートリノ」をとり上げる．よく知られているように，太陽エネルギーは，その中心部で起きている核融合反応によって供給されている．核融合そのものは当然強い相互作用によるものであるが，これに弱い相互作用も関与しているため核反応はゆっくりと進み，太陽は長期間安定して輝いていることができる．

太陽中の核融合反応は複雑な過程であるが，太陽エネルギーの大半を供給する一連の反応は "p-p chain" とよばれている．その一連の反応の内，太陽ニュートリノに関連した反応をいくつか取り出すと以下のようである：

$$
\begin{aligned}
p+p &\to D+e^{+}+\nu_e, \quad \langle E_\nu \rangle = 0.26 \text{ MeV}, \\
&\vdots \\
e^{-}+{}^7\text{Be} &\to {}^7\text{Li}+\nu_e, \quad E_\nu = 0.86 \text{ MeV}, \\
&\vdots \\
{}^8\text{B} &\to {}^8\text{Be}^{*}+e^{+}+\nu_e, \quad \langle E_\nu \rangle = 7.2 \text{ MeV}, \\
&\vdots
\end{aligned}
\tag{3.164}
$$

ここで $\langle E_\nu \rangle$ は連続スペクトルの場合のニュートリノの平均エネルギーを表している．これら三つの反応で放出される太陽ニュートリノは，それぞれ pp, Be および B ニュートリノとよばれる．pp ニュートリノはエネルギーは低く，最新の Super-Kamiokande（SK）やカナダの SNO（Sudbury Neutrino Observatory）実験においては検出できないが，太陽ニュートリノのフラックスの大半はこのニュートリノである．これに対し，Be, B ニュートリノはより高いエネルギーをもっていて Super-Kamiokande や SNO といった比較的高いエネルギーしきい値をもつ実験においても検出可能で重要な寄与をする．

これら一連の反応をまとめると，太陽中で起きている正味の核融合反応は

$$
2e^{-}+4p \to {}^4\text{He}+2\nu_e+\gamma \; (26.73 MeV)
\tag{3.165}
$$

のように書け，4個の陽子が融合して，ヘリウム原子核が生成され，これに

3.8 大気ニュートリノ異常および太陽ニュートリノ問題

伴って 2 個の ν_e が放出される過程である．ニュートリノが放出されるということはベータ崩壊と同様の荷電カレントによる弱い相互作用が関与してることを端的に物語っている．

こうして太陽中心で生成された太陽ニュートリノは周りの媒質とほとんど相互作用せず，ただちに太陽を離れて地球に降り注ぐわけであるが，これを検出する太陽ニュートリノ実験はデービス（R. Davis）らによって創始されたが，その実験は四塩化炭素を用い，その中の塩素の原子核がアルゴンに変化する荷電カレント相互作用で得られるアルゴンを定期的に回収してニュートリノ事象数を決めるという放射化学的（radiochemical）実験であった．しかし，これだとリアルタイムの検出はできず，また飛来するニュートリノの方向を特定することができないので，太陽から来たニュートリノであることを直接確認することはできない．これに対して，より最近の Super-Kamiokande（SK）や SNO 実験では，ニュートリノと電子との弾性散乱を用いてニュートリノ事象を検出しているので（SNO ではニュートリノと重水素原子核 d との散乱過程も用いている），リアルタイムの実験が可能であり，また散乱された電子が，入射するニュートリノの方向とほぼ同方向に飛ぶことからニュートリノの方向を同定でき，たしかに太陽の方向から飛来しているニュートリノであることを確認することも可能である．

太陽ニュートリノ実験には，塩素を用いたもの，SK や SNO の他にもガリウムを用いた放射化学的実験である SAGE, GNO（GALLEX）等があるが，ここではそれらの詳細は述べない．それぞれの実験は，核融合反応を含めた太陽のモデルであるバーコール（Bahcall）らによる「標準太陽模型（standard solar model, SSM）」を用いた予言値（ニュートリノ振動がないとした）より有意に小さな太陽ニュートリノの事象数を報告している．これが太陽ニュートリノに関する重大なパズルである「太陽ニュートリノ問題」とよばれるものである．

上記の太陽ニュートリノ実験のデータは ν_e の生き残り確率が 1/2 以下であることを示している．したがって，これをニュートリノ振動を用いて説明しようとすると物質中の共鳴的振動を必要とするので，各実験データから図 3.9 のような MSW 三角形が許されるパラメータ領域として（実験的エラーとともに）それぞれ得られる．それらの重複部分が実際に許されるパラメータ領域

であるが,それはおおざっぱに三角形の右上の頂点の辺りの領域になり,それによる太陽ニュートリノ問題の解法を「大角度 (large mixing angle, LMA) 解」とよぶ.具体的には LMA 解におけるパラメータのセットは以下のような領域にある [21]:

$$\Delta m_{21}^2 = 7.59^{+0.20}_{-0.21} \times 10^{-5} \text{ eV}^2, \quad (3.166)$$

$$\tan^2\theta_{12} = 0.457^{+0.041}_{-0.028}. \quad (3.167)$$

しかしながら,太陽ニュートリノの事象数が SSM から計算される予言値より小さいというだけでは,SSM による予言値が下がるとパズルは消滅してしまう.実際,フラックスの大半を担う pp ニュートリノのフラックスは太陽定数を用いてほぼ不定性なく決められるが,SK や SNO 実験が主として検出可能な B ニュートリノのフラックスは太陽中心の温度の変化に敏感で,SSM による予言値にもそれなりの不定性がある.さらに,太陽ニュートリノ ν_e が地球に到達するまでに減少したことは確実だとしても,それが ν_μ, ν_τ へのニュートリノ振動によるもの,との断言はできない.

この点に関し,興味深いことに SSM の詳細によらずに SK と SNO 実験のデータのみから実際に $\nu_e \to \nu_\mu, \nu_\tau$ の遷移が起きていることを示すことが可能なのである.SNO 実験の特徴は,次のような3種類の散乱過程を用いて太陽ニュートリノの検出が可能であるという点である:

$$\text{荷電カレント (CC) 過程:} \quad \nu_e + d \to e^- + p + p \quad (3.168)$$

$$\text{中性カレント (NC) 過程:} \quad \nu_x + d \to \nu_x + n + p \quad (3.169)$$

$$\text{弾性散乱 (ES) 過程:} \quad \nu_x + e^- \to \nu_x + e^-. \quad (3.170)$$

SK と同様のニュートリノの電子との弾性散乱過程の他に,重水素の原子核 d との荷電カレント (CC),中性カレント (NC) 過程を用いた検出も行っている.注目すべきことは,CC 過程の場合に反応に関与するのは ν_e のみであるのに対し,NC 過程,ES 過程にはすべてのフレーバーのニュートリノ (ν_e, ν_μ, ν_τ) が関与できる,ということである.これが ν_x と表記した理由である ($x = e, \mu, \tau$).さらに,散乱断面積については NC 過程ではすべてのフレーバーにつき同じであるので,ニュートリノ振動が起きていても,この NC 過程による事象数から,ニュートリノ振動がないとしたときの地上で

3.8 大気ニュートリノ異常および太陽ニュートリノ問題

の全フラックスを（SSM に頼ることなく）実験的に決定することが可能なのである．ES 過程については，物質効果のときに述べたように ν_e に関してのみ荷電カレントによる付加的な寄与があるために，その散乱断面積は ν_μ, ν_τ のものより大きくなる．したがって，ニュートリノ振動が起きていると，ES による事象数は振動がないと仮定したときより小さくなるはずであり，実際 SK は事象数の減少を報告しているのである．

SNO 実験から得られた，それぞれの散乱過程により検出された太陽ニュートリノのフラックス ϕ は以下のようである [22]：

$$\phi_{CC} = 1.67^{+0.05}_{-0.04}(\text{stat.})^{+0.07}_{-0.08}(\text{syst.}) \times 10^6 \text{ cm}^{-2}\text{s}^{-1} \quad (3.171)$$

$$\phi_{NC} = 5.54^{+0.33}_{-0.31}(\text{stat.})^{+0.36}_{-0.34}(\text{syst.}) \times 10^6 \text{ cm}^{-2}\text{s}^{-1} \quad (3.172)$$

$$\phi_{ES} = 1.77^{+0.25}_{-0.21}(\text{stat.})^{+0.09}_{-0.10}(\text{syst.}) \times 10^6 \text{ cm}^{-2}\text{s}^{-1}. \quad (3.173)$$

これから，明らかに $\phi_{CC} < \phi_{NC}$ であり，中心値をとると

$$\frac{\phi_{CC}}{\phi_{NC}} = \frac{\text{flux}(\nu_e)}{\text{flux}(\nu_e + \nu_\mu + \nu_\tau)} \simeq 0.301 \quad (3.174)$$

となり，ν_e の生き残り確率が 0.3 程度であることが SSM に頼らずに明確に示されたことになる．

さらに，上記の 3 種類の過程から得られたフラックスを用いて，ν_e のフラックス ϕ_e およびそれ以外の ν_μ, ν_τ を合せたフラックス $\phi_{\mu\tau}$ を図 3.11 のように決定することができる．例えば，$\phi_{CC} = \phi_e$, $\phi_{NC} = \phi_e + \phi_{\mu\tau}$ なので，それぞれのデータから垂直，および傾き -1 の直線状の帯が，可能な領域として得られるのである．ただし，ϕ_{ES} については，SK のデータの方が高精度であるので（$\phi_{ES} = (2.36 \pm 0.07) \times 10^6 \text{ cm}^{-2}\text{s}^{-1}$ [23]），これを合せて表示している．

3 種類の帯は共通部分をもち，そこから

$$\phi_{\mu\tau} = 3.41^{+0.45}_{-0.45}(\text{stat.})^{+48}_{-0.45}(\text{syst.}) \times 10^6 \text{ cm}^{-2}\text{s}^{-1} \quad (3.175)$$

が得られる．これから ν_μ, ν_τ のフラックスは $5.3\,\sigma$ の統計的有意性でゼロではないことになり，フレーバーの変わるニュートリノ振動の明確な証拠を与えていると理解されている．

こうした太陽から飛来するニュートリノの検出実験の他に，すでに述べた

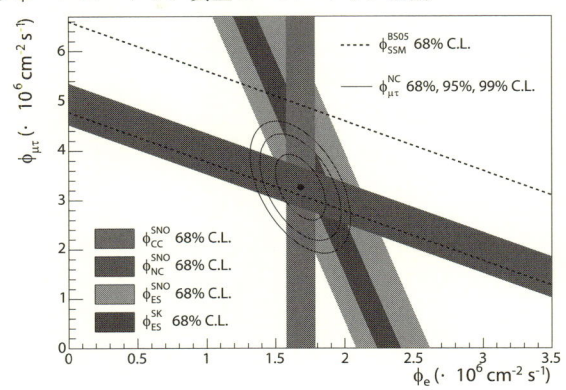

132 第 3 章 ニュートリノ質量とニュートリノ振動

図 **3.11** 3 種類の散乱過程のデータから得られる，$(\phi_e, \phi_{\mu\tau})$ についての許されるパラメータ領域 [24]

KamLAND 実験のデータも，こうした太陽ニュートリノの振動を地上実験で確認し，その存在を確定させたものとして重要である．この実験から，太陽ニュートリノの LMA 解のパラメータから期待されるものとよい一致を見せる $\bar{\nu}_e$ 事象数（原子炉からのニュートリノは，通常のベータ崩壊と同様に反電子ニュートリノである）の減少，および生き残り確率の L/E（L は基線の長さ）依存性のデータが得られている．

 KamLAND の意義としてもう一つ重要なのは，地上という太陽の場合とは違う真空中のニュートリノ振動の扱いが正当化される環境下で MSW による解と矛盾しない結果を得たことにより，他の太陽ニュートリノ問題の解法，例えばニュートリノの磁気モーメントの太陽中の強磁場による共鳴的な歳差によりニュートリノ事象数の減少を説明するシナリオ [9] は，少なくとも太陽ニュートリノ問題を解決する主たるメカニズムではないことを示したことである（ただし，磁気モーメントによる共鳴的歳差のシナリオは，超新星のような非常な強磁場中では無視できない効果をもち，その爆発のメカニズムに影響を与え得ることが議論されている）．

第4章 大統一理論

例えば，前章のニュートリノに関する議論で紹介した左右対称模型も標準模型を越える理論であるが，標準模型同様にゲージ対称性は $SU(2)_L \times SU(2)_R \times U(1)_{B-L}$ のように直積の形になっていて，真の統一理論という訳にはいかない．この章では，素粒子の重力を除く三つの相互作用の真の統一を実現する「大統一理論（grand unified theory, GUT）」について紹介する．大統一理論においては真の統一を実現するために，そのゲージ群は（いくつかの部分群の直積の形で書けない）単純群を採用する．このため，2章で述べた標準模型の問題点の内の (3) の問題は明らかに解決され，また後述のように (4) の問題も解決される．さらに，左右対称模型を内包する SO(10) GUT のように，ニュートリノ質量の極端な小ささを説明するシーソー機構を自然にとり入れることもでき，また重力まで含めたすべての相互作用の統一理論である超弦理論とも関わりの深い理論もある．

4.1 ひな形としての SU(5) GUT

大統一を実現するには，標準模型のゲージ対称性を部分対称性として内包するようにゲージ対称性を拡張する必要があるが，まずは必要最小限の拡張をしてみて，その成否を確かめるのが得策であろう．そうした"最小模型（minimal model）"の大統一理論として，ジョージャイ–グラショウ（Georgi-Glashow）により提案された「SU(5) GUT」がある [25]．実はこの理論は，前章のニュートリノの関する議論で登場した Super-Kamiokande 実験等による陽子崩壊

の実験データ等によって（その最も単純なものは）すでに排除されているのであるが，GUT のひな形としてその本質を理解するのに最適であるので，これに焦点を当てて解説することにする．

SU(5) GUT がなぜ GUT の最小模型なのか簡単に述べよう．ゲージ対称性は数学的には群をなすが，群の階数 (rank) というものにまず着目しよう．階数とは群の変換の生成子の内で最大何個までが互いに可換な集合としてとれるか，というその最大数である．互いに可換な行列は同時対角化可能なことが知られているが，群の既約表現であるそれぞれの多重項（multiplet）（SU(2) ならば2重項（doublet），3重項（triplet），等）の各成分は階数の数だけの互いに独立な量子数（生成子の固有値）の集合によって特徴づけられる．例を挙げれば，SU(2) は階数1の群なのでその多重項の各メンバーは一つの量子数で規定されることになるが，SU(2) の三つの生成子は角運動量の成分とも見なせ，この量子数は磁気量子数に対応する．一般に SU(n)（n: 2 以上の自然数）の生成子はトレース（trace）がゼロのエルミート行列である．トレースがゼロの $n\times n$ のエルミートな対角行列は $n-1$ 個の独立な実パラメータを用いて表されるので，SU(n) の階数は $n-1$ であることがわかる．また U(1) の階数は明らかに1である．こうして標準模型のゲージ群 SU(3)$_c\times$SU(2)$_L\times$ U(1)$_Y$ の階数は 2+1+1 = 4 ということになる．よって，標準模型を内包するどのような GUT も階数が4以上の群を，そのゲージ対称性としてもつ必要がある．そこで，可能な最小の階数4をもつ単純群を探すと SU(5), O(8), O(9), Sp(8), F$_4$ がある．この内，SU(5) のみが SU(3)$_c$ の3重項で SU(2)$_L$ の2重項（左巻きクォークの表現に対応）の複素表現をもつことがわかる．こうして，ジョージャイ–グラショウは SU(5) GUT を GUT の最小模型として選別した．

ゲージ群を決めると，後は理論に導入する物質場の既約表現を指定してやれば，理論は基本的に決まる．そこで次に，簡単のため第1世代のみに限定してクォーク・レプトンを SU(5) のどの既約表現に割り振るかについて考えてみよう．ゲージ相互作用においてはフェルミオンのカイラリティは変化しないので，各既約表現の成分はすべて同じカイラリティに統一して考える必要がある．右巻きの SU(2)$_L$ 1重項のフェルミオンについては C（荷電共役）変換によりカイラリティを変えることですべてのフェルミオンを左巻きに統

4.1 ひな形としての SU(5) GUT

一して考えると，$\alpha = 1, 2, 3$ をカラーの自由度として

$$\begin{pmatrix} u^\alpha \\ d^\alpha \end{pmatrix}, \ (u^\alpha)^c, \ (d^\alpha)^c, \ \begin{pmatrix} \nu_e \\ e^- \end{pmatrix}, \ e^+ \tag{4.1}$$

の 15 個のワイル・フェルミオンにより第 1 世代が構成される．一方，SU(5) の既約表現の中で最も小さな表現は，当然基本表現である 5 表現 (5 成分のベクトルで表現される)，あるいはその複素共役の $\bar{5}$ 表現である．SU(5) のすべての表現はこれらの直積により構成可能である (ちょうど量子力学における角運動量の合成と同様)．例えば $5 \otimes 5 = 10 \oplus 15$. ここで 10 と 15 は二つの 5 次元表現の反対称的および対称的な積 (組み合せ) で構成できる．一見，この 15 次元表現の中にちょうど上記の 15 個のフェルミオンが入りそうであるが，実際にはこれはうまくいかない．それは SU(5) の基本表現である 5 表現を $(SU(3)_c, SU(2)_L)$ の表現で書いてみると $(3, 1) + (1, 2)$ となるので 15 次元表現は二つの $(3, 1)$ の対称な直積，つまり $(6, 1)$ を含むことになるが，カラー 6 重項に属する物質は存在しないからである．結局，第 1 世代のフェルミオンは

$$\bar{5} \oplus 10 \tag{4.2}$$

のように二つの既約表現に割り振ることができることがわかる．

具体的には $\bar{5}$ 表現は $(\bar{3}, 1) + (1, 2)$ ($\bar{2}$ は 2 と同じ) と分解できるので，この表現 (ψ と書こう) には右巻き d クォークの荷電共役および左巻きレプトンの $SU(2)_L$ 2 重項が属することになる：

$$\psi = \begin{pmatrix} (d^1)^c \\ (d^2)^c \\ (d^3)^c \\ e^- \\ -\nu_e \end{pmatrix}. \tag{4.3}$$

ここで下の方の二つの成分については，左巻きの $SU(2)_L$ の 2 重項 $(\nu_e, e^-)^{\mathrm{t}}$ (t : 転置) にレビ–チビタの完全反対称テンソル $i\sigma_2$ を掛けて $\bar{2}$ のように振る舞うようにしてある．

なお，一見 $(\bar{3}, 1)$ には右巻き u クォークの荷電共役を当てはめてもよいように思えるが，SU(5) のすべての生成子はトレースが 0 の行列で書けるので，

(e を単位とする) 電荷の演算子 Q についても同様で

$$\mathrm{Tr}\, Q = 0 \tag{4.4}$$

であり，各既約表現についてその成分をなす粒子の電荷の総和は常にゼロとなる．u クォークの荷電共役を 5 表現に当てはめてしまうと電荷の総和は $3 \times (-\frac{2}{3}) + (-1) + 0 = -3$ となりゼロにならないのである．こうして d クォークの方が選ばれる．このように SU(5) GUT では $\mathrm{Tr}\, Q = 0$ から $|Q(e)| = 3|Q(d)|$ という「電荷の量子化」が自然に説明可能となり，2 章で述べた標準模型における (4) の問題点が解決されることになる．

もう一つのフェルミオンの既約表現である 10 表現については，この表現は二つの 5 表現の反対称な積と同等なので $(\mathrm{SU}(3)_c, \mathrm{SU}(2)_L)$ の表現で分解すると $(\bar{3},1) + (3,2) + (1,1)$ となる（SU(3) については基本表現である 3 重項の反対称な積は $\bar{3}$ として振る舞う．これは，三つの 3 重項の完全反対称な積は SU(3) 不変であるからである）．よって，電荷の総和がゼロということとも考え合せると，次のようにクォーク，レプトンが割り当てられることがわかる（10 表現は 2 階の反対称テンソルなので，5×5 の反対称行列 χ で表示する）：

$$\chi = \begin{pmatrix} 0 & (u^3)^c & -(u^2)^c & -u^1 & -d^1 \\ -(u^3)^c & 0 & (u^1)^c & -u^2 & -d^2 \\ (u^2)^c & -(u^1)^c & 0 & -u^3 & -d^3 \\ u^1 & u^2 & u^3 & 0 & -e^+ \\ d^1 & d^2 & d^3 & e^+ & 0 \end{pmatrix}. \tag{4.5}$$

このように SU(5) 理論においてはクォーク・レプトンを一つの既約表現に完全に統一することはできない．ちなみに，SU(5) より少し大きなゲージ群を持つ SO(10) GUT では 16 次元のスピノール表現とよばれる複素表現が存在し，この一つの既約表現を用いて右巻きのニュートリノも含め 1 世代分の 16 個のクォーク・レプトンをすべて統一的に記述することが可能である．相互作用だけでなく，クォーク・レプトンも一つに統一されるのである．

物質としてはヒッグス粒子も存在する．標準模型におけるヒッグス場の役割は，ゲージ対称性の自発的破れを引き起こし，ゲージボソンとクォーク・レプトンに質量を与えることであった．現在（2015 年）実験で到達できてい

る，標準模型に特徴的な弱スケール $M_W \simeq 10^2$（GeV）をわずかに超えたくらいまでのエネルギー領域では，GUT に限らず標準模型を超える理論のはっきりした兆候は実験的には見えていない（ニュートリノ振動を除き）．また，こうしたエネルギー領域では，例えば強い相互作用は弱い相互作用より強く，明らかに大統一は成立していない．これは，GUT のゲージ対称性 SU(5) は M_W よりずっと高いエネルギースケールでのみ成り立つ対称性であって，それが M_W よりずっと大きな大統一理論に特有なエネルギースケール M_{GUT} の何らかの真空期待値により自発的に破られたために，弱スケールの世界では SU(3)$_c$× SU(2)$_L$× U(1)$_Y$ という SU(5) の部分対称性のみが残っているのだ，というように理解されている．すなわち $M_W \ll M_{GUT}$ という非常に大きなエネルギースケールの階層性（後述のように $M_{GUT} \sim 10^{15}$（GeV）なので 13 桁程の違いがある）が理論に存在することになる．これが後で詳しく議論する「階層性問題」の起源となる．こうして SU(5) ゲージ対称性は次のように二つのステップで（それぞれ M_{GUT}, M_W のエネルギースケールの真空期待値により）自発的に破られる：

$$\text{SU}(5) \to \text{SU}(3)_c \times \text{SU}(2)_L \times \text{U}(1)_Y \to \text{SU}(3)_c \times \text{U}(1)_{em}. \quad (4.6)$$

基本表現のヒッグス場の真空期待値で自発的にゲージ対称性を破る場合には，標準模型で見られるように群の階数は 1 だけ減少する．これに対し，随伴表現（adjoint representation）のヒッグス場を用いた場合には自発的破れの際に群の階数は減少しない．真空期待値の行列は適当なゲージ変換で常に対角行列の形にもっていけるので，すべての対角行列の生成子と可換だからである．SU(5) → SU(3)$_c$× SU(2)$_L$× U(1)$_Y$ の破れの際には階数は 4 → 4 で減少しないので，この自発的対称性の破れは SU(5) の随伴表現である 24 次元表現のヒッグス場 Σ の真空期待値

$$\langle \Sigma \rangle = V \cdot \frac{1}{\sqrt{15}} \begin{pmatrix} 1 & 0 & 0 & 0 & 0 \\ 0 & 1 & 0 & 0 & 0 \\ 0 & 0 & 1 & 0 & 0 \\ 0 & 0 & 0 & -\frac{3}{2} & 0 \\ 0 & 0 & 0 & 0 & -\frac{3}{2} \end{pmatrix} \quad (4.7)$$

で実現する．ここで V は $\mathcal{O}(M_{GUT})$ の真空期待値である．一方，SU(3)$_c$×

$\mathrm{SU}(2)_L \times \mathrm{U}(1)_Y \to \mathrm{SU}(3)_c \times \mathrm{U}(1)_{em}$ の自発的破れの方は標準模型の場合と同様なので，標準模型の場合のように群の基本表現である 5 表現のヒッグス場 H の真空期待値

$$\langle H \rangle = \begin{pmatrix} 0 \\ 0 \\ 0 \\ 0 \\ \frac{v}{\sqrt{2}} \end{pmatrix} \tag{4.8}$$

で実現される．ここで v は標準模型の場合とまったく同じ真空期待値で $v = \mathcal{O}(M_W)$ である．

4.2 running coupling と GUT スケール，ワインバーグ角

すでに述べたように，大統一理論とはいっても現在到達可能なエネルギー領域では三つのゲージ相互作用の強さの間には大きな差があって（特に強い相互作用とそれ以外の相互作用の間に），とても大統一が実現しているとはいいがたい．これは一見 GUT の構築そのものが難しいということを意味しているように思えるが，実はこの相互作用の強さの差こそが大統一が実現するエネルギースケール M_{GUT} を非常に大きくし，またそれによって陽子崩壊の確率を強く抑制しているのである．すなわち，GUT の重要な帰結である $\mathrm{SU}(3)_c$, $\mathrm{SU}(2)_L$, $\mathrm{U}(1)_Y$ のゲージ結合定数の一致，$g_3 = g_2 = g_1$（ただし，これらはすべての生成子の規格化をそろえたときの結合定数であり，標準模型の結合定数 g_s, g, g' とは $g_3 = g_s$, $g_2 = g$, $g_1 = \sqrt{\frac{5}{3}} g'$ の関係がある），は SU(5) 対称性が存在する M_{GUT} 以上のエネルギー領域でのみ成立し，$M_W \leq E \leq M_{GUT}$ のエネルギー領域では SU(5) 対称性が自発的に破られているために，エネルギーに依存して変化する結合定数（「running coupling」とよばれる）の変化の仕方が三つの結合定数で皆異なり，その結果 M_W スケールで相互作用の強さに違いが生じたのだ，と考えられているのである．これに関連して，ワインバーグ角 θ_W についても SU(5) 対称性から導かれる値と低エネルギーでの実測値の間にはかなり大きな違いがあるが，これも running coupling を用いて解釈可能である．

4.2 running coupling と GUT スケール，ワインバーグ角

これらのことを具体的に確かめるために，まずは ψ の荷電共役をとった 5 表現のフェルミオン ψ^c に関するゲージ相互作用項を見てみよう．ヤン–ミルズ理論の一般的処方箋に従うと，ゲージ相互作用は共変微分を用いて次のように導入される：

$$D_\mu \, \psi^c = \{\partial_\mu - ig_5 \sum_{a=1}^{24} V_\mu^a T^a\}\psi^c. \tag{4.9}$$

ここで g_5 は単純群である SU(5) の唯一のゲージ結合定数であり，V_μ^a は SU(5) の群の次元と同じ 24 個のゲージ場である．また T^a は群の生成子であって

$$\mathrm{Tr}(T^a T^b) = \frac{1}{2}\delta_{ab} \tag{4.10}$$

のように規格化される．ψ^c に含まれるクォーク・レプトンとゲージボソン V_μ との相互作用は $\sum_{a=1}^{24} V_\mu^a T^a$ で決まるので，この部分を書き下すと

$$\begin{aligned}
\sum_{a=1}^{24} V_\mu^a T^a &= \begin{pmatrix} \sum_{a=1}^{8} \frac{\lambda^a}{2} G_\mu^a & 0 \\ 0 & 0 \end{pmatrix} + \begin{pmatrix} 0 & 0 \\ 0 & \sum_{a=1}^{3} \frac{\sigma^a}{2} A_\mu^a \end{pmatrix} \\
&\quad + \frac{1}{\sqrt{15}} \begin{pmatrix} -1 & 0 & 0 & 0 & 0 \\ 0 & -1 & 0 & 0 & 0 \\ 0 & 0 & -1 & 0 & 0 \\ 0 & 0 & 0 & \frac{3}{2} & 0 \\ 0 & 0 & 0 & 0 & \frac{3}{2} \end{pmatrix} B_\mu \\
&\quad + \frac{1}{\sqrt{2}} \begin{pmatrix} 0 & 0 & 0 & X_\mu^{1*} & Y_\mu^{1*} \\ 0 & 0 & 0 & X_\mu^{2*} & Y_\mu^{2*} \\ 0 & 0 & 0 & X_\mu^{3*} & Y_\mu^{3*} \\ X_\mu^1 & X_\mu^2 & X_\mu^3 & 0 & 0 \\ Y_\mu^1 & Y_\mu^2 & Y_\mu^3 & 0 & 0 \end{pmatrix}.
\end{aligned} \tag{4.11}$$

ここで λ^a は 8 個のゲルマン（Gell-Mann）行列，また σ^a は三つのパウリ行列を表し，G_μ^a, A_μ^a, B_μ は標準模型のグルーオン，および $\mathrm{SU}(2)_L$, $\mathrm{U}(1)_Y$ のゲージボソンと同定される場である．上式右辺の最後の項に，カラー 3 重項をなす (X_μ^a, Y_μ^a) $(a=1,2,3)$ ゲージ場が現れるが（さらに $(X_\mu, Y_\mu)^t$ で $\mathrm{SU}(2)_L$ の 2 重項を成すと考えられる），これは標準模型では存在しなかった新粒子のゲージボソンを表す．これら (X_μ^a, Y_μ^a) ゲージボソンは行列の非対

角部分に位置し5表現 ψ^c の上側に位置するクォークと下側に位置するレプトンを結ぶ相互作用を引き起こすので（それゆえカラーを帯びている）「レプトクォーク（leptoquark）ゲージボソン」ともよばれ，その交換によってバリオン数の保存則を破り，GUT 特有の予言である「陽子崩壊」を引き起こす．

さて，M_{GUT} 以上のエネルギー領域では，この理論の唯一のゲージ結合定数を g_5 と書くと g_3, g_2, g_1 はすべて g_5 と一致する：$g_3 = g_2 = g_1 = g_5$. このために標準模型では予言できなかったワインバーグ角を予言することが可能となる．ゲージ群が単純群の場合には，二つの独立な中性ゲージボソン Z と γ に結合する生成子が"直交"するという条件から $\mathrm{Tr}[(I_3 - \sin^2\theta_W Q)\cdot Q] = \mathrm{Tr}(I_3^2 - \sin^2\theta_W Q^2) = 0$ （ここで $Q = I_3 + \frac{Y}{2}$, $\mathrm{Tr}(I_3 \cdot Y) = 0$ を用いた）が導かれる．よって，任意の既約表現について

$$\sin^2\theta_W = \frac{\mathrm{Tr}\, I_3^2}{\mathrm{Tr}\, Q^2} \tag{4.12}$$

という公式を用いると簡単にワインバーグ角を求めることができる．なお，$\mathrm{Tr}\, I_3^2$, $\mathrm{Tr}\, Q^2$ はそれぞれ弱アイソスピンの第3成分の2乗の和，および（e を単位とする）電荷の2乗の和を表している．例として $\bar{5}$ 表現 ψ について計算してみると

$$\sin^2\theta_W = \frac{\frac{1}{4}\times 2}{\frac{1}{9}\times 3 + 1} = \frac{3}{8} \tag{4.13}$$

という SU(5) GUT 理論の予言が導かれる．

この予言値は実験から得られた値 $\sin^2\theta_W|_{exp} \simeq 0.23$ とはかなり大きく異なり，一見大統一理論は正しくないことを示しているように思われる．しかしながら，この $\frac{3}{8}$ という予言値は SU(5) がよい対称性として成立する M_{GUT} 以上のエネルギー領域でのもので，M_W といった"低エネルギー"では次に議論する running coupling の効果でこの予言値からずれると考えられている．

4.2.1 running coupling

一般にゲージ相互作用の強さを表すゲージ結合定数は，どれくらいのエネルギーでの相互作用を考えるかに依存して変化する．このようにエネルギーに依存して変化する結合定数を「running coupling」という．

これは，例えば物性論における磁性体の模型としてのスピン系でスピンをいくつかまとめてその平均スピンを新たに力学変数とすると，スピン間の相互作用のパラメータがもともと与えられたパラメータからずれる（ブロックスピン (block spin) 変換）ということと物理的には同等の現象である．すなわち理論のラグランジアンで最初に与えられた"裸の"パラメータ（bare parameter）は，いわばその理論で考え得る最もミクロなレベル（理論の紫外カットオフの逆数の長さ）で与えられたもので，よりマクロに，したがって不確定性関係からより低エネルギーで見ると，パラメータはエネルギーに依存して変化することを意味する．これは「くり込み」という一見便宜的な処方箋の物理的解釈（K. Wilson による）とも見なせ，パラメータ（結合定数や質量）のエネルギー依存性を規定する微分方程式は「くり込み群 (renormalization group)」の方程式とよばれる．ゲージ結合定数は（自然単位では）無次元量でエネルギーに対数でしかよらない．そのため，上記のワインバーグ角の M_{GUT} 以上の高エネルギーでの値と M_W 程度の低エネルギーでの値の間のかなり大きな差異を実現するためには，M_{GUT} と M_W の差も非常に大きくなる必要があり，すでに述べたように両者には 13 桁ほどの階層性が生まれるのである．

4.2.2　SU(5) の自発的破れで生じる三つのゲージ結合定数の差異

くり込み群方程式に従ってゲージ結合定数がエネルギーに依存して変化しても，仮に三つのゲージ結合定数 g_3, g_2, g_1 が皆同じくり込み群方程式に従ったとすると三つのゲージ結合定数は同一のままなので，結局ワインバーグ角は低エネルギーでも $\frac{3}{8}$ のままで変わらない．しかし実際には，$E \ll M_{GUT}$ のエネルギー領域では GUT の対称性 SU(5) は Σ の M_{GUT} のオーダーの大きな真空期待値で自発的に破れるために，標準模型のゲージ対称性である $SU(3)_c \times SU(2)_L \times U(1)_Y$ のみが実現している．このため三つの結合定数 g_3, g_2, g_1 は皆独立に，対応する群の違いから異なったくり込み群方程式に従って変化し，その結果低エネルギーではワインバーグ角が 3/8 からずれる．くり込み群方程式によれば，SU(3) や SU(2) といった非可換群のゲージ対称

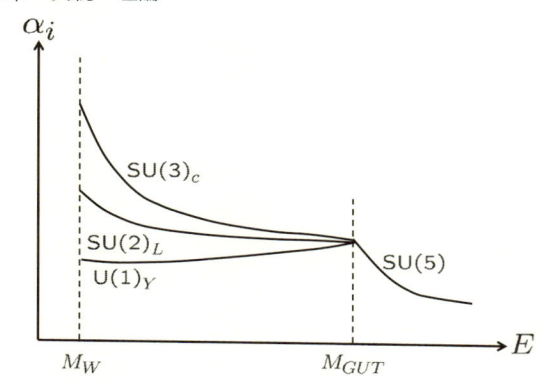

図 4.1 三つのゲージ結合定数の大統一（概念図）．エネルギー依存性は正確ではない．$\alpha_i = \frac{g_i^2}{4\pi}$ ($i = 1, 2, 3$).

性に対応する結合定数はエネルギーの増加とともに小さくなり（漸近自由性（asymptotic freedom）），また減少の仕方は群の次元が大きいほど大きく，一方において可換群である U(1) の場合にはエネルギーの増加とともに結合定数（電荷）も大きくなる．よって，低エネルギーでの g_3, g_2, g_1 の実験データをインプット（input）としてエネルギーを上げていくと M_{GUT} くらいのエネルギースケールで三つの結合定数は一致し（正確には漸近的に）大統一が実現することが期待される．図 4.1 に示した概念図を参照されたい．ただし，この図では少々粗っぽく M_{GUT} において三つの結合定数が完全に一致するものとし，また曲線の微分係数もその点において不連続であるが，現実には曲線は連続関数であり三つの結合定数の一致も漸近的に実現されるのである．この図はそれを近似したものととらえていただきたい．なお，三つのゲージ結合定数の統一というのは，GUT では当然そうあるべきではあるが 3 本の線が一点において完全に一致することを意味するが，これは自明なことではなく，GUT の成否を決める重要な試金石となる．

具体的にくり込み群方程式を解くと，解として

$$\begin{aligned}
\frac{3}{8}\frac{1}{\alpha(\mu^2)} - \frac{1}{\alpha_s(\mu^2)} &= -\frac{67}{32\pi} \ln\left(\frac{\mu^2}{M_{GUT}^2}\right), \\
\sin^2\theta_W(\mu^2) &= \frac{3}{8}\left[1 + \frac{109}{36\pi}\alpha(\mu^2)\ln\left(\frac{\mu^2}{M_{GUT}^2}\right)\right]
\end{aligned} \quad (4.14)$$

が得られる．ここで α, α_s は電磁相互作用の微細構造定数および強い相互作用における対応する量であり，エネルギースケール μ の関数である．これから，$\mu = M_W$ での α, α_s のデータを代入すると

$$M_{GUT} \simeq 2 \times 10^{15} \text{ GeV}, \qquad \sin^2 \theta_W (M_W^2) \simeq 0.21 \qquad (4.15)$$

と求まる．こうして低エネルギーでのワインバーグ角の実験データをほぼ再現するとともに M_{GUT} を決定することができる．すでに述べたように，M_{GUT} は弱スケール M_W より 13 桁も大きいことになる．

こうして一見 SU(5) GUT はそれなりの成功を収めているように思えるが，実は最近の CERN における LEP 実験で行われた電弱相互作用に関わるパラメータの精密テスト（precision test）から得られる g_3, g_2, g_1 に関する精度のよい結果を M_W におけるインプットとして与えると，それまでほぼ一致すると思われていた三つの結合定数が完全には一致しないことがはっきりした．このため，（少なくても最も単純化された）SU(5) GUT は実験的に排除される，という重要な結論が得られている．SU(5) GUT は陽子がその予言する寿命で崩壊しない，という（Super-）Kamiokande 実験のデータからも排除されている．注目すべきことは，こうした SU(5) GUT の問題点は，6 章で登場する超対称性をとり入れた超対称的な SU(5) GUT ではうまく回避できるということである．

4.3　バリオン数の保存則を破る相互作用と陽子崩壊

GUT は相互作用の統一を目指したものであるが，その際にクォークやレプトンという物質についても，群の一つの多重項（ψ や χ）の下での統一を実現している．したがって，GUT のゲージ相互作用の中にはクォークをレプトンに変えたり，その逆の作用をもつ相互作用が存在するはずである．すなわち，標準模型では（量子異常の効果を除き）厳密に保存されたバリオン数 B やレプトン数 L がいずれも保存されない可能性が生じる．すでに述べたように，実際こうしたバリオン数，レプトン数の破れは (4.9), (4.11) より容易に理解できるように，標準模型には存在しない新粒子であるレプトクォークともよばれるカラーを帯び SU(2)$_L$ 2 重項をなすゲージボソン (X_μ^a, Y_μ^a) を交

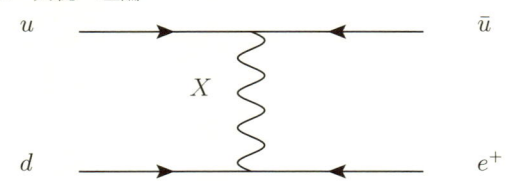

図 4.2 レプトクォークゲージボソン X の交換によるバリオン数保存則を破る相互作用

換する相互作用によって生じることがわかる．

例えば X による相互作用を考えてみると，このレプトクォークは ψ^c の d を e^+ に変える作用がある: $d + X \to e^+$. これは B, L の破れを端的に示しているように思えるが，正確には物理的に B, L の破れが実現するのは 5 表現 ψ^c と 10 表現 χ の両方に X が同時に結合し得るからなのである．実際，5 表現との相互作用のみ存在するとするとレプトクォーク X にバリオン数，レプトン数を $B = -\frac{1}{3}, L = -1$ のように付与してしまえば，この相互作用において B, L はどちらも保存されることとなる．X が χ とも結合するとすると $u \to u^c + X$ という相互作用が生じ，B, L の保存を要請すると今度は $B = \frac{2}{3}, L = 0$ を X に付与する必要がある．こうして，物理的には2種類の相互作用において B, L の付与の仕方が互いに矛盾するために，バリオン数，レプトン数の保存則が破られるのである．この議論が示唆することは，実際にバリオン数等を破ろうとするならば，これら2種類の相互作用の両方が関与する過程が必要となる，ということである．実際，図 4.2 のようなファインマン・ダイアグラムで記述される過程においてはバリオン数（およびレプトン数）保存が破られていることがわかる．

図 4.2 のファインマン・ダイアグラムの上側にもう1本 u クォークの（右向き矢印の）外線を追加すると，まさに陽子の崩壊

$$p \to \pi^0 + e^+ \tag{4.16}$$

を記述するファインマン・ダイアグラムになっていることがわかる．標準模型では陽子は一番軽いバリオンであり，またバリオン数 B が厳密に保存されるために陽子は絶対的に安定であったが，GUT では一般にバリオン数の保存が破られるために陽子の崩壊が可能になるのである．

とはいえ，GUT の予言する陽子崩壊が頻繁に起こると，例えば水素原子は不安定になり，そもそもわれわれの世界は存在し得なくなる．幸い，陽子崩壊を仲介する X,Y ゲージボソンは標準模型には存在しないので，その質量は M_{GUT} のオーダーの $\langle\Sigma\rangle$ から獲得される非常に大きなものであり，陽子崩壊の確率は $\frac{1}{M_{X,Y}^4}$ に比例して強く抑制される．すなわち，陽子崩壊の確率は X,Y の decoupling によって小さく抑えられるのである．具体的には SU(5) GUT の予言する陽子崩壊の寿命は，上記の崩壊モードの場合には 10^{30} 年のオーダーで宇宙の年齢よりはるかに長く，その検証は大変難しいが，Kamiokande, Super-Kamiokande 実験では大量の水をタンクに収めて陽子崩壊の実験を行い，いまだに崩壊が見つかっていないことから 陽子崩壊の寿命の下限は 10^{33}（年）のオーダーで SU(5) 模型の予言よりずっと長い，との結論を得ている．こうして SU(5) GUT は，陽子崩壊の観点からもすでに排除されている．

4.4 宇宙における物質の起源と GUT

大統一理論 GUT は上で見たように $M_{GUT} \sim 10^{15}$ GeV といった超高エネルギーで初めて見え始める理論である．また GUT に特有のレプトクォークといった新粒子が非常に重いことから，その存在は陽子崩壊といったきわめて希少な事象を調べない限り，通常の加速器実験での検証は実質的に不可能に思える．しかしながら，ビッグバン宇宙論（インフレーション宇宙論）によれば，宇宙初期には M_{GUT} をも越える高温，つまり高エネルギーの状態が実現していたことになり，GUT 特有の相互作用も抑制されずに働いていたものと考えられている．こうして GUT の宇宙論的な検証は興味深い論点であるといえる．

このような意味で非常に重要なのが宇宙における物質の起源に関する問題である．宇宙初期ではクォーク・レプトンやその反粒子は光子などと熱平衡を保ちながら対生成，対消滅をくり返しており，したがってそれで構成される物質と反物質は等量存在していたものと考えられている．宇宙が膨張し冷えてくると，一度対消滅するとエネルギー的に対生成ができなくなり，仮に

物質と反物質が等量ずつ存在したままであるとすると最終的には完全に対消滅して宇宙には物質は存在できないことになる．しかし実際には，現在の3Kの黒体輻射から計算される光子数密度 N_γ と恒星，銀河などから見積もられるバリオン数密度 N_B の比は $N_B/N_\gamma \sim 10^{-9}$ 程度で，光子に比べて少ないながら，たしかに物質であるバリオン（陽子，中性子，等）が完全には消滅せず残っていることがわかる（そうでなければわれわれは存在していない）．一方で宇宙に反原子，反星，等の反物質が存在している兆候はなく，なぜ反物質だけが消えて物質だけが残ったのか，という「宇宙における物質（バリオン）生成」の問題は宇宙論の大きなパズルであった．

GUTを用いればこの問題が解決し得ることが吉村により指摘されて以来[26]，この問題を素粒子論的に解決する試みが継続的になされてきている．なぜGUTがこの問題を解決するのに適した理論であると考えられたかというと，その主たる理由はGUTが陽子崩壊の議論で見たようにバリオン数保存を破る相互作用をもっているからである．上述のように，誕生間もない宇宙ではバリオンと反バリオンは等量存在していて，したがって宇宙の全バリオン数はゼロであったものと思われている．仮に素粒子の相互作用がバリオン数を保存するとすると，宇宙がその後どのように進化してもバリオン数はゼロのままで，バリオンと反バリオンのバランスが崩れることはないはずである．よってバリオン数保存を破る相互作用の存在はバリオン生成の必要条件であることがわかる．実際には，この条件を含め宇宙におけるバリオン生成のためには次の三つの条件（「サハロフの三条件」とよばれる）が必要であることが議論されている：

サハロフの三条件

(a) バリオン数保存を破る相互作用の存在
(b) CおよびCP対称性を破る相互作用の存在
(c) 宇宙進化の過程における熱平衡からのずれ

(a)についてはすでに議論した．(b)についてであるが，CもCPも粒子と反粒子の間の対称性であるので，仮にこれらの内のいずれかの対称性が存在すると，(a)が満たされてバリオンが生成されたとしても必ず反バリオン

も同じだけ生成されることになってしまう．なお，C対称性は弱い相互作用で大きく（最大限に）破れていることがわかっているので，(b) の条件は実質的にはCP対称性の破れが必要であることをいっているのである．最後に(c) については，仮に (a) が満たされてバリオンが生成されたとしても，宇宙初期の非常な高温の状況下で素粒子反応の熱平衡状態が実現されていると，その逆反応も同様に起きてしまい，せっかく生成されたバリオンが消滅してしまうであろう．熱平衡からの逸脱は，具体的には宇宙の膨張により宇宙が冷えることで実現可能である．つまり，バリオン数を破る素粒子反応の速さに比べて宇宙膨張の速さの方が大きくなると，一旦例えば重い粒子の崩壊でバリオンが生成されると，宇宙の膨張により宇宙が冷えて，逆反応により重い粒子を再生成するのに十分なエネルギーが得られなくなるのである．

GUT においては，上記の (a) だけでなく，小林–益川模型を内包することからもわかるように (b) の要求である CP 対称性を破る相互作用も存在していることから，宇宙における物質生成を論じるのに適した理論なのである．今のところ，実測されている現在の宇宙のバリオン数を再現する自然な理論が何であるかに関しては，はっきりした結論は得られていないように思われる．標準模型も，一見 (a) の条件が満たされないように思えるものの，量子異常によるバリオン数保存の破れは存在し，これがスファレロンとよばれるゲージ場の配位を通してバリオン生成に寄与し得るので候補の一つではある．しかしながら，実際には標準模型では十分なバリオン数の生成が行えないとの議論があり，この宇宙における物質生成の問題も標準模型を超える（BSM）理論の必要性を訴えているようである（この問題に関するより詳しい議論に興味がある読者は，例えば [4] を参照されたい）．

第5章 階層性問題

　素粒子の標準模型は2章で述べたような諸々の問題点を抱えていて，いずれは標準模型を内包しながらもこれを超えるより基本的な理論，すなわち標準模型を超える（BSM）理論によって取って代わられるものと思われている．この本の目的もこうしたBSM理論について解説することである．現時点（2015年春）ではBSM理論の兆項は世界最高エネルギーの加速器であるCERN研究所のLHCをもってしても何も得られていない．これはBSMが"現れる"のは弱スケールM_Wより少なくとも1, 2桁以上大きな高エネルギーの世界においてであることを意味している．

　すると，標準模型は高エネルギーで実現している何らかのBSM理論の低エネルギー（弱スケール以下）における近似的な「有効理論」(low energy effective theory）であると見なされる．すなわち標準模型には適用限界があり，その限界を表すカットオフΛまで有効であって，それより高エネルギーの世界では何らかのBSM理論によって取って代わられると考えることができる．このカットオフは上述のように弱スケールより一般にずっと大きいはずである：$M_W \ll \Lambda$. 実際，例えば想定するBSM理論がGUTや重力を含む理論の場合には，$\Lambda \sim M_{GUT}$あるいは$\Lambda \sim M_{pl}$（$M_{pl} \sim 10^{19}$ GeV：プランク質量）と考えられるのでカットオフと弱スケールの間には13桁，あるいは17桁もの非常に大きなエネルギースケールの階層性が存在することになる．こうした階層性をいかに自然に説明するか，というのが「階層性問題」とよばれる問題である．標準模型のゲージボソンやクォーク・レプトンの質量は皆M_W程度，あるいはそれ以下に保たれる必要があるが，これらの質

量は標準模型の局所ゲージ対称性が正確に成り立つ極限では消えるので、質量は必ずヒッグスの真空期待値、すなわち弱スケールに比例し、カットオフに比例する大きな質量にはならない。いわば、これらの質量はゲージ対称性により"保護"されて弱スケールに保たれることになる。問題は、ヒッグス粒子の質量 m_h に関してはこれを保護する対称性が標準模型では何も存在しない、ということである。そのため、ヒッグス質量は容易にカットオフのスケールに跳ね上がってしまうという問題が生じるのである。つまり階層性問題というのは、具体的にはいかにして

$$m_h \ll \Lambda \tag{5.1}$$

という階層性を自然に保つか、という問題なのである。

(5.1) の階層性は、摂動論の各オーダーで標準模型のラグランジアンに現れるヒッグス場の"裸の"質量 2 乗(bare mass-squared)μ_0^2(正確にはヒッグスの質量 2 乗は $2\mu_0^2$)の微調整(fine tuning)をすれば一応は実現可能であり、理論がくり込みできなくなる、といった問題ではないが、真の理論においてはそのような"不自然"なパラメータの微調整が必要になるとは考えにくいということである。

実際には、階層性問題には以下で解説するように 2 種類の問題が存在する。

5.1 古典レベルでの階層性問題

階層性問題は量子効果(ループダイアグラム)を考慮しない古典レベル(tree level)ですでに存在する。BSM 理論として、前章で議論した SU(5) 大統一理論(GUT)を例にとって考えてみよう。

この理論に存在する 24 次元表現、および 5 表現という 2 種類のヒッグス場 Σ および H に関するスカラーポテンシャルの内で、標準模型のヒッグス場に対応するのは H なので、これに関わる部分を抜き出してみると、

$$V = -\frac{1}{2}\nu^2 H^\dagger H + \frac{\lambda}{4}(H^\dagger H)^2 + H^\dagger[\alpha \text{Tr}(\Sigma^2) + \beta \Sigma^2]H \tag{5.2}$$

のようである。ここで、Σ の真空期待値 V はポテンシャルの内の Σ のみで書かれる多項式の部分の最小化によってすでに決定されているものと考える。

正確には上記の (5.2) もその最小化に影響を与えるが，(5.1) の階層性の下ではその影響は無視できるものと考えるのである．そこで，Σ をそのように決定される真空期待値 $\langle \Sigma \rangle = V \cdot \frac{1}{\sqrt{15}} \mathrm{diag}(1,1,1,-\frac{3}{2},-\frac{3}{2})$ でおき換えてみると，5 表現 H の内の標準模型のヒッグス場に対応する下 2 成分の 2 重項の部分に関する質量 2 乗は

$$m_h^2 = \left(\frac{15}{2}\alpha + \frac{9}{4}\beta\right) V^2 - \nu^2 \tag{5.3}$$

と与えられることになる．V のオーダーは M_{GUT} なので，特に何もしないとヒッグス質量 m_h は M_{GUT}，すなわち標準模型の立場でいえばカットオフ Λ のオーダーまで跳ね上がってしまうという問題が起きる．(5.3) を M_W^2 のオーダーに保とうとすると，V^2 と同様に ν^2 も M_{GUT}^2 のオーダーであるべきであり，また裸の結合定数 α, β を

$$\frac{M_W^2}{M_{GUT}^2} \sim 10^{-26} \tag{5.4}$$

のオーダーの非常な精度で微調整する必要が生じてしまう．これは不自然である，というのが階層性問題である．

なお，一旦 2 重項の方の質量を M_W のオーダーに微調整したとすると，H の上側のカラー 3 重項の成分の方は自然に M_{GUT} のオーダーの質量をもつことができる（そうでないと，このカラー 3 重項のヒッグス粒子の交換による相互作用によって陽子崩壊が頻繁に起きてしまう）．よって，この階層性問題はいい換えれば 5 表現の 2 重項と 3 重項の質量をいかにして自然に"引き離す"か，という「doublet-triplet splitting problem」であるともとらえられる．

5.2　量子レベルでの階層性問題

古典レベルで不本意にせよパラメータの微調整を一度だけ行ったり，あるいは何らかのメカニズムで微調整を回避できたとしても，それで終わりとはならない．量子レベルに進むと再び微調整の問題が再燃するのである．特に問題なのは，この微調整を摂動論のすべてのオーダーで行う必要があるという点である．

152 第 5 章 階層性問題

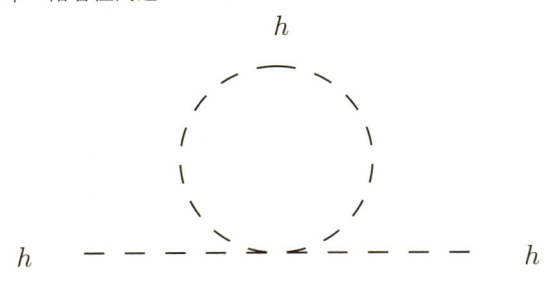

図 5.1 ヒッグス質量への "2 次発散" する量子補正の例

　具体的には，標準模型をカットオフ Λ をもつ低エネルギー有効理論ととらえ，標準模型の枠内でヒッグス質量 2 乗への量子補正を計算してみると，1 ループのレベルでは例えば図 5.1 のようなファインマン・ダイアグラムから Λ^2 に比例した大きな量子補正が生じてしまう．Λ^2 に比例した補正は，くりこみ処方との類推でいうと，標準模型を用いた量子補正に紫外発散である "2 次発散" が生じてしまうことに対応する．したがって，こうした量子レベルの階層性問題は「2 次発散の問題」ともよばれる．

　実際に観測にかかるヒッグス質量 2 乗 $m_h^2 = 2\mu^2$ は，ラグランジアンに最初に与えられている "裸の" μ_0^2 に 2 次発散する量子補正を加えた $-\mu^2 = -\mu_0^2 + c\Lambda^2$（$c$：定数）で与えられる．例えば図 5.1 の量子補正については $c \sim \lambda$（λ：ヒッグス場の自己結合定数）である．μ^2 を M_W^2 のオーダーにしようとすると，μ_0^2 を

$$\frac{M_W^2}{c\Lambda^2} \tag{5.5}$$

のオーダーの精度で微調整する必要がある．例えば $\Lambda \sim M_{GUT} \sim 10^{15}$ GeV，$c \sim \alpha \sim 10^{-2}$（$\alpha = \frac{e^2}{4\pi}$：微細構造定数）とすると，$10^{-24}$ 程度の微調整が必要となるのである．

　こうした問題を回避する可能性として考え得ることは，何らかの対称性のおかげで摂動のすべてのオーダーにおいて大きな量子補正が禁止されるということである．実際，一般にゲージボソンやフェルミオンの質量に関しては局所ゲージ対称性，カイラル対称性がそれぞれ成立するとすべての摂動のオーダーでこれらの質量はゼロであり，仮にそれらの対称性が小さな（Λ に比べ）

質量スケール（例えばヒッグス場の真空期待値）の導入により少しだけ破られたとしても，それにより現れる質量は，その対称性を破る質量スケールに必然的に比例する（これが対称性を破る唯一の要因なので）小さなものになる．よって，この場合には微調整は必要とされず階層性問題は生じない．しかしながら，すでに述べたようにヒッグス質量に関しては量子補正の下で質量の小ささを保証することのできる対称性が標準模型や GUT では見当たらないのである．

より正確にいうと，一見スケール変換の下での不変性（共形不変性）を課すと質量次元をもつヒッグス場の質量 2 乗項 μ^2 は禁止できそうであり，この対称性がヒッグス質量の小ささを保証してくれそうである．しかしながら，量子レベルではファインマン・ダイアグラムのループのもつ 4 元運動量の大きさは理論の適用限界である Λ でカットされるべきであるが，まさにこの質量次元をもったカットオフ Λ の存在がスケール不変性を破ってしまうのである．だからこそ，スケール不変性の破れに比例した $c\Lambda^2$ のような 2 次発散が生じるのである．

歴史的には，GUT 以降の BSM 理論の重要な試みは，いずれもこの階層性問題，特に量子レベルでの 2 次発散の問題の解法を目指したものといっても過言でなく，階層性問題の解決というのは BSM 理論を構築する際の重要な指導理念となっている．ヒッグスの複合模型や超対称性理論，超重力理論，超弦理論，という一連の発展，さらには最近の 4 次元時空以外の余剰次元をもった理論の研究がその例である．この本ではそうした試みについてこの後順次できる限り紹介する（残念ながら超重力理論，超弦理論については省略させていただく）．

第6章 超対称理論

6.1 超対称性と素粒子物理学

　超対称性（supersymmetry，SUSYと略称される）とは，ボソンとフェルミオンという統計性の違う粒子の間の取り換えの変換である超対称変換（super-transformation）の下での不変性のことである．より正確には超対称変換は，スピンが $\frac{1}{2}$ だけ違うボソンとフェルミオンの間の変換である．標準模型で議論されたゲージ変換は，例えばクォークの間の，つまり同じスピンをもつ素粒子の間の変換であるので，その生成子はスピンを変えず，したがってベクトルやスピノールの添字ももたない．つまりゲージ変換の生成子やパラメータはローレンツ・スカラーとしてふるまう．これに対して，後で具体的に見るように，超対称変換の生成子は $Q_\alpha, \bar{Q}_{\dot{\alpha}}$ のようにスピノールの添字 $\alpha, \dot{\alpha}\,(=1,2)$（スピノールの2成分表示）をもち，あたかもスピン $\frac{1}{2}$ の場と同じようにローレンツ変換する．なお，スピノールの2成分表示に関してはすでにニュートリノに関して議論した際に3.1節で説明しているので，必要に応じてそこでの議論を参照されたい．この事実は超対称性が時空の対称性と深く関係していることを示唆している．実際，超対称変換の交換関係（正確には，生成子で考えると「反交換関係」）はエネルギー・運動量演算子 P_μ となる．したがって超対称変換は時空座標の並進と分かちがたく関係し，ローレンツ対称性と時空の並進対称性からなるポアンカレ対称性が超対称性の導入によって，超対称性まで含めた対称性に拡張されることになる．

　ゲージ変換は上記のようにローレンツ・スカラー的な変換なのでポアンカ

レ対称性とは独立であり，したがって超対称性とも独立である．つまり超対称変換は，ゲージ変換の下で同じ表現に属するボソンとフェルミオンを結ぶことになる．よって，素粒子の標準模型を超対称的にすると，クォークやレプトンといったスピン $\frac{1}{2}$ の素粒子には，スピンが 0 のスカラー粒子である，「スクォーク（squark）」や「スレプトン（slepton）」がそれらの「超対称パートナー（superpartner）」として必ず存在し，その電荷，弱アイソスピン等の量子数はもともとのクォーク，レプトンとまったく同じである．例えばトップクォーク t のパートナーは電荷が $\frac{2e}{3}$ の「ストップ」とよばれ $\tilde{t}$ と表されるスカラー粒子であり，トップクォークとともに

$$(t, \tilde{t}) \tag{6.1}$$

のような「超多重項（supermultiplet）」をなす．超対称変換は，ゲージ変換と同様に多重項の成分の間の変換，例えば (6.1) の場合には t と $\tilde{t}$ の間の変換になる．

後で見るように，超対称性のために互いに superpartner をなす粒子は等しい質量をもつ．超対称性はこれらを入れ替える対称性なのでこれはもっともな結論であるが，正確には，超対称変換の生成子がエネルギー・運動量演算子，したがって $P^\mu P_\mu = m^2$（m：質量）とも交換するからである．さらには，質量だけでなく素粒子とその超対称パートナーの相互作用における結合定数も同一であることがいえる．

しかし現実には，例えば電子のパートナーの，電子と同じ電荷，質量をもつスカラー粒子は見つかっておらず，超対称性は存在したとしても正確に成り立つ対称性ではあり得ず，何らかの機構で破られている必要がある．超対称性をどのように破るかで，超対称理論の性質が大きく変わるので，超対称性の破れの機構は理論の成否の鍵を握るものであるといっても過言ではない．

超対称性そのものは結構長い間，理論的な研究がなされてきていたが，素粒子の理論として注目されるようになったのは，前章で述べた「階層性問題」，特に量子レベルでの「2 次発散」の問題が超対称性の導入によって解決される，との認識がなされてからであるといえる．標準模型を超対称的にすると，例えば図 6.1 の (a)（前章の図 5.1 と同一のもの）に示したヒッグスの自己相互作用によるファインマン・ダイアグラムと並んで，図 6.1 の (b) に示され

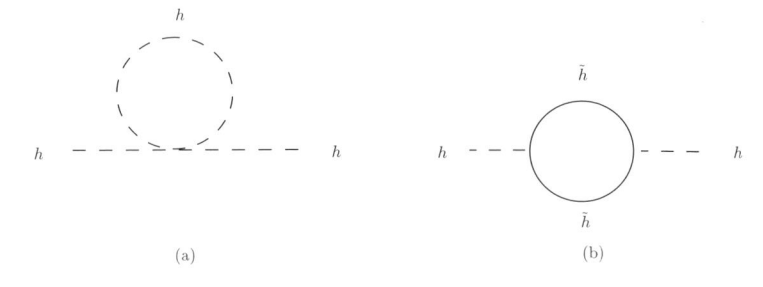

6.1 超対称性と素粒子物理学 **157**

図 **6.1** ヒッグス質量 2 乗への超対称パートナーによる量子補正の例

るヒッグスの超対称パートナーである「ヒグシーノ」とよばれるフェルミオン $\tilde{h}$ が中間状態のループに表れるファインマン・ダイアグラムも現れる．これらのダイアグラムは，一見同じ形のダイアグラムには見えないが，後で述べるように，補助場を導入して考えるとまったく同じ形のダイアグラムと見なすことも可能であり，さらに超対称性の帰結として，相互作用頂点による寄与も二つのダイアグラムで同一となる（どちらも $\sim \lambda$）．すると，一見二つのダイアグラムの寄与を足すと図 6.1(a) のみのときの 2 倍になりそうであるが，実際には両者は（超対称性の破れを無視すると）正確に相殺する．それは，フェルミオンのループがあると，ボソンの場合との統計性の違いから通常のファインマン則に加えて (-1) の因子を全体に掛ける必要があるからである．

こうしてヒッグス質量 2 乗への 2 次発散する量子補正という階層性問題は超対称性の導入により解決する．ただし，実際には上述のように超対称性は破れている必要があるので，二つのダイグラムは完全には相殺しない．つまり 2 次発散 Λ^2（Λ は理論のカットオフ）は現れないものの，これに代わり超対称性の破れの程度を表す質量スケール

$$M_{SUSY} \tag{6.2}$$

の 2 乗に比例し対数発散する $M_{SUSU}^2 \log \Lambda$ の形の量子補正が現れるが，M_{SUSY} を Λ より十分小さくしておけば，すなわちおおざっぱに

$$\alpha M_{SUSY}^2 \leq M_W^2 \quad \to \quad M_{SUSY} \leq 1(\text{TeV}) \tag{6.3}$$

としておけば階層性問題は再燃しないといえる（$\alpha = \frac{e^2}{4\pi}$ は微細構造定数）．実際，1980年代の初頭に階層性問題を解決すべく，坂井やディモプーロス−ジョージャイ（Dimopoulos-Georgi）が超対称 SU(5) GUT を提唱した頃から，本格的に超対称性が素粒子の模型として用いられるようになった [27]．

素粒子物理学における超対称性のもつもう一つの魅力は，超対称性から自然に重力が導かれる，という点にある．先に述べたように，超対称性の交換関係は時空座標の並進となる．この本で扱う超対称性は，その変換が時空点に依存しない「大域的超対称性（global (rigid) supersymmetry）」であるが，超対称性を局所的な対称性に一般化したとすると，理論は必然的に局所的な時空並進の対称性，すなわち一般座標変換不変性をもつことになる．よって理論は必然的に重力子，およびその超対称パートナーであるスピンが $\frac{3}{2}$ の「グラビティーノ（gravitino）」を含む理論となる．これを「超重力理論（Supergravity, SUGRA と略称）」とよぶ．重力理論は非線形な相互作用をもち，強い紫外発散をもつためにくり込み不可能であると思われているが，上述のように超対称性は一般に紫外発散の度合いを弱める性質があり，このため超重力理論，特に複数の独立な超対称性をもつ「拡張された超対称性（extended supersymmetry）」をもつ「拡張された超重力理論」では紫外発散が弱まったりすることや紫外発散のない有限な理論の可能性まで指摘されていて興味深い．

後で具体的に見るように，超対称変換においてフェルミオンの（少し変形された意味での）カイラリティは保存される．これは，超対称性と密接に関わるポアンカレ対称性に含まれるローレンツ変換においてもカイラリティが保存されることを考えると自然な帰結であるともいえる．ということは，超対称変換は右巻きなり，左巻きなりのいずれかのカイラリティに限定した形で議論可能ということになる．実際，超対称性の最も基本的な表現は「カイラル超多重項（chiral supermultiplet）」とよばれ，特定のカイラリティをもったものである．よって，超対称変換はワイル・フェルミオン，それを表すスピノールの2成分表示を用いてすっきりと表すことができる．

6.2 超対称性の代数と群

今では超対称性の可能性は当然のように思われているが，当初素粒子の散乱振幅を記述する S 行列のもつ可能な対称性，すなわち相対論的場の量子論に基づく素粒子の理論のもち得る対称性の中には超対称性は含まれていなかったのである．それは，コールマン–マンデューラ（Coleman-Mandula）により「不可能定理（no-go theorem）」が証明されていたからである [28]．この定理によると S 行列の可能な対称性は，ポアンカレ対称性（時空の並進とローレンツ変換の下での対称性）とゲージ対称性のような内部対称性の積のみであり，超対称性は許されないと考えられたのである．では，なぜ実際には超対称性が可能なのであろうか？それは，超対称変換の生成子はスピン $\frac{1}{2}$ を担っていることからフェルミオン的であると考えられ，そのためにその生成子の満たす代数は，ローレンツ変換やゲージ変換の場合のリー代数のような交換関係で定義されるものではなく，任意の演算子 A, B に関して $\{A, B\} = AB + BA$ で定義される「反交換関係（anti-commutation relation）」を用いて与えられるからである．コールマン–マンデューラの証明では，生成子は皆交換関係を満たすものと仮定されていて，反交換関係の存在を想定していなかったのである．

通常のリー代数に反交換関係で定義される部分を含めて拡張したものを「graded Lie algebra」とよぶ．ハーグ–ロプザンスキー–ゾーニウス（Haag-Lopuszanski-Sohnius）はコールマン–マンデューラの定理を graded Lie algebra の場合に一般化し，超対称性が唯一の可能なポアンカレ対称性の拡張であることを示した．

こうした厳密な議論を経て，超対称変換の生成子の満たす反交換関係を用いた代数は以下のように与えられることが知られている．

$$\{Q_\alpha, \overline{Q}_{\dot\alpha}\} = 2(\sigma^\mu)_{\alpha\dot\alpha} P_\mu, \tag{6.4}$$

$$\{Q_\alpha, Q_\beta\} = \{\overline{Q}_{\dot\alpha}, \overline{Q}_{\dot\beta}\} = 0. \tag{6.5}$$

さらに，これらから以下のような交換関係も導かれる：

$$[P_\mu, Q_\alpha] = [P_\mu, \overline{Q}_{\dot\alpha}] = 0, \tag{6.6}$$

$$[P_\mu, P_\nu] = 0. \tag{6.7}$$

(6.4) から (6.7) で一つの閉じた代数が完結する．これが，先に述べた拡張されたポアンカレ対称性をなす graded Lie algebra である．ただし，ローレンツ変換に関係する部分は，通常のポアンカレ対称性の場合の交換関係および単に Q_α, $\overline{Q}_{\dot\alpha}$ がスピノールとして変換することを表す交換関係なので，ここでは省略した．

超対称変換の生成子 Q_α と $\overline{Q}_{\dot\alpha}$ を一緒にして 4 成分のマヨラナ–スピノールの形で表すこともできる：

$$Q = \begin{pmatrix} Q_\alpha \\ \overline{Q}^{\dot\alpha} \end{pmatrix}. \tag{6.8}$$

すなわち，超対称変換はいわば実数的な変換である．このために，後で議論するようにゲージ場のような実場からなる超対称多重項が超対称変換の下で閉じたものとして存在し得るのである．また，(6.5) に見られるように，Q_α や $\overline{Q}_{\dot\alpha}$ は反可換性（交換すると符号が変わる）をもち，したがって 2 乗すると消えてしまうが，これはちょうどスピン $\frac{1}{2}$ のフェルミ粒子がパウリの排他律に従うことに呼応している．後にこうした反可換性をもつ数が超空間の座標として登場するが，こうした数を一般に「グラスマン数」という．

すでに述べたように，(6.4) に見られるように Q_α と $\overline{Q}_{\dot\alpha}$ の反交換関係は 4 元運動量 P_μ, すなわち時空の並進の生成子となる．また，(6.6) より超対称変換は P_μ 従って $P_\mu P^\mu$ と交換するが，ある粒子を表す場に作用すると $P_\mu P^\mu$ はアインシュタインの関係式より粒子の質量 m の 2 乗に等しいので，これは超対称変換の下で粒子の質量は変化しないことを示している．つまり，超対称多重項の構成要素である各粒子は，超対称性が破れない限り同一の質量をもつことになる．なお，(6.6) は交換関係で与えられるが，これは Q_α, $\overline{Q}_{\dot\alpha}$ のそれぞれはフェルミオン的であるのに対して，P_μ はボソン的であり，フェルミオンとボソンの場は互いに交換するということに呼応している．

ところで (6.4) から (6.7) の "超対称代数" は次のような，一種の大域的なカイラル変換の下で不変である：

$$Q = \begin{pmatrix} Q_\alpha \\ \overline{Q}^{\dot\alpha} \end{pmatrix} \quad \to \quad Q' = e^{i\lambda\gamma_5} Q = \begin{pmatrix} e^{-i\lambda} Q_\alpha \\ e^{i\lambda} \overline{Q}^{\dot\alpha} \end{pmatrix}. \tag{6.9}$$

ここで実パラメータ λ は定数である．こうした位相変換の下での対称性 $\mathrm{U}(1)_R$ を「R 対称性」とよぶ．Q_α, $\overline{Q}_{\dot\alpha}$ はいわば "R 電荷" ∓ 1 をもつといえるので，$\mathrm{U}(1)_R$ の生成子を R と書くと，これらは超対称変換の生成子と

$$[R, Q_\alpha] = -Q_\alpha, \quad [R, \overline{Q}_{\dot\alpha}] = \overline{Q}_{\dot\alpha} \tag{6.10}$$

という交換関係を満たすことになる．

さて，(6.4) において，右辺のトレースをとると $\mathrm{Tr}\,(\sigma^\mu P_\mu) = 2P_0$ なので，$P_0 = H$（H：ハミルトニアン）として

$$H = \frac{1}{4}(Q_1 \overline{Q}_{\dot 1} + Q_2 \overline{Q}_{\dot 2} + \overline{Q}_{\dot 1} Q_1 + \overline{Q}_{\dot 2} Q_2) \tag{6.11}$$

がいえる．この右辺は非負（semi-positive-definite）なので，超対称性をもつ理論ではエネルギーの期待値がゼロ以上になるという顕著な特徴がある．特に真空状態 $|0\rangle$ に関して

$$Q_\alpha |0\rangle = \overline{Q}_{\dot\alpha}|0\rangle = 0 \quad \leftrightarrow \quad E_v \equiv \langle 0|H|0\rangle = 0 \tag{6.12}$$

という重要な性質が導かれる．ここで E_v は真空状態におけるエネルギー．これから，E_v がゼロであれば真空状態は超対称変換の下で不変であるので超対称性は自発的に破れないことになり，逆に $E_v > 0$ であれば，超対称性は自発的に破れることになる．こうして，真空のエネルギーが超対称性の自発的破れを示す「秩序変数（order parameter）」になる．

ところで，(6.4) の反交換関係は非自明な関係を与えるのに対して，なぜ (6.5) の反交換関係は消える必要があるのであろうか？例えば $\{Q_\alpha, Q_\beta\}$ は α, β の入れ替えに関して対称なので，ちょうど二つのスピン $\frac{1}{2}$ の波動関数を対称的に合成するとスピン 1 になるのと同じようにローレンツ変換の下で $(1,0)$ 表現として振る舞う．よって (6.5) の右辺は，もし消えないとすると同じローレンツ変換の表現をもつ $(\sigma^{\mu\nu})_{\alpha\beta} M_{\mu\nu}$ に比例することになるが（$M_{\mu\nu}$ はローレンツ変換の生成子），この項が残ると超対称変換が時空点によらない大域的変換であることを示す $[P_\mu, Q_\alpha] = 0$ が満たされなくなってしまう．こうして (6.5) の右辺はゼロにおかれるが，N（$N > 1$）種類の独立な超対称性をもち，したがって超対称性の生成子が Q_α^i（$i = 1 \sim N$）のように書ける「拡張された超対称性（extended supersymmetry）」をもつ理論においては事情

は異なる．この場合には，スピノールの添字 α, β に関して反対称な組み合せが可能となるのでレビ–チビタ・テンソル $\epsilon_{\alpha\beta}$ に比例する

$$\{Q_\alpha^i, Q_\beta^j\} = \epsilon_{\alpha\beta}\, \hat{c}^{[i,j]} \tag{6.13}$$

のような項が存在可能になる．右辺の $\hat{c}^{[i,j]}$ は「中心電荷 (central charge)」とよばれるものである．左辺は $(\alpha, i) \leftrightarrow (\beta, j)$ の交換に関して対称なので，中心電荷は (i,j) の入れ替えに関して反対称である必要があり（これが $[i,j]$ のように表した理由），したがって $N=1$ の場合にはこの項は存在できないのである．超対称性は紫外発散を弱める傾向があると述べたが，例えば $N=4$ の超対称ゲージ理論は，量子補正が完全に有限になるといった興味深い性質をもっている．しかし，この本では $N=1$ の場合のみを扱うことにする．

超対称変換の生成子 Q_α, $\overline{Q}_{\dot\alpha}$ が与えられたが，ゲージ変換の場合のゲージ変換パラメータ（位相のような）に対応する超対称変換の微小パラメータを，やはりマヨラナ・スピノールの形で

$$\begin{pmatrix} \epsilon_\alpha \\ \overline{\epsilon}^{\dot\alpha} \end{pmatrix} \tag{6.14}$$

と書くと，無限小の超対称変換に関する交換関係は

$$[\epsilon^\alpha Q_\alpha,\, \overline{\epsilon}_{\dot\alpha} \overline{Q}^{\dot\alpha}] = [\epsilon Q,\, \overline{\epsilon}\,\overline{Q}] = 2(\epsilon^\alpha (\sigma^\mu)_{\alpha\dot\alpha} \overline{\epsilon}^{\dot\alpha})\, P_\mu, \tag{6.15}$$

となる．ここでパラメータ ϵ^α, $\overline{\epsilon}^{\dot\alpha}$ はマヨラナ・スピノールと見なされるのですでに述べた反可換性をもつグラスマン数である．また $\epsilon^\alpha Q_\alpha$ 等を ϵQ 等と略記した（以下同様）．このために (6.4) の反交換関係は，(6.15) では交換関係に変わっていることに注意しよう（フェルミオン 2 個の複合状態はスピンが整数になりボソン的に振る舞うのと同様）．また，$\epsilon^\mu \equiv \epsilon^\alpha (\sigma^\mu)_{\alpha\dot\alpha} \overline{\epsilon}^{\dot\alpha}$ は微小な時空座標の並進のパラメータと見なせる．よって，仮に ϵ^α, $\overline{\epsilon}^{\dot\alpha}$ を時空座標 x^μ に依存させ，超対称性を局所対称性に拡張したとすると，ϵ^μ も x^μ に依存することになり，したがって理論は微小な一般座標変換

$$x^\mu \quad \to \quad x'^\mu = x^\mu + \epsilon^\mu(x^\mu) \tag{6.16}$$

の下で不変となる．こうして局所超対称性を課すことで重力まで含んだ理論である「超重力理論」が必然的に導かれることになる．この本では超対称性

6.2 超対称性の代数と群

は大域的なものと見なすので,残念ながら超重力理論は議論できない.

超対称変換の代数を特定したので,ちょうどゲージ理論において,微小変換の演算子を指数関数の肩に乗せるとゲージ群（リー群）が得られるように,変換

$$e^{i(\epsilon^\mu p_\mu + \epsilon Q + \bar\epsilon \bar Q)} \tag{6.17}$$

の集合として超対称変換と空間並進のなす群を定義することができる.ちょうどヤン–ミルズ理論においてクォークやレプトンが（非可換）ゲージ群の既約表現である 2 重項等の多重項に割り振られるように,超対称理論においても,素粒子は超対称変換の既約表現に割り振られることになる.では超対称性の場合には,どのような既約表現（超対称多重項）が可能であろうか？ 超対称多重項のメンバーは,スピンが $\frac{1}{2}$ 違うボソンとフェルミオンからなり,互いに超対称パートナーである.

例えばボソンとして光子のようなゲージボソンを考えると,スピンの大きさは $s=1$ であるので一見独立な偏極の自由度は $2s+1=3$ であるように思えるが,実際には光子が質量ゼロの粒子であるために横波の偏極しか存在せず,独立な自由度は 2 である.このように,超対称多重項を考える際に質量があるかないかで表現が変わることになる.標準模型でも,自発的対称性の破れが起きる前はゲージボソン等は質量をもたず,自発的対称性の破れに伴うヒッグス機構によって初めて質量をもつ.その意味で,質量ゼロのボソンとフェルミオンで構成される超対称多重項の方がより基本的な表現と見なせるので,質量ゼロの超対称多重項を考えると,以下の 2 種類が標準模型の素粒子を含む表現として存在する:

- 「カイラル多重項 (chiral multiplet)」: $(A,\ \psi_{L,R})$ $(s=0,\ s=\frac{1}{2})$,
- 「ベクトル多重項 (vector multiplet)」: $(V_\mu,\ (\lambda, \bar\lambda))$ $(s=1,\ s=\frac{1}{2})$.

まずカイラル多重項は,複素スカラー場 A（スピン $s=0$）と左巻き,あるいは右巻きのワイル・フェルミオン $\psi_{L,R}$ $(s=\frac{1}{2})$ を超対称パートナーとする多重項であり,超対称的な標準模型においては,各カイラリティのクォークやレプトンとそのパートナーであるスクォークやスレプトン,およびヒッグスとそのフェルミオン的パートナーのヒグシーノといった,物質場を表す

ために用いられる．

一方，ベクトル多重項については，V_μ はゲージ相互作用を媒介するゲージボソンを表し，また $(\lambda, \bar{\lambda})$ はその超対称パートナーのマヨラナ・フェルミオンである「ゲージフェルミオン (gauge femion)」，あるいは「ゲージーノ (gaugino)」を表すのに用いられる．例えば光子のパートナーはフォティーノ (photino) とよばれる．なお，ゲージフェルミオンがマヨラナであるのは，パートナーであるゲージ場が実場で粒子・反粒子の区別がないことに呼応して，ゲージフェルミオンも粒子・反粒子の区別のないフェルミオンになるからである．(こうして，ニュートリノの場合以外にも素粒子物理学にマヨラナ・フェルミオンが登場することになる．)

超対称性はボソンとフェルミオンの間の対称性なので，超対称性の基本的で大切な性質として，多重項の成分である各「要素場 (component field)」のボソンとフェルミオンの自由度は一致すべきである．しかし上記の多重項において，自由度は一致していないように見える．例えばカイラル多重項においては，複素スカラー場 A の自由度は実場で数えて2であるが，一方 $\psi_{L,R}$ は複素2成分，したがって実4成分の自由度をもつように見える．この一見した矛盾は，"実状態" のワイル・フェルミオンが満たすべき on-shell 条件，つまり運動方程式を課すと解消されることが以下のような議論からわかる．

例えば，z 方向に運動する質量ゼロの左巻きワイル・フェルミオン (2成分表示で書くと $\psi_L = (\eta_\alpha \ 0)^t$) を考えると，その4元運動量は $p_\mu = (p, 0, 0, p)$ と書け，次のようなワイル方程式 (ディラック・フェルミオンに対するディラック方程式に対応) を満たす ($\bar{\sigma}^\mu$ については (3.5) を参照)：

$$(\bar{\sigma}^\mu)^{\dot{\alpha}\alpha} p_\mu \eta_\alpha = 0 \quad \leftrightarrow \quad \begin{pmatrix} 0 & 0 \\ 0 & 2p \end{pmatrix} \begin{pmatrix} \eta_1 \\ \eta_2 \end{pmatrix} = \begin{pmatrix} 0 \\ 0 \end{pmatrix}. \quad (6.18)$$

これから明らかに η_2 はゼロとなり，実際にはフェルミオンの自由度も2 (複素数1自由度) となって，ボソンの自由度と一致することがわかる．

この議論は，超対称性は場に対し運動方程式を課す場合にのみ明白になることを示唆している．逆にいえば，off-shell の場 (運動方程式を満たさない) に対して超対称性が意味をなすようにしようとすると，不足しているボソン的な場の導入が必要になるはずである．この付加的に導入される場は実存す

る粒子を表す場ではないはずであり「補助場（auxiliary field）」とよばれる．より具体的には，補助場とは自分自身の運動項（微分項）をもたず，したがってその場に対するオイラー–ラグランジュ方程式はその場に関する代数方程式（微分方程式ではなく）になる．後で具体的にも見るが，この代数方程式はただちに解けて，補助場は他の場を用いて完全に書き表すことができてしまう．その意味で補助場は独立な力学的自由度をもっていないことになる．

例えば，カイラル多重項の場合には後で見るように，複素スカラー場である補助場 F を導入して

$$(A, \psi_{L,R}, F) \tag{6.19}$$

とすると，ボソンとフェルミオンの実自由度はいずれも 4 となり off-shell でも自由度が一致することになる．

質量をもった素粒子に関する超対称多重項の場合には，質量のない場合に比べ自由度の数が増えることになる．最大スピンが $s=1$ の場合の多重項についてはヒッグス機構を思い出すと理解しやすい．例えば，質量ゼロのベクトル多重項 (V_μ, λ) として光子とフォッティーノを考え，またカイラル多重項 $(A, \psi_{L,R})$ として電荷をもった物質場があるとしよう．仮に A の実部が真空期待値をもち電磁気のゲージ対称性 $U(1)_{em}$ が自発的に破れたとすると，ヒッグス機構によって光子 V_μ は A の虚部である NG ボソンを縦波成分として吸収して質量をもった $s=1$ のベクトルボソンになる．超対称性があるので，フェルミオンに関しても同様のことが起きてよいはずであり，実際ゲージフェルミオン λ は ψ と結合してベクトルボソンと同じ質量のディラック・フェルミオンを形成するのである．これを「超ヒッグス機構（super-Higgs mechanism）」という．

6.3 超空間と超場の導入

前節までで，超対称性変換の生成子の満たす代数（graded Lie algebra）および超対称多重項について議論した．ゲージ対称性の場合でいえば，ゲージ群のリー代数を構成しゲージ変換の下での既約表現を同定したのと同じである．次は，ちょうどゲージ変換の下で群の既約表現の各成分がお互いの間で

どのように変換するかというのと同様に，超対称多重項をなす各構成場が超対称変換の下でどのようにお互いの間で変換するか，具体的にその変換性を決めることである．

超対称性が議論され始めたときには発見法的にこうした変換性が見いだされたが，その後，「超空間」，「超場」の概念が導入され，変換性の導出を見通しよく行えるようになった．

(6.4) に見られるように，超対称性は空間並進といった時空座標の変換と分かちがたく関わっている．一方，スピン（角運動量）の合成で二つのスピン $\frac{1}{2}$ を対称に組むとスピン 1 が構成できるように，時空座標はスピノールの 2 次形式の形で表すことができる．実際，ϵ^α, $\bar{\epsilon}^{\dot\alpha}$ を変換のパラメータとする超対称変換を 2 度行い交換関係をとると (6.15) に見られるように，ϵ^α, $\bar{\epsilon}^{\dot\alpha}$ の 2 次形式である $\epsilon^\mu \equiv \epsilon^\alpha (\sigma^\mu)_{\alpha\dot\alpha} \bar{\epsilon}^{\dot\alpha}$ だけ時空座標を並進することと等しい．これから示唆されることは，超対称変換はグラスマン的な座標を ϵ^α や $\bar{\epsilon}^{\dot\alpha}$ だけ並進する変換と見なし得るのではないかということである．

こうした考察から，4 次元時空の座標 x^μ に加えてグラスマン的な座標 θ^α, $\bar{\theta}^{\dot\alpha}$ を加えた

$$(x^\mu, \theta^\alpha, \bar{\theta}^{\dot\alpha}) \tag{6.20}$$

を座標とする"点"の集合である「超空間」というものを考えることにする．問題は，超空間の座標 $(x^\mu, \theta^\alpha, \bar{\theta}^{\dot\alpha})$ の超対称変換の下での変換性を導出することである．予想としては，上述のように ϵ^α, $\bar{\epsilon}^{\dot\alpha}$ を変換パラメータとする超対称変換で，グラスマン座標は

$$\theta^\alpha \to \theta^\alpha + \epsilon^\alpha, \quad \bar{\theta}^{\dot\alpha} \to \bar{\theta}^{\dot\alpha} + \bar{\epsilon}^{\dot\alpha} \tag{6.21}$$

と変換されるであろうということであるが，実際そのようになることが以下で示される．ただし，後出のように超対称変換は時空座標 x^μ に関しても ϵ^α, $\bar{\epsilon}^{\dot\alpha}$ に比例した並進を引き起こすことになる．

この変換性を天下り的にではなく系統的にきちんと導くために「群多様体 (group manifold)」という考え方に少し頼ってみよう．これは群の変換の要素を多様体（空間）の点と同一視するという考え方である．実際，(6.21) では変換のパラメータ ϵ^α, $\bar{\epsilon}^{\dot\alpha}$ とグラスマン座標 θ^α, $\bar{\theta}^{\dot\alpha}$ は同等に扱われていることに注意しよう．

群多様体の簡単な例として，3次元空間の回転群 SO(3) の要素を地球儀の表面のような2次元球面 S^2 上の点と同一視することを考えてみよう．明らかに，球面上の任意の点（球座標の天頂角と方位角 (θ, φ) で表される点）は，地球儀でいえば北極（直交座標 $(0, 0, R)$（R：球の半径））に当たる点から適当な回転によって到達することが可能である：

$$\begin{pmatrix} R\sin\theta\cos\varphi \\ R\sin\theta\sin\varphi \\ R\cos\theta \end{pmatrix} = R_3(\varphi)R_2(\theta)R_3(\alpha) \begin{pmatrix} 0 \\ 0 \\ R \end{pmatrix}. \tag{6.22}$$

ここで $R_i(\theta)$ は i 軸の周りの角 θ の回転を表す回転行列であり，SO(3) の任意の要素は $R_3(\varphi)R_2(\theta)R_3(\alpha)$ の形に書ける．例えば

$$R_3(\theta) = \begin{pmatrix} \cos\theta & -\sin\theta & 0 \\ \sin\theta & \cos\theta & 0 \\ 0 & 0 & 1 \end{pmatrix} \tag{6.23}$$

である．注意すべきは，(6.22) の左辺は角 α に依存せず，したがってこの角による3軸（z 軸）周りの回転の自由度は消えてしまっているということである．これは北極を z 軸の周りで回転しても不動であるので当然である．つまり SO(3) の内で z 軸の周りの回転に対応する SO(2) の自由度は効かないので，これで割算した（$R_3(\varphi)R_2(\theta)R_3(\alpha)$ に右から $R_3(\alpha)^{-1}$ を掛ける）$R_3(\varphi)R_2(\theta)$ が球面上の点と1対1に対応することになる．これを

$$S^2 \sim \mathrm{SO}(3)/\mathrm{SO}(2) \tag{6.24}$$

のように書く．こうして球面上の点 (θ, φ) を群の要素 $g(\theta, \varphi, \alpha) = R_3(\varphi)R_2(\theta)R_3(\alpha)$ に対応づけることの利点は，空間回転の下での球面上の点の変換性が，回転群 SO(3) の性質のみから "自動的に" 導かれることである．実際，

$$g(\theta', \varphi', \alpha'') = g(\kappa, \lambda, \alpha')g(\theta, \varphi, \alpha) \tag{6.25}$$

を満たすものとして (θ', φ') を求めたとすると，それが球座標 (θ, φ) の点から回転角 $(\kappa, \lambda, \alpha')$ の回転で得られる点の球座標に他ならないのである．

これとまったく同じ考え方で，超空間の座標 $(x^\mu, \theta^\alpha, \overline{\theta}^{\dot\alpha})$ の超対称変換の下での変換性を求めることができる．やるべきことは，超空間の座標

$(x^\mu, \theta^\alpha, \overline{\theta}^{\dot\alpha})$ を超対称変換 $G(x^\mu, \theta, \overline{\theta}) = e^{i(x^\mu p_\mu + \theta Q + \overline{\theta Q})}$ と同一視し,二つの超対称変換の積を計算することである.(6.4)〜(6.7) の graded Lie algebra と任意の演算子 A, B に関するベーカー–ハウスドルフの公式 $e^A e^B = e^{A+B+\frac{1}{2}[A,B]+\cdots}$ を用いると,この積は

$$G(0, \epsilon, \overline{\epsilon}) \cdot G(x^\mu, \theta, \overline{\theta}) = G(x^\mu - i\theta\sigma^\mu\overline{\epsilon} + i\epsilon\sigma^\mu\overline{\theta}, \theta + \epsilon, \overline{\theta} + \overline{\epsilon}) \quad (6.26)$$

のように容易に求まる.ここで,graded Lie algebra の場合にベーカー–ハウスドルフの公式の交換関係 $[A, B]$ に寄与し得るのは (6.4) で与えられる P_μ に比例する部分のみであるが,P_μ は残りの演算子と交換するので $[A, [A, B]]$ 等の項は消えることに注意しよう.これから $\epsilon, \overline{\epsilon}$ を変換パラメータとする超対称変換の下での超空間の座標の変換性は次のようであることがわかる:

$$(x^\mu, \theta, \overline{\theta}) \rightarrow (x^\mu - i\theta\sigma^\mu\overline{\epsilon} + i\epsilon\sigma^\mu\overline{\theta}, \theta + \epsilon, \overline{\theta} + \overline{\epsilon}). \quad (6.27)$$

予想したように,超対称変換はグラスマン座標の $\epsilon, \overline{\epsilon}$ の並進を引き起こすが,それと並んで時空座標の並進も引き起こすことがわかる.よって,ちょうど量子力学で 4 元運動量演算子 $i\partial_\mu$ が時空座標の並進の生成子であるように,超対称変換の生成子も以下のような微分演算子で表されることになる:

$$iQ_\alpha = \frac{\partial}{\partial\theta^\alpha} + i(\sigma^\mu)_{\alpha\dot\alpha}\overline{\theta}^{\dot\alpha}\partial_\mu, \quad (6.28)$$

$$i\overline{Q}_{\dot\alpha} = -\frac{\partial}{\partial\overline{\theta}^{\dot\alpha}} - i\theta^\alpha(\sigma^\mu)_{\alpha\dot\alpha}\partial_\mu. \quad (6.29)$$

群多様体を用いて超対称変換を論じる利点は,そのように定義した変換が自動的に超対称代数を満たすことが明らかである点である.例えば 3 次元の空間回転の場合で考えると,SO(3) の三つの元 $g_{1,2,3}$ が $g_3 = g_1 g_2$ の関係を満たすとすると,これに右から $g(\theta, \varphi, 0)$ を掛け,$g(\theta, \varphi)$ を点 (θ, φ) に同定すれば,点 (θ, φ) に対する変換は自動的に SO(3) の掛算のルールを満たすことになる.実際,超対称変換の場合においても,(6.28), (6.29) で定義される生成子は

$$\{Q_\alpha, \overline{Q}_{\dot\alpha}\} = 2i(\sigma^\mu)_{\alpha\dot\alpha}\,\partial_\mu, \quad \{Q_\alpha, Q_\beta\} = \{\overline{Q}_{\dot\alpha}, \overline{Q}_{\dot\beta}\} = 0, \quad (6.30)$$

という (6.4), (6.5) と同じ代数を満たすことが容易にわかる.

空間が超空間に拡張されたのに伴って,素粒子を表す場も超空間上の場で

6.3 超空間と超場の導入

ある $\phi(x,\theta,\overline{\theta})$ のような「超場 (superfield)」で表される．(6.28), (6.29) はこうした超場に対する微分演算子と見なすことができる．

超場は連続変数であるグラスマン座標 θ, $\overline{\theta}$ に依存するので，一見通常の 4 次元的な場を無限個含んでいそうであるが，実際にはそうではない．それは，超場をグラスマン座標に関してテイラー–マクローリン展開すると，グラスマン数の反可換性からの帰結である

$$(\theta^\alpha)^2 = 0, \quad (\overline{\theta}^{\dot\alpha})^2 = 0 \tag{6.31}$$

の性質により展開は有限の項で終るからである．それぞれの項の係数は x^μ の関数であるので，普通の 4 次元的な場であり，先に議論された超対称多重項の構成場，すなわちスピンの互いに異なる素粒子の場はこれらの係数として表れるのである．

カイラル多重項，(質量ゼロの) ベクトル多重項を構成場として含むような超場は，それぞれ「カイラル超場 (chiral superfield)」，「ベクトル超場 (vector superfield)」とよばれる．それぞれの超場は，ゲージ対称性との類推でいえば既約表現に対応していて，最も基本的な超場と考えてよいが，これらについて議論する前に，何の条件も課されていない最も一般的な超場（複素場であるとする）はどのようなものであるか見てみることにしよう．一般的な超場を $\phi(x,\theta,\overline{\theta})$ と書くと（ここでは簡単のため，ローレンツ・ベクトルの添字やスピノールの添字は省略している），先に述べたようにグラスマン座標に関するテイラー–マクローリン展開は有限の項で終了する．この展開式を具体的に書き下すと少々長いが次のようになる：

$$\begin{aligned}\phi(x,\theta,\overline{\theta}) = &\, C(x) + \theta\chi(x) + \overline{\theta}\overline{\chi}'(x) + \theta\theta M(x) + \overline{\theta}\overline{\theta} N(x) \\&+ \theta\sigma^\mu\overline{\theta} V_\mu(x) + \theta\theta\overline{\theta}\overline{\lambda}(x) + \overline{\theta}\overline{\theta}\theta\psi(x) + \theta\theta\overline{\theta}\overline{\theta} D(x).\end{aligned} \tag{6.32}$$

ここで，先に述べたように 2 成分表示のスピノール添字に関する内積 $\theta^\alpha\theta_\alpha$ を $\theta\theta$ のように略記していることに注意しよう．ドット付のスピノールに関しても同様である．展開係数は 4 次元的な構成場であるが，その内で明らかに C, M, N, V_μ, D は θ^α, $\overline{\theta}^{\dot\alpha}$ の偶数次の項の係数なのでボソン場であり，それらの複素場としての自由度の合計は ${}_4C_0 + {}_4C_2 + {}_4C_4 = 8$ である．ここ

で 4 は偶数次の項を作るときに $\theta^\alpha, \bar{\theta}^{\dot\alpha}$ のいずれをとるかで 4 通りの場合があることを表している．一方，$\chi, \bar{\chi}', \bar{\lambda}, \psi$ はフェルミオン場であり，その自由度は ${}_4C_1 + {}_4C_3 = 8$ である．よって，期待したように，ボソンとフェルミオンの自由度はきちんと一致することが確かめられる．したがって場の自由度の合計は 16 であるが，これは要するに $2^4 = 16$ ということをいっているにすぎない（二項係数の性質でもある）．つまり，展開において $\theta^\alpha, \bar{\theta}^{\dot\alpha}$ という計 4 個のスピノールの成分のそれぞれを含むか含まないかで $2^4 = 16$ 通りの項が現れるということである．

この超場に $\epsilon, \bar\epsilon$ を変換のパラメータとする微小超対称変換を行って得られる $\phi'(x) = \exp(i(\epsilon Q + \bar\epsilon \bar Q))\, \phi(x)$ から変換による微小変化 $i\delta\phi(x) = \phi'(x) - \phi(x) = i(\epsilon Q + \bar\epsilon \bar Q)\, \phi(x)$ を求めることは容易である．(6.28), (6.29) に与えられる超対称変換の微分演算子 $Q, \bar Q$ を (6.32) に作用させればよいのである．これから各構成場の微小変化を求めることは容易である．$\delta\phi(x) = \delta C(x) + \theta \delta\chi(x) + \cdots$ のように書くと，例えば以下のような構成場に関する微小超対称変換の規則が得られる：

$$\delta C = \epsilon\chi + \bar\epsilon\,\bar\chi, \tag{6.33}$$

$$\delta\chi_\alpha = 2\epsilon_\alpha M + (\sigma^\mu)_{\alpha\dot\alpha}\bar\epsilon^{\dot\alpha}(V_\mu - i\partial_\mu C), \tag{6.34}$$

$$\delta\bar{\chi'}^{\dot\alpha} = 2\bar\epsilon^{\dot\alpha}N + \epsilon^\alpha(\sigma^\mu)_\alpha{}^{\dot\alpha}(V_\mu + i\partial_\mu C), \tag{6.35}$$

$$\delta D = -\frac{i}{2}(\sigma^\mu)_{\alpha\dot\alpha}(\epsilon^\alpha \partial_\mu \bar\lambda^{\dot\alpha} - (\partial_\mu \psi^\alpha)\bar\epsilon^{\dot\alpha}). \tag{6.36}$$

これらが，ゲージ対称性の場合でいえば多重項をなす構成場の間の微小ゲージ変換による変換則（行列の形で書かれる）に対応する．

さて，ここで超対称理論，すなわち超対称変換の下で不変な理論の構成において大切な超場に関する性質をいくつか以下に列挙してみよう．

(a) 構成場の質量次元

量子力学で学ぶように二つのスピン $\frac{1}{2}$ の波動関数の掛算でスピン 1 の状態を合成できるが，これと同様な意味で (6.27) に見られるようにグラスマン座標 $\theta^\alpha, \bar{\theta}^{\dot\alpha}$ の 2 次形式は時空座標 x^μ と同等に振る舞うといえる．よってグラスマン座標 $\theta^\alpha, \bar{\theta}^{\dot\alpha}$ は半整数の質量次元 $d = -1/2$ をもつことになる．すると，グラスマン座標に関してテイラー展開された各項に現れるグラスマン

座標の次数が異なる構成場は質量次元が $\frac{1}{2}$ ずつ違うことになり，グラスマン座標の次数が高ければ高いほどその係数の構成場の質量次元が上がることになる．

超対称変換の生成子 Q_α, $\overline{Q}_{\dot{\alpha}}$ はグラスマン座標に関する微分の項と時空座標に関する微分の項の足算なので，質量次元 d の場の微小超対称変換による変化分は，質量次元が $\frac{1}{2}$ だけ高い $d+\frac{1}{2}$ の場および，より低い $d-\frac{1}{2}$ の場を時空座標で微分したものの和で表される．超対称変換によってスピンだけでなく質量次元が $\frac{1}{2}$ だけ違う構成場の間の変換が起きることになるのである．

(b) D 項の性質

上記の (a) の性質を用いると，超場 (6.32) の展開において，質量次元が最高の構成場 $D(x)$ の超対称変換は，質量次元が $\frac{1}{2}$ 低い $\lambda(x)$, $\psi(x)$ に ∂_μ を作用させたものになる．ここで，(6.36) 式の右辺は，超対称変換が大域的で ϵ 等が時空点に依存しないため

$$\partial_\mu \{-\frac{i}{2}(\sigma^\mu)_{\alpha\dot{\alpha}}(\epsilon^\alpha \bar{\lambda}^{\dot{\alpha}} - \psi^\alpha \bar{\epsilon}^{\dot{\alpha}})\} \tag{6.37}$$

と全微分の形で書けることがわかる．したがって，ラグランジアン密度として何らかの超場の「D 項 (D-term)」を採用すれば，作用積分は超対称変換の下で不変になる．現実的には，いくつかの超場を掛算するとまた一つの超場が得られるので，その D 項をとってくると一般に構成場の非線形項で表され，その項を積分することで相互作用をもつ現実的な模型を構成することが可能となるのである．このように，超場の形式を用いると超対称性をもった理論の構成が非常に系統的に行えるようになるのである．なお，超対称変換と時空座標の並進演算子とは graded Lie algebra を通じ関係しているが，エネルギー・運動量の保存則を導く時空座標の並進の下での対称性の場合にも，ラグランジアン密度そのものは不変ではないが変化分は全微分の形で書かれるので作用積分は不変になるのであった．

(c) "closure"

ゲージ理論においては，二つの規約表現の積から一定の規則に従って新たな規約表現を作ることが可能である．この規則とは，元の規約表現の構成場のどのような掛算が新たな規約表現の一つの構成場を与えるか，という規則である．

では,超対称多重項の場合の"掛算の規則"はどのように与えられるであろうか.再び超場を用いるとこの掛算のルールは非常に簡単かつ自動的に与えられる.すなわち,二つの超場の掛算を行うと,その結果は,再びグラスマン座標に関してテイラー–マクローリン展開可能で有限の数の項で終わる.すなわち,二つの超場 $\phi_{1,2}$ を掛算するとその結果は新たな超場 ϕ_3 となる:

$$\phi_1\phi_2 = \phi_3. \tag{6.38}$$

この性質は"closure"とよばれる(超場というものが,掛算の下で閉じているということ).ϕ_3 の各構成場は $\phi_{1,2}$ の構成場の2次形式で与えられる.具体的には構成場の掛算の規則は,各 ϕ_i ($i = 1, 2, 3$) の構成場を (6.32) にならって $\phi(x,\theta,\overline{\theta})_i = C_i(x) + \theta\chi_i(x) + \cdots$ のように書くと

$$\begin{aligned} C_3(x) &= C_1(x)C_2(x) \\ \chi_3(x) &= C_1(x)\chi_2(x) + C_2(x)\chi_1(x) \\ &\vdots \end{aligned} \tag{6.39}$$

のように与えられる.

このように構成された $C_3, \chi_3, \cdots$ が再び超対称多重項をなす構成場として正しく超対称変換の下で変換するかどうか,具体的に確かめることも可能であるが,積の微分に関するライプニッツ則を使うとこれは当然の帰結となる:

$$i(\epsilon Q + \overline{\epsilon Q})\phi_3 = [i(\epsilon Q + \overline{\epsilon Q})\phi_1] \cdot \phi_2 + \phi_1 \cdot [i(\epsilon Q + \overline{\epsilon Q})\phi_2]. \tag{6.40}$$

この関係は,$\phi_{1,2}$ の各構成場が微小超対称変換するとき ϕ_3 の各構成場は正しく微小超対称変換することを保証している.

(b), (c) で述べた D 項の性質と closure の性質を合せると,任意の超対称多重項の構成場から次のようにして超対称不変な作用を構成することができる:

$$S = \int d^4x \; f(\phi_1, \phi_2, \cdots)|_D. \tag{6.41}$$

ここで関数 f は,ゲージ不変性やくり込み可能性といった付加的な条件を考慮しなければ超場 $\phi_1, \phi_2, \cdots$ の任意の関数で構わない.$f(\phi_1, \phi_2, \cdots)|_D$ は,そうして作られた超場 $f(\phi_1, \phi_2, \cdots)$ の D 項を抽出するという意味である.

さて,超場が超空間上の場であることを考えると,作用積分の際に4次元

時空座標だけでなくグラスマン座標 $\theta, \overline{\theta}$ に関しても積分すると考える方が自然であるように思える．そこで超空間のすべての座標に関する積分を考えてみよう：

$$S = \int d^4x \, d^2\theta \, d^2\overline{\theta} \, f(\phi_1, \phi_2, \cdots). \tag{6.42}$$

一見 (6.41) と (6.42) は違うように見えるが，実は同等のものであることがわかる．それは，グラスマン数に関する積分は被積分関数に関しては微分と等価であるからである．このため $\int d^2\theta \, d^2\overline{\theta}$ により，グラスマン座標に関するテイラー展開の最高次数の項である D 項のみが抽出されることになる．

6.4 カイラル超場

ここまで，(6.32) のような最も一般的な超場を議論してきたが，実はこれはゲージ群でいうところの既約表現にはなっておらず"可約"なのである．つまり，より構成場の数の少ない超場に分解できることがわかる．実際，(6.32) に与えられる超場の構成場は，スピンが $s = 0, \frac{1}{2}, 1$ の場を含むが，超対称多重項は先に議論したようにスピンが $\frac{1}{2}$ だけ違う構成場のみを含むはずだからである．すでに述べたように，既約な超対称多重項としては カイラル多重項とベクトル多重項があり，これらに対応する超場として「カイラル超場」，「ベクトル超場」の 2 種類が存在する．

この節では，まずカイラル超場について議論することにしよう．この超場はカイラル多重項を含むので，スピン $s = 0, \frac{1}{2}$ の場のみを含む．スピノールの 2 成分表示のところで議論したように，4 成分のディラック・フェルミオンではなく半分の自由度のワイル・フェルミオンがローレンツ変換の既約表現になる．よって，ローレンツ変換を含むポアンカレ変換とともに graded Lie algebra を構成する超対称変換においてもワイル・フェルミオンを用いた，すなわちカイラリティの確定したフェルミオンを用いた超場を考えるとよさそうである．スピン 1 の場は $(\sigma_\mu)_{\alpha\dot{\alpha}}$ に見られるようにローレンツ変換の下で $(\frac{1}{2}, \frac{1}{2})$ 表現として振る舞うので，例えば $(\frac{1}{2}, 0)$ 表現に属するドットなしのグラスマン座標 θ_α のみを含む超場を考えると，そこには余分なスピン 1 の場は現れないであろうと期待される．実際，(6.32) の展開においてスピン 1 の

場 V_μ は，θ と $\overline{\theta}$ の両方に伴われているので，θ_α のみでテイラー展開した場合には現れない．

こう考えると，超空間の座標 $(x, \theta, \overline{\theta})$ のすべてではなく例えば (x, θ) のみに依存する場を考えるとよさそうであるが，実際には，話はそれほど単純ではない．超場 ϕ が (x, θ) のみに依存する，という条件は

$$\frac{\partial}{\partial \overline{\theta}^{\dot{\alpha}}} \phi = 0 \tag{6.43}$$

とすればよさそうであるが，実際には，この条件式は超対称性と相容れない条件式なのである．それは

$$\{Q_\alpha, \frac{\partial}{\partial \overline{\theta}^{\dot{\alpha}}}\} \neq 0 \tag{6.44}$$

からわかる．もし，この反交換関係がゼロであれば，超場が (6.43) の条件を満たすとき，超対称変換後も同じ条件を満たすことになるが，それがいえないのでる．よって，カイラル超場を定義するには，超対称変換と反交換する微分演算子が必要となる．こうした性質をもつ "超対称共変な" 微分演算子は

$$D_\alpha = \frac{\partial}{\partial \theta^\alpha} - i(\sigma^\mu)_{\alpha\dot{\alpha}} \, \overline{\theta}^{\dot{\alpha}} \, \partial_\mu, \tag{6.45}$$

$$\overline{D}_{\dot{\alpha}} = -\frac{\partial}{\partial \overline{\theta}^{\dot{\alpha}}} + i\theta^\alpha \, (\sigma^\mu)_{\alpha\dot{\alpha}} \, \partial_\mu \tag{6.46}$$

であることがわかる．実際，

$$\{Q_\alpha, D_\beta\} = \{\overline{Q}_{\dot{\alpha}}, D_\alpha\} = \{Q_\alpha, \overline{D}_{\dot{\alpha}}\} = \{\overline{Q}_{\dot{\alpha}}, \overline{D}_{\dot{\beta}}\} = 0 \tag{6.47}$$

であることを具体的計算で確かめることができる．この超対称共変な微分演算子の与え方はいかにも天下り的であるが，先に議論した群多様体の考えを用いると，非常に自然に導かれることがわかる．それは，(6.26) において，超対称変換はそれに相当する演算子を左から掛算することで定義したのであるが，まったく同様に右から作用させることも可能である：

$$G(x^\mu, \theta, \overline{\theta}) \cdot G(0, \epsilon, \overline{\epsilon}) \cdot = G(x^\mu + i\theta\sigma^\mu\overline{\epsilon} - i\epsilon\sigma^\mu\overline{\theta}, \theta + \epsilon, \overline{\theta} + \overline{\epsilon}). \tag{6.48}$$

(6.26) との違いは，時空座標に関する変化分の符号が逆になっていることであるが，それはベーカー–ハウスドルフの公式における交換関係の寄与が逆符号になるからである．この右からの積が，D_α, $\overline{D}_{\dot{\alpha}}$ の微分に対応するので

ある．実際，(6.45), (6.46) を見ると，(6.28), (6.29) と比べ ∂_μ の符号が逆になっていることがわかる．こう考えると，D_α 等が Q_α 等と反交換するのは自明なことといえる．それは左からの掛算と，右からの掛算は独立であり，どちらを先に行っても結果は変わらないからである．

こうして，例えば "左巻きカイラル超場" を
$$\overline{D}_{\dot\alpha}\,\phi = 0 \tag{6.49}$$
という条件式で定義することができる．"右巻きカイラル超場" の場合には，$\overline{D}_{\dot\alpha}$ を D_α でおき換えればよい．$\overline{D}_{\dot\alpha}\theta^\alpha = 0$ なので，左巻きカイラル超場 ϕ は左巻きのグラスマン座標 θ^α に依存することができる．しかし，時空座標については $\overline{D}_{\dot\alpha}x^\mu = i\,\theta^\alpha\,(\sigma^\mu)_{\alpha\dot\alpha}$ となって消えないので，x^μ に依存する場はカイラル超場とはならない．そこで時空座標を変更する必要がある．θ と $\bar\theta$ の 2 次形式が $\overline{D}_{\dot\alpha}(\theta\sigma^\mu\bar\theta) = \theta^\alpha(\sigma^\mu)_{\alpha\dot\alpha}$ という変換性を示すので，これと x^μ の超対称共変微分の結果を合せると，x^μ の代わりに
$$y^\mu \equiv x^\mu - i\,(\theta\sigma^\mu\bar\theta) \tag{6.50}$$
を用いれば
$$\overline{D}_{\dot\alpha}\,y^\mu = 0 \tag{6.51}$$
を満たすことがわかる．

こうして結局，左巻きカイラル超場は $(y^\mu,\,\theta_\alpha)$ の関数として次のように定義することができる：

$$\begin{aligned}
\phi(y,\,\theta) &= A(y) + \sqrt{2}\,\theta\psi(y) + \theta\theta F(y) \\
&= e^{-i(\theta\sigma^\mu\bar\theta)\partial_\mu}\,(A(x) + \sqrt{2}\,\theta\psi(x) + \theta\theta F(x)) \\
&= A(x) - i\,(\theta\sigma^\mu\bar\theta)\,\partial_\mu A(x) - \frac{1}{4}\,\theta\theta\bar\theta\bar\theta\,\Box A(x) + \sqrt{2}\,\theta\psi(x) \\
&\quad + \frac{i}{\sqrt{2}}\theta\theta\,(\partial_\mu\psi)\sigma^\mu\bar\theta + \theta\theta F(x).
\end{aligned} \tag{6.52}$$

y^μ で表すと超場は非常に簡単な構造をしているが，x^μ で書き直すと y^μ が x^μ に対して $-i\,(\theta\sigma^\mu\bar\theta)$ だけずれているために，場の微分の項が現れ結構複雑になる．この微分項の存在は，後ほどカイラル多重項の構成場の運動項を構成する際に重要になる．なお，ここで $\Box \equiv \partial^\mu\partial_\mu$ はダランベルシャンである．

176   第6章 超対称理論

カイラル超場の場合には、カイラル多重項の本来の構成場であるスピンが 0 および $\frac{1}{2}$ の A および ψ と並んで、F が $((y^\mu, \theta_\alpha)$ で書いたときの) θ_α に関するテイラー展開の最高次数の係数として必然的に現れることがわかる。F は質量次元 $d=2$ をもち、その2次形式は $d=4$ となるので、その自由ラグランジアンにおいて微分を導入することができない。すなわち、F は自分自身では伝播できず、off-shell でボソンとフェルミオンの自由度が一致するために導入される補助場に他ならないことがわかる。これは、先に議論した一般的な超場の場合の補助場 D に対応するものである。

微小超対称変換を (6.28), (6.29) を y^μ, θ^α を用いて書き直して表すと

$$i[(\epsilon Q + \bar{\epsilon}\overline{Q})]\,\phi(y,\theta) = \left(\epsilon^\alpha \frac{\partial}{\partial \theta^\alpha} - 2i\theta^\alpha(\sigma^\mu)_{\alpha\dot{\alpha}}\bar{\epsilon}^{\dot{\alpha}}\partial_\mu\right)\phi(y,\theta) \quad (6.53)$$

となる。ここで ∂_μ は y^μ に関する微分を表すものとする。これを (6.52) の1行目の式に作用させると、次のような超対称変換の規則が比較的容易に求められる:

$$\delta A = \sqrt{2}\epsilon\psi, \quad (6.54)$$

$$\delta\psi = -\sqrt{2}i\sigma^\mu\bar{\epsilon}\partial_\mu A + \sqrt{2}\epsilon F, \quad (6.55)$$

$$\delta F = \sqrt{2}i\bar{\epsilon}\bar{\sigma}^\mu\partial_\mu\psi. \quad (6.56)$$

一般的超場の場合の D 項の場合と同様に、(6.56) に見るように、"F 項 (F-term)" の変化は全微分で書かれるので、何らかのカイラル超場の F-term をラグランジアン密度として採用すれば、自動的に超対称変換の下で不変な作用を得ることができる。

次に closure の性質、すなわち、カイラル超場の掛算を考えよう。明らかに、同じカイラリティの超場を掛算すると再びそのカイラリティのカイラル超場が得られる。ちょうど複素数 z の正則関数 $f(z)$ と $g(z)$ の掛算をすると、再び z の正則関数になるのと同様である: $h(z) = f(z)g(z)$. その意味で、一般の超場の場合と同じ "closure" の性質をもつことになる。一方、z の関数と $\bar{z}$ の関数の掛算の結果は、もはや z, $\bar{z}$ のいずれかだけの関数ではなく一般の関数となる。これと同様に、カイラル超場の掛算に関しては次のようになる:

$$\text{カイラル} \times \text{カイラル} = \text{カイラル},$$
$$\text{反カイラル} \times \text{反カイラル} = \text{反カイラル}, \qquad (6.57)$$
$$\text{カイラル} \times \text{反カイラル} = \text{一般}.$$

ここで,「反カイラル」とは,カイラル超場とは逆のカイラリティをもつ超場を表し,例えばカイラル超場が左巻きカイラリティをもつとすると,反カイラル超場はこの複素共役(正確にはエルミート共役)の場に対応し,右巻きのカイラリティをもつ.

6.4.1 超ポテンシャル

カイラル超場に限定した場合の "closure" の性質を用いると,いくつかのカイラル超場 ϕ_i の任意の関数 $W(\phi_1, \phi_2, \cdots)$ は,θ に関するテイラー展開をするとやはり一つのカイラル超場として振る舞うので,その F 項 をとれば超対称変換不変なラグランジアン密度を提供することになる.W は場の微分を含まないので「超ポテンシャル(super-potential)」とよばれ,普通の場の理論との対応でいえばスカラー場(ヒッグス場)のポテンシャルおよび湯川結合を一度に表すことになる:

$$\int d^4 y \, W(\phi_1(y,\theta)\phi_2(y,\theta)\cdots\phi_n(y,\theta))|_F$$
$$\sim \int d^4 y d^2\theta \, W(\phi_1(y,\theta)\phi_2(y,\theta)\cdots\phi_n(y,\theta)). \qquad (6.58)$$

ここで $|_F$ は F 項を抽出することを意味する.構成場はすべて y^μ の関数なので,最終的に,積分変数を $y^\mu \to x^\mu$ とすることができる.

6.4.2 運動項

(6.58) は微分を含まない相互作用項を与えることはできるが,このままではカイラル多重項を構成するスカラー場とフェルミオン場に関する運動項が存在せず,これらの粒子は運動(伝播)できない.通常の場の理論に見られるように運動項は場の 2 次形式であり,またそれ自身でエルミート演算子で

ある．そこで，素直に考えると $\phi(y,\theta)^\dagger \phi(y,\theta)$ が候補としてよいように思われる．ただ，一見するとこれは場の微分を含まないので運動項ではなく，超ポテンシャルと同様の寄与になってしまいそうである．しかし，超ポテンシャルの場合と本質的に違うのは，カイラル×反カイラルの掛算になっていることであり，そのため，掛けた結果は一般の超場になる．また，ϕ は y^μ の関数であるのに対して $\phi^\dagger$ は $y^{\mu\dagger}$ の関数であり，これらの座標の間には $2i\,(\theta\sigma^\mu\bar{\theta})$ の差がある．こうした，時空の異なる 2 点における場の積で記述されるという"非局所性"のために，必然的に場の微分項が現れることになる．具体的には，$\phi(y,\theta)^\dagger \phi(y,\theta)$ を作用積分する際に，超ポテンシャルのときと違い，積分変数を y^μ，$y^{\mu\dagger}$ のいずれかに変換することができず，元の時空座標 x^μ を用いて $\phi(y,\theta)^\dagger \phi(y,\theta)$ を書く必要がある，ということである．(6.52) の x^μ を用いたカイラル超場の表式を用いて具体的に計算すると

$$\begin{aligned}
\phi(y,\theta)^\dagger \phi(y,\theta) &= (e^{-i(\theta\sigma^\mu\bar{\theta})\partial_\mu}\,\phi(x,\theta))^\dagger\,(e^{-i(\theta\sigma^\mu\bar{\theta})\partial_\mu}\,\phi(x,\theta)) \\
&= A(x)^*A(x) + \sqrt{2}\theta\psi(x)A(x)^* + \sqrt{2}\bar{\theta}\bar{\psi}(x)A(x) + \cdots \\
&\quad + \theta\theta\bar{\theta}\bar{\theta}[-\frac{1}{4}A^*\Box A - \frac{1}{4}(\Box A^*)A + \frac{1}{2}(\partial_\mu A^*)(\partial^\mu A) \\
&\quad - \frac{i}{2}(\partial_\mu\bar{\psi})\bar{\sigma}^\mu\psi + \frac{i}{2}\bar{\psi}\bar{\sigma}^\mu(\partial_\mu\psi) + F^*F]
\end{aligned} \quad (6.59)$$

が得られる．予想道り，スカラー場 A，フェルミオン場 ψ に関する微分項が現れる．この $\phi(y,\theta)^\dagger \phi(y,\theta)$ は θ，$\bar{\theta}$ の両方を含み，一般の超場と見なせるので，その D 項をとることで，超対称的な作用が得られる：

$$\begin{aligned}
\mathcal{L}_{kin} &= \phi^\dagger \phi|_D \\
&= (\partial_\mu A^*)(\partial^\mu A) + i\bar{\psi}\bar{\sigma}^\mu\partial_\mu\psi + F^*F + (\text{全微分の項}).
\end{aligned} \quad (6.60)$$

期待した通り，A と ψ に関する運動項が得られた．F は質量次元 2 をもつことから当然であるが，F の 2 次形式の部分は微分を含まず，すでに議論したように F は補助場として振る舞うことがわかる．補助場なので，超ポテンシャル等を通じて他の物理的場と結合しない限り，F は時空を伝播することはできない．また F は微分を含まず，これに関する運動方程式（オイラー–ラグランジュ方程式）は微分方程式でなく代数方程式になるので，これを用いて F を他の伝播する場で表すことができる．したがって最終的には F を

消去し物理的な自由度のみで作用を表すことができる．以前議論したように，この場合，運動方程式を用いているので，補助場がなくなってもボソン，フェルミオンの自由度はつり合うことになる．

6.5　Wess-Zumino 模型

　この章の最終的な目的は標準模型を超対称的に拡張した理論を議論することであるが，まずは超対称理論のひな形ともいえる「Wess-Zumino 模型」について解説する．場の量子論のエッセンスを理解するために，スピンの自由度やゲージ対称性の自由度を考えなくてよいスカラー場 ϕ に関する「ϕ^4 理論」をまず勉強することが多い．こうした方針に基づき ϕ^4 理論を超対称化した理論と見なせる Wess-Zumino 模型を考えることにしよう．

6.5.1　Wess-Zumino 模型における相互作用

　Wess-Zumino 模型は，最も簡単な超場であるカイラル超場に関して，(6.60) のような運動項と ϕ^4 理論の場合のスカラーポテンシャルに相当する超ポテンシャル W を導入した理論である．カイラル多重項はいくつあってもよいので，それらを一般に (A_i, ψ_i) $(i = 1, 2, \cdots)$ と書き，それを含むカイラル超場を ϕ_i と書くことにする．ラグランジアン（密度）は

$$\mathcal{L} = \phi_i^\dagger \phi_i|_D - \{W(\phi)|_F + \text{h.c.}\} \tag{6.61}$$

と書ける．ここで $W(\phi)$ は超ポテンシャルである．運動項については (6.60) を単にすべてのカイラル超場に関して足し合せたものでよい：

$$\phi_i^\dagger \phi_i|_D = (\partial_\mu A_i^*)(\partial^\mu A_i) + i\overline{\psi_i}\overline{\sigma}^\mu \partial_\mu \psi_i + F_i^* F_i. \tag{6.62}$$

ここで全微分を無視した．

　超ポテンシャル $W(\phi)$ は，本来は ϕ_i に関するゲージ不変な多項式であれば何を用いてもよいが，理論にくり込み可能性を課すとカイラル超場の 3 次式までしか許されないことがわかる．カイラル超場 ϕ_i の質量次元は通常のスカラー場同様に 1 であるので，一見 4 次式まで許されそうにも思える．しか

し，$W(\phi)$ の F 項を抽出することに対応して $\int d^2\theta W$ が作用積分に存在するが，これは実質的に

$$\frac{\partial^2}{\partial \theta^2} W(\phi) \tag{6.63}$$

に等しく，微分後の質量次元は（θ の質量次元が $-\frac{1}{2}$ であることから）超ポテンシャルの次元より 1 だけ大きくなるために，$W(\phi)$ そのものの質量次元は 3 である必要があるのである．後で見るように実際，補助場を消去した後に得られる A_i に関するスカラーポテンシャルは ϕ^4 理論と同様に A_i について 4 次式になり，通常のくり込み可能な理論になることがわかる．

しかし，スカラー場のみの ϕ^4 理論とは異なり，超対称理論なのでスカラー場 A_i と並んでフェルミオン場 ψ_i も存在し，これらはカイラル多重項を成すのであるから縮退した（同じ）質量を必然的にもつ．さらには，スカラーポテンシャルに含まれるスカラー場の自己相互作用と並んで ψ_i と A_i の間の湯川結合も現れ，それらは同じ結合定数で記述されることになる．こうして，超対称性のおかげで超対称パートナーの質量も結合定数も同じになり，これにより量子レベルの階層性問題（2 次発散の問題）が解決することになる．ただし，現実の世界では超対称パートナーはいまだに（2015 年春）見つかっておらず，超対称性は近似的な対称性であって質量の縮退は実現していないことに注意しよう．

ここで，超対称ラグランジアンを構成するのに必要な超ポテンシャル $W(\phi)$ の F 項を具体的に求めてみよう．3 次式なので $W(\phi)$ は一般に

$$W(\phi) = \kappa_i \phi_i + \frac{1}{2} m_{ij} \phi_i \phi_j + \frac{1}{6} y_{ijk} \phi_i \phi_j \phi_k \tag{6.64}$$

のように係数 κ_i, m_{ij}, y_{ijk} を用いて書ける．これらの質量次元はそれぞれ 2, 1, 0 であり，後で見るように m_{ij} は粒子の質量項，y_{ijk} は湯川結合およびスカラーポテンシャルの 4 次の項に関係することがわかる．

ここでは 3 次式を想定しているが，一般の多項式の場合について $W(\phi)$ の F 項を簡便な方法で計算することができる．$W(\phi)$ の中の n 次の単項式の F 項，$(\phi_1 \phi_2 \cdots \phi_n)|_F$ について考えてみよう．F 項は θ^2 の項の係数であるが，θ^2 の項を得るには次の二つの可能性しかないことがわかる：

(a) $\phi_1 \phi_2 \cdots \phi_n$ の内のあるカイラル超場の F 項をとり，残りの超場からはす

べてスカラー場の項を取り出して掛け合せる．
(b) ある二つのカイラル超場から ψ の項（θ の一次式）をとり，残りのすべての超場からはスカラー場を取り出して掛け合せる．
(a) の場合を具体的に書くと

$$A_1 \cdots A_{n-1} F_n + A_1 \cdots A_{n-2} F_{n-1} A_n + \cdots$$
$$= \frac{\partial (A_1 A_2 \cdots A_n)}{\partial A_i} F_i \tag{6.65}$$

となる．右辺の意味は，本来のカイラル超場の単項式を，スカラー場の単項式におき換え，それを A_i で偏微分して F_i を掛け i につき和をとったもの，ということである．同様に，(b) の場合については

$$-A_1 \cdots \psi_{n-1}^\alpha \psi_{n\alpha} - A_1 \cdots \psi_{n-2}^\alpha A_{n-1} \psi_{n\alpha} - \cdots$$
$$= -\frac{1}{2} \frac{\partial^2 (A_1 A_2 \cdots A_n)}{\partial A_i \partial A_j} \psi_i \psi_j \tag{6.66}$$

と2階の偏微分を用いて書くことができる．このような偏微分を用いた書き方は任意の単項式，したがってそれらの和である任意の多項式について有効であるので，結局超ポテンシャルの F 項は一般に

$$W(\phi)|_F = \frac{\partial W(A)}{\partial A_i} F_i - \frac{1}{2} \frac{\partial^2 W(A)}{\partial A_i \partial A_j} \psi_i \psi_j \tag{6.67}$$

のように簡便な形で書くことができる．

こうして，Wess-Zumino 模型のラグランジアンは

$$\begin{aligned}\mathcal{L} &= \phi_i^\dagger \phi_i|_D - \{W(\phi)|_F + \text{h.c.}\} \\ &= (\partial_\mu A_i^*)(\partial^\mu A_i) + i\bar{\psi}_i \bar{\sigma}^\mu \partial_\mu \psi_i + F_i^* F_i \\ &\quad - \left\{ \frac{\partial W(A)}{\partial A_i} F_i - \frac{1}{2} \frac{\partial^2 W(A)}{\partial A_i \partial A_j} \psi_i \psi_j + \text{h.c.} \right\}\end{aligned} \tag{6.68}$$

と書ける（実際には，これは3次式に限らず任意の超ポテンシャルに関して有効である）．

先に述べたように，オイラー–ラグランジュ方程式を用いて補助場を消去することもできる．そのために，ラグランジアン $\mathcal{L}$ において F_i に関係する部分のみを取り出し"平方完成"を行ってみると

$$F_i^* F_i - \left(\frac{\partial W(A)}{\partial A_i} F_i + \text{h.c.} \right)$$
$$= \left(F_i^* - \frac{\partial W(A)}{\partial A_i} \right) \left(F_i - (\frac{\partial W(A)}{\partial A_i})^* \right) - \left| \frac{\partial W(A)}{\partial A_i} \right|^2 \quad (6.69)$$

となる．F_i に関するオイラー–ラグランジュ方程式を用いると，平方完成した括弧の中身がゼロとなる．例えば F_i についての変分をとると，

$$\frac{\partial \mathcal{L}}{\partial F_i} = 0 \quad \rightarrow \quad F_i^* = \frac{\partial W(A)}{\partial A_i}. \quad (6.70)$$

よって，(6.69) の右辺の最後の項（平方完成した"おつり"）のみが残り，スカラー場 A_i に関するポテンシャル $V(A)$ は

$$V(A) = \left| \frac{\partial W(A)}{\partial A_i} \right|^2. \quad (6.71)$$

で与えられることがわかる．

こうした事情をファインマン・ダイアグラムを用いて理解することも可能である．(6.69) から F_i は $-\frac{\partial W(A)}{\partial A_i}$ と結合するので図 6.2 のような F_i を交換するダイアグラムを考えると，これから導かれる有効ラグランジアンは

$$(-i) \left(-i \frac{\partial W(A)}{\partial A_i} \right) i \left[-i \left(\frac{\partial W(A)}{\partial A_i} \right)^* \right] = - \left| \frac{\partial W(A)}{\partial A_i} \right|^2 \quad (6.72)$$

となる．ここで，(6.62) より，補助場の自由ラグランジアンは $F_i^* F_i$ なので，その係数の逆数 1 に i を付けた i がいわば F_i の"伝播子"（実際には補助場なので伝播しないが）と見なせることを用いた．実際，これは運動量空間での伝播子であり，これをフーリエ変換をすると実空間の 4 次元時空における伝播子がデルタ関数 $\delta^4(x-y)$ に比例するが，これは正に補助場で伝播しないことを意味するのである．よって，図 6.2 において F_i の内線を一点に収縮 (shrink) させると $-\left| \frac{\partial W(A)}{\partial A_i} \right|^2$ の局所相互作用が結果的に生じることになるのである．

こうして，物理的な場のみを用いて表すと，Wess-Zumino 模型のラグランジアンは

$$\mathcal{L} = (\partial_\mu A_i^*)(\partial^\mu A_i) + i \bar{\psi}_i \bar{\sigma}^\mu \partial_\mu \psi_i$$
$$+ \frac{1}{2} \left(\frac{\partial^2 W(A)}{\partial A_i \partial A_j} \psi_i \psi_j + \text{h.c.} \right) - \left| \frac{\partial W(A)}{\partial A_i} \right|^2 \quad (6.73)$$

6.5 Wess-Zumino 模型

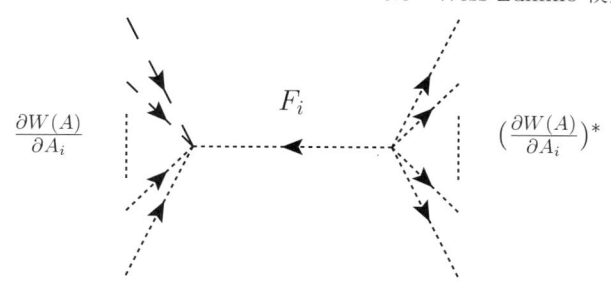

図 6.2 スカラーポテンシャルを導く，補助場を交換するファインマン・ダイアグラム

のように書ける．ここで，右辺の 1 行目は通常の運動項を，2 行目の最初の項は湯川結合を，そして最後の項はスカラーポテンシャルを表している．

ここで，より具体的に，(6.64) のように超ポテンシャルが 3 次式の場合を考え，またカイラル超場が ϕ のみで 1 個の場合を考えよう：

$$W(\phi) = \frac{1}{2}m\phi^2 - \frac{1}{3}y\phi^3. \tag{6.74}$$

簡単のため，ϕ の 1 次の項は無視した．この簡単化された模型のラグランジアンは

$$\begin{aligned}\mathcal{L} = &(\partial_\mu A^*)(\partial^\mu A) + i\overline{\psi}\overline{\sigma}^\mu \partial_\mu \psi \\ &+ \left[\left(\frac{1}{2}m - yA\right)\psi^2 + \text{h.c.}\right] - |mA - yA^2|^2\end{aligned} \tag{6.75}$$

と具体的に書ける．これから，複素スカラー場 A の質量とフェルミオン ψ のもつマヨラナ質量はともに m で縮退していることがわかる．また，湯川結合 $A\psi^2$ およびスカラー場の自己相互作用 $(A^*A)^2$ の係数はともに同一の結合定数 y で記述されることもわかる．これらはいずれも超対称性の重要な帰結である．なお，湯川結合は y であるのに対し，4 点自己相互作用の結合定数は y^2 で一見一致していないが，図 6.2 に見られるように補助場を用いて考えると，F と A との 3 点相互作用項 FA^2 の係数そのものは y であって湯川結合と同一なのである（F の伝播子を縮約させると y^2 が得られる）．

184　第 6 章　超対称理論

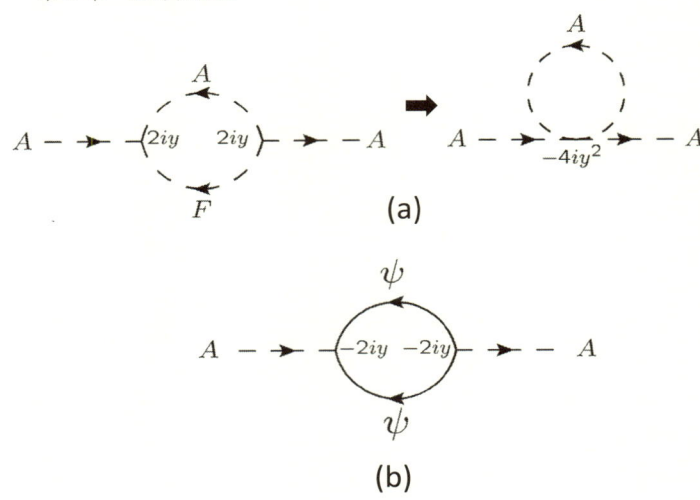

図 **6.3**　スカラー場 A の質量 2 乗への量子補正に寄与する 2 種類のファインマン・ダイアグラム

6.5.2　2 次発散の相殺

さて，すでに 6.1 節で述べたように，BSM 理論として超対称理論を考える大きな動機の一つは，量子レベルの階層性問題であるヒッグス質量 2 乗への 2 次発散する量子補正の問題を解決することであった．そこで，ここで議論しているひな形の Wess-Zumino 模型を用いて，スカラー場 A の質量 2 乗への量子補正において 2 次発散が超対称パートナーの寄与の間でたしかに相殺していることを具体的に確かめてみよう．図 6.3 は，スカラー場 A の質量 2 乗への量子補正に寄与する 2 種類のファインマン・ダイアグラムである．図 (a) は A の 4 点自己相互作用による寄与を表すダイアグラムであるが，超対称性による関係を明らかにするために補助場 F の入ったダイアグラムも (a) の左側に描いている．(b) は A の超対称パートナーであるフェルミオン場 ψ の寄与である．簡単のために $m=0$ として A と ψ のループの寄与を足すと

$$-4iy^2 \left(\int \frac{d^4k}{k^2} - \int \frac{d^4k}{k^2} \right) = 0 \tag{6.76}$$

となって，たしかに超対称性の帰結として結合定数が同一であるために，二つの寄与は完全に相殺することがわかる．なお，(6.76) において 2 項目は ψ の寄与であるが，フェルミオンの閉じたループについてはフェルミ統計の帰結として全体に -1 を掛算する，というファインマン則に従った．こうして，期待したようにスカラー場の質量 2 乗への量子補正に 2 次発散は現れないことが確かめられた．

ただし，現実には，素粒子の世界に超対称パートナーはいまだ見つかっておらず，したがって超対称性は破れている必要がある．その破れの度合いを示す質量の次元をもった量を一般的に M_{SUSY} と書く．これは具体的には，すでに存在している通常の素粒子に対してそのパートナーの質量がどれくらい重いかを示す量であり，例えばスクォーク $\tilde{q}$ の質量 2 乗は（左巻き，右巻きスクォークの間の混合の効果を無視すると）

$$m_{\tilde{q}}^2 = m_q^2 + M_{SUSY}^2 \tag{6.77}$$

のようにクォーク質量 2 乗より M_{SUSY}^2 だけ大きくなる．Wess-Zumino 模型の場合に，例えば A の質量 2 乗より ψ の質量 2 乗の方が M_{SUSY}^2 だけ大きいとすると図 6.3 において，A のループと ψ のループの間の相殺は不完全となり，

$$\begin{aligned}
&-4iy^2 \left(\int \frac{d^4k}{k^2} - \int \frac{d^4k}{k^2 - M_{SUSY}^2} \right) \\
&= 4iy^2 M_{SUSY}^2 \int \frac{d^4k}{k^2(k^2 - M_{SUSY}^2)} \\
&\propto y^2 M_{SUSY}^2 \log \Lambda + \text{有限項}
\end{aligned} \tag{6.78}$$

のように対数発散が現れる（Λ は運動量のカットオフ）が，2 次発散は相変わらず回避されているので階層性問題の解法という観点でいえば問題ないといえる．しかし，M_{SUSY}^2 に比例した量子補正は存在し，極端な話ではあるが仮に M_{SUSY} が理論のカットオフ Λ と同程度になってしまうと実質的に階層性問題は再燃することになる．物理的考察でいえば，そのような状況ではカットオフより低いエネルギー領域で超対称性が存在しないのと同等なのであるから，これは当然の結果といえる．よって，階層性問題の観点からは $y^2 M_{SUSY}^2 \leq M_W^2$，すなわち $M_{SUSY} \leq 1$ (TeV) 程度の超対称性の破れが

望ましいことになる．ここでは簡単化された Wess-Zumino 模型を用いて考察したが，後に議論する最小超対称標準模型（MSSM）においても，こうした事情は変わらない．

6.6 ベクトル超場

次に，スピンが 1 と $\frac{1}{2}$ の構成場をもつような，したがってゲージボソンを含むことのできる「ベクトル超場」について議論しよう．(6.32) の一般的な超場はスピン 1 の場を含むが，一般に複素場であった．ゲージボソンは実場（実数の場）であるので，この超場に実場の条件

$$V^\dagger = V \tag{6.79}$$

を課して，実数の（演算子の観点だとエルミートの）超場 V を考えることにする．逆にいうと，この条件から，超場は $\theta, \bar{\theta}$ の両方のカイラリティを必然的に含むことになるので，カイラル超場ではあり得ず一般的な超場になる．この条件が超対称性と矛盾しないか気になるが，超対称変換の生成子が

$$\begin{pmatrix} Q_\alpha \\ \bar{Q}^{\dot\alpha} \end{pmatrix} \tag{6.80}$$

という"実的な"スピノールであるマヨラナ・スピノールであるので (6.79) の条件を保持することが可能である．

V の $\theta, \bar{\theta}$ に関するテイラー展開において $\theta \sigma^\mu \bar{\theta}$ の係数として実ベクトル場 V_μ が現れるが，これを超対称ゲージ理論におけるゲージボソンの場と同定することができる．ここでは，簡単のためゲージ群としては QED の場合の U(1) のような可換群を想定する．ゲージ対称性と超対称性は基本的に直交する（互いに独立な）概念なので，現実的な模型構築の際に必要な非可換群の場合，すなわちヤン–ミルズ理論の場合への拡張は特に問題なくできる．超場 V を具体的に構成場で書き下すと，次のようになる：

$$\begin{aligned} V = {}& C + i\theta\chi - i\bar\theta\bar\chi + \frac{i}{2}\theta\theta(M+iN) - \frac{i}{2}\bar\theta\bar\theta(M-iN) \\ & + \theta\sigma^\mu\bar\theta V_\mu + i\theta\theta\bar\theta\left(\bar\lambda - \frac{i}{2}\bar\sigma^\mu\partial_\mu\chi\right) - i\bar\theta\bar\theta\theta\left(\lambda - \frac{i}{2}\sigma^\mu\partial_\mu\bar\chi\right) \end{aligned}$$

$$+ \frac{1}{2}\theta\theta\bar{\theta}\bar{\theta}\left(D - \frac{1}{2}\Box C\right). \tag{6.81}$$

ここで，ボソンの構成場 C, M, N, V_μ および補助場 D は実場である．また，フェルミオンについては $(\chi, \bar{\chi})$, $(\lambda, \bar{\lambda})$ のペアでそれぞれマヨラナ・フェルミオンを構成すると見なしてよい．この展開式は多少奇妙な形をしている．それは，グラスマン座標の次数の高い方の項に $C, \chi, \bar{\chi}$ といった本来次数の低い方の構成場が微分を伴って現れていることである．実は，このように書いておくと超対称化されたゲージ変換によって $C, \chi, \bar{\chi}$ を完全に消去できるのである．その意味で，これらの場は（M, N とともに）ゲージ変換の自由度を表し，物理的な結果には寄与しないものと見なされるのである．実際，ベクトル多重項の構成場は，補助場である D も入れて

$$(V_\mu(x), (\lambda(x), \bar{\lambda}(x)), D(x)) \tag{6.82}$$

であり，スピンが 0 の C 等は余分な自由度である．ゲージボソン V_μ の超対称パートナー $(\lambda, \bar{\lambda})$ は「ゲージフェルミオン」あるいは「ゲージーノ」とよばれる．

このことを実際に確かめてみよう．後述の (6.106) に見られるように，U(1) ゲージ変換を超対称的にした変換は

$$V \quad \rightarrow \quad V' = V + i(\Lambda - \Lambda^\dagger) \tag{6.83}$$

で与えられる．ここで，通常のゲージ変換では変換のパラメータは単なるスカラー関数であるが，ここではゲージ変換のパラメータ Λ はカイラル超場であることに注意しよう：$\Lambda = A(y) + \sqrt{2}\theta\psi(y) + \theta\theta F(y)$. $i(\Lambda - \Lambda^\dagger)$ は，ちょうどカイラル超場の運動項がそうであったように場の微分を含んでいる．具体的に書くと（(6.52) 参照）

$$\begin{aligned} i(\Lambda - \Lambda^\dagger) &= i(A - A^*) + i\sqrt{2}(\theta\psi - \bar{\theta}\bar{\psi}) + i\theta\theta F - i\bar{\theta}\bar{\theta}F^* \\ &\quad + \theta\sigma^\mu\bar{\theta}\partial_\mu(A + A^*) + \frac{1}{\sqrt{2}}(\theta\theta\bar{\theta}\bar{\sigma}^\mu\partial_\mu\psi - \bar{\theta}\bar{\theta}\theta\sigma^\mu\partial_\mu\bar{\psi}) \\ &\quad - \frac{i}{4}\theta\theta\bar{\theta}\bar{\theta}\Box(A - A^*) \end{aligned} \tag{6.84}$$

となる．このゲージ変換によって，V の各構成要素は以下のように変換されることがわかる：

188 第6章 超対称理論

$$C \to C' = C + i(A - A^*), \tag{6.85}$$

$$\chi \to \chi' = \chi + \sqrt{2}\psi, \tag{6.86}$$

$$M + iN \to M' + iN' = M + iN + 2F, \tag{6.87}$$

$$V_\mu \to V'_\mu = V_\mu + \partial_\mu(A + A^*), \tag{6.88}$$

$$\lambda \to \lambda' = \lambda, \qquad \bar{\lambda} \to \bar{\lambda}' = \bar{\lambda}, \tag{6.89}$$

$$D \to D' = D. \tag{6.90}$$

こうして，ゲージ変換のパラメータ $\mathrm{Im}A, \psi, F$ を適当に選べば，C, χ, M, N を完全に消去することが可能となる．よって，一般性を失うことなく，初めから V をベクトル多重項の構成場のみを用いて次のように簡潔に表すことができる：

$$V = \theta\sigma^\mu\bar{\theta}V_\mu + i(\theta\theta\bar{\theta}\bar{\lambda} - \bar{\theta}\bar{\theta}\theta\lambda) + \frac{1}{2}\theta\theta\bar{\theta}\bar{\theta}D. \tag{6.91}$$

こうした超場を「ベクトル超場」という．(6.91) の形はある種のゲージ条件を課した場合に相当するが，このゲージを「Wess-Zumino ゲージ」とよぶ．このゲージを保持しつつも，依然として $A(x)$ の実部を用いた次のような通常のゲージ変換に対応する自由度は残っていることに注意しよう：

$$V_\mu \to V'_\mu = V_\mu + 2\partial_\mu(\mathrm{Re}A). \tag{6.92}$$

(6.82) の多重項のメンバーの質量次元は $(1, \frac{3}{2}, 2)$ となる．予想通り D は質量次元 2 をもつのでその 2 次形式は微分項をもつことができず，したがって D は補助場となる．カイラル超場の場合の F と同様に，D に関するオイラー–ラグランジュ方程式を用いると D は物理的なスカラー場を用いて表され理論から消える．

6.6.1　場の強さの超場

ベクトル超場の構成場が伝播できるようにするためには，ちょうど QED における場の強さテンソル $F_{\mu\nu}$ に対応する超場を構成する必要がある．これは V を（偏）微分して得られ，ゲージ不変（ヤン–ミルズ理論の場合にはゲー

6.6 ベクトル超場

ジ共変)なものである必要がある.ベクトル超場 V の構成場の内で,(6.88),(6.89) よりゲージボソン V_μ は局所ゲージ変換の下で QED の 4 元電磁ポテンシャル A_μ と同様の変換をするが,その超対称パートナーであるゲージフェルミオン λ はゲージ不変であることがわかる.ゲージフェルミオンは一般にゲージボソンと同様にゲージ群の随伴表現(adjoint representation)に属するが,可換ゲージ理論では随伴表現はゲージ不変であるから,これは当然であるといえる.そこで,ゲージフェルミオン λ をグラスマン座標に関するテイラー展開の最低次の項の係数としてもつような超場を構成できれば,その超場は当然,場の強さの満たすべきゲージ不変性という性質をもつことになる.

単純に考えると,λ は $\bar{\theta}^2\theta$ の項の係数 ((6.91) 参照) なので

$$\frac{\partial}{\partial\bar{\theta}}\frac{\partial}{\partial\bar{\theta}}\frac{\partial}{\partial\theta^\alpha}\,V \tag{6.93}$$

とすれば望む超場が得られそうである.しかし,残念ながら (6.93) の微分は超対称変換の生成子と(反)交換しないので,(6.93) の条件は超対称変換の下で共変な条件とはならない.そこで,単なる微分からすでに導入した超対称共変な微分 $D,\bar{D}$ におき換え,

$$W_\alpha = -\frac{1}{4}\,\bar{D}\bar{D}D_\alpha\,V \tag{6.94}$$

という超場を定義する.W_α および $\overline{W}_{\dot{\alpha}}$ は「場の強さの超場」とよばれる.

このように定義される W_α の性質に関して考えてみよう.まず,大きな特徴として,元の V は両方のカイラリティを合せもつ一般の超場であるにもかかわらず,(6.94) で定義される W_α はカイラル超場として振る舞う.実際,$\{\bar{D}_{\dot{\alpha}},\bar{D}_{\dot{\beta}}\}=0$ という反交換関係を用いると

$$\overline{D}_{\dot{\beta}}\,W_\alpha = -\frac{1}{4}\bar{D}_{\dot{\beta}}\bar{D}\bar{D}D_\alpha V = 0 \tag{6.95}$$

という関係が得られる($\bar{D}_{\dot{\alpha}}$ の 3 次式以上は消えるということ).また,期待したように,局所ゲージ変換 (6.83) の下で W_α は不変であることがわかる:

$$W_\alpha \to W'_\alpha = W_\alpha - \frac{i}{4}\,\overline{DD}D_\alpha\,(\Lambda-\Lambda^\dagger) = W_\alpha - \frac{i}{4}\,\overline{D}\{\overline{D},D_\alpha\}\,\Lambda$$
$$= W_\alpha - \frac{i}{4}\,\{\overline{D},D_\alpha\}\overline{D}\Lambda = W_\alpha. \tag{6.96}$$

ここで,ゲージ変換パラメータがカイラル超場であることからくる性質,

第6章 超対称理論

$\bar{D}_{\dot{\alpha}}\Lambda = D_{\alpha}\Lambda^{\dagger} = 0$ を用いている．カイラル超場は座標 $y^{\mu} = x^{\mu} - i(\theta\sigma^{\mu}\bar{\theta})$ を用いると簡単な形に書けるので，x^{μ} で書かれたベクトル超場 V を，以下のように y^{μ} を用いて書き直してみる：

$$V = \theta\sigma^{\mu}\bar{\theta}V_{\mu}(y) + i(\theta\theta\bar{\theta}\bar{\lambda}(y) - \bar{\theta}\bar{\theta}\theta\lambda(y))$$
$$+ \frac{1}{2}\theta\theta\bar{\theta}\bar{\theta}(D(y) + i\,\partial_{\mu}V^{\mu}(y)). \qquad (6.97)$$

また，超対称共変な微分 (6.45), (6.46) を y^{μ} を用いて書き直すと

$$D_{\alpha} = \frac{\partial}{\partial\theta^{\alpha}} - 2i(\sigma^{\mu})_{\alpha\dot{\alpha}}\bar{\theta}^{\dot{\alpha}}\partial_{\mu}, \qquad (6.98)$$

$$\bar{D}_{\dot{\alpha}} = -\frac{\partial}{\partial\bar{\theta}^{\dot{\alpha}}} \qquad (6.99)$$

と書ける．すると，(6.94) で定義される W_{α} は次のように求まる：

$$W_{\alpha} = -i\lambda_{\alpha}(y) + [\delta_{\alpha}{}^{\beta}D(y) - \frac{i}{2}(\sigma^{\mu}\bar{\sigma}^{\nu})_{\alpha}{}^{\beta}(\partial_{\mu}V_{\nu}(y) - \partial_{\nu}V_{\mu}(y))]\theta_{\beta}$$
$$+ \theta\theta(\sigma^{\mu})_{\alpha\dot{\alpha}}\,\partial_{\mu}\bar{\lambda}^{\dot{\alpha}}(y). \qquad (6.100)$$

期待したように，展開の最低次の係数はゲージフェルミオン λ である．また，ゲージボソン V_{μ} については通常の場の強さテンソル $F_{\mu\nu} \equiv \partial_{\mu}V_{\nu} - \partial_{\nu}V_{\mu}$ の形で表れているので，全体としてゲージ不変（ヤン–ミルズ理論の場合にはゲージ共変）な超場になっていることがわかる．

(6.100) より，$W^{\alpha}W_{\alpha}|_{F}$ とすれば，ベクトル多重項の各構成場に関する運動項が得られることがわかる：

$$\mathcal{L}_{gauge-kin} = \frac{1}{4}\left(W^{\alpha}W_{\alpha}|_{F} + \text{h.c.}\right)$$
$$= -\frac{1}{4}F^{\mu\nu}F_{\mu\nu} + i\lambda^{\alpha}(\sigma^{\mu})_{\alpha\dot{\alpha}}\partial_{\mu}\bar{\lambda}^{\dot{\alpha}} + \frac{1}{2}D^{2}. \qquad (6.101)$$

ゲージフェルミオンに関する運動項はワイル・フェルミオンに関するものと解釈できるが，一方でゲージ場が実であることに対応して，ゲージフェルミオンをマヨラナ・フェルミオン $\lambda_{M} = (\lambda_{\alpha}, \bar{\lambda}^{\dot{\alpha}})^{t}$ と見なすことも可能であるので，運動項は

$$\frac{1}{2}\bar{\lambda}_{M}i\slashed{\partial}\lambda_{M} \qquad (6.102)$$

と書くこともできる．

6.6.2 超対称 QED

クォーク, レプトンやヒッグスといった物質場を含むカイラル超場とゲージボソンを含むベクトル超場を導入し, それら自身のゲージ不変で超対称的なラグランジアンの構成は終わった（ただし, 簡単のためゲージ対称性としては QED のような可換 U(1) 対称性を仮定している）. 物質場は, さらにゲージボソンと共変微分を通して相互作用するので, カイラル超場とベクトル超場の間の相互作用項を導入し, 超対称的なゲージ理論を完成させることにする. ここでは, 本質を見やすくするために超対称ゲージ理論のひな形として超対称 QED を議論する. 非可換ゲージ理論, すなわち超対称ヤン–ミルズ理論への拡張は, ベクトル超場を $V \to V^a T^a$ (T^a: ゲージ群の生成子) のようにおき換え, 必要に応じて最後に行列のトレース (Tr) をとったり, また物質場に関しては, 超ポテンシャルを同じカイラリティのカイラル超場のゲージ不変な関数を用いたりすることで問題なく実行できる.

通常の QED では物質場としては電子の場であるディラック・スピノール e^- が導入されるが, 超対称 QED では物質場はカイラル超場で表されるので, 左巻き, 右巻きの電子の自由度に対応する二つのカイラル超場（実際には, 右巻きの電子については, その荷電共役をとり左巻きの陽電子としたものを考える）を導入する必要がある.

そこで, まず一般に Q_i の電荷をもつカイラル超場 ϕ_i について, そのゲージ相互作用項を構成することを考える. U(1) ゲージ変換の下で, カイラル超場 ϕ_i は

$$\phi_i \to \phi_i' = e^{-i2eQ_i\Lambda} \phi_i, \tag{6.103}$$

のように変換する. ここで, 超対称理論なのでゲージ変換のパラメータ Λ も x^μ だけでなくグラスマン座標にも依存する超場になり, さらにカイラリティを保持するようにカイラル超場であることに注意しよう.

この変換の下で, (6.60) で与えたような ϕ_i の運動項は一般に不変とならない:

$$\phi_i^\dagger \phi_i \to e^{-2ieQ_i(\Lambda-\Lambda^\dagger)} \phi_i^\dagger \phi_i. \tag{6.104}$$

特に Λ がグラスマン座標による展開の最低次のスカラー場 A の実部のみを

もつ場合が通常のゲージ変換に相当する．$\mathrm{Re}A$ が y^μ によらない定数の場合が通常の大域的ゲージ変換に相当するが，たしかにこの場合には (6.104) より，運動項は不変となることがわかる．しかし y^μ に依存する局所ゲージ変換の場合には y^μ と $y^{\mu*}$ の間に食い違いが生じるために不変とはならない．

そこで，ϕ_i の運動項をゲージ不変にするために，通常の共変微分の導入の場合と同様に，$e^{-2ieQ_i(\Lambda-\Lambda^\dagger)}$ の"余分な"因子を打ち消すようにベクトル超場 V をもち出して

$$\phi_i^\dagger e^{2eQ_iV}\phi_i \tag{6.105}$$

のように運動項を変更してみる．e^{2eQ_iV} は，いわば食い違いのある y^μ と $y^{\mu*}$ の間の（内部空間における）"平行移動"のための Wilson-line のようなもので，V は通常の QED の場合と同様に，ゲージ変換の下で次のように非斉次変換する：

$$V \to V' = V + i(\Lambda - \Lambda^\dagger). \tag{6.106}$$

これが，すでに (6.83) で述べていた変換性に他ならない．

さて，(6.105) の e^{2eQ_iV} をテイラー展開すると V の高次の項がいくらでも現れ，ゲージ相互作用は非常に非線形の形になりそうであるが，実はそうではない．実際，V は，Wess-Zumino ゲージをとると (6.91) のようにグラスマン座標 $\theta, \bar\theta$ のそれぞれにつき 1 次式以上であるので，テイラー展開において V の 3 次以上の項は消えることになる：$V^n = 0$ $(n \geq 3)$．よって e^{2eQ_iV} のテイラー展開は V^2 までで終わり，また $V^2 = \frac{1}{2}\theta\theta\bar\theta\bar\theta V_\mu V^\mu$ である．このことに注意し，超対称不変な項を抽出するために，(6.105) の D 項を抽出すると

$$\begin{aligned}\phi_i^\dagger e^{2eQ_iV}\phi_i|_D =\ & (D_\mu A_i)^*(D^\mu A_i) + i\bar\psi_i\bar\sigma^\mu D_\mu\psi_i + |F_i|^2 \\ & - \sqrt{2}ieQ_i(A_i\bar\lambda\bar\psi_i - A_i^*\lambda\psi_i) + eQ_iD|A_i|^2 \end{aligned} \tag{6.107}$$

が得られる．ここで D_μ は通常の U(1) ゲージ理論における共変微分を表す：

$$D_\mu A_i = (\partial_\mu + ieQ_iV_\mu)A_i, \quad D_\mu\psi_i = (\partial_\mu + ieQ_iV_\mu)\psi_i. \tag{6.108}$$

(6.107) から，期待したように，物質場 A_i, ψ_i の共変微分の項が得られるが（右辺 1 行目），それとともに，(6.107) の右辺 2 行目には，超対称理論の大き

な特徴として，物質場とゲージフェルミオン $\lambda, \bar{\lambda}$ や補助場 D との相互作用が現れていることがわかる．重要なことは，超対称性の帰結としてこれらの相互作用の結合定数が，ゲージボソン（光子）V_μ の結合定数である電気素量 e と同一であるということである．なお，$\tilde{\gamma} = (\lambda, \bar{\lambda})^t$ をマヨラナ・フェルミオンと考え，光子の超対称パートナーなので「フォティーノ（photino）」とよぶこともある．

超対称的QEDでは，物質場 ϕ_i は電子（および陽電子）を表す以下の2個の左巻きカイラル超場のみである：

$$\phi_- = (\tilde{e}_L,\ e_L^-,\ F_L), \quad \phi_+ = (\tilde{e}_R^*,\ (e_R^-)^c = e_L^+,\ F_R^*). \tag{6.109}$$

ここで，e_L^-，$e_L^+ = (e_R^-)^c$ は左巻き電子，および右巻き電子の荷電共役変換で得られる陽電子の左巻き状態である（ワイル・フェルミオンに"素直に"荷電共役の操作をするとカイラリティが逆転する．物理的にはこの変換はむしろCP変換と見なすべきかもしれない）．右巻き電子のC変換を用いてカイラリティを左巻きにそろえるのは，超ポテンシャルを作る際に同じカイラリティの超場の多項式である必要があるからである．また，$\tilde{e}_{L,R}$ は $e_{L,R}^-$ の超対称パートナーである「スエレクトロン（selectron）」である．

ゲージ不変な超ポテンシャルとしては，通常のQEDの電子の質量項 $-m\bar{e}e$ にならって，次のようなものを採用する：

$$W = m\phi_-\phi_+. \tag{6.110}$$

これにベクトル超場の運動項 (6.101)，およびカイラル超場の（共変微分を含む）運動項 (6.107 参照) を加えると超対称QEDのラグランジアンは次のように与えられる：

$$\mathcal{L} = \frac{1}{4}(W^\alpha W_\alpha|_F + h.c.) + \phi_-^\dagger e^{-2eV}\phi_-|_D + \phi_+^\dagger e^{2eV}\phi_+|_D \\ - (m\phi_-\phi_+|_F + h.c.). \tag{6.111}$$

構成場を用いてこのラグランジアンを具体的に書き下すと

$$L = -\frac{1}{4}F^{\mu\nu}F_{\mu\nu} + i\lambda\sigma^\mu\partial_\mu\bar{\lambda} + \frac{1}{2}D^2 \\ + (D_\mu\tilde{e}_L)^*(D^\mu\tilde{e}_L) + (D_\mu\tilde{e}_R^*)^*(D^\mu\tilde{e}_R^*) \\ + i\overline{e_L^-}\bar{\sigma}^\mu D_\mu e_L^- + i\overline{e_L^+}\bar{\sigma}^\mu D_\mu e_L^+ + |F_L|^2 + |F_R|^2$$

$$+ \sqrt{2}ie(\tilde{e}_L \bar{\lambda}\overline{e_L^-} - \text{h.c.}) - \sqrt{2}ie(\tilde{e}_R^* \bar{\lambda}\overline{e_R^+} - \text{h.c.})$$
$$- eD(|\tilde{e}_L|^2 - |\tilde{e}_R|^2)$$
$$+ m(e_L^- e_L^+ + \text{h.c.}) - m(\tilde{e}_L F_R^* + \tilde{e}_R^* F_L + \text{h.c.}) \quad (6.112)$$

となる.

上の表式では電子は左巻き, 右巻きのワイル・フェルミオン e_L, e_R の 2 成分表示を用いて書かれている. しかし, この理論を用いてさまざまなファインマン・ダイアグラムを計算しようとすると, 2 成分表示よりはディラック・フェルミオンを記述する際に慣れ親しんでいる 4 成分表示の方が都合がよい. そもそも QED ではパリティ対称性が破れておらず, したがってディラック・フェルミオンを用いて記述されていることを思い出そう. そこで電子をディラック・スピノールで, またフォッティーノをマヨラナ・スピノールで表すことにする:

$$e = e_L + e_R = \begin{pmatrix} e_\alpha^- \\ e^{-\dot{\alpha}} \end{pmatrix}, \quad (6.113)$$

$$\lambda_M = \begin{pmatrix} \lambda_\alpha \\ \bar{\lambda}^{\dot{\alpha}} \end{pmatrix}. \quad (6.114)$$

この 4 成分表示を用いると, 上記ラグランジアンは

$$\mathcal{L} = -\frac{1}{4}F^{\mu\nu}F_{\mu\nu} + \frac{i}{2}\bar{\lambda}_M \slashed{\partial}\lambda_M + \frac{1}{2}D^2$$
$$+ |D_\mu \tilde{e}_L|^2 + |D_\mu \tilde{e}_R|^2 + i\bar{e}\slashed{D}e + |F_L|^2 + |F_R|^2$$
$$+ \sqrt{2}ie[(\tilde{e}_L^* \bar{\lambda}_M Le + \tilde{e}_R^* \bar{\lambda}_M Re) - \text{h.c.}] - eD(|\tilde{e}_L|^2 - |\tilde{e}_R|^2)$$
$$- m\bar{e}e - m(\tilde{e}_L^* F_R + \tilde{e}_R^* F_L + \text{h.c.}) \quad (6.115)$$

のように書けることがわかる. ここで $L, R = \frac{1 \mp \gamma_5}{2}$ は左右のカイラリティへの射影演算子. 上式の右辺 2 行目までは, 特に超対称理論でなくても, 電子とそれと同じ電荷をもつスカラー粒子, 光子とやはり質量ゼロのマヨラナ粒子があるものと思えば, (補助場があることを除き) 超場を用いて議論しなくても書き下せないことはない. しかし 3 行目のフォッティーノ, 補助場による相互作用項は超対称理論特有の相互作用であり, その導出には超場形式が役立つのである. なお, 超対称性の帰結として光子, フォッティーノ, 補助場の

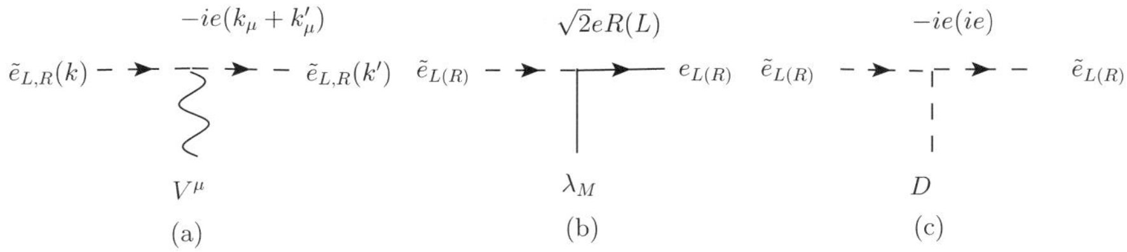

6.6 ベクトル超場

図 6.4 超対称 QED に特有のゲージ相互作用のファインマン則

相互作用の結合定数は皆同じで e であることに注意しよう．図 6.4 にこれら 3 種類の相互作用のファインマン則を示した．

(6.70) と同様に (6.115) を変分して得られる，補助場 $F_{R,L}$ および D に関する運動方程式を用いて補助場を伝播する物理的な場（スエレクトロンの場）で書き表し，(6.115) から補助場を消去すると，得られる $\tilde{e}$ に関するスカラーポテンシャルは超ポテンシャルの寄与 $|F_{L,R}|^2$ とゲージ相互作用の寄与 $\frac{1}{2}D^2$ の和として表される：

$$V = |F_L|^2 + |F_R|^2 + \frac{1}{2}D^2$$
$$= m^2(|\tilde{e}_L|^2 + |\tilde{e}_R|^2) + \frac{1}{2}e^2(|\tilde{e}_L|^2 - |\tilde{e}_R|^2)^2. \qquad (6.116)$$

ここで，補助場は運動方程式より以下のように $\tilde{e}_{L,R}$ を用いて書かれることを用いた：

$$F_L = m\tilde{e}_R, \qquad F_R = m\tilde{e}_L,$$
$$D = e(|\tilde{e}_L|^2 - |\tilde{e}_R|^2). \qquad (6.117)$$

ポテンシャルの各項が非負の形になっているので，このポテンシャルの最小値は明らかに $\tilde{e}_{L,R} = 0$ のときに実現することがわかる．また，このときの真空のエネルギー $E_v = \langle 0|H|0\rangle$ はゼロなので，この模型では超対称性の自発的破れは起きないことが容易にわかる．したがって，ポテンシャルの $m^2(|\tilde{e}_L|^2 + |\tilde{e}_R|^2)$ の項は，スエレクトロンの質量 2 乗項になり，電子とスエレクトロンの質量は縮退することがわかる．これも超対称性の重要な必然的帰結である．

6.7 超対称ヤン–ミルズ理論

ここまで可換ゲージ対称性である U(1) ゲージ対称性をもつ超対称 QED について議論してきたが，素粒子理論においては非可換ゲージ理論が重要な役割を果たす．超対称 QED における議論を非可換ゲージ対称性の場合，すなわち超対称ヤン–ミルズ理論に拡張することは特に問題なくできる．

クォークやレプトンはゲージ群のある表現（標準模型なら，SU(2) の 2 重項，あるいは 1 重項）としてゲージ群の下で変換するが，これを超対称化しても群の表現は変わらず，ただ，クォークやレプトンをカイラル超場におき換えてやればよい．一般的に，群のある表現をなすカイラル超場を要素とする縦ベクトル ϕ を考えてみよう．そのゲージ変換を

$$\phi \to \phi' = e^{-i2g\Lambda} \phi \tag{6.118}$$

のように書くことができる．これは (6.103) の一般化と見なすことができ，Λ はリー代数に属する：

$$\Lambda = T^a \Lambda^a. \tag{6.119}$$

ここで Λ^a は生成子 T^a に付随するゲージ変換のパラメータでカイラル超場と見なされる．ゲージ群の生成子 T^a は，通常のゲージ理論の場合と同様に次のリー代数（および規格化の条件）を満たす：

$$[T^a, T^b] = if^{abc}T^c \qquad (\mathrm{Tr}\,(T^aT^b) = \frac{1}{2}\delta^{ab}). \tag{6.120}$$

f^{abc} は群の構造定数である．

物質場であるカイラル超場の変換 (6.118) に対応して，ベクトル超場の方は

$$e^{2gV} \to e^{2gV'} = e^{-i2g\Lambda^\dagger} e^{2gV} e^{i2g\Lambda} \tag{6.121}$$

のように変換する．ここで

$$V = T^a V^a, \qquad V' = T^a V'^a. \tag{6.122}$$

すでに述べたように，Λ^a が実定数である場合にはゲージ変換は大域的変換となり，ゲージ場は単なる群の随伴表現の変換性に従って変換することになることからも，(6.121) の変換性は自然であるといえる．(6.118), (6.121) より

$$\phi^\dagger e^{2gV} \phi \tag{6.123}$$

という項を物質場の（共変微分を含む）運動項として導入すれば，この項は明らかにゲージ不変になる．

通常のヤン–ミルズ理論では場の強さテンソル $F_{\mu\nu}$ はゲージ変換の下で随伴表現として共変的に変換するので，ここでも同様に変換する場の強さの超場を見つけたい．そこで，(6.94) を非可換ゲージ理論の場合に拡張して

$$W_\alpha = -\frac{1}{8g}\,\bar{D}\bar{D}e^{-2gV}\,D_\alpha\,e^{2gV} \tag{6.124}$$

と場の強さのカイラル超場を定義する．いま議論しているのは非可換ゲージ理論であるが，仮にゲージ対称性が U(1) のような可換な場合には (6.124) が (6.94) に帰着することがすぐにわかる．超対称 QED の場合と同様に，ゲージ変換のパラメータのカイラルな性質，$D_\alpha \Lambda^\dagger = 0$, $\bar{D}_{\dot\alpha}\Lambda = 0$ を用いると，(6.124) で定義された場 W は共変的に変換することが容易にわかる：

$$W_\alpha \to W'_\alpha = e^{-i2g\Lambda} W_\alpha e^{i2g\Lambda}. \tag{6.125}$$

よって，通常のヤン–ミルズ理論の $\frac{1}{2}\mathrm{Tr}(F^{\mu\nu}F_{\mu\nu})$ と同様に，$\frac{1}{2}\mathrm{Tr}(W^\alpha W_\alpha|_F$ + h.c.) とすればゲージ不変にすることができる．これは，ゲージボソン，ゲージフェルミオン，補助場の運動項，およびヤン–ミルズ理論の特徴であるゲージボソンの自己相互作用項を含む．さらに，超対称理論なのでゲージフェルミオンとゲージボソンとの相互作用項も存在する：

$$\frac{1}{2}\mathrm{Tr}(W^\alpha W_\alpha|_F + \text{h.c.}) = -\frac{1}{4}F^a_{\mu\nu}F^{a\mu\nu} + i\lambda^a \sigma^\mu D_\mu \bar\lambda^a + \frac{1}{2}(D^a)^2. \tag{6.126}$$

ここで

$$F^a_{\mu\nu} = \partial_\mu V^a_\nu - \partial_\nu V^a_\mu - gf^{abc}V^b_\mu V^c_\nu, \tag{6.127}$$

$$D_\mu \lambda^a = \partial_\mu \lambda^a - gf^{abc}V^b_\mu \lambda^c. \tag{6.128}$$

さらに，超ポテンシャル $W(\phi)$ も付け加えると，超対称的ヤン–ミルズ理論のラグランジアンは

$$\mathcal{L} = \frac{1}{2}\mathrm{Tr}(W^\alpha W_\alpha|_F + \text{h.c.}) + \phi^\dagger e^{2gV}\phi|_D - (W(\phi)|_F + \text{h.c.}). \tag{6.129}$$

と一般的に書くことができる．

(6.129) は,物質場を表すカイラル超場の既約表現が ϕ 一つだけの場合に関してであるが,クォークやレプトン,ヒッグスを表すためには複数個の既約表現のカイラル超場 ϕ_i が存在する場合に拡張する必要がある.しかし,この拡張は自明である.単に $\phi^\dagger e^{2gV}\phi \to \sum_i \phi_i^\dagger e^{2gV}\phi_i$ とし,行列 V に現れる生成子 T^a を各々の表現に対応して適当なものを採用すればよい.また,超ポテンシャル $W(\phi_i)$ は,ϕ_i からなるゲージ不変で 3 次までの多項式であればよい.なお,ゲージ群の次元の数だけ導入されるベクトル超場 V^a のそれぞれについて,Wess-Zumino ゲージを採用することができる.

こうして,一般的な超対称ヤン–ミルズ理論のラグランジアンは以下のように与えられる:

$$\begin{aligned}\mathcal{L} = &-\frac{1}{4}F^a_{\mu\nu}F^{a\mu\nu} + i\lambda^a\sigma^\mu D_\mu\bar{\lambda}^a + \frac{1}{2}(D^a)^2 \\ &+ (D_\mu A_i^*)(D^\mu A_i) + i\bar{\psi}_i\bar{\sigma}^\mu D_\mu\psi_i + F_i^*F_i \\ &- \left[\frac{\partial W(A)}{\partial A_i}F_i - \frac{1}{2}\frac{\partial^2 W(A)}{\partial A_i\partial A_j}\psi_i\psi_j + \text{h.c.}\right] \\ &+ \sqrt{2}ig[(A_i^\dagger T^a\psi_i)\lambda^a - \bar{\lambda}^a(\psi_i^\dagger T^a A_i)] + g(A_i^\dagger T^a A_i)D^a.\end{aligned}$$
(6.130)

ここで,$F^a_{\mu\nu}$, $D_\mu\lambda^a$ は (6.127), (6.128) に与えられている.また,物質場のゲージ共変微分は

$$D_\mu A_i = (\partial_\mu + igV^a_\mu T^a)A_i, \qquad D_\mu\psi_i = (\partial_\mu + igV^a_\mu T^a)\psi_i. \quad (6.131)$$

補助場 F_i, D^a を運動方程式を用いて消去すると,スカラーポテンシャルが

$$V(A_i) = |F_i|^2 + \frac{1}{2}(D^a)^2 \tag{6.132}$$

と表される.ただし,ここで,各補助場は A_i を用いて

$$F_i = \left(\frac{\partial W(A)}{\partial A_i}\right)^*, \tag{6.133}$$

$$D^a = -gA_i^\dagger T^a A_i \tag{6.134}$$

で与えられる.

超対称ヤン–ミルズ理論のファインマン則は (6.130) より,容易に読みとることができる.図 6.4 の超対称 QED の場合のファインマン則に対応する部

分と，新たに加わったゲージボソン，ゲージフェルミオンの間の自己相互作用項とがあるが，QEDですでに存在していた相互作用に関しては，

$$ie \;\to\; igT^a \tag{6.135}$$

のように，ベクトル多重項のメンバー (V_μ^a, λ_M^a, D^a) の相互作用頂点においておき換えを行えばよい．また，QEDの場合の物資場 ($\tilde{e}$, e) は ϕ_i の構成場 (A_i, ψ_i) におき換えればよい．

6.8 MSSM

素粒子物理にとって特別な意味をもつ超対称ヤン–ミルズ理論は，標準模型を超対称的にしたものである．特に，必要最小限の物質場，特にヒッグス多重項を導入した超対称模型は「最小超対称標準模型（minimal supersymmetric standard model, MSSM)」とよばれる．ここでは，このMSSMについて，特にその特徴的な性質を強調しながら解説することにしよう．

序論で議論したように，素粒子物理における超対称性の重要性が認識されたのは，標準模型のヒッグス・セクターの抱える理論的問題である「階層性問題」，特に"2次発散"するヒッグス質量への量子補正の問題を解決し得るとの指摘がなされてからである，といえる．すでにWess-Zumino模型のところで具体的にも示したように，超対称理論ではボソンとフェルミオンが中間状態としてループを回るファインマン・ダイアグラムが，統計性の違いから異なる符号の寄与を与え，一方，超対称性により，それらの相互作用頂点からの寄与は同一であるために，(超対称性が正確に成り立つ極限で）それらのヒッグス質量2乗への量子補正が正確に相殺するのである．

ゲージ対称性と超対称性は本来独立な概念なので，MSSMではゲージ対称性は標準模型と同じ

$$\mathrm{SU}(3)_c \times \mathrm{SU}(2)_L \times \mathrm{U}(1)_Y \tag{6.136}$$

であり，標準模型に現れる粒子のすべてに超対称パートナーを加えて超対称的な理論を構成する．つまり，クォーク，レプトン，ヒッグスといった物質場の所属するカイラル超場，およびゲージボソンの所属するベクトル超場を導

入し，前節の (6.130) に従って理論を構成するのである．

すると，MSSM は単に標準模型を超対称的にしただけのようにも思えるが，実は標準模型にはない特徴をもっており，またこの理論特有の予言もする．そこで，この節ではこうした側面に焦点を当てることで，MSSM の構造を浮き彫りにしていきたい．

6.8.1 MSSM の特徴

二つのヒッグス 2 重項

MSSM では，標準模型とは異なる著しい特徴として，ヒッグス 2 重項が必然的に二つ導入される．すべての標準模型で存在する素粒子に対して，その超パートナーが導入されるが，ヒッグスについてはさらに 2 倍導入する必要があるということである．それは，次に挙げるような二重の意味で一つのヒッグス 2 重項では問題が生じてしまうからである．

(1) フェルミオン質量の問題

ヒッグスの役目は，ゲージ対称性の自発的破れを実現し，ヒッグス機構によってゲージボソンとフェルミオンに質量を与えることである．ヒッグス 2 重項が一つでも，その真空期待値によってゲージボソンに質量を与えることは可能であるが，フェルミオンに質量を与えようとすると問題が生じることがわかる．

標準模型では，ヒッグス 2 重項 $H = (\phi^+, \phi^0)^{\mathrm{t}}$（t：転置）を一つ導入することで，

$$\bar{Q}H d_R, \quad \bar{Q}\tilde{H} u_R \quad (Q：\text{クォーク 2 重項}) \tag{6.137}$$

のように，down-type クォーク，up-type クォークのいずれにも質量を与えることができる．ここで，$\tilde{H} \equiv i\sigma_2 H^* = (\phi^{0*}, -\phi^-)^{\mathrm{t}}$．しかしながら MSSM においては，超対称性を保持するためには湯川結合は超ポテンシャルとして与える必要があるが，超ポテンシャルは同じカイラリティのカイラル超場のみの多項式で構成する必要がある．例えば，H を右巻きのカイラル超場とすると $\bar{Q}Hd_R$ はすべて右巻きのカイラル超場の積になる（$\bar{Q}$ は左巻きの超場の複素共役で右巻き）ので，超ポテンシャルの一つの項となり得て，したがって up-type クォークに質量を与えることができるが，一方で $\bar{Q}\tilde{H}u_R$ は $\tilde{H}$ が

左巻きとなってしまうために超ポテンシャルの項とはなり得ない．こうして，down-type クォーク，up-type クォークのいずれかのみが質量を得ることになり，現実的模型とはなれないのである．

こうして，H_U, H_D という，それぞれ up-type, down-type クォークに質量を与えるための，二つの独立な SU(2) 2 重項のカイラル超場を導入することにする．これらは同じカイラリティ（左巻きと決める）をもち，その弱ハイパーチャージは逆符号になる．

$$H_U: \ Y = 1, \quad H_D: \ Y = -1. \tag{6.138}$$

標準模型ではヒッグス機構でゲージボソンに吸収される自由度を除くと物理的に残るヒッグス粒子は一つだけであったが，MSSM では，実自由度にして 5 個の物理的ヒッグス粒子が残ることになる．具体的には，まず電気的に中性な，実場で表されるものが計 3 個で，その内 CP 固有値が正のものが 2 個（その内の一つ（の線形結合）は標準模型のヒッグス粒子に対応）で，CP 固有値が負のものが 1 個である．また電荷をもったヒッグス粒子も一つ（実自由度で 2 個と見なす）存在する．

こうして，MSSM の物質場は次のように与えられる（3 世代模型を考える）：

$$\begin{aligned} Q_i &= \begin{pmatrix} u_i \\ d_i \end{pmatrix}, \quad \bar{u}_i, \ \bar{d}_i; \quad L_i = \begin{pmatrix} \nu_{li} \\ l_i \end{pmatrix}, \quad \bar{l}_i \ (i = 1, 2, 3) \\ H_D &= \begin{pmatrix} \varphi_1^0 \\ \varphi_1^- \end{pmatrix}, \quad H_U = \begin{pmatrix} \varphi_2^+ \\ \varphi_2^0 \end{pmatrix}. \end{aligned} \tag{6.139}$$

これらはすべて左巻きの超場であり，例えば $\bar{u}_i$ は SU(2) 1 重項である右巻きのクォークを含む超場の C 変換（荷電共役）によって左巻きとしたものである．また，これらの超場の名前は，それが含む標準模型で存在する場の名前をそのまま用いている．よって，一般に q や φ で表されるクォークやヒッグスを表す超場については，その構成場であるスピン $s = 0, \frac{1}{2}$ の物理的な場，および補助場（ここでは F_q, F_φ と表される）は次のようになる：

$$q = (\tilde{q}, q, F_q), \quad \varphi = (\varphi, \tilde{\varphi}, F_\varphi). \tag{6.140}$$

$\tilde{q}$ はクォークの超対称パートナーのスクォークを，$\tilde{\varphi}$ はヒッグスのパートナーのヒッグシーノを表す．

こうして物質場が決まったので，これらを用いて超ポテンシャルを次のように構成する．ここでの基本的な考え方は，標準模型の湯川結合を再現し，またヒッグス・ポテンシャルに寄与する $H_{U,D}$ からなる項を導入するということである：

$$W = f_{ij}^u \, \bar{u}_i Q_j H_U + f_{ij}^d \, \bar{d}_i Q_j H_D + f_{ij}^l \, \bar{l}_i L_j H_D + \mu H_U H_D. \qquad (6.141)$$

ここで，$i = 1, 2, 3$ は世代を表す添字である．また，二つの $\mathrm{SU}(2)_L$ 2重項の積，例えば $Q_j H_U$ は，これらを反対称に組んでゲージ不変にした $\epsilon_{\alpha\beta} Q_j^\alpha H_U^\beta$ ($\alpha, \beta = 1, 2$) を省略して書いたものと理解していただきたい．SU(2) 2重項の添字 α, β をレビ–チビタ・テンソル $\epsilon_{\alpha\beta}$ で縮約している．$f_{ij}^{u,d}$ の項の F-term から，down-type クォーク，up-type クォークの湯川相互作用項が得られる．また，$\mu H_U H_D$ の項は，ヒッグス・ポテンシャルへ寄与するとともに，ヒッグシーノの質量項を生成する．

(2) 量子異常の問題

ヒッグスの $\mathrm{SU}(2)_L$ 2重項が二つ必要なもう一つの理由として，量子異常の相殺の問題が挙げられる．標準模型においては，ヒッグス場はスカラー場であり，フェルミオンによる三角ダイアグラムの寄与である量子異常には一切関与しない．しかしながら，MSSM では状況は異なる．超対称性のために，ヒッグスにはパートナーとしてヒッグシーノが存在し，これらは特定のカイラリティを持ったワイル・フェルミオンなので量子異常に寄与するのである．実際，例えば H_U のみを導入すると，その中のヒッグシーノの構成場 $\tilde{H}_U = (\tilde{\varphi}_2^+, \tilde{\varphi}_2^0)^t$ は $Y = 1$ のワイル・フェルミオンであり，例えば $\mathrm{U}(1)_Y$ ゲージボソン B_μ が3個外線に現れるような三角ダイアグラムに $Y^3 = 1$ に比例した寄与を与えてしまう．つまり，せっかく標準模型でクォーク，レプトンの寄与の間で相殺していた量子異常が生じてしまうのである．この問題は，もう一つのヒッグス2重項 H_D の導入で解決される．実際，$\tilde{H}_D$ は $Y = -1$ をもつので，同じタイプの三角ダイアグラムは $Y^3 = -1$ に比例した寄与を与え，$\tilde{H}_U, \tilde{H}_D$ の両方を導入することにより "$(\mathrm{U}(1)_Y)^3$" の量子異常は相殺されることがわかる．実際には，$\mathrm{U}(1)_Y$ ゲージボソン B^μ だけではなく SU(2) のゲージボソン A_μ^a も三角ダイアグラムの外線に現れ得るので，すべてのタイプの量子異常に関して同様な相殺が起きるかチェックすべきであるが，この相殺はある意味で

自明であるともいえる．それは，H_U に対し H_D は弱ハイパーチャージ Y の符号が逆で 同じ SU(2) 2 重項であるので，H_D の複素共役 H_D^* を考えると，これは H_U と同じ量子数をもち（SU(2) の特殊性として 2 重項には表現，反表現の区別がない），しかしカイラリティが逆の超場となる．よって H_U の中のヒグシーノと H_D^* の中のヒッグシーノの三角ダイグラムへの寄与は（軸性ベクトル型カレント A への寄与が右巻きと左巻きでは逆符号 ($A = R - L$) なので）常に逆符号となり，量子異常は完全に相殺するのである．

R パリティと LSP

一般に，ゲージ理論ではゲージ対称性と矛盾しない，つまりゲージ不変な演算子の項はすべてラグランジアンに導入しておく必要がある．それは，仮にゲージ不変な項を人為的に入れないでおいたとしても，ゲージ不変である限り量子補正によって生成され得るからである．さらに，そうした量子補正は一般に紫外発散を伴って現れるので，発散を除去しようすると相殺項を導入する必要があるが，それは，ラグランジアンに最初からそうした項を導入すべきであるということを意味しているのである．実際，標準模型のヒッグス・ポテンシャルはゲージ不変性と矛盾しない最も一般的な形をしており，こうした観点からも標準模型は問題のない理論になっている．

しかし，ゲージ不変な項を人為的に入れないことが正当化される場合もある．それは，ゲージ対称性の他に何らかの大域的対称性を考え，その対称性を理論に課すことで，その項を禁止できる場合である．それは，相互作用ハミルトニアンは大域的対称性をもっているので，量子補正の下でも当然大域的対称性を尊重したものしか現れ得ないからである．

MSSM では，実は超ポテンシャルはゲージ不変なすべての項を含んではいないのである．それはゲージ不変性で許される項をすべて導入したとすると直ちに現実と矛盾する予言を導いてしまうからである．なぜ標準模型では存在しなかったこうした困難が理論を超対称化することで生じるのか，という本質的理由は，標準模型ではスピンの違いから明確に区別されていた，クォーク・レプトンとヒッグスが，超対称理論では，スカラーとフェルミオンがパートナーをなすために区別できなくなるからである．実際，MSSM ではヒッグ

ス2重項 H_D と左巻きレプトンの2重項 L はまったく同じ量子数をもち（例えば Y が同じ），同じカイラリティのカイラル超場で記述され，本来まったく区別する手立てがないのである．そのために，標準模型における湯川結合においてヒッグス2重項をレプトン2重項でおき換えた

$$\bar{d}QL, \quad \bar{l}L^2 \tag{6.142}$$

がゲージ不変な項として許されることになる．さらには，$SU(2)_L$ 1重項のクォークの場だけで書かれる

$$udd \tag{6.143}$$

といった項もゲージ不変な項として可能である．(6.142), (6.143) が標準模型で許されない理由は，いずれもフェルミオン場の3乗の形をしているので，ゲージ不変であってもローレンツ不変ではないからである．

MSSM では，ローレンツ不変性と矛盾することなく (6.142), (6.143) といった項は本来可能な相互作用項である．しかし，仮にこれらの項をラグランジアンに導入したとすると，その相互作用は明らかにバリオン数 B やレプトン数 L の保存則を破り，ただちに陽子崩壊といった現象を引き起こしてしまう．第4章で議論したように，大統一理論でも陽子崩壊は起こるのであるが，MSSM は標準模型を拡張した本質的に弱スケール M_W で支配される理論なので，大統一スケール M_{GUT} のような大きなスケールの逆べきによる抑制は働かず，陽子崩壊が受け入れがたい速さ（短寿命）で起きてしまう．さらには，(6.142), (6.143) を現実的な3世代模型の枠内で考えると，例えば $\bar{l}_i L_j L_k$ ($i,j,k = 1,2,3$ は一般に異なってよい) のような世代間の混合を許す相互作用が可能である．すると，レプトンセクターにおけるフレーバーの変化する中性カレント（FCNC）過程，いわゆる"レプトンフレーバーの破れ"を伴う過程である $\mu \to e\gamma$ といった崩壊を引き起こしてしまう．陽子崩壊や，こうしたレプトンフレーバーの破れの過程には，その遷移確率に関して非常に厳しい実験的上限が付けられているので（例えば $\mu \to e\gamma$ の分岐比 (branching ratio) については $\mathrm{Br}(\mu \to e\gamma) < 5.7 \times 10^{-13}$ [30]），理論はただちに実験データと矛盾をきたしてしまうことになる．

そこで，(6.142), (6.143) といった望ましくない相互作用を何らかの方法で禁止することを考える必要がある．上述のように一般には恣意的に不必要な

項を削除しても，量子補正により生成されてしまうという問題が生じる．しかし，超対称理論の場合には，先に述べたようにヒッグス質量への 2 次発散する量子補正が相殺するといった，量子補正が弱まる傾向が一般にある．これは定理の形で述べられていて「非くり込み定理」とよばれる定理が存在する．この定理は，超対称性が存在すると超ポテンシャルは量子補正を受けない，というものである．よって，一見，超ポテンシャルで望ましくない項を落したとしても問題はないようにも思える．しかし，実際には超対称パートナーは見つかっておらず，超対称性は破れている必要がある．このため，非くり込み定理はそのままでは適応できず，やはり問題が残されることになる．

こうして，残る可能性は何らかの大域的対称性によって望ましくない項を禁止することである．そのために，まず (6.141) の望まれる相互作用項と，(6.142), (6.143) といった望ましくない相互作用項の違いを明確にしよう．(6.141) の $f_{ij}^u \bar{u}_i Q_j H_U$ といった項は標準模型でも存在する相互作用に対応するので，標準模型の粒子だけで書くことができるはずである．実際，これの F 項をとると，$f_{ij}^u \bar{u}_i Q_j H_U$（ここでは各々の場は超場でなく構成場を表している）という標準模型のクォークとヒッグスの場で書かれる通常の湯川結合が現れる．これに対して，例えば (6.143) の F 項をとると $\tilde{u}dd$ のように，標準模型の粒子のパートナーを奇数個含むような項になることがわかる．そこで，望ましくない相互作用を禁止するための考えられる対称性は，標準模型の粒子には $+1$，その超対称パートナーには -1 の固有値を与えるような変換の下での対称性である．これはパリティ対称性とよく似た対称性であり「R パリティ」とよばれる．つまり

- 標準模型の粒子 (クォーク, レプトン, ヒッグス, ゲージボソン)： $R = 1$,
- 超対称パートナー (スクォーク, スレプトン, ヒッグシーノ, ゲージフェルミオン)： $R = -1$

のように R パリティの固有値 R を各構成場に与え，理論（ラグランジアン）に R 対称性を課し，$R = 1$ の固有値をもつ R パリティ不変な相互作用項のみを許すようにするのである．

理論は超場を用いて書かれているので，R パリティ変換が超場を用いるとどのような変換として定義されるのかを考えてみる必要がある．まず，R パ

リティは明らかに通常の粒子とそのパートナーとを区別する必要があるので，一つの超場の中の異なる構成場は異なる変換をするようにする必要がある．そのためには，R パリティの変換は θ, $\bar{\theta}$ に対する何らかの変換を含む必要がある．すでに述べたように超対称性代数は，(6.9) の変換の下で不変である．これは一種のカイラル変換なので，超空間におけるグラスマン座標に関する次のようなカイラル変換と同等であると考えることができる：

$$\begin{pmatrix} \theta \\ \bar{\theta} \end{pmatrix} \to e^{i\lambda\gamma_5} \begin{pmatrix} \theta \\ \bar{\theta} \end{pmatrix}. \tag{6.144}$$

具体的には

$$\theta \to \theta' = e^{-i\lambda}\theta, \qquad \bar{\theta} \to \bar{\theta}' = e^{i\lambda}\bar{\theta} \tag{6.145}$$

という変換である．これに伴って，あるカイラル超場 ϕ は

$$\phi = A + \sqrt{2}\theta\psi + \theta\theta F \to \phi' = e^{ic\lambda}\phi = A' + \sqrt{2}\theta'\psi' + \theta'\theta'F' \tag{6.146}$$

と変換する．ここで c はカイラル超場そのものの R 電荷であり，選択の余地がある．具体的には，個々の構成場は

$$A' = e^{ic\lambda}A, \qquad \psi' = e^{i(c+1)\lambda}\psi, \qquad F' = e^{i(c+2)\lambda}F \tag{6.147}$$

と R 変換することがわかる．一方，超対称な項は超ポテンシャルの F 項 $W|_F \sim \frac{\partial^2}{\partial\theta^2}W$ で得られるので，超ポテンシャルは R 電荷 2 をもつように変換するべきである：

$$W \to W' = e^{-2i\lambda}W. \tag{6.148}$$

例えば，超ポテンシャルが三つのカイラル超場 ϕ_1, ϕ_2, ϕ_3 の積であるときには，それぞれの超場の R 電荷は $c_1 + c_2 + c_3 = -2$ を満たす必要がある．なお，R 対称性は一種のカイラル対称性なので，超ポテンシャル以外のラグランジアンの項は，カイラル超場の R 電荷 c のとり方によらずに自動的に R 対称性をもつことがわかる．このとき，ベクトル超場は実場なので R 電荷は持てず，したがってゲージボソン V_μ（および補助場 D）は R 電荷をもたないが，ゲージフェルミオン λ, $\bar{\lambda}$ は R 電荷 ± 1 をもつことになる．これは，ゲージフェルミオンがクォークとスクォーク等の R 電荷が異なるものを結ぶものなので当然ではある．

ここで，カイラル超場の R 電荷を特に次のようにしてみよう：

$$Q, \bar{u}, \bar{d}, L, \bar{l}: \quad c = 1, \qquad H_D, H_U: \quad c = 0. \tag{6.149}$$

さらに，R 変換のパラメータを特に $\lambda = \pi$ ととると，R 変換は，位相変換というよりはパリティ変換のように固有値が ± 1 の変換になる．この変換が，上述の R パリティの変換になると期待される．実際，(6.147), (6.149) より，クォーク，レプトン，およびヒッグスは固有値 1 を，それらの超対称パートナーは固有値 -1 をもつことが容易にわかるので，こうして定義された変換の固有値はたしかに R パリティと一致していることがわかる．

このように定義される R パリティの固有値は，一般に次のような公式でコンパクトに表されることが容易にわかる：

$$R = (-1)^{2s}(-1)^{3B+L}. \tag{6.150}$$

ここで s, B, L はそれぞれ構成場のスピン，バリオン数およびレプトン数を表す．クォークやレプトンのカイラル多重項については $3B + L = 1$ であり，ヒッグスのカイラル多重項に対しては当然 $3B + L = 0$ である．

また，超ポテンシャルに関する R パリティ不変性の条件は，(6.148) より

$$W' = W \quad \rightarrow \quad \sum_i c_i = 0 \ (\text{mod } 2) \tag{6.151}$$

のように $\sum_i c_i = 0 \ (\text{mod } 2)$ の条件が超ポテンシャルの各項について満たされる，ということである．(6.141) の各項はこの条件を満たすのに対して，(6.142), (6.143) の各項はこの条件を満たさず R パリティ変換の下で不変ではないことがわかる．よって，(6.142), (6.143) は R パリティ対称性を理論に課すことで禁止されることがわかる．

さらに，R パリティ対称性の重要な帰結として，最も軽い超対称パートナー（lightest supersymmetric particle, LSP）は絶対的に安定であるということがいえる．超対称パートナーは R パリティが奇（固有値が -1）なので，それがより軽い粒子に崩壊する際に，崩壊先の粒子がすべて R パリティが偶の標準模型の粒子であることは有り得ず，必ず超対称パートナーを少なくとも一つ（奇数個）含む必要がある．もしも超対称パートナーが標準模型の粒子のみに崩壊したとすると，崩壊後の状態は R パリティが偶（固有値が $+1$）

なので，R パリティ保存則に矛盾してしまう．すると，最も軽い超対称パートナーである LSP には崩壊先が存在せず，したがって絶対的に安定な粒子となるのである．これは，標準模型において，バリオン数が保存される（正確には，量子異常の効果を除き）ために，最も軽いバリオンである陽子が絶対的に安定である，というのと同じ理屈である．LSP は通常，電気的に中性で相互作用の弱い粒子（「ニュートラリーノ（neutralino）」）なので，宇宙論，天文物理学で話題の暗黒物質（dark matter）の有力な候補の一つとなっている．

6.8.2 MSSM の特徴的予言

ここまで，MSSM の構造的な特徴を述べてきたが，MSSM は標準模型にはなかったいくつかの特徴的な予言を行う．この項では，特に重要ないくつかを選び議論することにする．

超対称 SU(5) GUT とゲージ結合定数の統一

標準模型を超える理論の魅力的候補として，素粒子の重力を除く三つの相互作用の真の統一を実現する大統一理論（GUT）を 4 章において議論した．最も簡単な大統一理論として SU(5) GUT を議論したが，こうした大統一理論では，SU(5) といった単純群によって相互作用を統一的に記述するために，理論に与えられるゲージ結合定数は一つ（g_5）であり，したがって弱スケール M_W では異なっている三つの相互作用の結合定数は M_W よりずっと高いエネルギースケール，すなわち理論を特徴づける大統一スケール M_{GUT} で一つの結合定数 g_5 に（漸近的に）統一されると考えられる．4 章では，こうした考えに基づいて M_W における電磁相互作用，強い相互作用のそれぞれに関する"微細構造定数"α, α_s を用いて，$M_{GUT} \simeq 10^{15}(\text{GeV})$ という見積もりを行った（(4.15) 参照）．

しかしながら，二つの結合定数がどこかのエネルギースケールで一致するのは自明であるが，三つの結合定数があるエネルギースケールですべて一致するというのは自明なことではない．実際，M_W のスケールでの実験データ

の精度の向上に伴って，三つの結合定数は M_{GUT} でほぼ一致するものの完全には一致しないことがはっきりしてきた．ここでは，この点に関して確かめた後に，SU(5) GUT を超対称的に拡張した「超対称 SU(5) GUT」を考えると各結合定数のエネルギー依存性が通常の SU(5) GUT の場合とは異なり，その結果，あるエネルギースケールにおいて三つの結合定数が見事に一致することを議論する．この著しい特徴は，間接的ながら超対称性の存在を示唆するものとして大きな関心を集めている．ただし，SO(10) GUT のような，より大きなゲージ群を用いた場合には，二つのステップを踏んで SO(10) 対称性を（SU(5) を経由せずに）段階的に破ることも可能である．この場合には（超対称性に頼らずとも）各ステップのエネルギースケールを適当に選べば高エネルギーでの三つの結合定数の大統一は容易である．

なお，超対称 SU(5) 模型は，大統一理論の抱える，$M_W \ll M_{GUT}$ という階層性をいかに維持するかという階層性問題を解決すべく，坂井およびディモプーロス–ジョージャイ（Dimopoulos-Georgi）によって提唱されたものである [27]．

まず，超対称性をもたないもともとの SU(5) GUT におけるゲージ結合定数の大統一に関して議論しよう．4 章で議論したように，ゲージ結合定数はエネルギー依存性をもち，その依存性はくり込み群方程式によって支配される．その方程式の解は，三つの結合定数について

$$\alpha_i^{-1}(\mu) = \alpha_5^{-1}(M_{GUT}) + \frac{b_i}{2\pi} \ln(\frac{\mu}{M_{GUT}}) \quad (i=1,2,3) \qquad (6.152)$$

となる．ここで，$\mu\ (< M_{GUT})$ は任意のエネルギースケールでよいが，実際には M_W を想定している．また $\alpha_i \equiv \frac{g_i^2}{4\pi}$ は

$$\alpha_3 = \alpha_s = \frac{g_s^2}{4\pi}, \qquad \alpha_2 = \frac{g^2}{4\pi}, \qquad \alpha_1 = \frac{5}{3}\frac{g'^2}{4\pi} \qquad (6.153)$$

のように，$SU(3)_c$, $SU(2)_L$, $U(1)_Y$ の各ゲージ結合定数に対応する"微細構造定数"を表し，$\alpha_5 \equiv \frac{g_5^2}{4\pi}$ である．M_{GUT} においては，三つの結合定数は一致し

$$\alpha_1(M_{GUT}) = \alpha_2(M_{GUT}) = \alpha_3(M_{GUT}) = \alpha_5(M_{GUT}) \qquad (6.154)$$

となる．なお，α_1 において $\frac{5}{3}$ の因子が付くのは $U(1)_Y$ の生成子 $\frac{Y}{2}$ とこれに対

応する SU(5) の生成子との規格化の違いを調整するためのもので，$g_1 = \sqrt{\frac{5}{3}} g'$ は"正しく"規格化された結合定数である．

(6.152) は α_i^{-1} を $\ln \mu$ の関数としてグラフで表すと $\frac{b_i}{2\pi}$ で与えられる傾きの直線で表され，三つの直線がある一点で交わっているということをいっている．よって，$\alpha_i^{-1}(\mu) - \alpha_j^{-1}(\mu)$ は $b_i - b_j$ に比例するはずなので（これは (6.152) からも容易にわかる），三つのゲージ結合の大統一が達成されるための条件式は，$\mu = M_Z$ として

$$\frac{\alpha_3^{-1}(M_Z) - \alpha_2^{-1}(M_Z)}{\alpha_2^{-1}(M_Z) - \alpha_1^{-1}(M_Z)} = \frac{b_3 - b_2}{b_2 - b_1} \tag{6.155}$$

となる．左辺は実験データを用いて与えられるので R_{exp} と書き，右辺は理論計算で与えられるので R_{th} と書くことにしよう．

まず，通常の SU(5) GUT において R_{th} を求めてみよう．一般にゲージ群が SU(N) で，n_f 個のフェルミオン多重項（基本表現を想定し，各カイラリティを独立に数える），n_s 個の複素スカラー多重項（基本表現を想定）を物質場としてもつ理論を考えるとくり込み群方程式に現れる係数 b_N は

$$b_N = \frac{11}{3} N - \frac{1}{3} n_f - \frac{1}{6} n_s \tag{6.156}$$

で与えられる．SU(5) GUT で，SU(5) 対称性が M_{GUT} で自発的に破られた後の M_{GUT} 以下での低エネルギー有効理論は標準模型に他ならないので，(6.156) を標準模型の場合に適用し，各 b_i を $b_i^{(\text{SM})}$ のように書くと，それらは次のように与えられる：

$$\begin{aligned} b_3^{(\text{SM})} &= 11 - 4 = 7 \\ b_2^{(\text{SM})} &= \frac{22}{3} - 4 - \frac{1}{6} = \frac{19}{6} \\ b_1^{(\text{SM})} &= -4 - \frac{1}{10} = -\frac{41}{10}. \end{aligned} \tag{6.157}$$

ここで，クォーク，レプトンに関しては 3 世代分の寄与を足している．また $b_1^{(\text{SM})}$ に関しては，(6.156) におけるゲージボソンの自己相互作用の寄与 $\frac{11}{3} N$ は存在せず，また物質場の寄与に関しては，SU(N) に対して次のおき換えを行えばよい：

$$\text{Tr}(T^{(a)})^2 = \frac{1}{2} \quad \rightarrow \quad \frac{3}{5} \sum \left(\frac{Y}{2}\right)^2. \tag{6.158}$$

ここで，$\sum(\frac{Y}{2})^2$ は多重項の構成メンバーすべてに関する和をとる（クォークの 2 重項なら，$Y/2$ の固有値の 2 乗を 6 倍する）ことを意味する．したがって，例えば (6.156) の $\frac{1}{3}n_f$ はすべてのフェルミオンに関する和 $\frac{2}{3} \times \frac{3}{5}\sum_{\text{fermion}}(\frac{Y}{2})^2 = 4$ におき換えられる．(6.157) において，クォーク，レプトンからの寄与が，すべての $b_i^{(\text{SM})}$ において -4 となっていることに注意しよう．これは実は偶然ではなく当然の結果なのである．その理由は SU(5) GUT においてクォーク，レプトンは $\bar{5}$ と 10 という二つの既約表現に割り当てられるが，各既約表現において，$M_W \leq E \leq M_{GUT}$ のエネルギー領域において，いずれのメンバーの質量も十分小さいために SU(5) 対称性の破れの効果は現れず，それらはすべての $b_i^{(\text{SM})}$ に等しく寄与するからである（正確には t クォークについては $M_W \leq E \leq m_t$ の領域ではその質量が無視できず decouple するので，この議論が成り立たなくなるが，その領域はわずかであるので，その効果はほぼ無視できる）．こうした多重項を「完全な多重項（complete multiplet）」ということにすると，complete multiplet は，結合定数のエネルギー依存性には影響を与えるが，SU(5) 対称的なのでゲージ結合定数が大統一されるかどうかについては関与しない（少なくとも 1 ループのオーダーでは）．実際 (6.155) においては，その寄与は相殺することがわかる．

これに対して，SU(5) の随伴表現に属するゲージボソンの多重項のくり込み群への寄与に関しては，X_μ, Y_μ といった陽子崩壊に関与する M_{GUT} 程度の質量をもつゲージボソンは考えているエネルギー領域で decouple するのに対して，標準模型のゲージボソンは M_W 程度の質量をもち decouple しないので「不完全な多重項（incomplete multiplet）」となる．このため，(6.157) に見られるように，ゲージボソンの各 $b_i^{(\text{SM})}$ への寄与は皆異なり，したがって大統一の可否にとって非常に重要となる．なお，SU(5) の基本表現に割り当てられるヒッグス多重項に関しても，陽子崩壊に関与するカラー 3 重項の部分だけが M_{GUT} 程度の質量をもって decouple するので incomplete multiplet になるが，スカラー場の寄与は相対的に小さい．

さて，R_{exp} と R_{th} の比較をしてみよう．まず，LEP 等での精密実験のデータにより，M_Z において（ここでは M_W の替わりに M_Z で考える）

$$\sin^2 \theta_W(M_Z) = 0.231, \quad \alpha_3^{-1}(M_Z) = 8.40, \quad \alpha^{-1}(M_Z) = 128 \quad (6.159)$$

であることがわかっている．ここで α は（本来の）電磁相互作用における微細構造定数である．これから

$$\begin{aligned}\alpha_2^{-1}(M_Z) &= \alpha^{-1}(M_Z)\sin^2\theta_W(M_Z) = 29.6,\\ \alpha_1^{-1}(M_Z) &= \frac{3}{5}\alpha^{-1}(M_Z)\cos^2\theta_W(M_Z) = 59.12\end{aligned} \quad (6.160)$$

が得られる．これらを (6.155) の左辺に代入すると

$$R_{\exp} = 0.72 \quad (6.161)$$

となる．一方，(6.157) を (6.155) の右辺に代入し，標準模型の場合の理論値を計算すると

$$R_{\mathrm{th}}^{\mathrm{SM}} = 0.53 \quad (6.162)$$

となる．(6.161) と (6.162) は明らかに一致しておらず，したがって通常の（超対称性をもたない）SU(5) GUT においてはゲージ結合定数の大統一は達成されないことがわかる．

では，超対称 SU(5) GUT ではどうなるであろうか．この場合の低エネルギー有効理論は MSSM になる．標準模型が超対称的になったことで，標準模型の場合の $b_i^{(\mathrm{SM})}$ に超対称パートナーの寄与を加える必要がある．その際，厳密にはパートナーの質量は皆 M_{SUSY} 程度なので，$M_W(M_Z) \leq E \leq M_{SUSY}$ の領域では超対称パートナーは decouple しているが，その領域はあまり大きくないので，ここでは簡単のためにそうした効果は無視し，標準模型の粒子のパートナーはすべてくり込み群方程式の係数 b_i に寄与するものとする．一般に群が SU(N) の場合の b_i へのゲージフェルミオンの寄与（随伴表現に属する物質場の寄与と同等）は $-\frac{2N}{3}$ であることに注意すると，例えば SU(3) の結合定数に関しては，MSSM の場合には

$$b_3^{(\mathrm{MSSM})} = b_3^{(\mathrm{SM})} - 2 - \frac{1}{6} \times 12 = 3 \quad (6.163)$$

となる．ここで -2 はゲージフェルミオンの寄与であり，$-\frac{1}{6} \times 12 = -2$ はスクォークの寄与である．同様に，他の二つの結合定数に関しても

$$b_2^{(\text{MSSM})} = b_2^{(\text{SM})} - \frac{4}{3} - \frac{1}{6} \times 12 - \frac{1}{3} \times 2 - \frac{1}{6} = -1,$$
$$b_1^{(\text{MSSM})} = b_1^{(\text{SM})} - 2 - \frac{2}{5} - \frac{1}{10} = -\frac{33}{5} \tag{6.164}$$

となる．例えば，$b_1^{(\text{MSSM})}$ の右辺の -2 はスクォーク，スレプトンの寄与，$-\frac{2}{5}$ はヒッグシーノの寄与，$-\frac{1}{10}$ は"余分に"導入したヒッグス2重項の寄与である．再びスクォーク，スレプトンはクォーク，レプトンの場合と同様に，すべての b_i に同じ寄与 -2 を与えることがわかる．これはスクォーク，スレプトンも complete multiplet をなすからである．したがってこれらの寄与は大統一の可否には影響しない．一方で，ゲージフェルミオン，ヒッグシーノ，新たに加えたヒッグスは大統一の可否に影響することになる．(6.163), (6.164) を (6.155) の右辺に代入し，MSSM の場合の理論値を計算すると

$$R_{\text{th}}^{\text{MSSM}} = \frac{5}{7} = 0.71 \tag{6.165}$$

となる．今度は (6.161) とかなりの精度で一致していることがわかる．こうして超対称 SU(5) GUT においてはゲージ結合定数の大統一が見事に達成されることがわかる．なお，この解析では超対称パートナーは考えているエネルギー領域で decouple しないと見なしているが，M_{SUSY} が 1 TeV 程度だとこの近似はよい近似であるが，M_{SUSY} があまり大きくなると理論的予言値は (6.165) からずれてきて，実験データとの一致は実現しなくなる．実際，極端な場合として $M_{SUSY} \to \infty$ の極限ではパートナーがすべて decouple して理論は標準模型に帰着するはずであるから，この議論はもっともである．

こうした標準模型，MSSM におけるゲージ結合定数のエネルギー変化と大統一の可否は図 6.5 を見ると一目瞭然である．

大統一スケール M_{GUT} と陽子崩壊

ゲージ結合定数が大統一されることがわかったので，統一が実現するエネルギースケールである M_{GUT} を計算してみよう．いろいろな求め方があるが，ここではワインバーグ角によらない組み合せである $\frac{3}{8}\alpha^{-1} = \frac{5}{8}\alpha_1^{-1} + \frac{3}{8}\alpha_2^{-1}$ と α_3^{-1} との差を用いることにする．(6.152) より $\mu = M_Z$ として

$$\frac{3}{8}\alpha^{-1}(M_Z) - \alpha_3^{-1}(M_Z) = \frac{1}{2\pi}\left(b_3 - \frac{5}{8}b_1 - \frac{3}{8}b_2\right)\ln\left(\frac{M_{GUT}}{M_Z}\right) \tag{6.166}$$

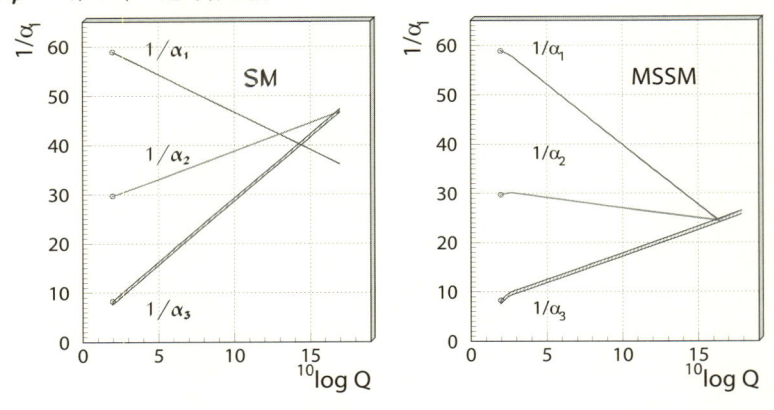

図 6.5 標準模型におけるゲージ結合定数の大統一の失敗（左図），および MSSM におけるゲージ結合定数の大統一（右図）[31]．Q はエネルギースケールを表す．右図においては，超対称パートナー（ほぼ 1 TeV の質量をもつと仮定）の寄与が加わることで 1 TeV 付近で直線の傾斜が変化している．直線の幅は実験誤差を表す．

が得られる．よって (6.163), (6.164) に与えられる MSSM の場合の $b_{1,2,3}^{(\mathrm{MSSM})}$ を代入すると

$$\ln\left(\frac{M_{GUT}}{M_Z}\right) = \frac{4\pi}{15}\left(\frac{3}{8}\alpha^{-1}(M_Z) - \alpha_3^{-1}(M_Z)\right) \simeq 33.2 \qquad (6.167)$$

が得られる．ここで (6.159) を用いた．これから

$$M_{GUT} \simeq 2.2 \times 10^{16} \ (\mathrm{GeV}) \qquad (6.168)$$

が得られる．この値は (4.15) に与えられる超対称化されていない通常の SU(5) GUT のときに見積もったもの（$M_{GUT} \sim 10^{15}$ GeV）より 1 桁大きな値である．

超対称化されていない SU(5) GUT は，ゲージ結合定数の大統一が実現できないことの他に，その予言する陽子崩壊の寿命より Super-Kamiokande 実験が課している寿命の下限値の方が大きくなっていることからも排除されているが，この問題も超対称的にすると避けられそうである．陽子崩壊の観点からすると，M_{GUT} の大きさが 1 桁大きくなるということは，陽子崩壊を引き起こす X, Y ゲージボソンが 1 桁重くなることを意味する．一方において，陽子崩壊の寿命は，これらの "レプトクォーク" ゲージボソンの質量の 4 乗に

比例するので，X_μ, Y_μ ボソンの交換による陽子崩壊の寿命は，超対称化されていないときに比べて 4 桁ほど長くなり，Super-Kamiokande の実験データとの矛盾が解消される．

ところで，このようなゲージボソンの交換によるファインマン・ダイアグラムから計算される陽子崩壊の確率振幅は M_{GUT}^{-2} で抑制されるが，超対称理論特有のこととして，X_μ, Y_μ のパートナーのゲージフェルミオンやカラー 3 重項ヒッグスのパートナーのヒッグシーノといった超対称パートナーのフェルミオンを交換する過程による陽子崩壊も可能である．こうした重いフェルミオンの伝播子（propagator）は M_{GUT}^{-1} でしか抑制されない．場の理論的には，こうした重いフェルミオンの交換で生じる有効ラグランジアンの演算子の質量次元が 6 ではなく 5 であるために，そのウィルソン係数は質量の逆べきの次元をもつからである．このため，こうした次元 5 の演算子の寄与の方が一般に重要になることが指摘されている [32]．

具体的に解析すると，最も重要な寄与はカラー 3 重項ヒッグスのパートナーのヒッグシーノを交換する過程からのものであることがわかる．ただ，実際には，この過程では終状態にクォーク，レプトンそのものではなく，これらのパートナーが現れるので，陽子崩壊を記述するためには，これらをクォーク，レプトンにおき換える必要がある．よって全体として，陽子崩壊に寄与するファインマン・ダイアグラムは 1 ループのオーダーになり，素朴に期待するよりは寿命は長くなる．こうして，ちょうど Super-Kamiokande 実験で検証可能な程度の陽子の寿命を予言することになり大変興味深い．なお，超対称 SU(5) GUT の特徴として，こうした質量次元 5 の演算子による寄与に関しては，ヒッグシーノが関与するために確率振幅は湯川結合の積に比例し，陽子は，より高い世代でかつ力学的に崩壊可能な粒子に崩壊しようとする．このため，主な崩壊モードは通常の SU(5) GUT の場合の $p \to \pi^0 e^+$ ではなく

$$p \to K^+ \bar{\nu} \tag{6.169}$$

であるといわれている．Super-Kamiokande 実験では相当量のデータを蓄積していて，そろそろこの崩壊モードが見えてきてもよいはずであるが，今のところ陽子崩壊が見つかったという報告はなされていない．

MSSM のヒッグス・セクターと軽いヒッグス粒子

先に述べたように，MSSM のヒッグス・セクターは標準模型と違い 2 個のヒッグス 2 重項を導入するために，ヒッグス機構が働いた後でも実スカラー場の自由度で数えて 5 個の物理的なヒッグス粒子が残る，という著しい特徴がある．これに加えて，MSSM のヒッグス・セクターは次のような問題点や，特徴をもっている．

(1) 電弱ゲージ対称性の自発的破れに関して

(6.141) の超ポテンシャルから，補助場 $F_{H_{U,D}}$ を運動方程式を用いて消去した後に，$|\frac{\partial W(H_U, H_D, \cdots)}{\partial H_{U,D}}|^2$ の寄与によりヒッグス場の 2 次の項として

$$|\mu|^2 (H_D^\dagger H_D + H_U^\dagger H_U) \tag{6.170}$$

が得られる．標準模型においては，ヒッグス場の 2 次の項の係数が負になることで，ゲージ対称性の自発的破れを実現するのであるが，(6.170) の係数 $|\mu|^2$ は正定値であり，電弱ゲージ対称性の自発的破れが実現しないように思われる．実際，超対称性の破れを考えない限り，ヒッグス・ポテンシャルの最小は，H_U, H_D の真空期待値がいずれもゼロの場合（ポテンシャルの原点）に実現することがわかる．この問題点は，後で議論するように，超対称性の破れで生じる質量 2 乗項を導入し，それが負の値をとるとすることで解決される．

(2) (比較的) 軽いヒッグス粒子の存在

MSSM の重要な帰結として，弱スケール M_W と同じオーダーの質量をもつ，比較的軽いヒッグス粒子の存在が予言される．標準模型においては，真空期待値 v を固定すると，ヒッグスの質量はヒッグス・ポテンシャルの 4 次の項の係数 λ を用いて $\sim \sqrt{\lambda} v$ のように表され，λ は勝手な値をとり得るのでヒッグス質量を予言することはできない．しかしながら，MSSM においては，ヒッグス・セクターは 2 個の 2 重項を必要とするとはいえ，考え得る最小の数の多重項で構成されているために，実はヒッグス・ポテンシャルの 4 次の項の係数が，ゲージ結合定数 g, g' の 2 乗で決定されるのである．このため，一番軽いヒッグス粒子の質量が大ざっぱにいうと $\sqrt{g^2} v = gv \sim M_W$ となり，ほぼ弱スケールの質量をもつ比較的軽いヒッグス粒子の存在が予言されることになる．4 次の項の係数が，ゲージ結合定数 g, g' の 2 乗となる

本質的な理由は，(6.141) の超ポテンシャルのヒッグスに関する項が，いわゆる "μ-term" $\mu H_U H_D$ のみなので，ヒッグスに関するスカラーポテンシャルへの F 項の寄与がヒッグス場の 4 次の項を含まないためである．そのため，ゲージ相互作用が起源の D 項の寄与，例えば U(1)$_Y$ ゲージ相互作用に関する寄与だと

$$\frac{g'^2}{8}(H_D^\dagger H_D - H_U^\dagger H_U)^2 \tag{6.171}$$

といった項のみが 4 次の項を生じるのである．

なお，5 個の物理的ヒッグス粒子の内で，一つだけが軽く，残りの 4 個はすべて超対称性の破れの質量スケール M_{SUSY} 程度の質量をもち重くなる．これは，$M_{SUSY} \to \infty$ という仮想的な極限では超対称パートナーたちは (decoupling 定理より) 低エネルギーの世界から完全に decouple し標準模型が回復すると期待されることからも，当然のことであるといえる．

こうした比較的軽いヒッグス粒子は，存在するとすれば LHC 実験で十分に発見可能である．2012 年 7 月に LHC 実験の ATLAS [33] および CMS [34] グループは，ほぼ 125 GeV の質量をもったヒッグス粒子を発見したと発表し大きな話題となった．ただし，現時点ではこれが標準模型のヒッグス粒子なのか，何らかの BSM 理論の低エネルギー有効理論に現れるヒッグス粒子と同定可能な粒子なのかについてはわかっていない．MSSM では，後で議論するように古典 (tree) レベルでは軽いヒッグス粒子の質量は M_Z 以下であると予言するので，125 GeV は少し大きすぎるのであるが，量子補正を考慮し大きめの M_{SUSY} を仮定すれば，ヒッグス質量を M_Z よりある程度大きくすることが可能である．

こうした観点から，以下で MSSM のヒッグス・セクターをもう少し詳しく解析してみよう．

まず，MSSM における，ヒッグス・スカラー H_U，H_D に関するポテンシャルを書き下すと次のようになる：

$$V = (|\mu|^2 + m_{H_U}^2)H_U^\dagger H_U + (|\mu|^2 + m_{H_D}^2)H_D^\dagger H_D + (bH_U H_D + \text{h.c.})$$
$$+ \frac{g^2}{2}\sum_{a=1,2,3}(H_U^\dagger \frac{\sigma^a}{2}H_U + H_D^\dagger \frac{\sigma^a}{2}H_D)^2$$

$$+ \frac{g'^2}{8}(H_D^\dagger H_D - H_U^\dagger H_U)^2. \tag{6.172}$$

ここで，

$$m_{H_U}^2 H_U^\dagger H_U + m_{H_D}^2 H_D^\dagger H_D + (b H_U H_D + \text{h.c.}) \tag{6.173}$$

の項は，超対称性の破れ（"explicit soft SUSY breaking"）により生じるヒッグス場の質量 2 乗項である．(6.172) の残りの項は，超対称的ラグランジアンから得られる F 項と D 項からの寄与である．なお $m_{H_{U,D}}^2$ は超対称的な寄与である $|\mu|^2$ とは違い，負にもなり得る．これは，電弱ゲージ対称性の破れという観点からすると都合がよい．また $bH_U H_D$ の項において $H_U H_D$ は SU(2) 不変な，2 重項の反対称的な積を省略して書いたものである．

SU(2) ゲージ相互作用による D 項の寄与はパウリ行列 σ^a を含んでいて，複雑な形をしているが次の公式を用いると簡単化できる：

$$\sum_{a=1,2,3} (\sigma^a)_i{}^j (\sigma^a)_k{}^l = 2\delta_i{}^l \delta_k{}^j - \delta_i{}^j \delta_k{}^l. \tag{6.174}$$

これを用いると

$$\frac{g^2}{2} \sum_{a=1,2,3} (H_U^\dagger \frac{\sigma^a}{2} H_U + H_D^\dagger \frac{\sigma^a}{2} H_D)^2$$
$$= \frac{g^2}{8}[(H_U^\dagger H_U - H_D^\dagger H_D)^2 + 4(H_U^\dagger H_D)(H_D^\dagger H_U)] \tag{6.175}$$

と簡単化される．これにより，ヒッグス・ポテンシャルは

$$V = (|\mu|^2 + m_{H_U}^2) H_U^\dagger H_U + (|\mu|^2 + m_{H_D}^2) H_D^\dagger H_D + (b H_U H_D + \text{h.c.})$$
$$+ \frac{g^2 + g'^2}{8}(H_D^\dagger H_D - H_U^\dagger H_U)^2 + \frac{g^2}{2}|H_U^\dagger H_D|^2 \tag{6.176}$$

と書き直せる．

このポテンシャルの最小化をして，真空期待値の"位置"を探し，同時に自発的ゲージ対称性の破れが実現する条件を探ることにする．真空期待値の位置に関してであるが，まず，標準模型の場合と同様に，ゲージ変換の自由度を用いると，一般性を失うことなく，例えば H_U は電気的に中性な成分のみ真空期待値をもつとしてよい：

$$\langle H_U \rangle = \begin{pmatrix} \langle \varphi_2^+ \rangle \\ \langle \varphi_2^0 \rangle \end{pmatrix} = \begin{pmatrix} 0 \\ v_u \end{pmatrix}. \tag{6.177}$$

v_u は正の実数としてよい.

(6.176) において, 係数 b は一般には複素数で構わないが, $H_{U,D}$ の位相変換 ("re-phasing") で常にその位相を消して実数にもっていくことが可能なので, b は正の実数と考えて解析することにする. すると, H_D の真空期待値の大きさを v_d と固定するとき, H_U と H_D の混合する $\frac{g^2}{2}|H_U^\dagger H_D|^2$ を小さくしようとすると, 二つの2重項の真空期待値の位置をなるべく違える方がよく, また $bH_U H_D + \text{h.c.} = b(\varphi_2^+ \varphi_1^- - \varphi_2^0 \varphi_1^0) + \text{h.c.}$ を小さくするためにも φ_1^0 の真空期待値を大きくする方がよい. こうして, φ_1^- の真空期待値がゼロの場合にポテンシャルは最小となり得るので, H_D の真空期待値を

$$\langle H_D \rangle = \begin{pmatrix} \langle \varphi_1^0 \rangle \\ \langle \varphi_1^- \rangle \end{pmatrix} = \begin{pmatrix} v_d \\ 0 \end{pmatrix} \tag{6.178}$$

と正の実数 v_d を用いて書くことができる. (6.177), (6.178) では, いずれも電気的に中性な場 $\varphi_{1,2}^0$ のみが真空期待値をもつので, 電磁相互作用のゲージ対称性は破られないことに注意しよう. 真空期待値 $v_{u,d}$ を用いてポテンシャル (6.176) を表すと

$$V(v_u, v_d) = (|\mu|^2 + m_{H_U}^2)v_u^2 + (|\mu|^2 + m_{H_U}^2)v_d^2 - 2bv_u v_d \\ + \frac{g^2 + g'^2}{8}(v_u^2 - v_d^2)^2. \tag{6.179}$$

望ましい $v_{u,d} \neq 0$ の真空期待値を得るためにポテンシャルが満たすべき条件を考えてみよう. まず, 標準模型ではヒッグス場の4次式の係数が正であれば, 質量2乗項が負であっても場が大きくなったときにポテンシャルは増加に転じ, ポテンシャルが不安的になることはない. しかし, (6.179) の4次の項である D 項の寄与に関しては, 真空期待値が大きくなっても増大しない "平坦な方向 (flat direction)" が存在する. すなわち, $v_u = v_d$ の方向では4次式は正確にゼロである. よって, この方向でポテンシャルがマイナス無限大に行かずに安定でいられるための条件

$$2|\mu|^2 + m_{H_U}^2 + m_{H_U}^2 > 2b > 0 \tag{6.180}$$

が必要となる.

次に (6.179) の 2 次式の項を検討しよう. この 2 次式を行列を用いて表すと

$$\begin{pmatrix} v_u & v_d \end{pmatrix} \begin{pmatrix} |\mu|^2 + m_{H_U}^2 & -b \\ -b & |\mu|^2 + m_{H_D}^2 \end{pmatrix} \begin{pmatrix} v_u \\ v_d \end{pmatrix} \quad (6.181)$$

と表される．この行列のトレース Tr は $2|\mu|^2 + m_{H_U}^2 + m_{H_D}^2$ であるが，これは (6.180) より自動的に正となるので，この行列の固有値の和は正である．よって，固有値の積である行列式が正になってしまうと，二つの固有値がともに正となり，この 2 次式は，原点 $(v_u, v_d) = (0,0)$ 以外では常に正になるので，ポテンシャルの最小は明らかに原点になってしまい，ゲージ対称性の自発的破れが起きないことになる．よって，行列式が負という条件

$$(|\mu|^2 + m_{H_U}^2)(|\mu|^2 + m_{H_D}^2) < b^2 \quad (6.182)$$

が必要になる．(6.180), (6.182) が望ましいゲージ対称性の破れを実現するための条件になる．

なお，$m_{H_U}^2 = m_{H_D}^2$ だと二つの条件は両立しないことが容易にわかるので，二つの超対称性の破れを表す質量 2 乗項 $m_{H_U}^2$, $m_{H_D}^2$ は異なる必要がある．仮によく議論されるように M_{GUT} といった非常に高いエネルギースケールで両者が一致していたとしても，井上–角藤–小松–竹下らによって議論されたように [35]，くり込み群の効果で，弱スケール M_W までエネルギースケールが下がってきたときに $m_{H_U}^2$ が負となることがあり得るのである．なぜ $m_{H_U}^2$ のみが大きなくり込み群による効果（エネルギー依存性）を得るのかというと，H_U は重い t クォークに結合するので，その大きな湯川結合により，t クォークによるくり込み群への寄与が大きくなるからである．そうした負の質量 2 乗項の可能性は，標準模型の場合と同様に，ゲージ対称性の破れにとって望ましいことである．ただし，$m_{H_U}^2$ が負となったとしても $|\mu|$ が，超対称性の破れを表す質量より大きくなりすぎると $|\mu|^2 + m_{H_U}^2$ と $|\mu|^2 + m_{H_D}^2$ がほぼ等しくなるので，先に述べたように (6.180), (6.182) の両方を満たすことができなくなる．M_{SUSY} は 1 TeV 程度と思われているので，μ の大きさも 1 TeV 程度に抑えられる必要がある．これを超対称的 GUT でどう実現するか，というのも一種の（古典レベルでの）階層性問題であり，「μ 問題 (μ problem)」とよばれる．

さて，これらの条件が満たされたときの，ゼロでない真空期待値 $v_{u,d}$ は停留点の条件

$$\frac{\partial V}{\partial v_u} = 0, \qquad \frac{\partial V}{\partial v_d} = 0 \tag{6.183}$$

から決まる.これらの条件を具体的に求めると

$$\begin{aligned}
(|\mu|^2 + m_{H_U}^2)v_u - bv_d + \frac{1}{4}(g^2 + g'^2)(v_u^2 - v_d^2)v_u &= 0, \\
(|\mu|^2 + m_{H_D}^2)v_d - bv_u - \frac{1}{4}(g^2 + g'^2)(v_u^2 - v_d^2)v_d &= 0
\end{aligned} \tag{6.184}$$

となる.

真空期待値がポテンシャルの最小化によって決まったので,この周りでポテンシャル (6.176) をテイラー展開し,各スカラー場(真空期待値をもつ場については,真空期待値からのずれ)について 2 次式の項を求め,それを対角化することにより,物理的なヒッグスの質量固有状態とその質量が決まることになる.多少面倒でもこの計算を行えば答えが得られるが,ここでは物理的考察を行う際にも役立つので,超対称性の破れ M_{SUSY} が無限大の極限で標準模型のヒッグス 2 重項と見なせるもの H_{SM} と,それと独立な 2 重項 H' に,二つのヒッグス 2 重項の間の適当な直交変換で移ることを考えてみよう.具体的には H_{SM} のみが真空期待値をもち,H' は真空期待値をもたないものとして,これらを定義することができる.

まず,$H_{U,D}$(ヒッグス超場のスカラー部分)は逆符号の弱ハイパーチャージをもつので,

$$\tilde{H}_D \equiv i\sigma_2 H_D^* = \begin{pmatrix} \varphi_1^+ \\ -\varphi_1^{0*} \end{pmatrix} \tag{6.185}$$

として,H_U と同じ量子数をもつ 2 重項を作ってみる.ヒッグス機構によってゲージ場が質量をもつ様子を見るには,ヒッグスに関する共変微分の項

$$(D_\mu H_U)^\dagger (D^\mu H_U) + (D_\mu \tilde{H}_D)^\dagger (D^\mu \tilde{H}_D) \tag{6.186}$$

を考えればよい.$H_U, \tilde{H}_D$ は完全に同等なので,これらの間に次のような直交変換を行っても (6.186) は不変である:

$$\begin{pmatrix} H_{SM} \\ H' \end{pmatrix} = \begin{pmatrix} -\cos\beta & \sin\beta \\ \sin\beta & \cos\beta \end{pmatrix} \begin{pmatrix} \tilde{H}_D \\ H_U \end{pmatrix}. \tag{6.187}$$

ここで,角 β を

$$\tan\beta = \frac{v_u}{v_d} \quad (0 \leq \beta \leq \frac{\pi}{2}) \tag{6.188}$$

のように決めると, (6.177), (6.178), (6.185), (6.187), (6.188) より容易に

$$\langle H_{SM} \rangle = \begin{pmatrix} 0 \\ \frac{v}{\sqrt{2}} \end{pmatrix}, \qquad \langle H' \rangle = \begin{pmatrix} 0 \\ 0 \end{pmatrix} \tag{6.189}$$

となり, たしかに H_{SM} のみが真空期待値をもち, したがって標準模型のヒッグス 2 重項に対応するといえることがわかる. ここで

$$\frac{v}{\sqrt{2}} = \sqrt{v_u^2 + v_d^2} \tag{6.190}$$

であり, この v が標準模型の場合の真空期待値に対応する. 実際, (6.186) を H_{SM}, H' で書き直し, (6.189) の真空期待値を代入すると, ゲージボソンは H_{SM} からのみ質量を得ることになるので, 標準模型の場合とまったく同様にして

$$M_W = \frac{g}{2} v, \qquad M_Z = \frac{\sqrt{g^2 + g'^2}}{2} v \tag{6.191}$$

と与えられる. これらの関係式を用いると, (6.184) は

$$\begin{aligned} |\mu|^2 + m_{H_U}^2 - b \cot \beta - \frac{M_Z^2}{2} \cos 2\beta &= 0, \\ |\mu|^2 + m_{H_U}^2 - b \tan \beta + \frac{M_Z^2}{2} \cos 2\beta &= 0 \end{aligned} \tag{6.192}$$

と書き直すことができる. これらの関係式は $|\mu|$, b を $\tan \beta$ を用いて表すのに用いられる. なお, (6.192) を用いると, 条件式 (6.180), (6.182) が満たされていることを確かめることができる.

さて, このような直交変換による基底の変換を行うことの利点は, 南部–ゴールドストーン (NG) ボソン, およびそれに直交する場の同定をヒッグス・ポテンシャルの詳細によることなく行うことが可能である, という点にある. つまり, NG ボソンは, 真空の状態にゲージ変換を施したときにずれが生じる方向の場であり, また H_{SM} のみが真空期待値をもつのであるから, 明らかに NG ボソンはすべて H_{SM} に含まれ, またこれらに直交する物理的に残るヒッグス場はすべて H' に現れることになるのである. ただし, 電気的に中性で偶の CP 固有値をもつヒッグス, つまり中性ヒッグス場の実部については, NG ボソンになることはないので, この議論は意味をなさず, ポテンシャルの詳細に依存した形で, 質量固有状態が決まる. こうして, 直交

変換後のヒッグス2重項は

$$H_{SM} = \begin{pmatrix} G^+ \\ \frac{v + \{-\sin(\alpha-\beta)h^0 + \cos(\alpha-\beta)H^0\} + iG^0}{\sqrt{2}} \end{pmatrix}$$
$$H' = \begin{pmatrix} H^+ \\ \frac{\{\cos(\alpha-\beta)h^0 + \sin(\alpha-\beta)H^0\} + iA^0}{\sqrt{2}} \end{pmatrix} \tag{6.193}$$

のように書ける．ここで，G^+, G^0 は W^+_μ, Z_μ に吸収される NG ボソン，H^+, A^0 はこれらと直交する物理的に残るヒッグス場で，A^0 は CP 固有値が奇のスカラー場である．CP 固有値が偶のスカラー場に関しては，角 $\alpha - \beta$ で混合した線形結合の形で現れているが，その質量固有状態 h^0, H^0 が，荷電スカラー等とは異なる角 α を用いて与えられる（(6.200) 参照）ことを表している．なお，後で見るように，$M_{SUSY} \to \infty$ の極限では $\alpha \to \beta - \frac{\pi}{2}$ となり（(6.204) 参照），H_{SM} の CP 固有値が偶のスカラー場は h にぴったり一致することがわかる．つまり，この h が標準模型のヒッグスに対応する，比較的軽いヒッグス粒子に他ならないのである．

(6.193) の記法を用いて各々のタイプのヒッグス場について，その質量固有状態と質量を以下にまとめてみよう．

(A) 奇の CP 固有値をもつ中性ヒッグス粒子

(6.187), (6.193) より，CP 固有値が負の中性ヒッグス（中性ヒッグス場の虚部に対応）の質量固有状態は，もともとの $H_{U,D}$ の場を用いて表すと

$$\begin{aligned} G^0 &= \sqrt{2}[\sin\beta\,\text{Im}(\varphi_2^0) - \cos\beta\,\text{Im}(\varphi_1^0)] \\ A^0 &= \sqrt{2}[\cos\beta\,\text{Im}(\varphi_2^0) + \sin\beta\,\text{Im}(\varphi_1^0)] \end{aligned} \tag{6.194}$$

という線形結合で表される．また，質量固有値に関しては，G^0 は NG ボソンなので質量ゼロであり，また，計算の詳細は省くが，スカラーポテンシャルに真空期待値を代入して $\text{Im}(\varphi_{1,2}^0)$ を基底とする質量2乗行列を計算すると

$$\begin{pmatrix} b\cot\beta & b \\ b & b\tan\beta \end{pmatrix} \tag{6.195}$$

となる．ここで (6.192) の関係式を用いた．この行列の Tr が A^0 の質量2乗に他ならないので（G^0 の質量はゼロ），

$$M_{G^0} = 0, \qquad M_{A^0} = \sqrt{\frac{2b}{\sin 2\beta}} \tag{6.196}$$

と質量固有値が求まる．なお，予想通り (6.195) は角 β を用いた直交変換で対角化されることを容易に確かめることができる．

(B) 荷電ヒッグス粒子

(A) の場合と同様にして，質量固有状態は

$$\begin{aligned} G^+ &= \sin\beta\, \varphi_2^+ - \cos\beta\, \varphi_1^+ \\ H^+ &= \cos\beta\, \varphi_2^+ + \sin\beta\, \varphi_1^+ \end{aligned} \qquad (6.197)$$

と表される．質量固有値も同様に計算すると

$$\begin{aligned} M_{G^+} &= 0 \\ M_{H^+} &= \sqrt{\frac{2b}{\sin 2\beta} + \frac{g^2 v^2}{4}} = \sqrt{M_{A^0}^2 + M_W^2} \end{aligned} \qquad (6.198)$$

と求まる．

(C) 偶の CP 固有値をもつ中性ヒッグス粒子

この場合には，質量固有状態は角 β を用いた線形結合とはならず，質量2乗行列の対角化を具体的に行わないと求まらない．計算の詳細を省き結果のみを書くと

$$\begin{aligned} h^0 &= \sqrt{2}[\cos\alpha\, \mathrm{Re}(\varphi_2^0 - v_u) - \sin\alpha\, \mathrm{Re}(\varphi_1^0 - v_d)], \\ H^0 &= \sqrt{2}[\sin\alpha\, \mathrm{Re}(\varphi_2^0 - v_u) + \cos\alpha\, \mathrm{Re}(\varphi_1^0 - v_d)]. \end{aligned} \qquad (6.199)$$

ここで

$$\tan 2\alpha = \frac{M_{A^0}^2 + M_Z^2}{M_{A^0}^2 - M_Z^2} \tan 2\beta \qquad \left(-\frac{\pi}{2} \leq \alpha \leq 0\right). \qquad (6.200)$$

また，質量固有値は

$$\begin{aligned} M_{h^0}^2 &= \frac{M_{A^0}^2 + M_Z^2 - \sqrt{(M_{A^0}^2 + M_Z^2)^2 - 4M_{A^0}^2 M_Z^2 \cos^2 2\beta}}{2}, \\ M_{H^0}^2 &= \frac{M_{A^0}^2 + M_Z^2 + \sqrt{(M_{A^0}^2 + M_Z^2)^2 - 4M_{A^0}^2 M_Z^2 \cos^2 2\beta}}{2} \end{aligned} \qquad (6.201)$$

となる．

超対称性の破れのスケール M_{SUSY} が無限大の仮想的極限を考えてみよう．

6.8 MSSM **225**

このとき，超対称性の破れで生じる b, したがって (6.196) より M_{A^0} も無限大となる．すると，(6.198), (6.201) より

$$M_{H^+} \to \infty, \quad M_{H^0} \to \infty \tag{6.202}$$

となるが，一方で (6.201) より

$$M_{h^0} \to M_Z \cos 2\beta \tag{6.203}$$

となり，h^0 は重くならず予想通りほぼ M_W 程度の質量をもち，標準模型のヒッグスに対応することが確かめられる．また，この極限で (6.200) より $\tan 2\alpha \to \tan 2\beta$ であるが，$-\frac{\pi}{2} \le \alpha \le 0,\ 0 \le \beta \le \frac{\pi}{2}$ より

$$\alpha \to \beta - \frac{\pi}{2} \tag{6.204}$$

となる．よって，この極限では，すでに述べたように (6.193) より h^0 は H_{SM} にのみ含まれることがわかる．こうして，H_{SM} は完全に標準模型のヒッグス 2 重項に対応する．

この極限では，h^0 の相互作用は標準模型のヒッグス粒子の相互作用に帰着すると期待されるが，特にクォークとの湯川結合は標準模型の湯川結合と同じになる．しかし，この極限を考えない一般の場合には，例えば down-type クォークとの湯川結合定数は

$$-\frac{\sin\alpha}{\cos\beta} \frac{m_d}{(v/\sqrt{2})} \tag{6.205}$$

となり，標準模型の場合の $m_d/(v/\sqrt{2})$ からは逸脱した予言を行うのである．9.3 節で詳しく議論するように，こうした MSSM 特有の予言は LHC，さらには計画されている国際線形加速器実験 ILC などにおけるヒッグス相互作用の精密測定によって検証され，BSM 理論を探る重要なかぎとなると期待される．

すでに述べたように，2012 年 7 月に LHC 実験の ATLAS, CMS グループはいずれも，ほぼ 125 GeV の質量をもつヒッグス粒子を発見したとの発表を行い，大きな話題になったが，発見された粒子が MSSM の予言する比較的軽いヒッグス h^0 である可能性もある．

そこで，この節の最後に，h^0 の質量に関する理論的予言について，もう少

し考えてみよう．超対称性の破れが大きくなった極限で (6.203) の値に近づくことを述べたが，これは古典（tree）レベルでのヒッグスの質量の上限値を与えることがわかる：

$$M_{h^0} \leq M_Z |\cos 2\beta| \leq M_Z. \tag{6.206}$$

この上限値は，LHC 実験以前に同じ CERN で行われた LEP 実験により課されたヒッグス質量の下限値 114（GeV）よりも小さく，明らかに実験データと矛盾している．

しかしながら，ヒッグス質量への量子補正により，この上限がもち上げられる，という重要な指摘が，岡田–山口–柳田によりなされた [36]．ヒッグスの 4 次の自己相互作用項への量子補正を考えてみると，トップクォークと h^0 の湯川結合が大きいことから，大きな量子補正がトップクォーク t やストップ $\tilde{t}$ が回るループダイアグラムから得られることが期待される．この効果は古典レベルでの D 項からの寄与とは異なるタイプの寄与であり，(6.206) の上限を引き上げる可能性がある．ただし，その効果は超対称性の破れに伴って生じる効果であると思われる．それは，仮に超対称性が正確に成り立つと非くり込み定理により超ポテンシャルは量子補正を受けず，したがって古典レベルの場合と同様にヒッグス質量は M_Z 程度に抑えられるからである．実際，以下の結果（式 (6.207)）に見るように，t と $\tilde{t}$ の質量が縮退する仮想的極限では，これらの寄与は互いに相殺し量子補正は消えることがわかる．

簡単のために，右巻きのストップと左巻きのストップの間の（これらの状態を基底とする質量 2 乗行列における）混合の効果を無視すると，量子補正（1 ループ・ダイアグラムに限定）の後，ヒッグス質量の上限は

$$M_{h^0}^2 \leq M_Z^2 + \frac{3 m_t^4}{\pi^2 v^2} \ln\left(\frac{m_s}{m_t}\right) \tag{6.207}$$

のように引き上げられる．ここで，m_s は二つのストップの質量固有値 $m_{\tilde{t}_{1,2}}$ の "平均" である：$m_s^2 = \frac{m_{\tilde{t}_1}^2 + m_{\tilde{t}_2}^2}{2}$．上述のように $m_s = m_t$ の極限で量子補正が消えることが確かめられる．例えば $m_s = 1\,\text{TeV}$ としてみると，M_{h^0} の上限値は

$$M_{h^0}^2 \leq M_Z^2 + (89 \text{ GeV})^2 = (128 \text{ GeV})^2 \tag{6.208}$$

となり，最近 LHC 実験が報告した質量 125 GeV に近い上限値が得られる．しかしながら，これはあくまで上限値であって，実際の値はこれより小さい．また，(6.208) より，1 ループ・レベルの量子補正が古典レベルの結果と同じオーダーの大きさになっているので，摂動のより高次の効果も重要である可能性がある．こうしたことを考慮した，より詳細な解析によると $m_s = 1\text{TeV}$ としても 125 GeV を得ることは容易ではなく，大きな右巻きのストップと左巻きのストップ間の混合が必要とされることが議論されている．

6.9 超対称性の自発的破れ

超対称性は，美しく，またローレンツ（ポアンカレ）対称性やゲージ対称性と相容れる，いわば未発見であるが許される最後の対称性ともいえるものである．しかしながら，これを素粒子理論に適用しようとすると，(量子レベルでの) 階層性問題を解決する一方で，超対称性は正確な対称性とはなり得ないことがわかる．それは，超対称パートナーの粒子たちが，CERN で開始された LHC 実験でもいまだに見つかっていないからである．仮に超対称性が正確に成り立つと，その必然的帰結として既存の素粒子とそのパートナーの質量は縮退するはずである．超対称パートナーが見つかっていないということは，MSSM が正しい理論だとしても超対称性が何らかのメカニズムで破れていることを意味する．ただし，その破れの質量スケール M_{SUSY} が仮に M_{GUT} であるとすると，$M_W \leq E \leq M_{GUT}$ のエネルギー領域では超対称パートナーは "decouple" してしまい超対称性をもたない理論と実質的に同じになるので，階層性問題が再燃してしまう．こうして，階層性問題を"自然に"（理論のパラメータの微調整をすることなく）解決するためには，M_{SUSY} は 1 TeV 程度までであることが望ましいと思われている．また，前節の MSSM の議論のところで述べたが，標準模型を超対称的にした MSSM では，ゲージ対称性の自発的破れは超対称性が破れない限り実現せず，その意味でも超対称性の破れが必要である．実際，ゲージ対称性が破れるための必要条件である (6.182)，$(|\mu|^2 + m_{H_U}^2)(|\mu|^2 + m_{H_D}^2) < b^2$，は超対称性の破れがない，すなわち $m_{H_{U,D}}^2 = 0$, $b = 0$ の場合には満たされないことがわかる．

さて、超対称性をいかに破るかであるが、今のところ、いくつかの可能性が議論されているが、どのシナリオを選ぶべきか、あるいは他の可能性を探るべきであるか、については現時点でははっきりしていないといえそうである。一方で、超対称性の破れのメカニズムが、超対称パートナーの質量スペクトルやその相互作用を規定し、いわば理論を決定づけるものといっても過言ではないので、そのメカニズムを探ることが本質的に重要である。この節では、いろいろなシナリオの基礎ともなる基本的なものとして、自発的な超対称性の破れのメカニズムに関して簡単に解説することにする。

前節の MSSM の議論においては、$m_{H_{U,D}}^2$, b といった超対称性の破れを表す質量2乗項を、いわば"手で"導入した。こうした方法による超対称性の破れを"明示的な（あからさまな）超対称性の破れ（explicit SUSY breaking）"という。ゲージ対称性の場合には、局所ゲージ対称性を明示的に破るゲージボソンの質量2乗項を手で導入すると、ゲージ対称性に強く依拠している理論のくり込み可能性が壊れてしまうことが知られている。この困難を救ったのが、南部により提唱された「自発的対称性の破れ」のメカニズムであった。しかし、explicit SUSY breaking の項は、ゲージ対称性と矛盾なく導入することができ、そうした問題は生じない。実際、$M_{SUSY} \to \infty$ の極限では、超対称性のない"普通の"理論に帰着すると考えられるが、MSSM が標準模型に移行しても理論は相変わらずくり込み可能である。ただし、一つ注意するのは、導入される超対称性の破れが"柔らかな破れ（soft breaking）"であるべきだという点である。soft breaking とは、超対称性を破る演算子の係数が質量の正べきであるということである（こうした演算子は「irrelevant operator」ともよばれる）。この場合には、超対称性が破れても、ヒッグス質量への量子補正が2次発散するという階層性問題が再燃することはない。実際、(6.77), (6.78) に見られるように、超対称性が破れた場合でも、対数発散は生じるものの2次発散は相殺する。これは、直感的にいうと、階層性問題が問題としている、ループダイアグラムのループの運動量が大きくなる領域の寄与である"紫外発散"を考える際には、ループの運動量の大きさが大きくなればなるほど、導入した超パートナーの質量が相対的に無視できて、いわば超対称性が回復していくからである。この意味で、超対称性の破れは"柔らかな"ものなのである。この事情は、超対称性の破れが、無次元量の係数をもつ演算子、

つまり質量次元が4の演算子（「marginal operator」）による場合には大きく変わる．この場合には，無次元量は運動量，エネルギーが大きくなっても無視できないものであるので，2次発散の問題が再燃する可能性がある．こうした破れを"硬い破れ（hard breaking）"という．こうして，MSSMで導入される超対称性の破れを表す項は，explicit soft SUSY breakingの項である必要がある．

いずれにせよ，explicit breakingは簡便に超対称性を破る方法であり，理論のくり込み可能性，階層性問題の観点からも問題ないのであるが，手で導入するために，それぞれの項の係数を決める原理が存在しないという問題点が残る．特に，後で議論するように（10.3.2項を参照），クォーク，レプトンのパートナーであるスクォーク，スレプトンに超対称性を破る質量2乗項を勝手に与えてしまうと，標準模型の湯川結合とは独立な新たなフレーバー対称性の破れの要因を理論に導入することになり，フレーバーを変える中性カレント（Flavor Changing Neutral Current, FCNC）過程の遷移確率が大きくなりすぎて実験データとただちに矛盾してしまう，という重大な問題が生じる．この事実は，何か"性質のよい"方法で超対称性が破れているべきである，ということを示唆している．そこで考えられる自然な可能性として「自発的超対称性の破れ」のメカニズムが挙げられる．ゲージ対称性に関しても，自発的な破れという性質のよい仕方でゲージ対称性を破ると，くり込み可能性というゲージ理論の美点を損なうことなく素粒子に質量を与えることができたことを思い出そう．

ただ，自発的超対称性の破れを，理論のクォークやレプトンを含む部分で実現したとすると，残念ながら問題が生じることが知られている．それは，自発的に超対称性が破れる場合には，粒子とパートナーの質量を違えることはできるが，質量2乗行列の超対称的トレースがゼロになるというものである．この節の後の方で，これが成り立つ具体的な例を紹介する．超トレースがゼロというのは

$$\text{Str}\, M^2 \equiv \sum_s (-1)^{2s}(2s+1)m_s^2 = 0 \qquad (6.209)$$

ということである．ここでm_sはスピンsの粒子の質量であり，$(2s+1)$はそのスピンの状態の多重度を表す．$(-1)^{2s}$があるので，ボソンとフェルミオ

ンの寄与は逆符号になる.例えば,質量 m の実スカラー場,マヨラナ・フェルミオンはこの和において,$m^2, -2m^2$ として寄与することになる.(6.209) は要するに,ボソンの質量2乗とフェルミオンの質量2乗は,超対称性の破れで一般に異なるものの,それぞれの平均値は完全に一致する,ということをいっているのである.すると,クォーク,レプトンのセクターにおいて超対称性の自発的破れを実現したとすると,あるスクォークやスレプトンを重くできたとしても,別のスクォーク,スレプトンについては逆にクォーク,レプトンより軽くなってしまうことになり,現実に合わない.

そこで考えられたシナリオは,われわれのクォークやレプトンを含む"見えるセクター(visible sector)"とは独立に"隠されたセクター(hidden sector)"を導入するというものである.隠されたセクターで超対称性の自発的破れが起き,その効果が見えるセクターにある種の"メッセンジャー"によって伝えられる,と考えるのである.こうして,見えるセクターには結果的に explicit soft SUSY breaking 項に相当する超対称性を破る項が生じる,というシナリオである.超対称性の破れを媒介するメッセンジャーとしては,次のような可能性が議論されている.

・超重力相互作用が媒介(gravity mediation)
・ゲージ相互作用が媒介(gauge mediation)
・コンフォーマル対称性の量子異常が媒介(anomaly mediation)

それぞれを議論することはできないが,いずれにせよ,隠されたセクターにおける超対称性の破れは自発的な破れであり,この節では,自発的超対称性の破れに関するいくつかの可能なメカニズムについて議論することにする.

この章の最初の方で議論したように,超対称性の破れを示す秩序変数(order parameter)は真空のエネルギーであり((6.12)を参照),超対称性が自発的に破れるための必要条件は

$$E_v = \langle 0|H|0\rangle > 0 \tag{6.210}$$

である.真空状態では(通常の状況下では)運動エネルギーはゼロで,同時にスカラー場のポテンシャルエネルギーが最小になる.よって (6.210) は,真空におけるポテンシャルエネルギーの期待値が正になることと同値である:

$$\langle 0|V|0\rangle > 0. \tag{6.211}$$

一般に，超対称ゲージ理論では，スカラーポテンシャルはF項とD項からの寄与の和で

$$V = |F_i|^2 + \frac{1}{2}(D^a)^2$$
$$(F_i^* = \frac{\partial W(A)}{\partial A_i}, \quad D^a = g\, A_i^*(T^a)_i{}^j A_j) \tag{6.212}$$

のように与えられる．ここで T^a はスカラー場 A_i に作用する生成子の行列である．F項の寄与 $|F_i|^2$，D項の寄与 $\frac{1}{2}(D^a)^2$ のいずれもが正定値（非負）なので，F_i，D^a のすべてがゼロにならない限り，超対称性は自発的に破れることになる．よって，超対称性の自発的破れのメカニズムの論理的可能性として，次の三つの場合が考えられる：

(a) F項による破れ
(b) D項による破れ
(c) F項とD項の共存による破れ

(a), (b) においてはF項あるいはD項のいずれかのみの寄与で超対称性は破れ，他の項の存在には影響されない．これに対して (c) の場合には，F項，D項のそれぞれにおいてはその期待値がゼロとなり得るが，両方を同時にゼロにするようなスカラー場の真空期待値が存在せず，そのために超対称性が破れる．(a) および (c) のタイプの超対称性の破れの機構はよく知られていて，それぞれオラファタイ（O'Raifeartaigh）[37] およびファイエ–イリオプーロス（Fayet-Iliopoulos）[38] により提唱されたものである．そこで，(a), (c), (b) の順番で簡単にそのメカニズムを解説する．

6.9.1　F項による破れ（O'Raifeartaigh メカニズム）

まず議論するのは，F項のみの寄与で超対称性が破れるメカニズムである．すなわち，すべての i について $\langle F_i \rangle = 0$ であるという連立方程式が解をもたず，すべての $F_i = (\frac{\partial W(A)}{\partial A_i})^*$ をゼロにするようなスカラー場の（真空期待値の）解が存在しないという場合である．このメカニズムではD項からの寄与の存在にかかわらず超対称性が破れるので，これを無視し，カイラル超場に関する Wess-Zumino 模型を考えることにする．実は $\langle F \rangle \neq 0$ を実現し，し

たがって $E_v > 0$ を実現することは容易にできるのである．実際，一つのカイラル超場 ϕ を導入し，超ポテンシャルとして $W = c\phi$（c：定数）を採用すると $|F|^2 = |\frac{\partial W(A)}{\partial A}|^2 = |c|^2 > 0$ がいえる．しかしながら，この超ポテンシャルは相互作用を含まないので，真空のエネルギー E_v が正になるとはいえ，物理的には超場の構成場 A, ψ の間の質量差を生じることはない．よって，物理的には超対称性が破れているとはいいがたい（ただし，重力，正確には超重力の相互作用を考慮すると，真空のエネルギーは意味をもつので，こうした場合でも意味をなすことがあり得る）．オラファタイは，物理的に意味のある超対称性の破れを実現するには，少なくとも3個の超場が必要であり，次のような超ポテンシャルを採用すると超対称性の自発的破れが実現することを示した：

$$W(\phi) = \lambda \phi_1 (\phi_3^2 - M^2) + \mu \phi_2 \phi_3. \tag{6.213}$$

ここで $\phi_{1,2,3}$ は3個のカイラル超場であり，パラメータ M, λ, μ は皆実数である．実際，この場合，すべての補助場がゼロである，つまり超対称性が破れない条件はスカラー場 $A_{1,2,3}$ を用いて

$$\begin{aligned}
F_1^* &= \frac{\partial W(A)}{\partial A_1} = \lambda(A_3^2 - M^2) = 0, \\
F_2^* &= \frac{\partial W(A)}{\partial A_2} = \mu A_3 = 0, \\
F_3^* &= \frac{\partial W(A)}{\partial A_3} = 2\lambda A_1 A_3 + \mu A_2 = 0
\end{aligned} \tag{6.214}$$

と書かれるが，明らかにこの $A_{1,2,3}$ に関する連立方程式は解をもたない（(6.214) の1番目と2番目の式は明らかに矛盾している）．

簡単のために，$\mu^2 > 2\lambda^2 M^2$ であると仮定すると，このとき，スカラーポテンシャル $V = \lambda^2 |A_3^2 - M^2|^2 + \mu^2 |A_3|^2 + |2\lambda A_1 A_3 + \mu A_2|^2$ の最小値は $A_1 = A_2 = A_3 = 0$ で実現することがわかる．つまりスカラー場の真空期待値はゼロなので，粒子の質量は，その場の2次の項を見ればよいことになる．すなわち，フェルミオンについては質量項は $\mu \psi_2 \psi_3$ であり，またスカラー場の質量2乗項は $-2\lambda^2 M^2 \mathrm{Re}(A_3^2) + \mu^2(|A_2|^2 + |A_3|^2)$ となる．よって，二つのワイル・フェルミオン ψ_2, ψ_3 が足されて μ の質量をもつ一つのディラック・フェルミオンを構成し，スカラー場の質量については

$$m_{A_1}^2 = 0, \ m_{A_2}^2 = \mu^2,$$
$$m_{\text{Re}A_3}^2 = \mu^2 - 2\lambda^2 M^2, \ m_{\text{Im}A_3}^2 = \mu^2 + 2\lambda^2 M^2 \tag{6.215}$$

となることがわかる．この場合，(6.214) より F_1 のみが $-\lambda M^2$ の真空期待値をもつので，その効果で (6.215) に見られるように，ϕ_1 と相互作用する ϕ_3 に関して A_3 の質量 2 乗が，対応するフェルミオンの質量 μ^2 から $\pm 2\lambda^2 M^2$ だけずれるのである．実際，$W|_F$ の中に $\lambda F_1 A_3^2$ の項があることに注意しよう．F_1 をその真空期待値でおき換えると，それに比例した A_3 の質量 2 乗項が現れるが，これが上述の超対称性の破れを表す項に他ならない．ただし，$\mu^2 - 2\lambda^2 M^2$，$\mu^2 + 2\lambda^2 M^2$ における超対称性の破れの項は逆符号であり，そのために超トレースにおいてこれらは相殺することに注意しよう．こうして，先に一般的に述べたように，超トレースは（ちょど超対称性が破れていないときと同様に）ゼロとなることがわかる：

$$\text{Str } M^2 = 2 \times (0 + \mu^2) + (\mu^2 - 2\lambda^2 M^2) + (\mu^2 + 2\lambda^2 M^2)$$
$$- 2 \times (2 \times \frac{1}{2} + 1)\mu^2 = 0. \tag{6.216}$$

ここで，因子 2 は，複素スカラー場，ディラック場の自由度が実スカラー場，マヨラナ・フェルミオンの場合のそれぞれ 2 倍であることを表している．

O'Raifeartaigh メカニズムでは簡便に超対称性を破ることができるが，一方で，ゲージ対称性を導入すると，ゲージ不変性の要請から $\phi_{1,2,3}$ はいずれも電荷や量子数を持たない単重項（gauge singlet）にならざるを得なくなるので，このメカニズムをそのままクォークやレプトンを含む"見えるセクター"に用いることはできない．

6.9.2　F 項と D 項の共存による破れ（Fayet-Iliopoulos メカニズム）

ファイエとイリオプーロスが議論したのは 6.6.2 項で議論した超対称 QED であった．しかし，彼らは新たにベクトル超場の一次式の D 項をラグランジアンに加えた：

$$-\xi V|_D = -\xi D. \tag{6.217}$$

ここで,ξ は質量 2 乗の質量次元をもつ実パラメータである.これは,上記の O'Raifeartaigh メカニズムのところで議論した,超場の一次式の導入で超対称性を破るという考え方と同様であるが,この補助場 D はゲージ場で必然的に電荷をもったすべての粒子と相互作用をするので,物理的に超対称性を破ることができそうである.導入された (6.217) は「ファイエ–イリオプーロスの D 項(Fayet-Iliopoulos D-term)」とよばれる.

このメカニズムは,一見 D 項のみによる超対称性の破れを実現しているように思える.たしかに,ファイエ–イリオプーロスの D 項が超対称性の破れの起源にはなるのだが,実際には超ポテンシャルの寄与である F 項を無視すると,以下で見るように超対称性を破らない真空状態が存在することが容易にわかる.つまり,このメカニズムは正確には F 項と D 項の共存により,その相乗効果で超対称性が破られるメカニズムなのである.なお,(6.217) のファイエ–イリオプーロスの D 項は非可換ゲージ群のベクトル超場の場合には明らかにゲージ不変ではなくなる(随伴表現として変換してしまう)ので,ゲージ群に可換群である U(1) が含まれる場合にのみ働くメカニズムであるといえる.

電子の超対称パートナーである右巻き,左巻きのスエレクトロン(selectron)$\tilde{e}_{R,L}$ に関するポテンシャルは,ファイエ–イリオプーロスの D 項からの寄与も考慮すると以下のように与えられる:

$$V = m^2(|\tilde{e}_R|^2 + |\tilde{e}_L|^2) + \frac{1}{2}(e|\tilde{e}_R|^2 - e|\tilde{e}_L|^2 + \xi)^2. \quad (6.218)$$

ここで m は電子の質量である.すでに述べたように,仮に 1 行目の F 項の寄与を無視すると,$\xi \neq 0$ であっても $|\langle\tilde{e}_R\rangle|^2 = |\langle\tilde{e}_L\rangle|^2 - \frac{\xi}{e}$ とするとポテンシャルはゼロとなり超対称性は破れないことがすぐにわかる.実際には,超対称性を保持するための二つの条件式

$$|\tilde{e}_R|^2 + |\tilde{e}_L|^2 = 0, \qquad e|\tilde{e}_R|^2 - e|\tilde{e}_L|^2 + \xi = 0 \quad (6.219)$$

を同時に満たすことはできず,そのために超対称性は自発的に破れることになる.

$m^2 - e\xi$ の符号に応じて($e\xi > 0$ とする),ポテンシャルの最小は次のようなスカラー場の真空期待値によって実現することがわかる:

$$\langle \tilde{e}_R \rangle = \langle \tilde{e}_L \rangle = 0 \quad (m^2 - e\xi > 0 \text{ の場合}),$$
$$\langle \tilde{e}_R \rangle = 0, \ \langle \tilde{e}_L \rangle = \frac{\sqrt{e\xi - m^2}}{e} \quad (m^2 - e\xi < 0 \text{ の場合}). \tag{6.220}$$

前者の場合には，スエレクトロン場の真空期待値がゼロなので，ゲージ対称性は破れず，超対称性のみが破れることになる．一方，後者の場合にはゲージ対称性，超対称性共に自発的に破れることになる．

質量スペクトルに関しては，簡単のために $m^2 - e\xi > 0$ の場合を想定すると，電子 e と，右巻き，左巻きのスエレクトロン $\tilde{e}_{R,L}$ の質量（2乗）はそれぞれ以下のように与えられることがわかる：

$$m_e^2 = m^2, \qquad m_{\tilde{e}_R}^2 = m^2 + e\xi, \qquad m_{\tilde{e}_L}^2 = m^2 - e\xi. \tag{6.221}$$

したがって，O'Raifeartaigh メカニズムの場合と同様に，再び超トレースはゼロとなる：

$$\begin{aligned} \text{Str } M^2 = {} & 2 \times (m^2 + e\xi) + 2 \times (m^2 - e\xi) \\ & - 2 \times (2 \times \frac{1}{2} + 1) m^2 = 0. \end{aligned} \tag{6.222}$$

6.9.3 D 項による破れ

O'Raifeartaigh メカニズムや Fayet-Iliopoulos メカニズムとは異なる第3のメカニズムとして，D 項のみにより，すなわち F 項つまり超ポテンシャルの寄与に頼ることなく（関わりなく）超対称性を自発的に破るメカニズムが存在する．これを実現する最も簡単な模型はファイエ (Fayet) により [39]，また，それを一般化した模型は 稲見–林–坂井 により [40] 議論された．これは純粋にゲージ相互作用のみを用いて超対称性を破ることができるメカニズムであるといえる．

超ポテンシャルに頼らないメカニズムであるので，簡単のために，ここでは超ポテンシャルを無視して議論を進める．すると，このメカニズムにおいては，$\langle D^a \rangle = 0$ というゲージ群の次元の数だけの連立方程式が解をもたないことにより超対称性が破れることになる．したがって，超対称性が破れるかどうかは，ゲージ群と，導入する物質場の表現 (U(1) 電荷を含む) を選択すると一意的に決まることになる．なお，この場合も，超対称性を破る "種"

として ファイエ–イリオプーロスの D 項を導入する必要はある．そうでないと，すべてのスカラー場をゼロとする超対称的な真空が自明な解として常に存在するからである．よって，ゲージ群は少なくとも一つの U(1) を直積の形で含む必要がある．

このメカニズムを実現することのできる最も簡単な模型として $SU(2) \times U(1)$ 模型を考える [39], [40]．$SU(2)$ と $U(1)$ のゲージ結合定数を g および $\tilde{g}$ とし，U(1) の補助場 D に関するファイエ–イリオプーロスの D 項 $-\tilde{g}\xi D$ (ξ は質量次元 2 の実パラメータ) を導入する．物質場としては，次のような 2 つの SU(2) 2 重項のカイラル超場 ϕ, ϕ' を考える：

$$\phi \ (Q = \frac{1}{2}), \qquad \phi' \ (Q = -\frac{1}{2}). \tag{6.223}$$

ここで，Q は U(1) 電荷を表し，量子異常が生じないように二つの超場の U(1) 電荷は逆符号としている．カイラル超場 ϕ, ϕ' のスカラー成分（の真空期待値）を同じ記号 ϕ, ϕ' で表すと，すべての補助場 D（の真空期待値）が消えるべし，という条件式は（$T^a = \frac{\sigma_a}{2}, a = 1, 2, 3$ として）

$$D^a = g(\phi^\dagger T^a \phi + \phi'^\dagger T^a \phi') = 0 \ \ (\text{SU(2)} に関して, a = 1, 2, 3)$$
$$D = \tilde{g}(\frac{1}{2}\phi^\dagger \phi - \frac{1}{2}\phi'^\dagger \phi' + \xi) = 0 \ \ (\text{U(1)} に関して) \tag{6.224}$$

のように与えられる．示すべきことは，この連立方程式の解が存在しないことである．

まず，理論のもつ $SU(2) \times U(1)$ のゲージ対称性を用いると，一般性を失うことなくスカラー場（の真空期待値）を次の形に仮定することができる：

$$\phi = \begin{pmatrix} 0 \\ x \end{pmatrix}, \qquad \phi' = \begin{pmatrix} y e^{i\theta} \\ z \end{pmatrix}. \tag{6.225}$$

ここで x, y, z および θ はすべて実数である．

すると，(6.224) の条件式は以下のように具体的に書き下される：

$$yz = 0 \quad (\langle D^1 \rangle = \langle D^2 \rangle = 0 \text{ より}),$$
$$x^2 - y^2 + z^2 = 0 \quad (\langle D^3 \rangle = 0 \text{ より}),$$
$$x^2 - y^2 - z^2 + 2\xi = 0 \quad (\langle D \rangle = 0 \text{ より}). \tag{6.226}$$

$\xi \neq 0$ だと，これらの連立方程式の解は存在しないことが容易にわかる．よっ

て，超対称性は自発的に破れることになる．任意の超ポテンシャルを加えても，真空期待値の位置は変化し得るが，スカラーポテンシャルが正となる事実は変わらないので，超対称性は超ポテンシャルの詳細とは無関係に自発的に破れることになる．

　この議論は一般的な $SU(n) \times U(1)$ 超対称ゲージ理論の場合に拡張することができる [40]．議論の詳細は省くが，結論として，$SU(n)$ の基本表現 n と反基本表現 $\bar{n}$ のペア（それぞれ逆符号の $U(1)$ 電荷をもつものとする）の数が n より小さい場合に，超対称性が自発的に破れることを示すことができる．上で詳しく議論した $SU(2) \times U(1)$ 模型は，その最も簡単な場合 ($n=2$) に他ならない．

第7章　余剰次元をもつ高次元理論

　前章で議論した，標準模型の階層性問題を解決すべく提唱された標準模型を超える（BSM）理論である超対称性をもつMSSMは通常の4次元時空上の理論であるが，4次元時空以外に余剰次元（extra dimension, 通常は"空間的"であるとする）をもつ高次元時空上のゲージ理論や重力理論を用いると，超対称性に依拠しない新しいタイプの階層性問題の解法が可能である，という指摘が90年代後半になされ，BSMのもう一つの重要な潮流となっている．この章では，そうした余剰次元の存在に基づくいくつかのアプローチについて，特にその基本的なアイデアの紹介に力点を置きながら議論する．

　アインシュタインが晩年に向け努力を傾けた重力と電磁気力を統一しようとする「統一場理論」に見られるように，高次元理論の歴史は大変古く，また最先端の重力まで含む素粒子のすべての相互作用の統一理論である超弦理論（superstring theory）も10次元時空で定義される理論であるが，上述の90年代後半から活発に議論されてきているBSM理論は，高次元ながら通常の場の理論や重力理論（一般相対論）の枠組みの中で構築されているものである．

　しかし，アインシュタインの時代の高次元理論との大きな違いは，素粒子の標準模型を内包し，標準模型で登場するヒッグス粒子の抱える階層性問題とどう向き合うか，という新たな観点が必要となったこと，また超弦理論の発展に触発され，高次元時空に埋め込まれた4次元的広がりをもつ時空であるブレーン（brane），およびそこに局在化した相互作用といった新たな概念が登場したことである．特に注目すべきことの一つは，こうした余剰次元

をもった BSM 理論においては，余剰次元のサイズがそれまで常識のように思われていたプランク長 (10^{-33} cm)，すなわち（自然単位で）プランク質量 $M_{pl} \sim 10^{19}$ GeV の逆数よりずっと大きくなり得る（「大きな余剰次元（large extra dimension）」）という可能性が指摘されたことである．これは，現在進行中の LHC 実験のような TeV スケールのエネルギーの加速器実験において，こうした BSM 理論の検証が十分に可能であることを意味していて興味深い．ヒッグス粒子が発見されたいま，超対称パートナーの発見等と並び余剰次元をもった理論の検証が LHC 実験の重要な課題となっている，といっても過言ではないと思われる．

7.1 統一場理論（カルツァ–クライン理論）

最近盛んに議論されている余剰次元をもった BSM 理論を解説する前に，20 世紀の早い時期にすでに余剰次元の存在を仮定した理論が構築されていたので，余剰次元をもった理論のひな形として議論したい．それはアインシュタインらによる「統一場理論」である．

素粒子には四つの相互作用が存在することを述べた．この内，重力を除く三つの相互作用は，第 1 章の標準模型のところで議論したように，いずれもゲージボソンというスピン 1 の素粒子により媒介されるが，ゲージボソンは 4 元ベクトル場であるゲージ場 $A_\mu(x)$ を量子化して現れる粒子である．しかし，重力だけは様相が異なり，ゲージ理論ではなくアインシュタインの一般相対性理論により記述される．しかし，共通点も存在する．重力相互作用もスピン 2 の重力子（graviton）により媒介され，重力子は計量テンソルとよばれるテンソル場 $g_{\mu\nu}(x)$ を量子化して現れる．つまり，いずれも場の理論で記述されるのである．さらに，ゲージ理論，一般相対論はいずれもゲージ対称性，一般座標変換不変性という局所的対称性をもつ理論である点でも共通している．アインシュタインの「統一場理論」は，こうした共通点をもつ当時知られていた素粒子の二つの相互作用である重力相互作用と電磁相互作用を，一つの余剰次元をもった 5 次元時空上の一般相対論（重力理論）の枠組みを用いて統一しようとした理論であり，もともとの提唱者にちなみ「カル

7.1 統一場理論（カルツァ–クライン理論） 241

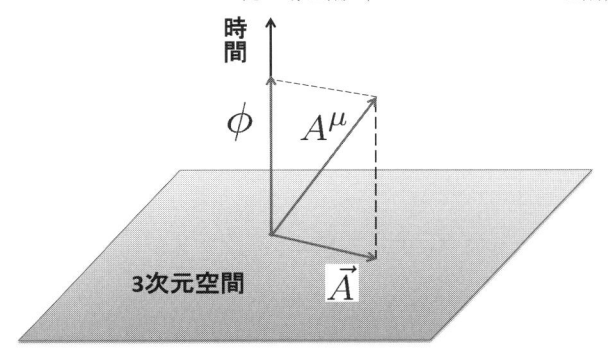

図 7.1　4元電磁ポテンシャル A_μ による電磁場の統一

ツァ–クライン（Kaluza-Klein）理論」ともよばれる．

考えてみると，このような空間（の次元）の拡張による相互作用の統一というのは，アインシュタインの統一場理論の登場以前から実際には存在していた．それは，電気と磁気の統一である．電磁気学で知られているように，磁場を記述するのは3元のベクトルポテンシャル $\vec{A}$ で，3次元空間の空間回転の下でベクトルとして振る舞う．これに対して（静的な）電場は空間回転の下で不変なスカラーであるクーロン・ポテンシャル ϕ により記述される．古典論の枠内では，このように電場と磁場は独立なものと見なされていた．しかしながら，(特殊) 相対論の登場により，空間座標が時間と統一されるのと同様に，$\vec{A}$ は ϕ と統一され，$A_\mu = (\phi, \vec{A})$ という4元の電磁ポテンシャルの形で記述されることになる．図 7.1 を見ると，こうした統一の様子が視覚的にわかるであろう．A_μ を3次元空間（この図では2次元平面で表している）に射影した成分が $\vec{A}$ であり，この平面に直交する時間軸の方向の成分が ϕ である．3次元の空間回転（2次元平面内の回転）の下で，$\vec{A}$ はベクトルとして回転するのに対し，ϕ は回転せずスカラーとして振る舞う．

4元ベクトルである電磁ポテンシャルで統一されるのは，物理法則がローレンツ変換の下で不変になるためには，物理量はローレンツ変換の下で，"きちんと"（時空ベクトル x^μ と同じように）変換するベクトルやテンソル等で記述される必要があるからである．つまり，相対性理論の登場，すなわち「3次元空間 → 4次元時空間」という空間の拡張により，電気と磁気の統一が実

現することになるのである．

余談であるが，このように考えると，今や4次元時空間が当たり前の概念であるので，4次元時空のベクトル場である A_μ と標準模型に登場する4次元時空のスカラー場であるヒッグス場 h を，余剰次元を一つもつ5次元時空間のベクトルとして統一できないか，と考えるのは自然なことであると思われる．つまり，4次元時空におけるゲージボソンとヒッグス粒子を，5次元時空におけるゲージ理論の下で統一する，ということであるが，これはまさに後の節（7.8）で議論する「ゲージ・ヒッグス統一理論」に他ならない．

アインシュタインの統一場理論，すなわちカルツァ–クライン理論に話を戻そう．アインシュタインは1915年の一般相対性理論の確立の後，重力と電磁気の統一という壮大なプロジェクトへの挑戦を始めた．上述のように重力相互作用は計量テンソル $g_{\mu\nu}$，電磁相互作用は電磁ポテンシャル A_μ という，ローレンツ変換の下での変換性の違うもので記述されるが，ちょうど上述のように古典論におけるベクトルポテンシャル $\vec{A}$ とクーロン・ポテンシャル ϕ が4次元時空のベクトル場 A_μ という形で統一されたように，時空を5次元に拡張し，そこでの計量テンソル g_{MN} $(M, N = \mu, y)$ の形で $g_{\mu\nu}$ と A_μ を統一することができるのでは，と予想するのは自然なことである．すなわち，5次元時空における重力理論の下で，4次元における重力相互作用と電磁相互作用の統一を試みよう，というのである．なお，5次元時空におけるテンソルの成分を表す（ローマ体の）添字 M, N が y をとるときは余剰次元方向の成分を表すものとする．これに対し，ギリシャ文字の添字 $\mu, \nu = 0, 1, 2, 3$ をとるときは通常の4次元時空方向の成分を表すものとする．

ここまで述べた相互作用の統一のアイデアは，まとめて簡潔に述べれば，4次元におけるベクトル（スピン1）とスカラー（スピン0）を統一したければ高次元におけるスピンの大きい方の（スピン1の）ベクトルで，テンソル（スピン2）とベクトル（スピン1）を統一したければ高次元のテンソル（スピン2）で統一する，というように，大きい方のスピンをもつ場に関する高次元理論を構成すれば統一理論が実現する，ということである．

アインシュタインの統一場理論は現実的な理論とはならなかったが，時空の拡張で相互作用を統一するというカルツァ–クライン型の理論は，その後も折に触れて素粒子理論に登場している．例えば，素粒子の四つの相互作用すべ

てを統一することのできる非常に野心的な理論である超弦理論（superstring theory）は，10次元時空で定義される理論である．

7.1.1 一般相対性理論（重力場の理論）

アインシュタインの統一場理論の試みについて議論する準備として，一般相対論とそれによって記述される曲がった時空間の幾何学について，ごく簡単に復習してみよう．

特殊相対論は慣性系にのみ適用可能であったので，アインシュタインはこれを加速度系にも適用できるように一般化した．これが一般相対論である．この理論は，それまでのニュートンの万有引力の理論，すなわち重力理論を根本から変えてしまった．一般相対論では「等価原理」という形で述べられるように，重力は"真の力"ではなく，系が加速運動することで生じる見かけの力"慣性力"と等価である．重い星の付近を通過する別の星の軌道が曲がるのは，力が働くからではなく，重い星の周りの時空間が，その質量（エネルギー）によって曲がるからである，と考える．したがって，一般相対論は曲がった時空間の幾何学という重要な側面をもつ．一般相対論で採用されるリーマン幾何学では，時空の幾何学的性質は，無限小ベクトル dx（成分を dx^μ とする）だけ離れた任意の2点間の世界間隔 dS を記述する計量テンソル場 $g_{\mu\nu}(x)$ で完全に決定される：

$$dS^2 = g_{\mu\nu}(x)dx^\mu dx^\nu. \tag{7.1}$$

時空が曲がっていると，直交座標系を用いて時空間全体を"埋め尽くす"ことはできない（できたとしたら，それは時空が平坦であることを意味する）．したがって曲がった時空は一般的な座標，すなわち"一般座標"で記述される．与えられた時空に対し，一般座標のとり方には任意性があるので，理論は，任意の一般座標の間の"一般座標変換"の下で不変である必要がある．この変換は一般に局所的な（時空の場所ごとに異なる）変換であり，以下で議論するように，局所ゲージ変換と共通する性質をいろいろともつ．

物質が一切存在せずエネルギー・運動量テンソル（さらには宇宙項）がゼロの時空は平坦であり，特殊相対論のときの計量 $\eta_{\mu\nu}$ に帰着するが，少量の

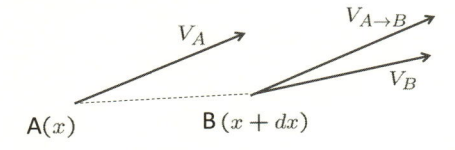

図 **7.2** 一般座標系におけるベクトルの平行移動と共変微分

物質が存在し振動したりすると，それによってわずかな平坦時空からのずれ $h_{\mu\nu}$ ($g_{\mu\nu} = \eta_{\mu\nu} + h_{\mu\nu}$) が生じ，その振動が波動方程式に従って"さざ波"のように空間を伝わって伝播して，他の点に存在する物質を振動させることになる．この状況は，ちょうど電磁波が電磁相互作用を伝えるのと同様である．ゲージ場 A_μ を量子化して光子が出現するように，$h_{\mu\nu}$ を量子化すると「重力子（graviton）」が出現する．

　曲がった時空を記述する，アフィン接続（クリストフェル記号），曲率といった概念を簡単に説明する．これらは，後で述べるように，それぞれゲージ理論における，ゲージ場，場の強さテンソルと密接に関係している．

　まずアフィン接続は，一般座標系における座標変換，すなわち一般座標変換の下で理論が不変となるように導入されるものである．4元電磁ポテンシャル A_μ のような時空間の各点で定義された4成分ベクトルの一般座標変換の下での変換性を考えよう．図7.2のように，無限小ベクトル dx（成分 dx^μ）だけ離れた2点 A(x), B($x+dx$) において定義された4元ベクトル V_A, V_B を考える．

　それぞれのベクトルの四つの成分 V_A^μ, V_B^μ は，A, B 各点における局所的な斜交座標系で測ったものである．一般座標変換は局所的な変換なので，その変換性は時空の各点ごとに異なる．そのため，これらのベクトルの（成分の）差 $V_B^\mu - V_A^\mu$ は，A, B いずれの点の変換性とも一致せず，一般座標の変換と同じように変換する「共変的」な変換性を示さない．$dx \to 0$ の極限で，この差はベクトルの時空間座標に関する全微分の形に書けるが，こうした通常の（偏）微分は共変的でなく，一般相対論の思想である一般座標変換不変な理論を構成しようとする際に都合が悪い．そこで，片方のベクトル，例えば V_A を B 点の位置に平行移動したベクトル $V_{A \to B}$ ともともと B にあったベクトル V_B との差をとることを考えよう（図7.2 参照）．V_A と $V_{A \to B}$ は

7.1 統一場理論（カルツァ–クライン理論）

互いに平行ではあるが，A, B の局所座標系のくい違いにより，その成分は同じではなく，時空座標の差 dx^ν に比例してずれる．またそのずれはベクトル V_A^λ そのものにも比例するはずである．よって，その比例定数を $\Gamma^\mu_{\lambda\nu}$ と書くと

$$V^\mu_{A\to B} = V^\mu_A - \Gamma^\mu_{\lambda\nu} V^\lambda_A \, dx^\nu, \tag{7.2}$$

と書ける．ただし，右辺でくり返し現れる添字 ν, λ については 0, 1, 2, 3 という和をとるものと理解する（アインシュタインの記法．以下同様）．

こうして比例定数として導入される三つの添字をもった $\Gamma^\mu_{\lambda\nu}$ をアフィン接続という．(7.2) と V_B との差をとると

$$\begin{aligned}V^\mu_B - V^\mu_{A\to B} &= V^\mu_B - V^\mu_A + \Gamma^\mu_{\lambda\nu} V^\lambda_A \, dx^\nu \\ &\equiv (\nabla_\nu V^\mu_A) \, dx^\nu.\end{aligned} \tag{7.3}$$

ここで，

$$\nabla_\nu V^\mu_A = \partial_\nu V^\mu_A + \Gamma^\mu_{\lambda\nu} V^\lambda_A \tag{7.4}$$

を共変微分とよぶ．この共変微分は，同一点（B 点）の座標系で測った成分の差を表しているので，その点での一般座標変換に従って共変的に変換するのである．この共変微分は，ゲージ理論で $D_\mu = \partial_\mu + igA_\mu$ のように表される共変微分に対応するものである．すなわち，アフィン接続とゲージ場が対応していることになる．なお，ちょうどゲージ場がゲージ変換の下で共変的には変換しないように，アフィン接続も一般座標変換の下で共変的には変換しない．

次に時空の曲がり方を表す曲率について考えてみよう．仮に時空が平坦で曲率がゼロであるとすると，その事実は座標系のとり方にはよらないはずであるので，曲率を表す量は，一般座標変換の下で共変的に変換するものであるべきである．ゲージ理論においてはゲージ場から作られる場の強さテンソル $F_{\mu\nu}$ がゲージ変換の下で共変的（U(1) のような可換群だと不変）に変換し，ゼロであるものはゲージ変換してもゼロであるが，一般相対論でこれに対応するものは，以下で述べるリーマンの曲率テンソルである．

一般に，空間が曲がっていることを端的に表す事実として，ベクトルをある点から別の点に平行移動させるときに，始点と終点が同じでも移動の経路

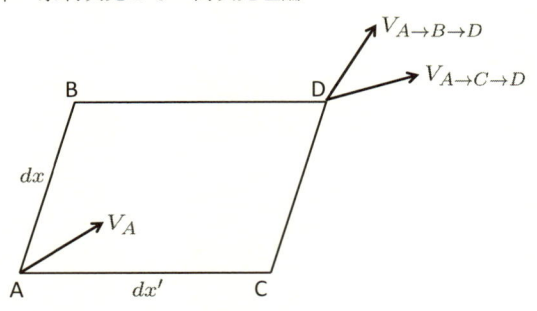

246   第7章 余剰次元をもつ高次元理論

図 7.3 微小平行四辺形の異なる経路に沿った V_A の平行移動の差

によって，移動したベクトルにずれが生じる，という事実が挙げられる．身近な例では，地球儀の上で北極から東経 0 の経線に沿って赤道までベクトルを平行移動で下ろしてから赤道に沿って東経 90 度の点まで東に平行移動させる場合と，北極から東経 90 度の経線に沿って赤道までベクトルを平行移動させる場合とでは，平行移動したベクトルの間に 90 度回転に相当する食い違いが生じる．これは球面が曲がった空間であることを端的に表している．注意すべき点は，このずれは同一点（終点）でのベクトルの差を見ている訳であるから，一般座標変換の下で共変的に変換するということである．

ある時空点での局所的な曲率を考えるために，微小なベクトル dx, dx' を隣り合う 2 辺とする微小平行四辺形 ABDC を考え，二つの経路 $A \to B \to D$ および $A \to C \to D$ に沿ってベクトル V_A を平行移動させたときの終点 D でのベクトルのずれを考えよう（図 7.3 参照）．

このずれは元のベクトルの成分 V_A^σ および，辺を表す二つのベクトルの成分 dx^μ, dx'^ν に比例するので，その比例係数は四つの添字をもったテンソルとなるが，これがリーマンの曲率テンソル $R^\lambda{}_{\sigma\nu\mu}$ である．すなわち，終点における，二つの異なる経路に沿って平行移動されて得られる二つのベクトルの成分の差は

$$R^\lambda{}_{\sigma\nu\mu} \, dx^\mu dx'^\nu \, V_A^\sigma \tag{7.5}$$

のように表される．一方，$A \to B \to D$ のように，まず dx 方向に平行移動した後で dx' 方向に平行移動した場合と，逆に $A \to C \to D$ のように平行移動した場合との得られるベクトルの差を考えると，平行移動は粗くいうと

共変微分に対応するのであるから，その差は dx 方向への共変微分の後に dx' 方向の共変微分を行ったものと，その逆の順序で共変微分を行ったものとの差で記述されると期待できる．すなわち，その差は共変微分の交換関係で与えられると考えられる：

$$[\nabla_\mu, \nabla_\nu] dx^\mu dx'^\nu V_A^\lambda. \tag{7.6}$$

実際，(7.6) を共変微分の定義に従って素直に計算すると $(V_D - V_{B\to D} - V_{C\to D} + V_{A\to C\to D}) - (V_D - V_{C\to D} - V_{B\to D} + V_{A\to B\to D}) = V_{A\to C\to D} - V_{A\to B\to D}$ となり，確かに二つの経路によるベクトルのずれを表していることがわかる（図 7.3 参照）．こうして，(7.5) と (7.6) を比べると，曲率テンソルは共変微分の交換関係で与えられることがわかる：

$$[\nabla_\mu, \nabla_\nu] V_A^\lambda = R^\lambda{}_{\sigma\nu\mu} V_A^\sigma. \tag{7.7}$$

次項で見るように，ゲージ理論においても場の強さテンソルは，やはり共変微分の交換関係で与えられることがわかる．

7.1.2　ゲージ理論と内部空間の幾何学

前項ですでに述べたように，一般相対論とゲージ理論の間には類似点が多々ある．この項では，カルツァ–クライン理論のアイデアを説明する上でも大きな助けとなる，ゲージ理論の幾何学的解釈に関して簡単に解説しよう．

ゲージ理論として，ここでは簡単のために電磁相互作用を記述する QED を考える．QED は局所的 U(1) ゲージ変換の下で不変な理論であるが，可換群をなす U(1) ゲージ変換は，量子力学では波動関数，場の量子論では複素場に関する位相変換である．QED における電子を表すディラック・スピノール ψ に関する局所ゲージ変換は（e: 電気素量）

$$\psi \quad \to \quad \psi' = e^{ie\lambda(x^\mu)} \psi \tag{7.8}$$

である．複素数の場を表すのに，時空の各点ごとに，あたかもその "内部" に複素平面が存在すると考え，複素場（の各成分）を，複素平面上のベクトルで表すものとする．こうした場を表示する空間を "内部空間" とよび，実際の

時空間を表す"外部空間"と区別して考える．(7.8) のゲージ変換は，内部空間である複素平面の座標軸（実軸，虚軸）の回転に伴って複素場を表すベクトルが角 $e\lambda$ だけ回転することであると考える．実際，数学的には U(1) と平面上の回転を表す SO(2) は同等である．局所ゲージ変換では，時空点ごとにこの回転角 λ は一般に異なっており，一般座標変換の場合とよく似た状況である．したがって，一般相対論のときのように，dx 離れた時空間の 2 点 A, B での場 $\psi(A)$, $\psi(B)$ の差は，ゲージ変換の下で共変的に変換しない．そこで，一般相対論のときと同様に $\psi(A)$ を B 点まで平行移動し，B における内部空間で見た場を $\psi(A \to B)$ と書くと，A, B の複素平面の座標軸はある角度だけ互いにずれているので，$\psi(A \to B)$ のベクトルは $\psi(A)$ のベクトルを，そのずれの角度だけ回転したものになる．ここで，ずれの角度は dx^μ に比例するので，比例定数を $-eA_\mu$ と書くと，ずれの角は $-eA_\mu dx^\mu$ の形で書ける．すなわち

$$\psi(A \to B) = e^{-ieA_\mu dx^\mu} \psi(A). \tag{7.9}$$

これと，元から B に存在している $\psi(B)$ との差をとると，局所ゲージ変換で共変的に変換するものが得られる：

$$\psi(B) - \psi(A \to B) = \psi(B) - \psi(A) + ieA_\mu dx^\mu \psi(A)$$
$$\equiv \{D_\mu \psi(A)\} dx^\mu. \tag{7.10}$$

ここで，右辺では dx^μ の 1 次の項までで近似し，また D_μ は

$$D_\mu = \partial_\mu + ieA_\mu \tag{7.11}$$

で定義されるが，これはゲージ理論でよく議論される共変微分に他ならない．(7.11) は (7.4) と同様の形であることは興味深い．さらに，(7.9) のようにゲージ場を導入すると，ゲージ変換 (7.8) の下でのゲージ場の変換性は

$$e^{-ieA_\mu dx^\mu} \to e^{-ieA'_\mu dx^\mu} = e^{ie\lambda(x+dx)} e^{-ieA_\mu dx^\mu} e^{-ie\lambda(x)}$$
$$= e^{-ie(A_\mu - \partial_\mu \lambda) dx^\mu} \tag{7.12}$$

すなわち，

$$A'_\mu = A_\mu - \partial_\mu \lambda \tag{7.13}$$

7.1 統一場理論(カルツァ–クライン理論)

となるが,これはよく知られたゲージ場の変換性に他ならない.こうして,一般相対論でのアフィン接続にゲージ場 A_μ がちょうど対応していることがわかる.

では,一般相対論のときのリーマンの曲率テンソルに対応するもの,つまり "内部空間における曲率" を表すものは何であろうか.一般相対論のときには,(7.7) に見られるように,共変微分の交換関係が曲率テンソルを与えた.そこで,ゲージ理論についても共変微分の交換関係を計算してみると,

$$[D_\mu, D_\nu]\psi = ie\, F_{\mu\nu}\, \psi \tag{7.14}$$

となる.ここで,$F_{\mu\nu}$ は

$$F_{\mu\nu} = \partial_\mu A_\nu - \partial_\nu A_\mu \tag{7.15}$$

で定義されるが,これは QED で現れる場の強さテンソルに他ならない.つまり,一般相対論における曲率テンソルに対応するのは,電磁場を表す $F_{\mu\nu}$ であることがわかる.よって,ちょうど重力相互作用が時空(外部空間)が曲がることで生じるように,電磁相互作用もいわば "内部空間が曲がる" ことで生じることになる.

7.1.3 統一場理論のアイデア

ここまでの議論で,一見非常に異なる性質をもつ重力相互作用とゲージ相互作用(電磁相互作用)は同様な幾何学的性質をもち,類似点も多いことがわかった.アインシュタインの議論したカルツァ–クライン理論は,余剰次元を一つ導入して時空間を4次元から5次元に拡張することで,5次元的な一般相対論の枠組みの下に,こうした類似性のある重力と電磁気力を統一しようとしたものである.

その基本的なアイデアは,一言でいうと外部空間と内部空間の統一である.前の項で,QED におけるゲージ変換は内部空間(複素平面)におけるベクトルの回転と見なせることを議論した.カルツァ–クライン理論では,この内部空間を5次元目の余剰次元,つまり外部空間の一つの次元と同一視することで,重力と電磁気力を,5次元時空における幾何学,すなわち一般座標変換

不変性の帰結として導くのである．一見，内部空間は複素平面で2次元なので，1次元である余剰次元とは同定できないように思われる．しかし，ゲージ変換は複素場の位相変換であり，ゲージ変換パラメータが $e\lambda(x)$ の局所ゲージ変換は，位相を表す単位円 S^1 上での角 $e\lambda$ の回転と同定できる．この円の半径を適当なサイズ R にすれば，これが1次元的な余剰次元と見なせるのである．円に沿った余剰次元の空間座標を y とすると，$e\lambda(x)$ による局所ゲージ変換は

$$y \to y + Re\lambda(x) \tag{7.16}$$

という，通常の4次元的時空座標 x^μ に依存した余剰次元座標 y の並進であり，5次元時空間における一種の一般座標変換と同定できることになる．

こうして，仮想的な内部空間上の円を外部空間の余剰次元と同一視する，というのがカルツァ–クラインのアイデアである．ゲージ変換は平面回転の群 SO(2) と見なせるが（U(1) は SO(2) と同等），これは円という多様体 S^1 のもつ幾何学的な対称性でもある．こうしたことは，余剰次元が1次元ではないときにも一般的にいえることであり，余剰次元の空間そのもののもつ（一般座標のとり方によらない）対称性（これをアイソメトリ（isometry）という）がゲージ対称性として実現するのである．例えば2次元球面 S^2 のアイソメトリーは SO(3) なので，これを余剰次元とするカルツァ–クライン理論のもつゲージ対称性は SO(3)，あるいは SU(2) であるといえる．

5次元時空間座標を $x^M = (x^\mu, y)$ と書く．ここで x^μ（$\mu = 0, 1, 2, 3$）は通常の4次元時空の座標，y が余剰次元の座標である．余剰次元は上述のように半径 R の小さな円であって（$0 \leq y \leq 2\pi R$），円があまりに小さすぎるためにわれわれには余剰次元の存在が認識されないのだと考える：余剰次元の「コンパクト化」．カルツァ–クライン理論は5次元時空における一般相対論であるが，一般座標変換として特に，4次元時空座標 x^μ にのみ依存した局所的（微小）変換

$$x^\mu \to x'^\mu = x^\mu + \epsilon^\mu(x), \tag{7.17}$$

$$y \to y' = y + \hat{\epsilon}(x) \tag{7.18}$$

を考えると，(7.17) は，通常の4次元時空間における一般座標変換に他なら

7.1 統一場理論（カルツァ–クライン理論）

ず，この変換の下での不変性から4次元的な通常の重力相互作用が導かれる．では (7.18) の方は何に対応するのであろうか．これは，まさに (7.16) と同等と見なせ，局所 U(1) ゲージ変換に他ならない．したがって，この変換の下での理論の不変性から電磁相互作用が自然に生じるはずである．カルツァ–クラインは，こうした期待がまさに実現されていて，この理論が重力相互作用と電磁相互作用を統一的に含む理論となっていることを具体的に示したのである．

では，もう少し具体的にどのように統一が実現しているか見てみよう．議論の過程で，余剰次元の大きさも決定されることがわかる．5次元の重力理論は当然5次元的な計量テンソルの場 $g_{MN}(x,y)$ $(M,N=\mu,y)$ で記述される．ここで (x^μ, y) の依存性を (x,y) と略記している．4次元の世界から見ると，ちょうど高次元ゲージ場が $A_M = (A_\mu, A_y)$ のように4次元的ゲージ場 A_μ と4次元的スカラー場 A_y に分解できるように，g_{MN} は次のように4次元から見て異なるスピン s をもつ3種類の場に分解できる：

- $g_{\mu\nu}$: $s=2$,
- $g_{\mu y}$, $g_{y\mu}$: $s=1$,
- g_{yy}: $s=0$.

正確には
$$g_{MN} = \begin{pmatrix} g_{\mu\nu} + \phi R^2 e^2 A_\mu A_\nu & \phi R e A_\mu \\ \phi R e A_\nu & \phi \end{pmatrix} \tag{7.19}$$
のように，計量テンソルは3種類の場を用いて書かれる．ここで $g_{\mu y} = \phi R e A_\mu$, $g_{yy} = \phi$ のように書き，A_μ が $s=1$ の4元電磁ポテンシャルに対応するものと考えている．ϕ は $s=0$ のスカラー場（無次元ではあるが）である．e は電気素量．(7.19) において，左上の 4×4 のブロック行列のところに $g_{\mu\nu}$ と並んでゲージ場 A_μ も現れている理由は次のように理解することができる．局所ゲージ変換 (7.13), (7.16) の下で不変な5次元的な微小世界間隔 dS は

$$dS^2 = g_{MN} dx^M dx^N = g_{\mu\nu} dx^\mu dx^\nu + \phi(dy + Re A_\mu dx^\mu)^2 \tag{7.20}$$

であることが容易にわかる．つまり $dy + Re A_\mu dx^\mu$ のような dx^μ と dy の線

形結合が (7.13), (7.16) の下で不変なのである. (7.20) を具体的に書き下すと (7.19) が得られる. なお, (7.19) の形になっていると $g = \det(g_{MN})$ として

$$g = g_4 \phi \quad (g_4 = \det(g_{\mu\nu})) \tag{7.21}$$

となり, 5次元的体積要素は g_4 と ϕ により決まり A_μ には依存しないという, 一般相対論におけるゲージ理論のラグランジアンとして望ましい性質が得られる. 仮に 4×4 のブロック行列のところに A_μ が存在しないとすると, アインシュタイン–ヒルベルト作用 (Einstein-Hilbert action) の $\sqrt{-g}$ より A_μ の非線形な項が現れてしまうことに注意しよう.

7.1.4 KK モード展開

すでに述べているように, 余剰次元は, 存在したとしても半径 R の円のような小さな空間にコンパクト化されているためにわれわれにはその存在が認識されてこなかったと考えられる. 円にコンパクト化していると仮定すると, 理論のラグランジアンは $y \to y + 2\pi R$ の並進の下で不変である必要がある. そうでないとラグランジアンの一価性が失われてしまうからである. これを保証するためには, 理論に登場する各場が周期的境界条件を満たせばよい.

カルツァ–クライン理論は5次元の計量テンソル g_{MN} のみでも構成できるが, 電磁相互作用を記述する QED を理論に含めようとすると, 電子のような物質場を導入することが必要である. 電子の場 ψ に関しては, 周期的境界条件は

$$\psi(x, y + 2\pi R) = \psi(x, y) \tag{7.22}$$

で与えられる. 同様に計量テンソルに対しても $g_{MN}(x, y + 2\pi R) = g_{MN}(x, y)$ という条件を課す. 厳密には, ラグランジアンの一価性という要請のみからすれば, (7.22) において, 円を一周したときに場が元に戻らず (定数) 位相の分だけずれていてもよい: $\psi(x, y + 2\pi R) = e^{i\alpha} \psi(x, y)$. しかし, ここでは説明を簡単にするために周期境界条件を採用する (ゲージ・ヒッグス統一理論を議論する際に, そうした位相のずれについて言及する. (7.80) 参照). すると, すべての場は, 余剰次元の座標 y に関してフーリエ級数に展開でき

7.1 統一場理論（カルツァ–クライン理論）

て，例えば電子の場に関しては

$$\psi(x^\mu, y) = \sum_n \psi^{(n)}(x^\mu)\, e^{i\frac{n}{R}y} \tag{7.23}$$

のように展開できる．整数 n は物理的には，余剰次元方向の運動量に対応していて，各 n のフーリエ・モードに属する 4 次元場 $\psi^{(n)}(x^\mu)$，あるいはそれによって表される粒子は「カルツァ–クライン（KK）モード」とよばれる．すなわち，1 個の 5 次元的な場は，異なる n をもつ無限個の KK モードを含むことになる．これは，直感的には当然である．場というのは，いわば空間の各点に調和振動子が付与されている無限個の連成振動子と力学的に同等なので，余剰次元の各点ごとに 4 次元的な場（連成振動子の系）が一つずつ付与されている訳である．余剰次元がたとえコンパクトな空間でも，無限個の点が（稠密に）詰まっているので，4 次元的な場も無限個出てくる訳である．

後で，円をその離散的対称性で割った S^1/Z_2 というオービフォールド（orbifold）が登場するが，これは円の半分の自由度をもつ空間なので，このときの 4 次元的な場の自由度は円のときの半分になる．実はこれに従って，後で見るように余剰次元が円の場合に現れるディラック・フェルミオンの自由度が半分になり，左右いずれかのカイラリティをもったワイル・フェルミオンが出現して，パリティ対称性の破れた "カイラルな理論" の構築が可能になる．

こうした周期境界条件は，ちょうど前期量子論における「ボーア–ゾンマーフェルトの量子化条件」と同様であり，各 KK モードは，それに対応する余剰次元座標の関数である "モード関数" $e^{i\frac{n}{R}y}$ からも見てとれるように，量子化された余剰次元方向の運動量 p_y をもつことになる：

$$p_y = \frac{n}{R}. \tag{7.24}$$

p_y は，4 次元時空から見るとローレンツ変換しないスカラー量なので，質量と同等と見なせそうである．実際，5 次元的な場の満たすクライン–ゴルドン方程式が意味するアインシュタインの関係式（on-shell 条件）

$$p_M p^M = 0 \quad \to \quad p_\mu p^\mu - p_y^2 = 0 \quad \to \quad p_\mu p^\mu = \left(\frac{n}{R}\right)^2 \tag{7.25}$$

より，n 番目の KK モードの 4 次元の世界から見た質量は

$$m_n = \frac{|n|}{R} \tag{7.26}$$

であることがわかる．なお，クライン-ゴルドン方程式は一見スカラー場のみが満たす方程式に思えるが，すべてのスピンの場が満たすべきアインシュタインの関係式を表しているものなので，この議論はゲージボソン，重力子等のスピンをもった粒子にも適用できる．こうした観点に立つと，「モード関数 = 各 KK モードのもつ 4 次元的な質量固有値に対応する固有関数」と考えることができる．

後で見るように，カルツァ-クライン理論では余剰次元のサイズ R は，自然単位でニュートンの重力定数 G_N を用いて $l_{Pl} = G^{\frac{1}{2}}$ で定義される "プランク長" $l_{Pl} = 1.6 \times 10^{-33}$ (cm) 程度の非常に小さなものである．したがって，その逆数 $1/R$ を，コンパクト化に特有のエネルギースケールという意味で「コンパクト化スケール（compactification scale）」M_c とよぶと，

$$M_c = \frac{1}{R} \sim M_{Pl} \tag{7.27}$$

である．ここで M_{Pl} は $M_{Pl} = (G_N)^{-\frac{1}{2}} \sim 10^{19}$ (GeV) で定義される "プランク質量" である．よって，$n = 0$ の KK ゼロモードを除き，すべての KK モードは 4 次元から見ると M_{Pl} 程度の非常に大きな質量をもち，加速器では到底生成不可能である．そのため通常は，到達可能なエネルギー領域での素粒子の世界を記述する「低エネルギー有効理論（low energy effective theory）」においては，ゼロでない KK モードの粒子は decouple するので，KK ゼロモードのみを考慮すればよいと考えられている．これは，低エネルギーで 4 次元理論が回復することを意味していて望ましいことであるともいえるが，一方では，余剰次元をもった高次元理論の顕著な特徴である KK モードの存在が確認できないとすると，高次元理論の存在を（少なくとも直接）検証することが絶望的になってしまう．この点に関する最近の興味深い発展として，7.5 節以降でも述べるように，余剰次元のサイズがプランク長よりずっと大きくなり得るという，「大きな余剰次元（large extra dimension）」のシナリオが可能であるという指摘がなされている．

さて，ではカルツァ-クライン理論においてゼロモードのセクターに限定した場合に，本当に重力相互作用と電磁相互作用の統一が実現しているであろうか．これを見るためには，5 次元重力理論（一般相対論）のラグランジアンである 5 次元的なアインシュタイン-ヒルベルト作用のラグランジアンに

7.1 統一場理論（カルツァ–クライン理論）

おいて，計量テンソル g_{MN} に (7.19) を代入し，各々の場をそのゼロモード，すなわち y に依存しない場に限定し，4次元的ラグランジアンを得るために y 座標について積分してみればよい．計算の詳細はここでは述べず結果だけ書くと，得られる4次元的なラグランジアンは

$$\sqrt{-g_4}\mathcal{L}_4 = \int_0^{2\pi R} dy \, \frac{1}{16\pi G}\sqrt{-g}R$$
$$\to \mathcal{L}_4 = \frac{1}{16\pi G_N}R_4^{(0)} + \frac{1}{4}F_{\mu\nu}^{(0)}F^{(0)\mu\nu} + \frac{1}{2}\partial_\mu\phi^{(0)}\partial^\mu\phi^{(0)} \quad (7.28)$$

のようになる．ここで $R_4^{(0)}$, $F_{\mu\nu}^{(0)}$ は，4次元的計量テンソル，ゲージ場のKKゼロモード $g_{\mu\nu}^{(0)}(x)$, $A_\mu^{(0)}(x)$ を用いて計算したスカラー曲率と場の強さテンソルである．また，5次元時空での重力定数 G と4次元時空での通常の重力定数 G_N の関係は

$$G_N = \frac{G}{2\pi R} \quad (7.29)$$

で与えられることになる．さらに，(7.28) でゲージ場 $A_\mu^{(0)}(x)$ に関する正しく規格化された運動項 $\frac{1}{4}F_{\mu\nu}^{(0)}F^{(0)\mu\nu}$ を得るためには次の条件が必要になることに注意しよう（$\phi = 1$ としている）：

$$\frac{eR}{\sqrt{16\pi G_N}} = 1. \quad (7.30)$$

以下で議論するように，これからコンパクト化のサイズ R が決定できる．

こうしてゼロモードのセクター (7.28) を見ると，期待したように，4次元的な重力相互作用と電磁相互作用の統一が実現していることがわかる．これは，この理論が (7.17), (7.18) のような4次元的な一般座標変換，ゲージ変換に対応する変換を5次元的一般座標変換の一部として含んでいるのであるから，その意味では当然の帰結ともいえる．(7.28) には4次元的重力場，ゲージ場以外にスカラー場 $\phi^{(0)}$ も現れている．こうして，2以下のすべての整数スピン s をもつボソンが統一される形で表れていることがわかる．超対称性ではスピンが $1/2$ だけ違うボソンとフェルミオンが統一されたのを思い出そう．これは，高次元理論においては4次元時空におけるポアンカレ対称性が高次元的なポアンカレ対称性に拡張されるのに対して，超対称理論では超空間における拡張されたポアンカレ代数に拡張されるためであるといえる．い

ずれの場合においても，時空の対称性あるポアンカレ対称性が拡張されているという共通点がある点は興味深い．

7.1.5 小さな余剰次元

すでに上で述べたように，カルツァ–クライン理論では余剰次元のサイズはプランク長程度の非常に小さなものになる．これは 4 次元的な重力定数 G_N と電気素量 e を再現しようとすると必然的に導かれる結論である．

まず粗い議論をすると，この理論では，電磁気の U(1) ゲージ変換は (7.16) のような余剰次元の座標 y の並進に相当する．よってその生成子の固有値は余剰次元の運動量 $p_y = \frac{n}{R}$ に比例する．つまり，この理論では電荷は KK モードの質量に比例することになる．一方で，この理論では電磁ポテンシャル A_μ は高次元的な計量テンソル g_{MN} の一部と見なせるので，光子の起源は高次元的な重力子であるといえる．よって光子と電子との結合定数は $\sqrt{G_N}$ にも比例するはずである．こうして $\frac{n}{R}$ と $\sqrt{G_N}$ を掛けると無次元量が得られるが，$n = 1$ とすると，これが 4 次元の世界での光子の電子との結合定数（の大きさ）である電気素量 e に他ならないことになる：$e \sim \frac{\sqrt{G_N}}{R}$．これから $R \sim \frac{\sqrt{G_N}}{e} = \frac{l_{Pl}}{e}$ となり，R はプランク長とそれほど違わない小さなものになるのである．

実際，(7.30) より

$$R = \frac{4\sqrt{\pi G_N}}{e} \simeq 4 \times 10^{-32} \text{ cm} \tag{7.31}$$

と決まり，粗い議論から予想された通り，余剰次元のサイズはプランク長程度でとてつもなく小さくなることがわかる：「小さな余剰次元（small extra dimension）」．

カルツァ–クライン理論は残念ながら現実的な模型とはならなかった．その理由はいくつかあるが，例えば上で述べたように，U(1) ゲージ変換に対応する (7.16) の下で，n 番目の KK モードは (7.23) より容易にわかるように

$$\psi^{(n)}(x) \rightarrow e^{ine\lambda}\psi^{(n)}(x) \tag{7.32}$$

のように変換し，KK モードの電荷は n，したがってその質量に比例するこ

とになる.よって電荷をもった電子はゼロモードではあり得ず,プランク質量程度の巨大な質量をもつことになり,現実と合わない.

7.2 ヒッグス的機構

　高次元理論では,7.1.4項で述べたように,高次元的な質量項をもたない場合でも,4次元時空から見ると,ゼロでないKKモードは質量をもつ.特に,カルツァ–クライン理論のような高次元的な重力理論や高次元的なゲージ理論では,本来一般座標変換不変性やゲージ不変性といった局所的対称性のために質量をもたない重力子やゲージボソンでも,そのゼロでないKKモードは質量をもつことになるが,これは4次元時空における自発的対称性の破れと,それに伴って起きるヒッグス機構を連想させるものである.ここでは,たしかにこの予想通り,ゼロでないKKモードのセクターにおいて「ヒッグス的機構」が働いていることを議論しよう.ヒッグス的と断ったのは,特に何らかの対称性の自発的破れが起きている,という訳ではないにもかかわらず重力子やゲージボソンが質量をもつことができるからである.

　まずは,この機構の本質を理解するために高次元ゲージ理論(7.8節で議論するゲージ・ヒッグス統一理論のような)におけるヒッグス的機構に関して考えてみよう.自発的対称性の破れのあるゲージ理論とまったく同様の構造が,高次元ゲージ理論の各々のKKモードのセクターにおいて存在することがわかる.

　なお,ヒッグス機構と同様の機構が働く本質的な理由は,すでに1.8.1項の最後の方で議論したように,ヒッグス機構が働く本質的な理由は,質量ゼロのゲージボソンが質量ゼロのスカラー粒子とゲージ不変な形で相互作用していることにあり,必ずしもゲージ対称性の自発的破れを必要とするものではないからである.自発的対称性の破れのあるゲージ理論では,自発的破れを示すオーダーパラメータはヒッグス場の真空期待値であるが,高次元理論では,真空期待値に相当するのは $\frac{n}{R}$ (n:KKモード)という各KKモードの質量スケールである.しかし,そうしたアナロジーが完全に成り立つものの,この $\frac{n}{R}$ が何らかの対称性の自発的破れを表している訳ではないことに注意し

よう.

　では，具体的にどのように高次元ゲージ理論でヒッグス的機構が働くのか見てみることにしよう．半径 R の小さな円を余剰次元にもつ 5 次元の U(1) ゲージ理論を例にとる．簡単のため，物質場を無視し，高次元ゲージ場のみについて考える．高次元ゲージ場 A_M の 4 次元成分 A_μ は $\frac{n}{R}$（$n:0$ 以上の整数）の質量をもつゲージボソンの集まりになる．$n \neq 0$ の場合にゲージ場が質量を得る機構はヒッグス機構と同等であることを以下のように示すことができる．余剰次元の座標を y（$-\pi R \leq y \leq \pi R$）とする．5 次元ゲージ場は $A_M = (A_\mu, A_y)$（$\mu = 0, 1, 2, 3$）のように，4 次元的ゲージ場 A_μ と 4 次元的スカラー場 A_y を統一的に含む．ラグランジアンは

$$\mathcal{L} = -\frac{1}{4}F_{MN}F^{MN} = -\frac{1}{4}F_{\mu\nu}F^{\mu\nu} - \frac{1}{2}F_{\mu y}F^{\mu y}$$
$$(F_{\mu\nu} = \partial_\mu A_\nu - \partial_\nu A_\mu, \quad F_{\mu y} = \partial_\mu A_y - \partial_y A_\mu) \tag{7.33}$$

のように A_μ と A_y の微分を用いて書かれる．(7.33) の右辺の 2 項目 $-\frac{1}{2}F_{\mu y}F^{\mu y}$ が 4 次元理論におけるゲージ場と南部–ゴールドストーン（NG）ボソンの混合を表す項に対応する．実際，場を

$$A_y(x^\mu, y) = \sum_{n=-\infty}^{\infty} \frac{e^{i\frac{n}{R}y}}{\sqrt{2\pi R}} A_y^{(n)}(x) \quad (A_y^{(-n)}(x) = \{A_y^{(n)}(x)\}^*) \tag{7.34}$$

のようにフーリエ展開すると，この 2 項目は y に関する積分の後に

$$\int_{-\pi R}^{\pi R} dy \left\{-\frac{1}{2}F_{\mu y}F^{\mu y}\right\}$$
$$= \frac{1}{2}\sum_{n=-\infty}^{\infty}(\partial_\mu A_y^{(n)} - i(\frac{n}{R})A_\mu^{(n)})(\partial^\mu A_y^{(n)} - i(\frac{n}{R})A^{(n)\mu})^* \tag{7.35}$$

という 4 次元的ラグランジアンに帰着する．これは，それぞれの n で示される KK モードのセクターにおいて，真空期待値を $v^{(n)} = \frac{n}{R}$ と見なしたときのヒッグス機構が働いていることを示している．実際 (7.35) の $(\frac{n}{R})^2 A_\mu^{(n)}(A^{(n)\mu})^*$ の項から $A_\mu^{(n)}$ が $\frac{|n|}{R}$ の質量をもつことがわかる．また，$\text{Im}(\frac{n}{R}A_\mu^{(n)}\partial^\mu A_y^{(n)})$ の項は $A_\mu^{(n)}$ と $A_y^{(n)}$，正確にはそれぞれの実部と虚部の間の混合を表す項であり，たしかに 4 次元的なスカラー場である $A_y^{(n)}$ が NG ボソンの役目を果たしていることが見てとれる．

7.2 ヒッグス的機構

高次元重力理論の場合も，同様の機構がゼロでない KK モードのセクターで働く．(7.28) で見たように，ゼロモードのセクターは質量ゼロの重力子，光子（およびスカラー）の統一された系になっているが，ゼロでない KK モードのセクターはどうなるであろうか．この場合，4 次元時空から見たときの質量のあるスピン 2 の粒子（重い"重力子"）$g^{(n)}_{\mu\nu}$ ($n \neq 0$) の独立な物理的自由度は $2s + 1 = 2 \times 2 + 1 = 5$ のはずである．一方，ゼロモードのセクターのような質量ゼロの重力子の自由度は 2 である．これは以下のような簡単な議論からわかる．$g^{(0)}_{\mu\nu}$ を考えると，これはローレンツ変換の下で $A^{(0)}_{\mu}$ のようなベクトルのテンソル積と同様に振る舞う．ここで，よく知られているように，ゲージ変換の自由度のために $A^{(0)}_{\mu}$ の物理的自由度も 2 （二つの横波の方向に対応）である．すると，2 成分ベクトルから作られる対称テンソルの自由度に対応する $g^{(0)}_{\mu\nu}$ の自由度は $\frac{2 \times 3}{2} = 3$ となるが，対称テンソルの内で一つの自由度はスピン 0 のスカラーの自由度に対応するので，残る物理的自由度は $3 - 1 = 2$ となるのである．

すると，重い重力子のもつ $5 - 2 = 3$ の余分な自由度はどこからくることになるのであろうか．実は，高次元重力理論のゼロでない KK セクターでも高次元ゲージ理論の場合と同様なヒッグス的機構が働き，$g^{(n)}_{\mu\nu}$ ($n \neq 0$) が，$s = 1$ のゲージ場および $s = 0$ のスカラー場を吸収して質量をもった $s = 2$ の粒子となる，との解釈が可能である．実際，質量ゼロのゲージボソンとスカラーの自由度はそれぞれ 2 と 1 であるから，これらの和 3 が，ちょうど質量のあるスピン 2 の粒子が質量がない場合に比べて余分に獲得する自由度に一致している．

高次元重力理論におけるヒッグス的機構の議論は，5 次元時空の場合に限らず，6 次元，10 次元といったより高い次元をもった高次元理論にも一般化できる．ただし，この場合にはスピン 1, 0 のセクターで，重力子に吸収されずに残る物理的な質量をもつ粒子が，それぞれ $N - 1$ 個，$\frac{(N+1)N}{2} - N = \frac{N(N-1)}{2}$ 個残ることになる．ここで N は余剰次元の次元（数）を表し，1, $N - 1$ を引算する理由は，4 次元から見たスピン 2, 1 の粒子数がそれぞれ 1, N であり，自分よりスピンが 1 大きい粒子にヒッグス的機構で吸収される，と考えれば理解できる．念のため，自由度のつじつまが合っていることを確かめておこう．本来，すべては質量をもたない $4 + N$ 次元時空での重力子に含まれ，そ

の自由度は（4次元のときの議論と同様に）

$$\frac{(2+N+1)(2+N)}{2} - 1 = \frac{(N+4)(N+1)}{2} \tag{7.36}$$

で与えられる．一方で，4次元から見ると1個の重い重力子の自由度，$N-1$個の重いゲージボソンの自由度，$\frac{N(N-1)}{2}$個のスカラーの自由度の和は

$$5 + 3 \times (N-1) + 1 \times \frac{N(N-1)}{2} = \frac{(N+4)(N+1)}{2} \tag{7.37}$$

となり，当然のことではあるが，両者は一致していることがわかる．

7.3 高次元とフェルミオンのカイラリティ

　高次元理論では，すでに7.1.4項の「KKモード展開」のところで述べたように，例えば1個の5次元的なスカラー場 $\phi(x^\mu, y)$ でもKKモード n で区別される無限個の4次元的なスカラー場 $\phi^{(n)}(x^\mu)$ を表していることになる．これは直感的には余剰次元の点が無限個あるからである．例えば $\phi(x^\mu, y_1)$ は，余剰次元の座標が $y = y_1$ の位置に，x^μ の関数である4次元的なスカラー場 $\phi(x^\mu, y_1)$ が1個与えられていることを表しているが，余剰次元の点は無限個あるので，こうした4次元的なスカラー場は $\phi(x^\mu, y_1), \phi(x^\mu, y_2), \cdots$ のように無限個存在する．$\phi^{(n)}(x^\mu)$ は，余剰次元の座標の代わりに，これをフーリエ変換した平面波によるフーリエ級数展開によって表したものである．それは，（円のような曲がっていない空間の場合には）平面波が余剰次元方向の運動量，したがって4次元的な質量が確定した質量固有状態になるために4次元的な世界を記述するのに便利だからである．

　要するに，高次元では，空間の拡張によって4次元的な場の自由度が無限個現れることになるが，スピンの自由度ももつフェルミオン場の場合には，さらにカイラリティが複数現れるという一般的な性質があることがわかっている．すなわち，高次元的なスピンをもった場を4次元から見ると，常に右巻き，左巻きの両方のカイラリティをもったフェルミオンがペアで現れるという著しい特性があるのである．これは，正確には余剰次元がコンパクト化しておらず無限に広がった"本当の"高次元空間を考えた場合にいえることで，後に述べるように余剰次元がコンパクト化している場合には，その余剰次元

の幾何学的性質によって，片方のカイラリティのみをもつフェルミオンを構成することが可能である．

素粒子の標準模型は，弱い相互作用がパリティ対称性を破るために，理論は片方のカイラリティのみをもつワイル・フェルミオンで記述されるので，このように両方のカイラリティがペアになって同等に現れてしまう理論は受け入れられない．という訳で，片方のカイラリティのみをもつ「カイラルな理論」の構成をどのように実現するかが大きな課題となる．

以下ではまず，高次元理論でカイラリティがペアで現れてしまう理由を考えてみることにする．示すべきことを具体的にいうと，高次元時空でのローレンツ変換の既約表現をとってくると，4次元から見たときに右巻き，左巻きのワイル・フェルミオンが必ずペアで現れるということである．時空の次元が偶数か奇数かで議論が異なるので，それぞれの場合に分けて以下で考えていくことにする．

7.3.1　奇数次元の場合

まず最も簡単な例として，時空が5次元のときに，時空を4次元から5次元に拡張すると，なぜ左右両方のワイル・フェルミオンが現れるのかを見てみよう．

その前に，一般的にD次元時空間におけるスピノールの次元（成分の数）について考えてみよう．4次元時空では，ディラックが電子を記述する相対論的量子力学を構築した際に考案したディラック・スピノールが存在し，その成分数は4であるが，一般のD次元時空におけるスピノールの成分数は

$$2^{[\frac{D}{2}]} \tag{7.38}$$

であることが知られている．ここで [ ] はガウス記号である．例えば $D=4$ とすると成分数は4となり，たしかにディラック・スピノールの成分数と一致していることがわかる．なぜ (7.38) のようになるかは容易に理解できる．D次元時空でのガンマ行列を γ_M $(M=0,1,\cdots,D-1)$ と書こう．これらはクリフォード代数 $\{\gamma_M,\gamma_N\}=2\eta_{MN}$ を満たすものとして定義される．すると，D次元での，スピノールに関するローレンツ変換の生成子は（クリフォード

代数を用いるとわかるように）4次元のときと同様に

$$\Sigma_{MN} = \frac{i}{4}[\gamma_M, \gamma_N] \qquad (7.39)$$

と書けることがわかる．

D が偶数のときには，この生成子の内で互いに交換する最大数の生成子の集合として $\Sigma_{01}, \Sigma_{23}, \cdots, \Sigma_{D-2,D-1}$ をとることができる（これらがカルタン部分代数を成す）．すなわち，ローレンツ群のランクは $\frac{D}{2}$ である．これは，直感的には D 次元時空での独立な"回転"（ローレンツ変換（ローレンツ・ブースト）も一種の回転と見なせば）は，x–y 平面内の回転，というように，二つの異なる座標のペアを選ぶことで指定できるが，重複のない独立なペアの数の最大数が $\frac{D}{2}$ 個である，ということをいっているのである．一方，D が奇数のときには，独立なペアは $\Sigma_{01}, \Sigma_{23}, \cdots, \Sigma_{D-3,D-2}$ となり，その数は $\frac{D-1}{2}$ である．よって一般にローレンツ群のランクは $[\frac{D}{2}]$ と書けることがわかる．

一方で，(7.39) の生成子は，クリフォード代数より $(\Sigma_{MN})^2 = \pm\frac{1}{4}$ を満たすので，その固有値は $\pm\frac{1}{2}$（M, N がいずれも空間的な場合），あるいは $\pm\frac{i}{2}$（M, N のいずれかが時間的な場合）のように 2 通りしかとり得ないことがわかる．これは本質的には，例えば Σ_{12} などはスピンの z 成分に対応する演算子なので，その固有値は $\pm\frac{1}{2}$ であるということをいっているのである．カルタン部分代数をなす生成子は互いに交換するので同時対角化可能であり，それが作用するスピノールの個々の状態は，$[\frac{D}{2}]$ 個の固有値の組み合せを用いて，例えば $(\frac{i}{2}, \frac{1}{2}, \cdots)$, $(\frac{i}{2}, -\frac{1}{2}, \cdots)$, $\cdots$ のように指定することができる．よって，可能な状態の数は $2^{[\frac{D}{2}]}$ となり，これがスピノールの次元（独立な成分の数）に他ならないのである．

すると，4次元と5次元時空では，スピノールの次元は $2^{[\frac{4}{2}]} = 2^{[\frac{5}{2}]} = 4$ となり変わらないことになる．しかし，4次元では，この 4 成分のディラック・スピノールをカイラル演算子 γ_5 の固有値の符号により，半分の自由度をもつ右巻き，左巻きのワイル・フェルミオンに分解可能であった．ここで $\gamma_5 = i\gamma^0 \cdots \gamma^3$ のように，カイラル演算子は 4 次元のすべてのガンマ行列を掛け合せて得られるが，ワイル・フェルミオンがローレンツ群の既約表現となるということ，つまりローレンツ変換の下でカイラリティが混ざらないと

いうことは

$$[\gamma_5, \Sigma_{\mu\nu}] = 0 \tag{7.40}$$

という性質の帰結であるといえる．実際 γ_5 が対角化されるカイラル基底では $\Sigma_{\mu\nu}$ は左上と右下の 2×2 の行列に"ブロック対角化"される ((3.9) 参照)．

5 次元時空でも，すでに述べたようにスピノールの次元は 4 で変わらないが，空間の拡張により，ガンマ行列を γ_μ ($\mu = 0, 1, 2, 3$) に加えて一つ増やす必要がある．この新たに導入するものとして $i\gamma_5$ をとることができる．実際，$\{\gamma_5, \gamma_\mu\} = 0$ という反可換性のために $\gamma_\mu, i\gamma_5$ の集合がクリフォード代数を満たすことを容易に示すことができる．すると，4 次元のときと違ってカイラル演算子を定義することができなくなる．それは，5 個のガンマ行列をすべて掛けると $i(\gamma^0 \cdots \gamma^3)i\gamma_5 = iI$ (I：単位行列) となり，自明なものになってしまうからである．また，4 次元におけるワイル・フェルミオンがもはや 5 次元のローレンツ変換の既約表現にはなり得ないことも容易にわかる．それは，4 次元時空と余剰次元を混ぜる $\Sigma_{\mu y}$ によるローレンツ変換を考えると，

$$[\gamma_5, \Sigma_{\mu y}] \neq 0 \tag{7.41}$$

からわかるように，この変換により右巻きと左巻きのワイル・フェルミオンが混ざってしまうからである．実際，$\Sigma_{\mu y}$ はカイラル基底でブロック対角化されないことが容易にわかる．

このようにして，5 次元的なローレンツ対称性を保持しようとすると，左右のカイラリティが常にペアで対等に現れてしまう．後で述べるように，余剰次元がコンパクト化すると，こうした高次元的なローレンツ対称性はそもそも破れてしまうので，コンパクト化の仕方によっては，片方のカイラリティだけが現れるカイラルな理論を得ることが可能となる（コンパクト化しさえすればカイラルとなる訳ではないが）．

なお，ここまで 5 次元の例を述べたが，一般に次元が $2n$ ($n = 2, 3, \cdots$) の偶数次元の時空を $2n+1$ 次元時空に拡張すると，$2n$ 次元で定義可能な γ_{2n+1} の固有値により決まるカイラリティに関して，異なるカイラリティをもったものが常にペアで現れることが上の議論を一般化すればただちにわかる．

7.3.2 偶数次元の場合

時空の次元が $6, 8, 10$ 等の偶数の場合には，上述のように，ちょうど 4 次元の場合の γ_5 のようにすべてのガンマ行列を掛けて得られる γ_{2n+1} $(n = 3, 4, \ldots)$ というカイラル演算子を定義することができ，したがってこの γ_{2n+1} の固有値として ± 1 をもつ "ワイル・フェルミオン" をローレンツ群の既約表現として定義することも可能である．よって，一見，時空を偶数次元にすることで 4 次元の場合と同様にカイラルな理論が実現可能であるように思われる．

しかし，そうだとすると少し妙である．例えば 6 次元で γ_7 の確定した固有値をもつものとしてワイル・フェルミオンを定義したとする．仮に，これを 4 次元から見たときにも右巻き，あるいは左巻きのいずれかのカイラリティをもったワイル・フェルミオン（の集まり）となったとしよう．一方，6 次元に包含される 5 次元時空でのローレンツ変換は 6 次元ローレンツ変換の一部なので，6 次元ワイル・フェルミオンは 5 次元ローレンツ変換の下でも閉じた表現（その成分の間だけで変換する）になるはずであるが，5 次元ローレンツ変換の下で 4 次元から見たときの両方のカイラリティが混ざってしまうことを前の 7.3.1 項で議論したばかりである．よって矛盾が生じてしまう．こうして，6 次元で γ_7 の固有値が 1 あるいは -1 のいずれかをもつワイル・フェルミオンを考えたとしても，それは 4 次元の世界から見ると，左右両方のカイラリティが必ずペアになって現れカイラルな理論にはならない，と考えざるを得ない．

この辺の事情を，一番簡単な偶数次元の場合である 6 次元時空の場合について具体的に見てみることにしよう．6 次元時空のスピノールの次元は $2^3 = 8$ となり，4 次元のスピノールの 2 倍の数の成分をもつ．そこで，スピノールの各成分を $\psi_{\alpha, i}$ ($\alpha = 1, 2, 3, 4; i = 1, 2$) のように表すことにする．ここで α は 4 次元のディラック・スピノールの添字に対応し，i は，そうした 4 次元的スピノールが 2 個あることを表す添字である．数学的には，$\psi_{\alpha, i}$ は直積空間のテンソルのように見なされることを意味する．すると，6 次元時空での 6 個のガンマ行列を次のようにコンパクトな形で書くことができる：

$$\Gamma^\mu = \gamma^\mu \otimes I_2 = \begin{pmatrix} \gamma^\mu & 0 \\ 0 & \gamma^\mu \end{pmatrix}, \quad \Gamma^4 = \gamma^5 \otimes i\sigma_1 = \begin{pmatrix} 0 & i\gamma^5 \\ i\gamma^5 & 0 \end{pmatrix},$$

$$\Gamma^5 = \gamma^5 \otimes i\sigma_2 = \begin{pmatrix} 0 & \gamma^5 \\ -\gamma^5 & 0 \end{pmatrix}. \tag{7.42}$$

ここで，例えば $\gamma^\mu \otimes I_2$ において，γ_μ は，スピノールの直積空間のテンソルの添字の内で α に作用し，2×2 の単位行列 I_2 は i に作用する．また具体的に書かれた 8×8 行列は，具体的に書かれた 8 成分のスピノール

$$\begin{pmatrix} \psi_{\alpha,1} \\ \psi_{\alpha,2} \end{pmatrix} \quad (\alpha = 1,2,3,4) \tag{7.43}$$

に対する掛算だと思えばよい．このように，偶数次元のガンマ行列は，2 だけ小さな偶数次元のときのガンマ行列に，2×2 のパウリ行列や単位行列をテンソル積として掛けて得られる．(7.42) のすべてのガンマ行列を掛算すると

$$\gamma_7 = \gamma^0 \gamma^1 \cdots \gamma^5 = -\gamma_5 \otimes \sigma_3 \tag{7.44}$$

が得られる．$i = 1,2$ のように 4 次元のスピノールが 2 個現れるが，これらをユニタリ変換 $U(2)$ で変換しても，対応するガンマ行列は明らかに同じクリフォード代数を満たし，理論は不変になる．この $U(2)$ の変換を受ける 2 次元的な空間を"内部空間"とよぶとする．例えば，6 次元時空における超対称性を 4 次元時空から見ると $N = 2$ の拡張された超対称性をもつことになるが，これは内部対称性のもつ U(2) 対称性に呼応している．すると，$\gamma_7 = -\gamma_5 \otimes \sigma_3$ の関係は，6 次元的なカイラル演算子は，4 次元的なカイラル演算子 γ_5 に，いわば"内部空間のカイラル演算子" σ_3 を掛け合せたものである，ということを示している．実際，σ_3 は $\sigma_{1,2}$ を掛けて得られ，かつこれらと反交換するので，カイラル演算子とよぶのにふさわしいものである．すると，γ_5 同様 σ_3 の固有値も ± 1 であることに注目すると，例えば γ_7 の固有値が 1 の場合であっても，

$$\gamma_7\text{の固有値が }1 = \begin{cases} \gamma_5\text{の固有値が }1, & \sigma_3\text{の固有値が }1 \\ \gamma_5\text{の固有値が }-1, & \sigma_3\text{の固有値が }-1 \end{cases} \tag{7.45}$$

という 2 通りの場合があり得ることがわかる．すなわち 6 次元の意味でカイラルであっても，これを 4 次元の世界から見ると γ_5 の固有値が 1, -1 の右巻き，左巻きのカイラリティの状態を両方とも含んでいることになる．

こうして，予想したように偶数次元の高次元時空の場合でもカイラル演算子は定義できるものの，やはり 4 次元的な意味でのカイラルな理論を得るこ

とはできないことがわかる．上の議論では最も簡単な 6 次元時空の場合に関してこれを具体的に示したのであるが，より高次元の $D=8,10$ といった場合でも事情は変わらない．実際，こうした場合でも，内部空間のカイラル演算子は $\sigma_3 \otimes \sigma_3 \otimes \cdots$ のようになり，その固有値は明らかに ± 1 である．

こうして，結論として高次元時空（のローレンツ対称性を保持した理論）から出発すると，そのスピノールは 4 次元時空から見たときに必然的に両方のカイラリティを含み，したがってカイラルな理論とはなり得ないということがわかる．先に述べたように，素粒子の標準模型はカイラルな理論であるので，これは現実的な素粒子理論を構築する上で非常に重要な克服すべき問題となる．

7.3.3 オービフォールドを用いたカイラルな理論の構成

余剰次元をコンパクト化することでカイラルな理論を得る可能性があると述べたが，実際には余剰次元として円や球面 S^n（n：自然数）といった多様体（manifold）を採用すると，コンパクト化によって 4 次元的な質量が離散的にはなるもののカイラルな理論は得られない．例えば一番簡単な 5 次元時空で余剰次元が円 S^1 の場合を考えると，通常の場の理論で場が平面波の重ね合わせとしてフーリエ積分で表されるものが，カルツァ–クライン理論の場合の (7.23)（KK モード展開）に見られるように，場の満たす周期的境界条件のために余剰次元方向の座標に関するフーリエ級数による展開に変更されるだけで，余剰次元方向の運動量，すなわち 4 次元的な質量が離散的にはなるものの，4 次元から見たディラック粒子はそのまま存在し，いずれかのカイラリティをもつワイル・フェルミオンのみが現れるということはない．つまりカイラルな理論は得られない．

この問題を解決する簡便な方法として，余剰次元として円 S^1 やトーラス T^n（円の直積空間．例えば $T^2 = S^1 \times S^1$）といった多様体を，それ自身のもつ離散的対称性で"割って"得られる「オービフォールド（orbifold）」を採用することがよく議論されている．その一番簡単なものとして S^1/Z_2 をとり上げよう．ここで Z_2 は円 S^1 をその直径の一つに関して折り返す，パリ

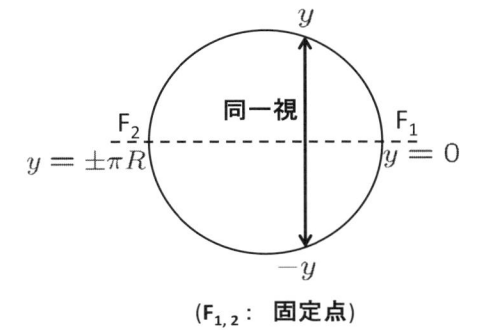

7.3 高次元とフェルミオンのカイラリティ 267

図 7.4 S^1/Z_2 オービフォールド

ティ（鏡像）変換とよく似た離散的変換を表し，変換を 2 回行うと元に戻るので Z_2 と書かれる．S^1/Z_2 は，円をこの Z_2 対称性で"割る"ことを意味しているが，これは具体的には，Z_2 の折り返しによってペアとなる円上の 2 点を同一視する（独立な点ではなく同じ点だと見なす）ことで，点の数（無限大ではあるが）を半分に減らす（2 で割算する）ことを意味する．すなわち S^1/Z_2 コンパクト化とは，円へのコンパクト化を想定した上でさらに

$$x^\mu \to x^\mu, \quad y \to -y \tag{7.46}$$

という Z_2 変換の下での理論の不変性（Z_2 対称性）を課すことで定義される．ここで y（$-\pi R \leq y \leq \pi R$, R は円の半径）は余剰次元の座標であり，折り返しは $y = 0$, $\pm \pi R$ の 2 点を結ぶ線分に関して行うことを想定していることになる．なお，$y = 0$, $\pm \pi R$ の 2 点は Z_2 変換の下で不変な点なので"固定点（fixed point）"とよばれる（図 7.4 参照）．

では，なぜオービフォールドになるとカイラルな理論が実現するのであろうか．直感的に結論をまず述べると，円を Z_2 対称性で割ることにより余剰次元の自由度が半減し，このために (7.23) のような KK モード展開において $\cos(\frac{n}{R}y)$ のような y の偶関数か $\sin(\frac{n}{R}y)$ のような奇関数のいずれかのみが許されることになり，さらにフェルミオンに関しては，その KK ゼロモード ($n = 0$) において右巻きか左巻きのいずれかのカイラリティのみが許されることになるのである．こうしてカイラルな理論が実現することになる．具

体的にどのようにカイラルな理論が実現するのか,以下で見てみよう.

まず,Z_2 変換 (7.46) の下で,フェルミオン場 ψ がどのように変換すべきか考えてみよう.理論が Z_2 変換の下で不変になるためには,(7.46) の時空座標の変換と同様にフェルミオンの 2 次形式で構成される 5 元ベクトルの各成分についても

$$\bar{\psi}\gamma_\mu\psi \rightarrow \bar{\psi}\gamma_\mu\psi, \qquad \bar{\psi}\gamma_5\psi \rightarrow -\bar{\psi}\gamma_5\psi \tag{7.47}$$

のように変換することが必要である.ここで思い出すのは,4 次元時空におけるカイラル変換の下で,ベクトル型の 2 次形式である運動項は不変であるのに対して,スカラー型の 2 次形式である質量項は不変ではない,という事実である.そこで,カイラル変換の一種である γ_5 による変換

$$\psi(x^\mu, y) \rightarrow \gamma_5\psi(x^\mu, -y) \tag{7.48}$$

を考える.実際 $e^{i\frac{\pi}{2}\gamma_5} = i\gamma_5$ なので,これはカイラル変換とも見なせるが,(7.48) の変換の下で,フェルミオンの 2 次形式が (7.47) のように変換することが容易にわかる.よって,(7.48) がフェルミオンに関する Z_2 変換である.

Z_2 変換は 2 回続けると恒等変換になるので,その固有値は ± 1 である.よって,ちょうど量子力学においてパリティ対称性のある力学系では波動関数が偶関数,奇関数のいずれかになる,というのと同様に,Z_2 対称性の条件は

$$\gamma_5\psi(x^\mu, -y) = \pm\psi(x^\mu, y) \tag{7.49}$$

で表される.例えば固有値が +1 の方をとると,この条件は,右巻き,左巻きのワイル・フェルミオンが y に関してそれぞれ偶関数および奇関数になることを表していることになる(右巻き,左巻きへの射影演算子 R, L は $\gamma_5 R = R, \gamma_5 L = -L$ を満たすので).$n \neq 0$ の KK モードについてはモード関数の偶奇性に制限が付くものの,左右どちらのカイラリティのワイル・フェルミオンも,円へのコンパクトのときと同様に混在することになる.しかし,ゼロモード ($n = 0$) に関しては事情は異なる.簡単のために 5 次元時空が平坦な場合を想定すると,KK モード展開はすでに述べたようにフーリエ級数展開になるが,ゼロモードは y によらない定数,つまり偶関数のモード関数をもつので,(7.49) で例えば +1 の固有値を選んだ場合には,ゼロモー

ドは右巻きに限定されることになる．こうして，ゼロモードのセクターでおいてカイラルな理論が実現するのである．

7.4 コンパクト化と場の境界条件

余剰次元をもった高次元理論では，余剰次元は少なくとも今のところ確認されていないことから小さな空間にコンパクト化されていると通常考えられている．仮に余剰次元が線分のような境界をもった空間の場合には，境界での場の満たすべき境界条件をどうとるべきかという問題がただちに生じるが，余剰次元が境界のない円 (S^1) やトーラス (T^n) のような "穴のあいた" 非単連結空間の場合にも，円に沿って一周したときの場の境界条件が物理的に大きな意味をもつことになることがわかる．カルツァ–クライン理論のときに行ったように，通常は一周したときに場は元に戻るという「周期的境界条件」を採用することが多いが，一方で，量子力学におけるアハロノフ–ボーム効果（AB effect）の場合の AB 位相に見られるように，非単連結空間を一周したときに自明でない境界条件を選択することも原理的に可能である．

以下では，特に，一番簡単な円 (S^1) およびオービフォールド (S^1/Z_2) の場合に的をしぼって，場の境界条件を議論する．議論に用いる理論としては 5 次元における QED を採用する．そのラグランジアンは

$$\mathcal{L}_{QED}^{(5D)} = \bar{\psi}\{(i\partial_M + eA_M)\gamma^M - m\}\psi - \frac{1}{4}F_{MN}F^{MN}$$
$$(M, N = 0, 1, 2, 3, y, \quad F_{MN} = \partial_M A_N - \partial_N A_M) \tag{7.50}$$

で与えられる．ここで ψ は電子を表す 4 成分のディラック・スピノール場である．また，m は電子が 5 次元時空でもつ「バルク質量（bulk mass）」であり，4 次元から見た質量とは区別する必要がある．また，$A_M = (A_\mu, A_y)$ は 5 次元的なゲージ場（電磁場）で，4 次元時空における通常の電磁場 A_μ と，ゲージ場の余剰次元成分である 4 次元時空から見たスカラー場 A_y の両方を含んでいる．

7.4.1 円にコンパクト化する場合

円は閉じた境界のない 1 次元空間なので，ラグランジアン (7.50) 自身は周期的境界条件を満たすべきである：

$$\mathcal{L}_{QED}^{(5D)}(x^\mu,\ y+2\pi R) = \mathcal{L}_{QED}^{(5D)}(x^\mu,\ y). \tag{7.51}$$

ここで R は円の半径である．(7.50) のラグランジアンの右辺 1 項目の共変微分の項に着目すると，ゲージ場 A_M に関しては 1 次式なので，ラグランジアンの一価性から A_M は周期的境界条件を満たす必要がある：

$$A_M(x^\mu,\ y+2\pi R) = A_M(x^\mu,\ y). \tag{7.52}$$

自明ではないのは電子の場 ψ に関する境界条件である．共変微分の項は ψ に関して 2 次式であり，ψ に関する定数位相の位相変換の下で不変であるので，一周したときに必ずしも元に戻らず"ひねり (twist)"があっても構わない：

$$\psi(x^\mu,\ y+2\pi R) = e^{i\alpha}\psi(x^\mu,\ y) \quad (\alpha:\text{定数の位相}). \tag{7.53}$$

この位相 α の自由度は，理論に QED の大域的な U(1) 変換の対称性があることを反映しているともいえる．実際 (7.53) の右辺は $\psi(x^\mu,\ y)$ に対する大域的 U(1) 変換になっているので，(7.53) のように境界条件を一般化してもラグランジアン自身は $2\pi R$ の並進の下で不変であることが容易にわかる．

この"ひねり"の位相 α は電子の質量スペクトルを変えてしまい重要な物理的意味をもつものである．実際，カルツァ–クライン理論の解説の際には，周期的境界条件を仮定し (7.23) のようなモード展開を行ったが，一般的な (7.53) の境界条件の場合には，モード展開は

$$\psi(x^\mu,y) = \sum_n \psi^{(n)}(x^\mu)\ e^{i\frac{n+\frac{\alpha}{2\pi}}{R}y} \tag{7.54}$$

のように変更される．これは，余剰次元方向の運動量，すなわち 4 次元から見た電子の KK モードの質量が

$$m_n\ (=p_y) = \frac{n}{R} \quad \to \quad \frac{n+\frac{\alpha}{2\pi}}{R} \tag{7.55}$$

と変更されることを意味する．

しかし一方では，理論には局所的ゲージ対称性があるので，y に依存したゲージ変換を行えば境界条件を変化させ，周期的境界条件に戻すことも可能であるように思える．実際，y の 1 次式のゲージ変換パラメータによる局所ゲージ変換

$$\psi(x^\mu,\ y) \ \to \ \psi'(x^\mu,\ y) = e^{-i\frac{\alpha}{2\pi R}y}\psi(x^\mu,\ y) \tag{7.56}$$

を行うと，変換後の ψ' は周期境界条件を満たすことが容易にわかる：

$$\psi'(x^\mu,\ y + 2\pi R) = \psi'(x^\mu,\ y). \tag{7.57}$$

すると一見ひねり（α）の効果は理論から消えてしまうように思えるが，この変換はゲージ変換のパラメータが y に依存する局所ゲージ変換なので，A_y も同時に次のように変換されることがわかる：

$$A_y \ \to \ A'_y = A_y + \frac{1}{e}\partial_y(\frac{\alpha}{2\pi R}y) = A_y + \frac{1}{e}\frac{\alpha}{2\pi R}. \tag{7.58}$$

よって，局所ゲージ変換後の描像で理論を見ると，電子は周期的境界条件を満たし，その余剰次元方向の運動量からは α の寄与は消える一方で，A_y がいわば真空期待値 $\langle A_y \rangle = \frac{1}{e}\frac{\alpha}{2\pi R}$ をもつために，電子の KK モードの質量が

$$\frac{n}{R} + e\langle A_y \rangle = \frac{n + \frac{\alpha}{2\pi}}{R} \tag{7.59}$$

となる，と解釈できる．(7.59) は (7.55) と同じであるが，これは，y 方向の共変微分 $D_y = \partial_y - ieA_y$ の固有値が電子の質量を与え，また共変微分の固有値はゲージ変換の下で不変であるので当然であるといえる．

ところで，ひねりの位相 α を A_y の真空期待値の効果と見なす描像では，無次元量 α は A_y の真空期待値による「ウィルソン・ループに現れる位相 (Wilson-loop phase)」と見なせることがわかる．実際

$$e^{-ie\oint \langle A_y \rangle dy} = e^{-ie\frac{1}{e}\frac{\alpha}{2\pi R}2\pi R} = e^{-i\alpha}. \tag{7.60}$$

これは，(7.58) のゲージ変換が Wilson-loop も変えてしまうような変換であることを意味する．通常の U(1) ゲージ変換の下では Wilson-loop はゲージ不変量なので，(7.58) の変換は通常のゲージ変換の枠内には入らない変換である．実際，このゲージ変換では変換のパラメータが y の 1 次式なので周期

的境界条件を満たさない．しかし，共変微分の共変性に変わりはないので，この事実は上の議論には影響しない．

なお，7.8 節で議論するゲージ・ヒッグス統一理論では，A_y（の KK ゼロモード）はまさにヒッグスと見なされることになる．そこで議論されるように，α は Wilson-loop 位相と見なされることからもわかるようにゲージ不変な物理量に対応するはずであり，仮想的に非単連結空間である円の内部を貫く磁束があったと考えた場合の，その磁束を表すものとの解釈が可能である．つまり，物理的解釈としては，この α は「アハロノフ–ボーム効果（AB effect）」において現れる AB 位相と同等のものであるといえる．

7.4.2 オービフォールドにコンパクト化する場合

次に円ではなく，オービフォールド S^1/Z_2 にコンパクト化する場合を考える．この場合，まず高次元ゲージ場 A_M について考えると，オービフォールドは円に Z_2 対称性を課したものなので，まずは円の場合と同じく周期的境界条件 (7.52) を満たすべきである．これに加え，Z_2 対称性を保証するために，A_M は時空座標 x^M の変換性 (7.46) と同じ変換性をもつべきである：

$$\begin{aligned}
A_\mu(x^\mu, y) &\to A_\mu(x^\mu, -y) = A_\mu(x^\mu, y), \\
A_y(x^\mu, y) &\to A_y(x^\mu, -y) = -A_y(x^\mu, y).
\end{aligned} \quad (7.61)$$

これから，A_μ は y の偶関数になるのに対して A_y は奇関数となることがわかる．特に KK ゼロモードに限定すれば，A_μ には 4 次元的質量がゼロのゼロモードが存在し光子と見なせるのに対して，A_y については，円にコンパクト化する場合と違ってゼロモードをもたないことがわかる．

(7.52) のような y を $2\pi R$ 並進させる $y \to y + 2\pi R$ の変換を T とし，(7.61) のような y を反転させる $y \to -y$ の変換を R とすると，これらは

$$RTR = T^{-1} \quad (7.62)$$

という関係を満たすべきである．(7.62) は，$R^{-1} = R$（$R^2 = 1$ より）を用いると $RTR^{-1} = T^{-1}$ と同等であり，元の座標系での $2\pi R$ の並進は，y 座標を反転した座標系から見ると $-2\pi R$ の並進に見える，という当然の事実を

いっているからである．A_M については，周期的境界条件 (7.52) より T 変換は恒等変換と同等になるので，(7.62) の条件は $R^2 = 1$ という，Z_2 変換の定義より当然成り立つ自明な関係を導くだけである．

次に，電子の場 ψ につき考えて見よう．この場合，並進 T の変換は (7.53) で与えられ，また R の変換は (7.49) で与えられる．A_M の場合と違い，T の変換において"ひねり"の位相 α が存在するので (7.62) の条件は自明ではなくなり，勝手な α を採用すると (7.62) と矛盾してしまうことになる．では，どのような α が許されるであろうか．これを見るために (7.62) の左から T を作用させて得られる

$$(TR)^2 = 1 \tag{7.63}$$

の関係に着目しよう．これは TR が T 同様に何らかの折り返し（反転）を表していることを示唆している．よって，TR の固有値は ± 1 であり，R の固有値も ± 1 であることを考え合わせると T の固有値は ± 1 となるべきである．すなわち，(7.53) より，許される α は 0 か π のいずれかであり

$$e^{i\alpha} = \pm 1 \tag{7.64}$$

が結論づけられる．つまり，円に沿って一周したときに許されるのは，周期的境界条件か反周期的境界条件（符号を変える）のいずれかのみであることがわかる．

ところで，R つまり $y \to -y$ が固定点 $y = 0$ に関する折り返し（反転）であるのに対して，$\tilde{R} \equiv TR$ の変換は，もう一つの固定点 $y = \pm \pi R$ に関する折り返しの変換に他ならないことがわかる．実際 $\pi R - y$ の点を TR で変換すると $\pi R - y \to \pi R + y$ となり，たしかに $y = \pi R$ に関する折り返しになっている．しかし，一見二つの折り返し $R, \tilde{R}$ はいずれも二つの固定点を結ぶ線分（円の直径）に関する折り返しで同一のものに見え，二つを区別するのは無意味のようにも思える．この点に関し，もう少し注意深く見てみることにしよう．円を幅 $2\pi R$ の"基本領域"$-\pi R \leq y \leq \pi R$ で表したときに，$0 \leq y \leq \pi R$ とすると $R: y \to -y$ は $-\pi R \leq y \leq \pi R$ の範囲で収まる変換であるが，$\tilde{R}: \pi R - y \to \pi R + y$ の方は $\pi R + y \geq \pi R$ となり円の基本領域をはみ出してしまうのである．T の下で周期的境界条件を満たす場合には $\pi R + y$ は $-\pi R + y = -(\pi R - y)$ と同等なので，たしかに $\tilde{R}$ は R と同一

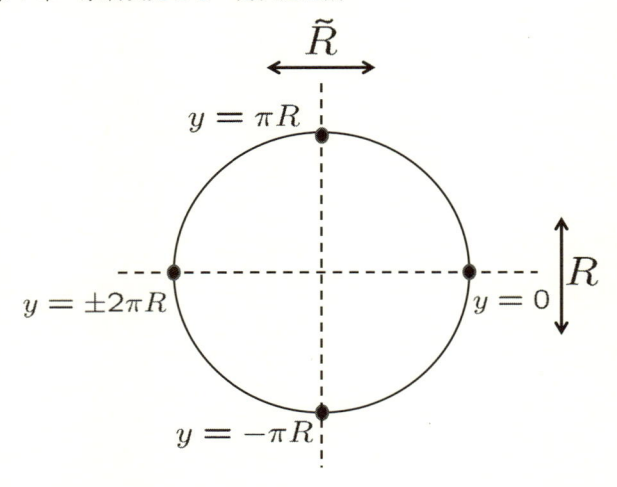

図 7.5 2 倍に拡張された領域 $-2\pi R \leq y \leq 2\pi R$ で表した円と，二つの折り返しの変換 R, $\tilde{R}$

の変換になるが，反周期的境界条件を満たす場合には円を一周すると場の符号が反転するので，二つの変換はもはや同一とはならないのである．

こうした少々ややこしい事情をわかりやすく表すために，円を $-\pi R \leq y \leq \pi R$ ではなく $-2\pi R \leq y \leq 2\pi R$ のように 2 倍の幅の領域に拡張して表してみよう．それは，反周期的境界条件をとる場合でも円を 2 周すれば場は元に戻るので $(T^2 = 1)$，この拡張された領域では場は常に連続関数であると考えてよいからである．すると図 7.5 に表すように，R は $y = 0, \pm 2\pi R$ を結ぶ線に関する折り返し，$\tilde{R}$ は $y = \pi R$, $-\pi R$ を結ぶ線に関する折り返しとして明確に区別することができる．

R, $\tilde{R}$ は独立なので，それぞれの固有値 ± 1 のとり方に応じて，$(R, \tilde{R}) = (1, 1), (1, -1), (-1, 1), (-1, -1)$ の 4 種類の場合が可能となる．平坦な 5 次元時空の場合を想定すると，電子の場について，それぞれの固有値の場合に対応するモード関数（三角関数）は次のようになる：

$$
\begin{aligned}
(1,1): \quad & \frac{1}{\sqrt{\pi R}} \cos(\frac{n}{R}y) \ \ (n \geq 0) \\
(1,-1): \quad & \frac{1}{\sqrt{\pi R}} \cos(\frac{n+\frac{1}{2}}{R}y) \ \ (n \geq 0) \\
(-1,1): \quad & \frac{1}{\sqrt{\pi R}} \sin(\frac{n-\frac{1}{2}}{R}y) \ \ (n \geq 1) \\
(-1,-1): \quad & \frac{1}{\sqrt{\pi R}} \sin(\frac{n}{R}y) \ \ (n \geq 1)
\end{aligned}
\tag{7.65}
$$

これから，4次元から見た質量ゼロのゼロモードは $(1,1)$ の固有値をもつ場からのみ現れることがわかる．

なお，オービフォールドにコンパクト化する場合には，ラグランジアン (7.50) において電子のバルク質量 m を導入することができないことに注意する必要がある．それは，オービフォールドの場合 Z_2 変換が (7.48) のような一種のカイラル変換なので，Z_2 対称性を課すと通常の質量項 $m\bar{\psi}\psi$ は許されないからである．しかしながら，7.8.2 項で議論するように Z_2 変換の下で符号を変える質量項を導入することは可能であり，そのような質量項を導入すると，平坦な時空の場合でもモード関数は (7.65) のような簡単な形にはならず，微分係数に不連続性が出たりする．特に，KK ゼロモードのモード関数は固定点に局在するという興味深い性質をもつが，これらに関しては後述する．

ここまで，高次元理論において現れる特徴的な性質に焦点を当てて議論してきたが，以下ではいよいよ余剰次元をもった高次元時空上で定義される標準模型を超える（BSM）理論のいくつかについて紹介することにしよう．階層性問題の解法をめざして提唱されている BSM 理論の代表的なシナリオを主にとり上げたい．

7.5 大きな余剰次元の理論

高次元時空を用いた BSM 理論として，まず「大きな余剰次元（large extra dimension）」の理論をとり上げる．この理論は高次元の重力理論であり，その意味では 7.1 節で紹介したアインシュタインの統一場理論（カルツァ–クライン）理論と同じである．しかし，カルツァ–クライン理論では 7.1.5 項で議

論したように必然的に余剰次元のサイズがプランク長 $l_{pl} = 1.6 \times 10^{-33}$ cm とほぼ同程度（小さな余剰次元）になってしまい余剰次元の直接的な実験的検証が実質的に不可能と思われるのに対して，このシナリオでは余剰次元のサイズがそれまでの常識からは考えられないほどに大きくなり得るのである．

アルカニハメド–ディモプーロス–ドゥバリ（Arkani-Hamed–Dimopoulos–Dvali）は，超弦理論において近年議論されるようになったブレーン（brane）という高次元時空に埋め込まれた，より低次元の"壁状の"時空の存在を仮定することで，カルツァ–クライン理論の場合とは異なり，大きな余剰次元をもつ理論が可能となるとの興味深い指摘を行った [41]．彼らの理論において大きな余剰次元が許される本質的な理由は，素粒子の四つの相互作用の内で重力を媒介する重力子のみが高次元時空（bulk）を伝播でき，その他の三つのゲージ相互作用を媒介するゲージボソンは高次元時空中に置かれた 4 次元的な時空であるブレーン上のみを伝播するというように，両者の棲み分けを行ったことである．これは超弦理論においてゲージ相互作用は開放弦によって記述され，開放弦の端点はブレーン上に固定されることに対応している．こうすることで，電磁相互作用の起源が高次元重力相互作用であるカルツァ–クライン理論のとき（(7.31) 参照）とは違い，電気素量 e は余剰次元のサイズ R とは無関係となるので，R はプランク長である必要はなくなるのである．

このシナリオにおけるもう一つの重要な仮定は「本来プランク質量と弱スケール M_W の間に階層性は存在しない」というもので，両者はいずれも粗くいうと 1 TeV 程度であるとするのである．この意味でプランク・スケール（M_{pl}）と弱スケールの間の階層性問題はそもそも存在しないのだ，と主張する．

しかし，プランク質量が $M_{pl} \sim 10^{19}$ GeV から $M_W \sim 10^2$ GeV のオーダーにまで急激に下がると，重力定数が大きくなりすぎて重力は猛烈に強くなり，まったくニュートンの万有引力を再現できそうにないように思われる．たしかに時空が 4 次元であればそのような事態になり，このシナリオはとても受け入れられないことになるが，余剰次元とブレーンの存在により，長距離では通常の万有引力を再現できるのである．つまり，重力の源となる質量をもった粒子，およびそれによって生じる重力を感じる質量をもった粒子（仮想的に置かれ，周りの重力に影響を与えない試験粒子）を考えると，これら

7.5 大きな余剰次元の理論

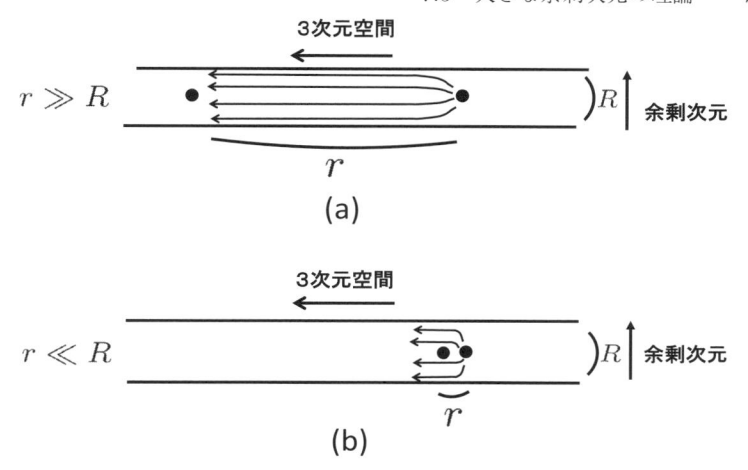

図 7.6 重力源である粒子から発する"重力力線"とそれから重力を受ける"試験粒子". 水平方向は 1 次元的に表された 3 次元空間, これに直交する方向は余剰次元を表す

の粒子がブレーン上に拘束されていても, 重力子は余剰次元方向に自由に出ていくことが可能である. 直感的に考えるために, 電気力線の類推として重力源の粒子から生じた"重力力線"を考えてみると, この重力力線は余剰次元の方向にも広がるので, 余剰次元の体積が大きくなればなるほどそれに反比例して力線の密度は減少し重力も弱まるはずである.

こうした事情は図 7.6 を用いて視覚的に理解することが可能である. 上述の二つのブレーン上の粒子 (質量を $m_{1,2}$ とする) の間の距離を r とする. 図 7.6 (a) に示された $r \gg R$ (R は余剰次元のサイズを表す) の場合には, 重力源から十分離れたところでは重力力線はもはや余剰次元方向には広がらず (図では通常の 3 次元空間を 1 次元的に表しているので重力力線の密度は r によらず一定になっている), あたかも余剰次元が存在しないように振る舞う. したがって重力はニュートンの万有引力で記述され重力ポテンシャルは

$$-G_N \frac{m_1 m_2}{r} \quad (G_N：ニュートンの重力定数) \tag{7.66}$$

で与えられる. 一方で, 図 7.6 (b) に示された $r \ll R$ の場合には様相は異なる. この場合にはいわば余剰次元がコンパクト化されている影響は感じられ

ず，重力力線は r が増加するとともに高次元空間全体に広がり，その密度は（比較的）急激に減衰する．つまり本質的に高次元時空中の重力理論になり，余剰次元の次元を n（KK モードと混同しないようにしよう）とすると，重力ポテンシャルは $1/r^{n+1}$ に比例して減衰し

$$-G_N^{4+n}\frac{m_1 m_2}{r^{n+1}} \quad (G_N^{4+n}: 4+n \text{ 次元時空での重力定数}) \tag{7.67}$$

で与えられる．

$r \gg R$ および $r \ll R$ におけるポテンシャル (7.66), (7.67) は $r \sim R$ では同じように振る舞うべきである．よって

$$G_N \simeq \frac{G_N^{4+n}}{R^n} \tag{7.68}$$

という関係が得られる．こうして，高次元におけるもともとの重力定数を $(G_N^{4+n})^{-\frac{1}{n+2}} \sim 1$ TeV のようにほぼ弱スケールにとっても R が十分大きければ 4 次元における通常の重力定数 G_N を再現できることになる．

具体的に，(7.68) を用いて余剰次元の数（次元）n を変えて余剰次元のサイズ R を見積もってみると

- $n = 1$: $R \sim 10^{13}$ cm,
- $n = 2$: $R \sim 0.1$ mm

となることがわかる．$n = 1$ では余剰次元が大きくなりすぎて，万有引力の法則が遠距離（1 天文単位程度の）でも成立しなくなる（ケプラーの法則が成り立たなくなる！）ので，この場合はとても受け入れられない．

興味深いのは $n = 2$ のときである．この場合には余剰次元のサイズ R が 0.1 mm 程度となり，mm レベルでニュートンの逆 2 乗則からずれることが予言される．それまで実験的にはまさに mm 程度の精度でしか逆 2 乗則からのずれは検証されていなかったため，一見無謀とも思えるこのシナリオは大きな関心をよび，これを検証する実験も行われている．しかし現時点までにそうしたずれが観測されたとの報告はなされていない．

なお，高エネルギー加速器による実験的検証の立場からすると，このシナリオによれば重力相互作用は M_{pl} までいかずとも 1 TeV のオーダーのエネルギー領域ですでに強くなる，という通常の重力理論とは劇的に異なる予言

が得られる．現行の LHC 実験では TeV スケールの物理の探索が可能なので，こうした衝突器実験においてミニブラックホールが生成され，その後に蒸発する，といった可能性も指摘されている [42].

しかしながら，このシナリオでは新たな階層性問題が生じるとの指摘もあることに注意しよう．コンパクト化のサイズに対応するエネルギー（質量）スケールである「コンパクト化スケール $M_c = 1/R$」は，余剰次元のサイズが 1 mm の場合には $\sim 2 \times 10^{-3}$ eV と非常に小さくなり，理論の典型的スケールである弱スケール M_W より 14 桁も小さなスケールとなって新たな階層性問題が生じる，というのである．

7.6 ランドール–サンドラム理論

大きな余剰次元の理論の新たな階層性問題は，まさに余剰次元が大きいことによって生じる．これに対してランドール–サンドラム（Randall-Sundrum）は，余剰次元が統一場理論（カルツァ–クライン理論）のときのようにプランク長（$l_{pl} \sim 10^{-33}$ cm）といった非常に小さなもの（小さな余剰次元（small extra dimension））であっても，5 次元時空が平坦ではなく曲がった反ド・ジッター（Anti-de Sitter（AdS））時空であればプランク・スケール M_{pl} と弱スケール M_W の間の階層性問題を自然に解決することが可能であると提唱し大きな注目を集めた [43]．彼らの提唱した模型には，余剰次元がコンパクト化する場合とそうでない場合の二つの版があるが，ここではプランク長程度にコンパクト化する場合についてのみ簡単に述べることにする．

彼らの提唱した模型では，バルク（高次元時空）として 5 次元における負の宇宙項をもつ反ド・ジッター時空を採用する．そしてバルク中に 4 次元的な広がりをもつ 2 枚のブレーン（見える（visible）ブレーンと隠された（hidden）ブレーン）が互いに逆符号の張力（4 次元的な宇宙項）をもって存在するものとする．余剰次元は，半径 R の円をその離散的対称性 Z_2 で割った S^1/Z_2 オービフォールドであり，その二つの固定点 $y = 0$, $y = \pm \pi R$ の位置に隠されたブレーンと見えるブレーンがそれぞれ配置されているとする．ただし，時空は曲がっているので通常の 4 次元時空と余剰次元が $M^4 \times (S^1/Z_2)$（M^4 :

4次元ミンコフスキー空間）のように直積になっているわけではないので注意しよう．

このような設定の下で，アインシュタイン方程式の解として次のような計量が存在することがわかる：

$$G_{MN} = \begin{pmatrix} e^{-2\kappa|y|} \cdot \eta_{\mu\nu} & 0 \\ 0 & 1 \end{pmatrix}. \tag{7.69}$$

κ はバルクの宇宙項とブレーンの張力との比で定義され M_{pl} のオーダーの量である．見えるブレーン上にクォークやレプトン，等の標準模型の素粒子が存在すると考える．(7.69) を見ると，4次元的な計量テンソルの部分に現れる $|y|$ は固定点 $y = 0$, $y = \pm\pi R$ において微分係数が不連続になっているが，これは固定点に存在するブレーンのもつ張力により引き起こされた不連続性である．固定点を除くと，この解は y に関する単調関数となり5次元的な反ド・ジッター時空を表すが，この微分係数の不連続性によって円の周期性が保たれているのである．

われわれになじみ深い標準模型の素粒子が乗っている "見えるブレーン" 上で考えると，その4次元時空は本質的に平坦なミンコフスキー時空と考えてよいが，「ワープ因子（warp factor）」とよばれる $e^{-2\pi\kappa R}$ の因子がミンコフスキー時空の計量 $\eta_{\mu\nu}$ の前に存在するために，1目盛の座標の表す実際の長さが1ではなくなっている．そこで座標のスケール変換をして4次元部分の計量を通常の $\eta_{\mu\nu}$ にもっていく．すると，質量次元をもつ理論のパラメータはスケール変換を受け，ヒッグスの真空期待値は

$$v_0 \quad \to \quad v = e^{-\pi\kappa R} v_0 \tag{7.70}$$

のように変換される．よって，元の真空期待値 v_0 が理論の典型的な質量スケールである M_{pl} のオーダーであったとしても κR が適当な $\mathcal{O}(10)$ 程度の量であれば，実際に見えるブレーン上で観測される質量スケール v は容易に M_W のオーダーになる．こうして，M_W と M_{pl} の間の階層性は指数関数的な抑制因子であるワープ因子によりパラメータの微調整なしに自然に説明可能であり，小さな余剰次元でも階層性問題を解決し得るというのがこの理論のシナリオである．

なお，余剰次元がプランク長程度になるとゼロでない KK モードの質量が

皆プランク質量程度になり，加速器実験での理論の検証が不可能であるように一見思われるが，そうしたKKモードの質量もワープ因子による抑制を受け，例えば重力子のゼロでないKKモードの質量もTeV領域になることが可能であるとの議論がなされている．

7.7　universal extra dimension

ここまで議論してきたBSM理論の二つのシナリオは，いずれも高次元の重力理論に基づいたものであった．ここからは高次元的な場の理論に基づくBSM理論を紹介しよう．

まず紹介するのは「universal extra dimension (UED)」のシナリオである [44]．これは，標準模型をいわばそのまま高次元的に拡張したものである．具体的には，すべての標準理論に現れる素粒子がバルク（高次元時空）中を伝播するものとするシナリオである．特に，ヒッグス粒子に関しては高次元時空でもスカラー粒子として導入されるので，標準模型において量子レベルで生じた階層性問題は相変わらず未解決のまま残る．しかし，最も簡単な，コンパクトな余剰次元として円 S^1 をもつ5次元時空上の理論を採用すると，すでに7.3節で議論したようにカイラルな理論は得られず標準模型を再現することができない．そこで7.3.3項で議論したように，カイラルな理論を得るために余剰次元としてオービフォールド S^1/Z_2 を採用する．

UEDのようにすべての素粒子がバルクを伝播するシナリオにおいては，高次元理論特有の予言であるゼロでないKKモードをもった重い新粒子がより軽い粒子に崩壊できずに安定になってしまう，といったことが起こり得ることに注意する必要がある．まずは説明の都合上，余剰次元が円である場合を考えてみよう．仮に自発的ゲージ対称性の破れが起きずKKゼロモードの素粒子の質量がすべてゼロであったとすると，$n\ (>0)$ 番目のKKモードの4次元的な質量は（少なくとも古典レベルでは）単純に $\frac{n}{R}$（R：円の半径）となる．一方，余剰次元は円に沿った並進対称性をもつので余剰次元方向の運動量 p_y は保存されることになるが，KKモードの質量 $\frac{n}{R}$ は離散化された p_y に他ならないので，粒子の崩壊過程においてカルツァ–クライン数（KK数）

n は保存されることになる．例えば KK 数 2 の粒子は KK 数 1 の二つの粒子に崩壊可能であるが ($2 = 1 + 1$), KK 数 1 と 0 の粒子には崩壊できない ($2 \neq 1 + 0$) ということになる．しかし，崩壊可能なチャンネルであっても，崩壊前後で KK 数の総和が同じということは，崩壊前後の質量の和が完全に一致し，崩壊に必要な位相空間 (phase space) が存在しないことになって，実際には崩壊が起きないことになってしまう．新粒子の存在は通常その崩壊過程を観測することにより確認されるので，このままでは，こうした高次元理論の高エネルギー加速器実験での検証が難しいことになる．

実際にはゲージ対称性の自発的破れは起きている．ある素粒子について，自発的対称性の破れによりそのゼロモードが標準模型の場合に相当する高次元的な質量 m（バルク質量）をもつと，この素粒子の n 番目の KK モードの質量は

$$m_n = \sqrt{\left(\frac{n}{R}\right)^2 + m^2} \tag{7.71}$$

で与えられることになる．このバルク質量 m の効果で上述の位相空間の問題は解決するであろうか．KK 数を保存する例として，電子のゼロでない KK モードの粒子が光子を放出して崩壊する過程

$$e^{(2)} \rightarrow e^{(1)} + \gamma^{(1)} \tag{7.72}$$

について考えてみよう．ここで，例えば $e^{(2)}$ は KK 数 2 の電子を表す．電子の質量 m がコンパクト化の質量スケール $M_c = \frac{1}{R}$ よりずっと小さいとし，(7.71) は $m_n \simeq \frac{n}{R} + \frac{1}{2} \frac{m^2}{\left(\frac{n}{R}\right)}$ と近似され，また光子は当然バルク質量をもたないので，(7.72) の過程において終状態の方が質量の和が $\frac{1}{2} \frac{m^2}{\left(\frac{n}{R}\right)}$ だけ大きくなってしまい，崩壊はそもそも力学的に不可能となる．ところで，この例において p_y による 4 次元的な質量 $\frac{n}{R}$ に対するバルク質量 m の相対的な効果は $\frac{m^2}{M_c^2} \sim 10^{-12}$ ($M_c \sim 1$ TeV として) 程度であって非常に小さい．これから示唆されることは，ゼロでない KK モードが崩壊できるかどうか，またどのチャンネルに崩壊可能かというのは，このような質量の間の微妙なバランスによって決まっており，バルク質量による効果より，むしろ量子効果が決定的に重要な役割を果たし得るということである [45]．実際，量子効果による補正の相対的な効果は $\mathcal{O}(\alpha) \sim 10^{-2}$ であり，10^{-12} よりずっと大きいこ

とがわかる．

ところで，質量への量子補正は一般に紫外発散するためにくりこむ必要があり，ましてや高次元ゲージ理論はくりこみ不可能な理論であるので，粒子の質量に関する量子補正を考慮した理論の予言値を議論するのはそもそも無意味のようにも思われる．しかしながら，バルク質量を無視したときの KK モードの質量 $m_n = \frac{n}{R}$ は高次元的なローレンツ不変性から導かれるアインシュタインの関係式 $p^M p_M = 0$ より得られるものなので，m_n の $\frac{n}{R}$ からのずれについては，実は紫外発散を伴わない有限値として計算可能なのである．それは，そうした質量のずれは，余剰次元のコンパクト化による 5 次元的なローレンツ不変性の破れによって生じ，一方において紫外発散は局所的な演算子に対する量子補正において現れるからである．つまり，直感的にいえば，局所的な演算子は空間の大域的性質である余剰次元のコンパクト化とは無縁のものなので，理論本来のもつ 5 次元的ローレンツ不変性を保持し，したがって質量のずれに寄与せず，質量のずれは純粋に大域的な効果により生じると考えることができるのである．したがって，質量のずれは紫外発散のない有限値として現れると期待される．

ここでは詳しく述べないが，7.8.2 項で解説する数学的な恒等式であるポアソン再和（(7.105) 式参照）の公式を用いて，量子補正を記述するファインマン・ダイアグラムの計算において，ダイアグラムのループを回る仮想状態の粒子の KK モード n に関する和を，フーリエ変換を用いることで「巻き付き数（winding number）」w に関する和におき換えることが可能である．巻き付き数とは，ダイアグラムの閉じたループが余剰次元である円に何回巻き付いているかを表す数である．紫外発散する局所的な寄与は $w = 0$ のセクターからのみ現れ（巻き付きがなければループを一点に縮めることが可能であり，このセクターはいわば余剰次元のコンパクト化を"感知"しない），有限な大域的な寄与は $w \neq 0$ のセクターから現れる（巻き付きがあるとループを一点に縮めることができない）．こうして，5 次元的ローレンツ不変性の破れにより生じる $\frac{n}{R}$ からのずれは $w \neq 0$ のセクターの寄与の足し上げによって紫外発散をこうむらない有限な形で求めることができるのである [45]．

さて，ここまでは余剰次元が円である場合を想定してきたが，この節の最初に述べたように，実際にはカイラルな理論を得るために 5 次元 UED では

余剰次元としてオービフォールド S^1/Z_2 を採用する．すると，オービフォールドの二つの固定点の存在のために余剰次元方向の並進対称性は明らかに破られることになり，ここまで想定してきた KK 数の保存は厳密には成り立たなくなる．しかしながら，そうした破れの効果は固定点に局在化したものなので余剰次元の"体積効果"により抑制され，ここまで議論した量子補正の重要性には変わりがないとの議論がなされている．

いずれにせよ，余剰次元がオービフォールドの場合には KK 数の保存は崩れ，この保存則を破るような素粒子の崩壊も可能であるが，依然として円のもっていた並進対称性の"なごり"で離散的な対称性が理論に存在することがわかる．それが「KK パリティ (KK parity)」とよばれる対称性である [45]．オービフォールド S^1/Z_2 には二つの固定点 F_1 $(y=0)$, F_2 $(y=\pm\pi R)$ が存在するが（図 7.4 参照），それらには本来何ら区別がないのであるから，余剰次元方向の πR の並進，すなわち二つの固定点が入れ替わる変換の下で理論は本来不変なはずである．この変換の下での対称性が KK パリティ対称性である．KK パリティ変換は 2 回行うと恒等変換になるから，その固有値は ± 1 のいずれかであり，パリティ変換と似ている．各素粒子のもつ固有値（これも KK パリティとよばれる）の偶奇性は KK モードの偶奇性により決まり，それが KK パリティとよばれるゆえんである．すなわち，偶数の KK モード (KK 数) n の粒子は $+1$ の，奇数の n の粒子は -1 の KK パリティをもつのである．その理由を理解することは容易である．場に周期的境界条件を課すと，(7.23) のようにフーリエ級数を用いて KK モードによる展開が可能であるが，$y \to y+\pi R$ の並進を行うと n 番目の KK モード（フーリエ・モード）には $(-1)^n$ の位相が付与されることが容易にわかる．これが正に KK パリティなのである．

この KK パリティは，超対称理論である MSSM における R パリティ (6.8.1 項) とよく似た役割を演ずる．MSSM では R パリティ対称性のために，奇の R パリティをもつ最も軽い超対称粒子 (LSP) は崩壊できない安定な粒子となって，ダークマターの候補になっていると述べたが，ここでも同様のことがいえる．つまり，奇の KK パリティをもつ最も軽い粒子である $n=1$ の KK モードをもつ「LKP (the lightest KK particle)」は崩壊できずに安定な粒子となり，LSP と同様にダークマターの候補にもなり得るのである．

なお，KK パリティ対称性は，オービフォールドの二つの固定点が同等であるということに基づいているので，固定点に 4 次元的なブレーン（brane）に局在する相互作用が導入され，それらの相互作用が二つの固定点で異なる場合や，7.8.3 項で紹介する，オービフォールドのもつ離散的対称性である Z_2 対称性に関し奇の固有値をもつ $\epsilon(y)$（y：余剰次元の座標，$\epsilon(y)$ は y の正負に応じ ± 1 をとる符号関数）に比例した質量項が導入される場合には，KK パリティ対称性は破れ LKP も（他にそれを禁ずる理由がない限り）KK ゼロモードに崩壊できて安定ではなくなる．

7.8　ゲージ・ヒッグス統一理論

7.5 節および 7.6 節で紹介した大きな余剰次元の理論，およびランドール–サンドラム理論は余剰次元特有の階層性問題の解法を提供した興味深いシナリオであるが，どちらも 5.2 節で議論した量子レベルの階層性問題，すなわち，2 次発散するヒッグス質量への量子補正の問題については直接的な議論はなされていない．また，階層性問題の解法としては，超対称理論のような何らかの対称性による解法というわけではない．

ここでは，量子レベルの階層性問題をゲージ対称性により（超対称性に頼ることなく）解決するシナリオとして「ゲージ・ヒッグス統一理論（gauge-Higgs unification, GHU）」について少し詳しく議論しよう．これは「ヒッグス粒子の起源はゲージ粒子（ゲージボソン）である」という著しい特徴をもつ理論である．このシナリオの基本的アイデアは，ヒッグス場の起源をゲージ場とすることで，局所ゲージ対称性によりヒッグス質量の量子補正の下での安定性を実現するというものである．例えば QED において，U(1) 局所ゲージ対称性のおかげで量子補正の下でも光子は決して質量をもたないことを思い出そう（仮に光子が質量をもてば，光の粒子が光速で伝播できないことになってしまう）．

しかし，ヒッグス場の果たすべき重要な役割であるゲージ対称性の自発的破れは，通常スピン 0 のスカラー場によってのみ可能と考えられているが，これとは抵触しないのであろうか．スカラー場のみが許される理由は，例えば

仮にスピン 1 のベクトル場が真空期待値をもったとすると，それによりゲージ対称性のみならずローレンツ対称性までも壊れてしまって都合が悪いからである．この問題は時空を拡張し，余剰次元をもった高次元時空上でのゲージ理論を用いることで回避される．高次元ゲージ場の余剰次元方向の成分であれば，4 次元時空から見ればスカラー場と見なせるからである．また，高次元的なローレンツ対称性は，いずれにせよ余剰次元のコンパクト化により壊れてしまうので，コンパクト化に伴って現れる（したがって，余剰次元のサイズ R が無限大の極限で消滅する）真空期待値の存在は許容されるという訳である．

より正確には，GHU とは高次元ゲージ理論を考え，高次元ゲージ場の余剰次元成分の KK ゼロモードをヒッグス場と同定しよう，というシナリオである．例えば，最も簡単な，5 次元（5D）時空上の U(1) ゲージ理論（QED のような）を想定すると，ゲージ場は 5 元（5 成分）ベクトル

$$A_M = (A_\mu, A_y) \qquad (\mu = 0, 1, 2, 3) \tag{7.73}$$

で表されるが，A_μ は通常の 4 次元時空のローレンツ変換の下で 4 元ベクトルとして変換し，4 次元時空から見たときにもゲージ場として振る舞うのに対し，余剰次元成分 A_y は 4 次元的ローレンツ変換の下で変換しないので，4 次元時空から見るとスカラー場のように振る舞うのである．ちょうど図 7.1 とまったく同じ図を 5 次元時空に拡張して考えて見ると，5 次元時空のベクトルである A_M を 4 次元時空に射影したものが A_μ であるのに対し，それと直交する余剰次元成分 A_y は 4 次元的ローレンツ変換の下で "回転" しないので，スカラー場と見なせるのである．

このように，4 次元時空から見ると異なるスピン 1, 0 をもちまったく独立な場と思えるゲージ場 A_μ とヒッグス場 A_y が高次元ゲージ場 A_M の下で統一され，それに伴ってゲージ相互作用とヒッグス相互作用が統一的に記述されることになるので，この理論はゲージ・ヒッグス統一理論（GHU）とよばれるのである．

7.1 節で紹介したように，アインシュタインの時代には粒子の相互作用としては重力相互作用と電磁相互作用しか知られておらず，アインシュタインはこれらを高次元重力理論の枠組みを用いて統一しようとした（統一場理論）．こ

の場合，重力相互作用と電磁相互作用はスピンが1だけ違う重力子（スピン2）とゲージボソン（スピン1）という二つのボソンにより媒介される．現在では，重力相互作用と電磁相互作用に代表されるゲージ相互作用に加え，スピン0のボソンであるヒッグス粒子により媒介される「ヒッグス相互作用」の存在も知られており，スピンが1だけ違うゲージ粒子とヒッグス粒子の相互作用を高次元ゲージ理論の枠組みを用いて統一しようとするGHUシナリオの考え方はアインシュタインの統一場理論の考え方にも通じる自然なものであるといえる．実は，アインシュタインが統一場理論を提唱するより前に，しかも一般相対論が発表される前に，重力相互作用と電磁相互作用を統一しようという試みがノルドゥストレームによってなされていたのだが，そこで採用された理論は，現在の観点からいえばGHU理論と見なせる高次元的ゲージ理論であったようである．もちろん，高次元ゲージ理論ではスピン2の重力子を内包することはできず，重力の統一場理論としては間違ったものであったのだが．

高次元ゲージ場の余剰次元成分をヒッグス場と見なす，という考え方自体はずっと以前からあった [46], [47]．特に細谷はこの余剰次元成分 A_y が量子レベルで生成されたポテンシャルの停留点において真空期待値 $\langle A_y \rangle$ をもつことで（ヤン–ミルズ理論の場合には）ゲージ対称性の自発的破れが生じるという「細谷機構」とよばれる機構を提唱した [47].

その後90年代後半になって，階層性問題の解法を提供する素粒子の理論という観点からゲージ・ヒッグス統一理論の提案がなされた [48]．特に量子レベルでの階層性問題であるヒッグス質量の2次発散する量子補正の問題が，超対称性に頼ることなく解決されることが指摘されて標準模型を超える理論の新たな方向性が開かれた．GHUシナリオにおいては2次発散の問題が解決するということは，具体的な計算をするまでもなく十分理解可能である．一般にゲージボソンの質量は，光子の場合に述べたように局所ゲージ対称性によって保護されており，量子レベルでも（通常の時空上では）決して質量が生じることはないからである．元の理論にある種の対称性が存在する限り，それを用いて計算される量子補正においても，この対称性と矛盾するものは現れないからである（例外として量子異常（anomaly）が対称性を破る可能性はあるが）．局所ゲージ対称性という観点からいえば，まず A_μ について

は，4次元座標 x^μ に依存した変換パラメータ λ による局所ゲージ変換のもとで $A_\mu \to A_\mu + \partial_\mu \lambda$ のように（非斉次）変換するために，その質量2乗を与え得る局所的な演算子 $A_\mu A^\mu$ は，この局所ゲージ変換の下で明らかに不変でないので厳密に禁止される．同様に，A_y は y に依存したゲージ変換のパラメータ $\lambda(y)$ による高次元ゲージ理論特有の局所ゲージ変換の下で

$$A_y \quad \to \quad A'_y = A_y + \frac{\partial \lambda}{\partial y} \tag{7.74}$$

のように非斉次変換するため，A_y の質量2乗項の演算子 A_y^2 は（高次元的）局所ゲージ対称性のために禁止される．つまり，ヒッグス場と同定される A_y の質量は，こうした高次元的ゲージ対称性（4次元から見ると，$\lambda(y)$ は任意の KK モードをもち得るので，質量の異なる KK モード間の遷移も含むような通常の4次元的ゲージ対称性とは異なるタイプの対称性）によって保護されるのである．

　紫外発散である2次発散は，場の量子論特有の局所的な相互作用による量子補正により局所演算子の係数が発散するという形で現れるものなので，ゲージ対称性によってそうした局所的な演算子が禁止されるということは，ヒッグス場と見なされる A_y の質量2乗への量子補正に紫外発散は一切現れないということである．実際，通常の4次元時空上では，光子の質量2乗への量子補正を具体的にファインマン・ダイアグラムの計算により求めてみても，次元正則化（dimensional regularization）のようなゲージ対称性を壊さない正則化を用いる限り，発散が現れないばかりでなく量子補正が完全に消えることを確かめることができる．

　なお，実際にはGHUにおいて余剰次元がコンパクト化すると，ヒッグス場である A_y（正確には，そのKK ゼロモード）の質量2乗への量子補正を具体的に計算してみると，予想通り紫外発散は一切現れないものの $\frac{1}{R^2}$（R：余剰次元のサイズ）程度の有限な補正が現れることがわかる．ただし4次元的ゲージ場である A_μ の質量については4次元時空の場合と同様に量子補正を受けない，これは，5次元的ローレンツ対称性がコンパクト化によって $1/R$ 程度の質量スケールで破れたためであるとも考えられるが，一方において，上述のゲージ対称性の観点からいうと，局所演算子 A_y^2 が禁止されるにもかかわらず有限とはいえ量子補正が現れるのは一見非常に不思議である．

実は，7.8.2項で詳しく議論するように，このヒッグス質量に対する有限の量子補正は，ウィルソン・ループ（Wilson-loop）に現れるウィルソン・ループ位相（Wilson-loop phase），あるいはアハロノフ–ボーム効果（Aharonov-Bohm effect）において現れるアハロノフ–ボーム位相（Aharonov-Bohm phase）と同様な

$$e^{ie \oint A_y dy} \quad \text{(U(1) のような可換群の場合．線積分は円に沿って行う)} \quad (7.75)$$

というゲージ不変であり，また大域的（global）な演算子の関数としてヒッグス場 A_y（の KK ゼロモード）に関するポテンシャルが量子レベルで生成されたためである，と解釈することができる．実際，得られるポテンシャルは，超伝導体における磁束の量子化の議論の場合と同様にヒッグス場に関して周期 $1/eR$ の周期性をもち，位相因子としてヒッグス場が現れていることを強く示唆している．ウィルソン・ループ位相という大域的演算子は，7.8.2項で詳しく述べるが，直感的にも予想されるように量子補正を表すファインマン・ダイアグラムのループが余剰次元の円に巻き付くことで生じ，巻き付いたループを一点に縮めることができないことからもわかるように局所的な相互作用から生じる紫外発散とは無縁である．そのためにポテンシャルは紫外発散をもたない有限な形で得られることになる．このポテンシャルをテーラー展開した A_y^2（正確には KK ゼロモードの 2 乗）の項の係数が有限なヒッグス質量 2 乗を与えるのである．

文献 [48] で指摘され強調されたのは，上述の議論から期待されるようなヒッグス質量への発散しない量子補正を得るには，"常識"に反して，量子補正を記述するファインマン・ダイアグラムの計算の際に，中間状態に現れる仮想状態に関して，すべての KK モードの寄与の足し上げが必要である，という点であった．通常は，低エネルギー有効理論に関しては，ゼロでない KK モードに対応する重い粒子はアペルキスト–カラゾーン（Appelquist-Carrazone）による「decoupling 定理（decoupling theorem）」[49] のために，その寄与が質量の逆べきに比例して抑制されるので無視してよく，KK ゼロモードのみが重要であると議論されてきたが，(高次元的) 局所ゲージ対称性を尊重するためには，量子補正の計算においてすべての KK モードの寄与の足し上げが必要である，という指摘がなされたのである．その理由は，仮に KK モー

ド n をある自然数まででカットしてしまうと,これは余剰次元方向の運動量成分 $p_y = \frac{n}{R}$ にカットオフ (cutoff) を設けるのと同等であり,一方において運動量にカットオフを設けると局所ゲージ対称性を壊してしまうことになるからである.実際,通常の 4 次元 QED でも,仮に 4 元運動量の大きさにカットオフを設けて光子質量への量子補正を計算してみると 2 次発散が生じてしまうことがわかる.よって,"常識" に従って中間状態においてゼロモードだけを考慮すると,高次元的な局所ゲージ対称性が壊れて A_y のゼロモードであるヒッグスの質量に 2 次発散が生ずることになるのである.なお,この議論は一見デカップリング定理に矛盾するようにも見えるが,アペルキスト–カラゾーンの議論では,重い粒子のくり込み定数への寄与は抑制されない(質量の対数のように振る舞い)ことがきちんと述べられており(10.1.2 項を参照されたし),一方 2 次発散の問題はヒッグス質量のくり込みに関わることでもあるので,デカップリング定理との矛盾はないことに注意しよう.ヒッグス質量への量子補正についての具体的計算については 7.8.1 項で紹介する.

このように,GHU は超対称理論と同様に階層性問題を対称性に基づいて解決するというシナリオであるが,両者の共通点についてもう少し見てみることにしよう.2 次発散の問題を解決するにはヒッグス質量を保護する何らかの対称性が必要である.まず,MSSM のような超対称理論においては 4 次元時空 x^μ のポアンカレ対称性は超空間 (x^μ, θ) のポアンカレ対称性に拡大され,これに伴ってヒッグス粒子とその超対称パートナーであるヒッグシーノ (higgsino) というスピンが $\frac{1}{2}$ 違う二つの粒子が $(h, \tilde{h})$ という超多重項として統一される.ここで,フェルミオンである $\tilde{h}$ の質量はカイラル対称性によって保護される(カットオフに比例する大きな量子補正を受けない)ので,そのパートナーであるヒッグス場 h の質量も超対称性の帰結として同様に保護され,2 次発散の問題が解決される,と考えることができる.同様に,GHU 理論では,4 次元時空 x^μ のポアンカレ対称性は余剰次元まで含んだ高次元時空,例えば 5 次元時空 (x^μ, y) のポアンカレ対称性に拡大され,その結果ゲージボソンとヒッグス粒子というスピンが 1 だけ違う粒子が (A_μ, h) という 5 次元的ベクトルとして統一される,と考えられる.ここで,ゲージボソン A_μ の質量は普通の 4 次元的局所ゲージ対称性によって保護されるので,そのパートナーであるヒッグス粒子 h の質量も拡張された 5 次元ポアン

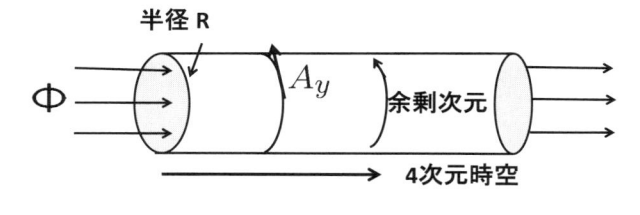

7.8 ゲージ・ヒッグス統一理論　291

（5次元時空）

図 7.7　円筒で表された 5 次元時空と円筒を貫く磁束 Φ

カレ対称性によって保護されると考えることができるのである．

　ここで，一つ素朴ではあるが重要な疑問が生じる．それは，ヒッグス場である以上，真空期待値をもつべきであるが，ヒッグス場 A_y（の KK ゼロモード）の真空期待値 $\langle A_y \rangle$ はそもそも物理的意味をもつのか，という疑問である．真空期待値は当然定数であるが，それから計算される場の強さテンソル F_{MN} はゼロであり，ゲージ場が存在しない $A_M = 0$ の場合と物理的に同等であるように思われる．すなわち，定数の A_y は単なるゲージの自由度に対応する "pure gauge" の配位にすぎず，物理的には意味のないものなのではないか，ということである．しかし，この疑問に対する答えは，定数であっても $\langle A_y \rangle$ はゲージ変換で消し去ることのできない確固とした物理的意味を有するものである，というものである．この事実は，コンパクト化する余剰次元である円 S^1（あるいは一般にトーラス）が「非単連結（non-simply-connected）空間」である，ということに深く関係している．

　これについて少し説明しよう．簡単のために 5D QED を想定し，余剰次元が半径 R の円にコンパクト化しているとしよう．これを視覚的に想像するのは難しいが，本質的なことのみ理解する目的で，5D 時空を図 7.7 のように円筒で表すことにしよう．円周に沿った方向が余剰次元方向を表し，これと直交する方向が 1 次元的ではあるが通常の 4D 時空を代表して表していると見なすことにする．ここで本質的に重要なことは，円が非単連結空間であり，穴が開いているということである．そのために，図 7.7 のように円筒を磁束 Φ の磁場が貫くという仮想的状況を想定することが可能になる．すると，図からも直感的に理解できるように，A_y は，この磁場によって生じるベクト

ルポテンシャルの余剰次元方向の成分と見なすことができる．よって A_y はゲージ変換の下で不変な磁束の大きさに比例し，したがって，ゲージ変換で消し去ることのできない，れっきとした物理量である．

実際，円周方向に一周する線積分で与えられる，大域的かつゲージ不変な演算子であるウィルソン・ループ W は

$$W = e^{ie \oint A_y dy} = e^{ie 2\pi R A_y^{(0)}} = e^{ie\Phi}, \tag{7.76}$$

で与えられる．ここで，線積分においては y 座標に依存しない KK ゼロモード $A_y^{(0)}$ のみが寄与すること，また最後の変形においてはガウス–ストークスの定理を用いた．すなわち

$$A_y^{(0)} = \frac{\Phi}{2\pi R} \tag{7.77}$$

であり，たしかにヒッグス場と同定される $A_y^{(0)}$ が磁束 Φ に比例するゲージ不変な物理量であることがわかる．この議論は，あたかも 5D 時空がより広い時空間に埋め込まれていて，その空間において磁束が走っている，ということを想定しているのだが，実際にはより大きな次元の時空間や，そこに磁束が存在することを想定する必要はなく，$A_y^{(0)}$ が仮にそうしたより広い時空を想定した場合の磁束に対応するものとも解釈でき，したがって単なる pure gauge ではないということを主張しているだけである．理論としては，単に 5D 時空上のゲージ理論を素直に考えるだけでよい．

なお，(7.76) から，ヒッグス場に当たる $A_y^{(0)}$ は位相（物理的には，非単連結空間を貫く磁場により起きるアハロノフ–ボーム（AB）効果に現れる AB 位相と同様）として現れることになるので，いろいろな物理量がヒッグス場に対して周期的になる．その周期は (7.76) からわかるように

$$\frac{1}{eR} \tag{7.78}$$

である．AB 効果の例として有名な，超伝導体に囲まれた領域の磁束が $\frac{1}{e}$ に比例して量子化されるという現象も，この周期性と同じ物理的起源のものであるといえる．この周期性は GHU 理論のもつ顕著な特徴であり，この理論特有のいろいろな特徴的予言（例えば 9.3 節で議論される湯川結合の標準模型の予言からのずれ）の起源となるものである．

7.8.1 ヒッグス粒子の質量への量子補正

この項では，ヒッグス質量への量子補正がたしかに有限になることを具体的な計算で示すことにする．本体，標準模型を含む GHU の模型において計算するべきであるが，ここでは質量が有限になる機構の本質を理解するために，まずは "おもちゃの" 模型として 5 次元 (5D) QED を採用し，ヒッグス場に対応する $A_y^{(0)}$ の質量 2 乗への量子補正をファインマン・ダイグラムを用いて計算してみよう．

登場する素粒子は，5D における光子（5元電磁ポテンシャル $A_M = (A_\mu, A_y)$ で記述される）および電子（ディラック場 ψ で記述される）である．電子は 5D の世界で最初から与えられる "bulk mass" m をもつものとする．先に場の境界条件を議論したときに議論したように，円周を一周したときの境界条件は，A_M については周期境界条件（(7.52) 参照）

$$A_M(x, y+L) = A_M(x, y) \tag{7.79}$$

であるが，ψ に関しては，ラグランジアンの一価性と矛盾することなく，一般には定数位相だけずれる（"ひねり (twist)" を入れる）ことが可能である（(7.53) 参照）：

$$\psi(x, y+L) = e^{i\alpha}\psi(x, y) \quad (\alpha: 定数). \tag{7.80}$$

ここで $L = 2\pi R$ は余剰次元である円の円周の長さ．

しかし，(7.56) から (7.59) において説明したように，この電子の場に現れ得る "ひねり" の効果をヒッグス場 $A_y^{(0)}$ の真期待値におき換えることが可能である．くり返しになるが，もう一度簡単にこれについて説明しよう．まず y に比例したゲージ変換パラメータによる局所ゲージ変換

$$\psi \to \psi' = e^{-i\frac{\alpha}{L}y}\psi \tag{7.81}$$

を行うと，変換後の ψ' は周期境界条件

$$\psi'(x, y+L) = \psi'(x, y) \tag{7.82}$$

を満たす．しかしこの際 A_y は次のような変換を受ける：

$$A_y \to A_y' = A_y + \frac{\alpha}{eL}. \tag{7.83}$$

つまり，物質場 ψ の境界条件に現れた α は A_y の真空期待値

$$\langle A_y \rangle = \langle A_y^{(0)} \rangle = \frac{\alpha}{eL} \tag{7.84}$$

におき換えられることになる．こうして，一般性を失うことなく電子の場 ψ は周期境界条件を満たし，一方でヒッグス場が真空期待値 $\langle A_y^{(0)} \rangle$ をもち得ると考えることができる（ただし，もし物質場が ψ だけでなく複数あり，それぞれが異なるひねりの位相をもつ場合には，こうした局所ゲージ変換ですべての物質場を周期境界条件にもっていくことはもはやできないことに注意しよう）．

ゲージ変換後の ψ' を改めて ψ と書くと，周期境界条件を満たすので，(7.23) のように KK モードに展開（フーリエ級数展開）できる．すると，4D 時空から見た n 番目の KK モードに対応する電子の場 $\psi^{(n)}(x)$ に関しては，余剰次元方向の共変微分により

$$(i\partial_y - e\langle A_y\rangle)e^{i\frac{n}{R}y}\psi^{(n)}(x) = -(\frac{n}{R} + e\langle A_y\rangle)e^{i\frac{n}{R}y}\psi^{(n)}(x) \tag{7.85}$$

が得られるので，その 4 次元的な質量は $\frac{n}{R} + e\langle A_y\rangle$ となることがわかる．よって，ファインマン則に従って，ヒッグス場に対応するものと見なされる $A_y^{(0)}$ の 2 点関数，つまり外線の 4 元運動量をゼロとした自己エネルギーダイアグラム（図 7.8 を参照）を計算すると，ヒッグス質量 2 乗への量子補正

$$m_h^2 = i4e^2 \int \frac{d^4k}{(2\pi)^4} \sum_{n=-\infty}^{\infty} \{ -\frac{1}{(\frac{n}{R} + e\langle A_y\rangle)^2 + \rho^2}$$
$$+ 2\rho^2 \frac{1}{[(\frac{n}{R} + e\langle A_y\rangle)^2 + \rho^2]^2} \} \tag{7.86}$$

が得られる（この計算の過程を詳しく説明することはしないが，各自導出を試みていただきたい）[48]．ここで，図 7.8 の内線（中間状態）に現れる $\psi^{(n)}$ は KK モード n の電子を表し，また $\rho^2 \equiv -k^\mu \cdot k_\mu + m^2$.

先に議論したように，2 次発散の問題を解決するためには，図 7.8 においてすべての KK モードの足し上げ，すなわち n をすべての整数に対して足し上げることが重要である．そこで数学の公式集にある公式

7.8 ゲージ・ヒッグス統一理論

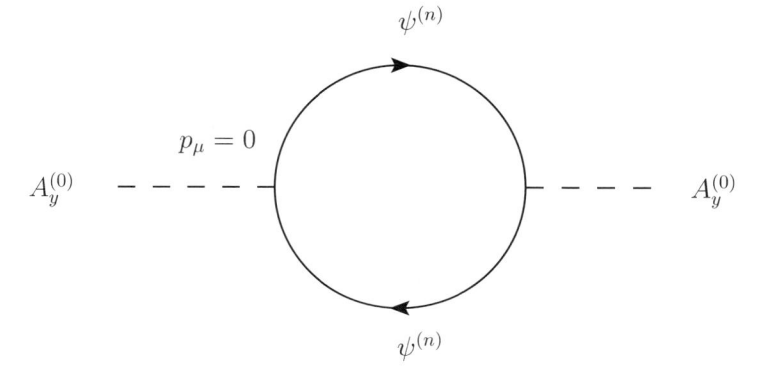

図 **7.8** ヒッグス場に対応する $A_y^{(0)}$ の質量 2 乗への量子補正を表す自己エネルギーダイアグラム

$$\frac{1}{L}\sum_{n=-\infty}^{\infty}\frac{1}{(\frac{n}{R}+e\langle A_y\rangle)^2+\rho^2}=\frac{1}{2\rho}\frac{\sinh(\rho L)}{\cosh(\rho L)-\cos(eL\langle A_y\rangle)} \quad (7.87)$$

を用いて n に関する和を実行すると，考えている量子補正 (7.86) は

$$m_h^2=-i4e^2\int\frac{d^4k}{(2\pi)^4}\left(1+\rho\frac{\partial}{\partial\rho}\right)\left\{\left(\frac{L}{2\rho}\right)\frac{\sinh(\rho L)}{\cosh(\rho L)-\cos(eL\langle A_y\rangle)}\right\} \quad (7.88)$$

のように書ける．ここでウィック回転 $k_0\to ik_0$ の後の 4 元運動量の大きさ $\sqrt{-k^\mu\cdot k_\mu}$ を大きくする紫外領域を考えると，ρ も大きくなるので被積分関数は $(\frac{L}{2\rho})\frac{\sinh(\rho L)}{\cosh(\rho L)-\cos(eL\langle A_y\rangle)}\to\frac{L}{2\rho}$ のように漸近的に振る舞う．すると

$$\left(1+\rho\frac{\partial}{\partial\rho}\right)\frac{L}{2\rho}=0 \quad (7.89)$$

より紫外領域の寄与が消え，したがって 4 元運動量に関する積分は紫外発散のない有限な結果を与えると予想される．実際，(7.88) において ρ に関する微分を実行すると

$$m_h^2=\frac{e^2}{4\pi^2}(\frac{1}{L^2})\int_0^\infty ds\, s^3\frac{1-\cosh\sqrt{s^2+(mL)^2}\cdot\cos(eL\langle A_y\rangle)}{[\cosh\sqrt{s^2+(mL)^2}-\cos(eL\langle A_y\rangle)]^2} \quad (7.90)$$

となるが（$s\equiv\sqrt{-k^\mu\cdot k_\mu}\cdot L$ は無次元の積分変数．$\rho L=\sqrt{s^2+(mL)^2}$），右辺の被積分関数は s が大きくなる紫外領域では $-2\cos(eL\langle A_y\rangle)s^3 e^{-s}$ のように振る舞うので，積分は非常に収束の速い（"super-convergent"）積分に

なり，明らかに紫外発散は生じないことがわかる．これに対して，KK ゼロモードすなわち $n=0$ のみの寄与を計算すると，容易に 2 次発散が生じることがわかる．こうして量子効果（量子補正）によって有限のヒッグス質量が得られることになるが，残念ながら (7.90) の s による積分を解析的に実行することはできない．

(7.90) においてヒッグス場の真空期待値は $\cos(eL\langle A_y\rangle)$ を通じてのみ現れるので，明らかに (7.90) は (7.78) の周期の周期性をもっていることがわかる．なお，ここでは詳細は述べないが，図 7.8 において外線を $A_\mu^{(0)}$ におき換えた自己エネルギーダイアグラムについて同様の計算を実行してみると，n の和をとる前の各々の KK モードについて，k_μ に関する積分を（ゲージ不変性を保持する正則化を用いて）実行するときれいに消えることがわかり，当然ではあるが，通常の 4D 的な光子に当たる $A_\mu^{(0)}$ の質量への量子補正は一切存在しないことが確かめられる．各モード n に対してこうしたことがいえる直感的な理由は，KK モードの和をとらなくても通常の 4D 的な局所ゲージ対称性が各 KK モードのセクターで保持されているからである．

7.8.2 有効ポテンシャルの計算とポアソン再和

ゲージ場は運動項はもてるがポテンシャルをもつことはできない．これは質量項と同様に，ポテンシャル項は局所ゲージ対称性を破ってしまうからであるが，前の項では，ヒッグスの質量 2 乗項に対応する $A_y^{(0)}$ 2 乗の局所演算子（2 点関数）が量子レベルでは生成されることを具体的な計算で示した．これは，2 点関数に限らずヒッグスの有効ポテンシャル (effective potential) $V_{eff}(A_y^{(0)})$ が量子レベルで生成されることを強く示唆し，前の項で現れた真空期待値 $\langle A_y^{(0)}\rangle$ は，この V_{eff} を最小化する $A_y^{(0)}$ として得られるべきものであると考えられる．この有効ポテンシャルの出現は一見局所ゲージ対称性と矛盾するように思えるが，先に議論したように，ヒッグス場はウィルソン・ループを通じて現れ，当然ながらウィルソン・ループ W は (7.76) に見られるように，ヒッグス場 $A_y^{(0)}$ の微分を含まないにもかかわらずゲージ不変なので，W の関数としてゲージ不変な有効ポテンシャルが現れると考え

れば，ゲージ対称性と矛盾することはない．実際，(7.76) からわかるように $\mathrm{Re}(W) = \cos(eLA_y)$ であり，(7.90) に現れる $\cos(eL\langle A_y \rangle)$ は正にこれの真空期待値と考えられる．また，ウィルソン・ループの関数であれば周期性をもつのも当然である．ウィルソン・ループは局所演算子ではなく線積分を用いて定義される大域的な演算子なので紫外発散とは本来無縁であり，したがって $V_{eff}(A_y^{(0)})$ は紫外発散を含まない有限な形で得られると期待される．実際，以下で示すように具体的計算によっても，このことが確かめられる．

そこで，ここでは実際に有効ポテンシャル V_{eff} を求め，たしかに W の関数と考えられることを示すことにする．その際に「ポアソン再和（Poisson resummation）」とよばれるテクニックが大いに役立つ．このポアソン再和の方法を用いることで，有効ポテンシャルがウィルソン・ループにより記述されることが明白になるとともに，有効ポテンンシャルを紫外発散する部分（コンパクト化の半径 R が無限大，すなわち "非コンパクト化" の極限に対応）と残りの有限な部分に明確に分離することもできる（この辺の事情は，すでに 7.7 節で少し議論した）．

一般に有効ポテンシャルを系統的に要領よく求めるのに用いられるのが「背景場の方法（background field method）」である．これは，通常のファインマン則に従う計算において外線に現れる場を，空間に一様に存在する（定数の）"背景場" と考え，その背景場中を，ファインマン・ダイアグラムの内線に当たる粒子がループを描いて回ると見なす方法である．今の場合，背景場はヒッグス場 $A_y^{(0)}$ であり，その中を伝播するのは電子であり，背景場中の電子の "泡ダイアグラム（bubble diagram）"，すなわち外線がなく一つの閉じたループのみのファインマン図を計算すれば背景場の関数として $V_{eff}(A_y^{(0)})$ がいわば自動的に得られるのである．通常のファインマン則に基づく地道な計算ももちろん可能であるが，外線が 2 本，4 本，等の 2 点関数，4 点関数，等のファインマン・ダイアグラムをそれぞれ計算し，それらを足し合せる必要がある．これに対し，背景場の方法では単に泡ダイアグラムを背景場であるヒッグス場の下で一つ計算すればよいのである．

一様なヒッグスの背景場 $A_y^{(0)}$ の中を運動する電子にとっては，この背景場はちょうど真空期待値のように見なせるので，その真空期待値による質量を得て，各 KK モードはあたかも 4D 的質量 $\frac{n}{R} + eA_y$ をもつように考えること

ができる（ここでは簡単のためにバルク質量 m を無視することにする）．そうした質量をもって伝播する電子による泡ダイアグラムは，あたかも相互作用をしない自由電子による量子効果を計算するのと等価なので，ファインマンの経路積分法（path integral）の考えを用いてガウス（汎関数）積分を行い，その結果の対数をとり i 倍することで有効ポテンシャルが得られることになる．log Det = Tr log というよく知られた関係式を用いると，有効ポテンシャルは

$$V_{eff} = i(-1)\cdot(-\frac{1}{2})\cdot 4 \sum_{n=-\infty}^{\infty} \int \frac{d^4p}{(2\pi)^4} \log\left\{-p^2 + \left(\frac{n}{R}+eA_y\right)^2\right\} \quad (7.91)$$

と求まる．ここで積分の前の係数 4 は電子がディラック・フェルミオンであるため，そのスピノールの自由度を表している．また (-1) の因子はフェルミ統計による付加的な因子である．4 元運動量 p をその時間成分を虚数化してユークリッド的運動量 p_E に変更すると

$$V_{eff} = -2 \sum_{n=-\infty}^{\infty} \int \frac{d^4p_E}{(2\pi)^4} \log\{p_E^2 + (\frac{n}{R}+eA_y)^2\} \quad (7.92)$$

となる．

これを，下で説明する「ポアソン再和」の方法を用い，運動量積分を実行して計算してみよう．まず，パラメータ t を導入し公式

$$\log \alpha = -\int_0^\infty \frac{e^{-\alpha t}}{t}dt + 定数 \quad (7.93)$$

に着目する（両辺を α で微分してみると同じになる）．これを用いて (7.92) の log 因子を書き直すと，ポテンシャルとして興味のない A_y に関係ない部分を無視して

$$V_{eff} = 2\int_0^\infty dt \sum_{n=-\infty}^{\infty} \sum_{n=-\infty}^{\infty} \int \frac{d^4p_E}{(2\pi)^4} \frac{e^{-\{p_E^2+(\frac{n}{R}+eA_y)^2\}t}}{t} \quad (7.94)$$

が得られる．ここで 4 元運動量に関する積分を公式

$$\int \frac{d^4p_E}{(2\pi)^4} e^{-p_E^2 t} = \frac{1}{16\pi^2}\frac{1}{t^2} \quad (7.95)$$

に従って実行すると

$$V_{eff} = \frac{1}{8\pi^2}\int_0^\infty dt \sum_{n=-\infty}^{\infty} \frac{e^{-(\frac{n}{R}+eA_y^{(0)})^2 t}}{t^3} \tag{7.96}$$

となる．

ここで，下で解説するポアソン再和の手法を用いて，KK モード n についての和を，巻き付き数（winding number）w（w：整数）についての和に変換すると

$$\sum_{n=-\infty}^{\infty} e^{-(\frac{n}{R}+eA_y^{(0)})^2 t} = R\sqrt{\frac{\pi}{t}} \sum_{w=-\infty}^{\infty} e^{-\frac{(\pi R w)^2}{t}+i2\pi eA_y^{(0)} R w}$$
$$= R\sqrt{\frac{\pi}{t}}\left[1 + 2\sum_{w=1}^{\infty} e^{-\frac{(\pi R w)^2}{t}} \cos(2\pi eA_y^{(0)} R w)\right] \tag{7.97}$$

が得られる．この式で2行目の右辺に現れる，巻き付き数 $w=0$ のセクターの寄与（中括弧で1に対応する部分）は明らかに t 積分の下で発散するが（$t\sim 0$ の積分領域の寄与），ヒッグス場 $A_y^{(0)}$ には依存しないので，この部分を無視すると

$$V_{eff} = \frac{R}{4\pi^{\frac{3}{2}}}\int_0^\infty dt\ t^{-\frac{7}{2}}\sum_{w=1}^\infty e^{-\frac{(\pi Rw)^2}{t}}\cos(2\pi eA_y^{(0)}Rw). \tag{7.98}$$

ここで，積分変数を $t\to x = \frac{(\pi Rw)^2}{t}$ と変換すると t 積分の部分は，ガンマ関数を用いて

$$\int_0^\infty dt\ t^{-\frac{7}{2}}e^{-\frac{(\pi Rw)^2}{t}} = \frac{1}{(\pi Rw)^5}\int_0^\infty dx\ x^{\frac{3}{2}}e^{-x}$$
$$= \frac{1}{(\pi Rw)^5}\Gamma(\frac{5}{2}) = \frac{3}{4}\pi^{-\frac{9}{2}}\frac{1}{(Rw)^5} \tag{7.99}$$

と計算される．こうして結局，(4D的な) ヒッグス場 $A_y^{(0)}$ に関する有効ポテンシャルが

$$V_{eff}(A_y^{(0)}) = \frac{3}{16\pi^6}\frac{1}{R^4}\sum_{w=1}^\infty \frac{\cos(2\pi eA_y^{(0)}Rw)}{w^5} \tag{7.100}$$

のように求まる．

ヒッグス場を，真空期待値と，それからのずれを表す物理的ヒッグス場（ヒッ

グス粒子を表す場) h との和 $A_y^{(0)} = \langle A_y^{(0)} \rangle + h$ の形で表し (7.100) に代入すれば h に関するポテンシャルが得られることになる．特に h^2 の項はヒッグス質量 2 乗の項なので，その係数の 2 倍がヒッグス質量の 2 乗 m_h^2 を表す：

$$m_h^2 = \frac{d^2 V_{eff}}{dA_y^{(0)2}} \Big|_{A_y^{(0)} = \langle A_y^{(0)} \rangle}$$
$$= -\frac{3}{4\pi^4} \frac{e^2}{R^2} \sum_{w=1}^{\infty} \frac{\cos(2\pi e \langle A_y^{(0)} \rangle Rw)}{w^3}. \tag{7.101}$$

これが，前項で自己エネルギーダイアグラムを直接計算して得られた結果である (7.90) において $m = 0$ としたものと一致するはずである．例えば真空期待値 $\langle A_y^{(0)} \rangle = 0$ の場合には，(7.90) (において $m = 0$ としたもの) と (7.101) がいずれも

$$m_h^2 = -\frac{3}{4\pi^4} \zeta(3) \frac{e^2}{R^2} \tag{7.102}$$

を与えることが比較的容易に確かめられる ((7.90) において，被積分関数を e^{-s} のべきで展開してから s に関する定積分を実行してみるとよい)．ここで $\zeta(z) = \sum_{n=1}^{\infty} \frac{1}{n^z}$ はリーマンのゼータ関数である．$\langle A_y^{(0)} \rangle$ がゼロでない場合でも (7.90) ($m = 0$) と (7.101) が一致することを確認できるが，少し計算が必要である．興味のある読者は挑戦してみていただきたい．

なお，(7.102) はヒッグス質量 2 乗が負 ("タキオン"的) であるといっているが，これはヒッグスの真空期待値がこの理論では実際にはゼロではないことを示している．

ポアソン再和とその物理的意味

ここで，(7.97) ですでに用いたポアソン再和の手法について，特にその高次元理論における物理的意味について，少し一般的な議論をしてみよう．高次元理論では，物理量への量子補正は (7.86) のヒッグス質量 2 乗への量子補正に見られるように，一般に KK モードに関する和の形で表される．最も簡単な 5 次元理論の場合だと

$$\frac{1}{2\pi R} \sum_{n=-\infty}^{\infty} f\left(\frac{n}{R}\right) \tag{7.103}$$

のようにある関数 f を用いて書かれる.ここで整数 n は KK モードを表し R は余剰次元を円としたときの円の半径.こうした量子補正は一般に紫外発散を含み得るが,その発散部分と有限部分をどのように分離したらよいであろうか.重要な事実は,紫外発散に関しては非コンパクト化の極限 $R \to \infty$,つまり全体として無限に広がり 5 次元的ローレンツ対称性の回復した 5 次元時空の場合とまったく同じである,ということである.直感的には,紫外発散は不確定性関係より局所的な相互作用から生じるので,余剰次元がコンパクト化しているかどうかに影響されずに現れる,ということである.同様のことは「有限温度の場の理論」でも起きることが知られている.絶対温度 T における場の理論は,時間方向が $\frac{1}{T}$(ボルツマン定数 $k=1$ の単位系で)にコンパクト化した 4 次元理論と見なせる.これは分配関数が $Z = \sum_n \langle n|e^{-\frac{H}{T}}|n\rangle$ のように書けるので,(虚)時間方向が $\frac{1}{T}$ にコンパクト化していて周期境界条件が課されたときの物理量の期待値と同等であるからである.物理量に現れる紫外発散は,絶対零度 $T=0$ のとき(つまり通常の 4 次元的場の理論のとき)の紫外発散とまったく同じで,絶対零度で紫外発散をくり込んでおけば,有限温度による効果はすべて紫外発散を伴わない有限量として求まることが知られている.

つまり,(7.103) から非コンパクト化の場合 ($R \to \infty$) の寄与を差し引いた

$$\frac{1}{2\pi R} \sum_{n=-\infty}^{\infty} f\left(\frac{n}{R}\right) - \int_{-\infty}^{\infty} \frac{dk}{2\pi} f(k) \tag{7.104}$$

は紫外発散を被らない有限な値になるはずである.この非コンパクト化の場合の寄与をうまく分離することのできる数学的手法としてポアソン再和の方法があるのである.

まず,数学的公式であるポアソン再和の公式は

$$\frac{1}{2\pi R} \sum_{n=-\infty}^{\infty} f\left(\frac{n}{R}\right) = \sum_{w=-\infty}^{\infty} F(2\pi R w) \tag{7.105}$$

のように表される.ここで F は元の関数 f をフーリエ変換して得られる関数である:

$$F(x) \equiv \int_{-\infty}^{\infty} \frac{dk}{2\pi} e^{-ikx} f(k). \tag{7.106}$$

(7.105) について導出してみよう．まずフーリエ（逆）変換により

$$f(\frac{n}{R}) = \int_{-\infty}^{\infty} dx\, F(x) e^{i\frac{n}{R}x}. \tag{7.107}$$

よって

$$\frac{1}{2\pi R}\sum_{n=-\infty}^{\infty} f(\frac{n}{R}) = \int_{-\infty}^{\infty} dx\, F(x) \sum_{n=-\infty}^{\infty} \frac{e^{i\frac{n}{R}x}}{2\pi R}. \tag{7.108}$$

ここで，デルタ関数を平面波の和で表す式

$$\sum_{n=-\infty}^{\infty} \frac{e^{i\frac{n}{R}x}}{2\pi R} = \sum_{w=-\infty}^{\infty} \delta(x - 2w\pi R) \tag{7.109}$$

を (7.108) の右辺に代入すると

$$\frac{1}{2\pi R}\sum_{n=-\infty}^{\infty} f(\frac{n}{R}) = \sum_{w=-\infty}^{\infty} F(2\pi Rw) \tag{7.110}$$

となり，(7.105) が得られる．(7.97) は (7.105) に従って容易に導くことができる．

ところで，(7.105) に登場する整数 w は "巻き付き数（winding number）" とよばれるが，その理由は以下のようにして理解できる．$f \to F$ はフーリエ変換なので，物理的には余剰次元方向の運動量空間から余剰次元の実空間への変換に対応している．KK モード n は余剰次元方向の離散化された運動量を表しているが，w は考えている量子補正を表すファインマン・ダイアグラム，例えば有効ポテンシャルの場合だと泡ダイアグラムにおいて，内線の閉じたループが何回余剰次元である円に巻き付いているかを表していると考えられる．例えば $w = 1$ の場合について表したものが図 7.9 である．なお，図において 5 次元時空は円筒で表されていて，円は余剰次元を，これに直交する線分の方向は開いた 4 次元時空を代表している．

実際，有効ポテンシャルの計算結果 (7.100) において，余弦関数の中身である $2\pi e A_y^{(0)} Rw$ は円の周りを一周積分して得られる AB 位相（ウィルソン・ループの位相）のちょうど w 倍になっているが，これはまさに w 回だけ円に巻きつく線積分（ウィルソン・ループの w 乗，W^w (7.76) 参照）から得られる位相に他ならない．こう考えると，巻き付き数ゼロ ($w = 0$) のセクターは

$(w=1)$

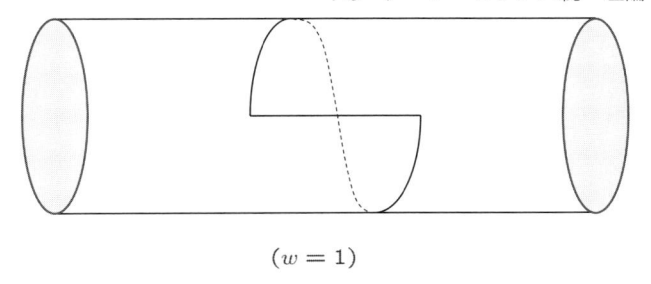

図 7.9　有効ポテンシャルを与える巻き付き数 $w=1$ の泡ダイアグラム．円筒は 5 次元時空を表す

円周方向に巻き付いておらず，したがって直感的には余剰次元がコンパクト化していることを感知できない（コンパクト化に影響されない）セクターであり，非コンパクト化の極限に対応していると予想される．実際 (7.105) において $w=0$ のセクターに当たる $F(0)$ を考えると，(7.106) より

$$F(0) = \int_{-\infty}^{\infty} \frac{dk}{2\pi} f(k) \tag{7.111}$$

であるが，これは正に (7.104) の右辺 2 項目に現れる非コンパクト化の極限に他ならない．すでに有効ポテンシャルの計算において述べたように $w=0$ のセクターの寄与は紫外発散するが，(7.104) に対応する，それを除いた $w \neq 0$ のセクターの寄与は発散をこうむらず有限となるのである．直感的には $w \neq 0$ のセクターにおいては，泡ダイアグラムのループの長さは円周方向に巻き付いているので必然的に $2\pi R$ より長く，余剰次元のコンパクト化の仕方に敏感な大域的な寄与に対応しているので，不確定性関係から運動量は $\frac{1}{R}$ 程度でカットされて無限に大きくなることができず，したがって紫外発散をこうむらないと考えることができる．こうして，ポアソン再和は本来数学の公式ではあるが，高次元時空ではこのような物理的意味をもつことになる．

7.8.3　最小のゲージ・ヒッグス統一理論としての SU(3) 模型

ここまで見てきたように，ゲージ・ヒッグス統一理論（GHU）ではヒッグス質量への量子補正は紫外発散のない有限値として予言され，超対称性に頼

らない階層性問題の解法を与える．そうした意味で，GHU は標準模型を超える（Beyond the Standard Model, BSM）理論の新たな可能性を開くシナリオであるといえる．

しかし，GHU が意味を成す BSM 理論となるためには，標準模型を含むことのできる理論を具体的に構成する必要がある．超対称理論の場合には，標準模型を含むことのできる最も簡単な"最初模型（minimal model）"として MSSM が存在するが，ここでは GHU シナリオに基づく最小模型として SU(3) 電弱統一模型を紹介する [50]．強い相互作用についても，標準模型と同様に $SU(3)_c$ を直積として上記 SU(3) に掛けることで容易に導入することが可能であるが，電弱相互作用の部分とは独立した性格をもつので，ここでは無視することにする．

GHU シナリオに基づく BSM 理論では，必然的に電弱ゲージ対称性を拡張する必要がある，という大きな特徴がある．MSSM では，標準模型を超対称的に拡張する際に，電弱ゲージ対称性 $SU(2)_L \times U(1)_Y$ はそのままで構わなかったのとは大きな違いである．その理由は，GHU においてはヒッグス場の起源はゲージボソンであるために必然的にヒッグス場はゲージ群の随伴（adjoint）表現に属することになるからである．一方において，ヒッグス場は標準模型でよく知られているように $SU(2)_L$ の基本表現に属する必要があり，ゲージ群を $SU(2)_L \times U(1)_Y$ のままにすると矛盾が生じてしまう．この問題は，ゲージ群を $SU(2)_L \times U(1)_Y$ を含むように少し拡張することで解決することができる．拡張された群の随伴表現における"非対角成分"という形で $SU(2)_L$ の基本表現であるヒッグス場が生じることになるのである．これは，ちょうど超弦理論で，ヒッグス場の属する E_6 の基本表現（27 次元表現）が E_8 の随伴表現の一部として導かれるのと同様である．

そもそも超弦理論において，ゲージ相互作用を記述する開いた弦のセクターの低エネルギー（点粒子）極限は 10 次元の超対称ヤン–ミルズ理論であり，そこではゲージ超対称多重項以外に物質場は導入されないので，ヒッグス場は必然的にゲージ場の余剰次元成分として現れる．つまり，超対称ヤン–ミルズ理論は見方を変えれば GHU に他ならないのであり，上述のような類似点があるのも当然ともいえる．

ここでは，最も簡単な SU(3) GHU 模型として，5 次元（5D）時空上の

7.8 ゲージ・ヒッグス統一理論

SU(3) GHU 模型について少し詳しく議論することにしよう．最初に結論めいたことを述べると，SU(3) の随伴表現である8次元表現を $SU(2)_L$ の既約表現で分解すると $8 \to 3 + 2 + \bar{2} + 1$ となるが，この内 $3+1$ の部分は $SU(2)_L \times U(1)_Y$ のゲージボソンに対応し，$2 + \bar{2}$ の部分がヒッグス2重項に対応することになる．ただし，このように，SU(3) の既約表現を分けてゲージ場とヒッグス場に割り当てることができるのは，以下で述べるように余剰次元として S^1/Z_2 オービフォールド (orbifold) を用いて Z_2 対称性を課すからである．

こうして，われわれの議論する理論は，余剰次元として S^1/Z_2 オービフォールドをもつ 5D 時空上で定義された SU(3) GHU 電弱統一理論である．物質場としては SU(3) の基本表現である3重項（triplet）として振る舞うフェルミオン Ψ を導入する：

$$\Psi = \begin{pmatrix} \psi_1 \\ \psi_2 \\ \psi_3 \end{pmatrix}. \tag{7.112}$$

各成分 $\psi_{1,2,3}$ は，付与される電荷からクォークを記述する場であることがわかる．ここでは簡単のためにレプトンについては無視するが，整数電荷をもつレプトンを導入しようとすると，群のより次元の高い既約表現を用いる必要がある．

余剰次元として円 S^1 のような普通の多様体ではなくオービフォールド S^1/Z_2 を用いる基本的な理由は以下の二つである：

(1) 標準模型では，弱い相互作用におけるパリティ対称性の破れを実現するために，クォーク・レプトンはディラック・フェルミオンではなくワイル・フェルミオンとして理論に導入される．このような，フェルミオンが片方のカイラリティのみをもつカイラルな理論は，7.3.3 項ですでに議論したようにオービフォールドの導入によって実現できる．

(2) 必然的に拡張された SU(3) ゲージ対称性は，オービフォールドの採用によって，3重項の各成分ごとに異なる "Z_2 パリティ" 固有値を付与することで $SU(2)_L \times U(1)_Y$ 対称性にまで破ることができる．これは，自発的対称性の破れとは異なるゲージ対称性を破る機構である．

こうした事情を以下で具体的に見ていくことにしよう．まず，S^1/Z_2 オー

ビフォールドのもつ Z_2 対称性は，(7.46) に与えられるように

$$Z_2: \quad x^\mu \to x^\mu, \quad y \to -y \qquad (7.113)$$

という変換の下での理論の不変性である．つまり，Z_2 対称性は，$y \to -y$ という一種のパリティ変換の下での対称性であるといえる．量子力学でよく知られているように，力学系がパリティ対称性をもつとき，波動関数はパリティ変換に関して ± 1 のいずれかの固有値をもち偶関数，奇関数のいずれかになる．同様に，この模型ではすべての場は Z_2 変換の下で ± 1 いずれかの固有値をもち y の偶関数か，奇関数のいずれかになる．川村は，あるゲージ群の既約表現について各成分が同一ではない固有値をもつようにすることで KK ゼロモードからなる 4 次元低エネルギー有効理論においてゲージ対称性を破ることが可能である，という機構を大統一理論の枠組みにおいて提唱した [51]．ここではゲージ対称性の破れ SU(3) $\to$ SU(2)$_L \times$ U(1)$_Y$ を実現するために，SU(3) の基本表現である 3 重項の各成分に対して次のように Z_2 パリティを付与することにする（$+$, $-$ は 1, -1 のパリティ固有値を表す）：

$$\begin{pmatrix} - \\ - \\ + \end{pmatrix}. \qquad (7.114)$$

ただし，ここでは 7.4.2 項で議論したような 2 種類の折り返しの変換 R, $\tilde{R}$ を区別することはせず，それらの変換の固有値は同一であるとし，(7.65) の $(1, 1)$ か $(-1, -1)$ の何れかの場合のみを考えることにする．具体的には，3 重項に属するフェルミオン Ψ に関し，次のように Z_2 パリティを付与する：

$$\gamma_5 \Psi(x, -y) = P\Psi(x, y), \qquad P \equiv \begin{pmatrix} -1 & 0 & 0 \\ 0 & -1 & 0 \\ 0 & 0 & 1 \end{pmatrix}. \qquad (7.115)$$

ここで，(7.48) に見るようにフェルミオン関しては Z_2 変換に伴って γ_5 を掛けるカイラル変換も加わることに注意しよう．よって，($\gamma_5 \psi_L = -\psi_L$ 等より）3 重項の上 2 成分は左巻きが，一番下の成分については右巻きのワイル・フェルミオンが y の偶関数となって，その KK モードは (7.65) に与えられているように

$$\frac{1}{\sqrt{\pi R}} \cos(\frac{n}{R} y) \qquad (7.116)$$

となり，したがって KK ゼロモード（$n=0$ とした定数のモード）を含むことになる．こうして，後ほど決定される各成分の電荷も合せて考えると，4 次元の低エネルギー有効理論に現れるフェルミオンの KK ゼロモードは（第 1 世代に限定して考えると）

$$\Psi^{(0)} = \begin{pmatrix} u_L \\ d_L \\ d_R \end{pmatrix} \tag{7.117}$$

のようになり，上 2 成分がちょうど標準模型の $SU(2)_L$ 2 重項をなす左巻クォーク，一番下が $SU(2)_L$ 1 重項の右巻き d クォークとなる．残念ながら u_R はこの基本表現には入らないことになる（例えば $\bar{6}$ 表現に入れることは可能である）．こうして，余剰次元としてオービフォールドを用いる理由の (1) で述べたように，カイラルな理論を得ることが実現されたことになる．

一旦ゲージ群の基本表現に関して Z_2 パリティを決めると，これに伴って群の随伴表現に属する 4D ベクトル場 $A_\mu \equiv A_\mu^a(\frac{\lambda_a}{2})$（$\lambda_a$ ($a=1\sim 8$)：ゲルマン行列），および 4D スカラー場 $A_y \equiv A_y^a(\frac{\lambda_a}{2})$ の Z_2 変換性が次のように行列 P を用いて一意的に決まることになる：

$$\begin{aligned} A_\mu(x,-y) &= P A_\mu(x,y) P^{-1}, \\ -A_y(x,-y) &= P A_y(x,y) P^{-1}. \end{aligned} \tag{7.118}$$

ここで A_y には左辺で全体的な符号 -1 が掛算されているのは，(A_μ, A_y) が 5 元ローレンツ・ベクトルと見なせるので (7.113) と同様に変換する必要があるからである．(7.118) から，A_μ, A_y の各成分の Z_2 パリティは次のように決まることが容易にわかる：

$$A_\mu = \begin{pmatrix} + & + & - \\ + & + & - \\ - & - & + \end{pmatrix}, \quad A_y = \begin{pmatrix} - & - & + \\ - & - & + \\ + & + & - \end{pmatrix}. \tag{7.119}$$

よって，それぞれの KK ゼロモードは具体的に次のように書くことができる：

$$A_\mu^{(0)} = \frac{1}{2} \begin{pmatrix} A_\mu^3 + \frac{B_\mu}{\sqrt{3}} & \sqrt{2} W_\mu^+ & 0 \\ \sqrt{2} W_\mu^- & -A_\mu^3 + \frac{B_\mu}{\sqrt{3}} & 0 \\ 0 & 0 & -\frac{2}{\sqrt{3}} B_\mu \end{pmatrix}, \tag{7.120}$$

$$A_y^{(0)} = \frac{1}{\sqrt{2}} \begin{pmatrix} 0 & 0 & \phi^+ \\ 0 & 0 & \phi^0 \\ \phi^- & \phi^{0*} & 0 \end{pmatrix}. \tag{7.121}$$

こうして，先に述べたようにヒッグスの SU(2) 2 重項は，ちょうど $A_y^{(0)}$ の非対角成分として

$$H = \begin{pmatrix} \phi^+ \\ \phi^0 \end{pmatrix} \tag{7.122}$$

のように現れることがわかる．さらには，A_μ に関しても，ちょうど標準模型の $\mathrm{SU}(2)_L \times \mathrm{U}(1)_Y$ の 4 個のゲージボソン $W_\mu^\pm = \frac{A_\mu^1 \mp i A_\mu^2}{\sqrt{2}}$, A_μ^3, B_μ (A_μ^3 と B_μ の二つの線形結合が光子と中性弱ゲージボソン Z の場) のみがゼロモードとして残ることがわかる．

こうして目的 (2) で述べたように，$\mathrm{SU}(3) \to \mathrm{SU}(2)_L \times \mathrm{U}(1)_Y$ というゲージ対称性の破れも実現していることがわかる．破れた対称性に対応するベクトル場はコンパクト化の質量スケール $M_c = \frac{1}{R}$ 程度の質量をもち，低エネルギー有効理論からはデカップル (decouple) すると見なされる．

このように，高次元ゲージ場を起源とする 4D ゲージ場・ヒッグス場のセクターでは，見事にちょうど標準模型に必要なものが過不足なく得られることがわかる．ちょうど，標準模型のゲージ場とヒッグス場の自由度，$3+1+2\times 2 = 8$ が，背後に SU(3) の存在があることを暗示しているかのように見えなくもない (単なる偶然であるのかもしれないが)．

電荷の量子化とワインバーグ角

いま議論している GHU シナリオに基づく電弱統一理論で用いている SU(3) ゲージ群は，U(1) をその部分群として含まない「単純群 (simple group)」なので，先に議論した SU(5) 大統一理論の場合と同様に，電荷の量子化 (なぜクォークの電荷は分数電荷なのか) を説明したりワインバーグ角 θ_W を予言することが可能である．

まず電荷についてであるが，電荷演算子 Q は当然対角行列の生成子で表されるが，SU(3) の生成子，つまり 8 個のゲルマン行列の内で対角なのは λ_3, λ_8 の 2 個のみである (SU(3) のランクが 2 だということ)．一方，標準模型のところで述べた中野–西島–ゲルマンの法則によれば $Q = I_3 + \frac{Y}{2}$ と書

ける（(1.16) 参照）．よって，基本表現である 3 重項に対する 3×3 の電荷演算子 Q は

$$Q = \frac{\lambda_3}{2} + c\frac{\lambda_8}{2} \tag{7.123}$$

のように書けるはずである．ここで c は定数．また，SU(3) が単純群で生成子は皆トレースがゼロ（traceless）なので c の値によらず

$$\text{Tr}\, Q = 0 \tag{7.124}$$

がいえる．c は (7.121) の $A_y^{(0)}$ に現れる中性ヒッグス場 ϕ^0 の電荷がゼロとなるように決めればよく，それに従ってすべての素粒子の電荷が一意的に決まることになる，ここでは，等価ではあるが少し違った簡便な方法で SU(3) 3 重項の各成分の電荷を決めてみよう．

まず，上記の二つの関係式 (7.123)，(7.124) より，3 重項の一番上の成分 ψ_1 の電荷を q とおくと，各成分の電荷は

$$\begin{pmatrix} q \\ q-1 \\ 1-2q \end{pmatrix} \tag{7.125}$$

のように書ける．一方，ϕ^0 は 3 重項の 3 番目の成分を 2 番目の成分に変換する役割をもつので，その電荷がゼロということから

$$q - 1 - (1 - 2q) = 3q - 2 = 0 \quad \rightarrow \quad q = \frac{2}{3} \tag{7.126}$$

のように q が決まる．よって 3 重項の電荷は

$$\begin{pmatrix} \frac{2}{3} \\ -\frac{1}{3} \\ -\frac{1}{3} \end{pmatrix} \tag{7.127}$$

と決まる．これにより，3 重項は (7.117) のようにクォークの場に同定されることになる．なお，これから $c = \frac{1}{\sqrt{3}}$ と決まることがわかる．つまり，中野–西島–ゲルマンの法則との比較から弱ハイパーチャージ演算子が

$$Y = \frac{1}{\sqrt{3}}\lambda_8 \tag{7.128}$$

と表されることがわかる．

次に，ワインバーグ角について考えてみよう．SU(3) は単純群なのでゲージ結合定数は一つであり，これを g と書き，標準模型の SU(2)$_L$ のゲージ結合定数と一致するようにとることにする．すると，共変微分の内で対角行列のゲージ相互作用の部分は (7.128) より

$$\frac{g}{2}(A_\mu^3 \lambda_3 + B_\mu \lambda_8) = gA_\mu^3(\frac{\lambda_3}{2}) + \sqrt{3}gB_\mu(\frac{Y}{2})$$
$$= gA_\mu^3(\frac{\lambda_3}{2}) + g'B_\mu(\frac{Y}{2}) \qquad (7.129)$$

のように書ける．ここで g' は標準模型の U(1)$_Y$ のゲージ結合定数である．この関係式から容易に

$$\tan\theta_w = \frac{g'}{g} = \sqrt{3} \quad \rightarrow \quad \sin^2\theta_W = \frac{3}{4} \qquad (7.130)$$

が得られる．

あるいは，より簡便にワインバーグ角を求める方法として，大統一理論のときに導いた関係式 ((4.12) 参照)

$$\sin^2\theta_W = \frac{\mathrm{Tr}\, I_3^2}{\mathrm{Tr}\, Q^2} \qquad (7.131)$$

を用いることもできる．ここで，Tr I_3^2, Tr Q^2 は任意の既約表現に関して，各成分の弱アイソスピンの第3成分の2乗の和，および (e を単位とする) 電荷の2乗の和をとることを表している．SU(3) の最も簡単な既約表現である3重項に適用してみると，(7.117) より弱アイソスピンの第3成分および電荷が読みとれるので

$$\sin^2\theta_W = \frac{\frac{1}{4} \times 2 + 0}{\frac{4}{9} + \frac{1}{9} \times 2} = \frac{3}{4} \qquad (7.132)$$

のように容易にワインバーグ角が求まる．ワインバーグ角が決まったので，光子と中性弱ゲージボソンの場 A_μ および Z_μ は次のように A_μ^3, B_μ の線形結合で書かれることになる ((1.24) 参照)：

$$A_\mu = \frac{\sqrt{3}}{2}A_\mu^3 + \frac{1}{2}B_\mu,$$
$$Z_\mu = \frac{1}{2}A_\mu^3 - \frac{\sqrt{3}}{2}B_\mu. \qquad (7.133)$$

A_μ, Z_μ を用いて書き直すと (7.120) は

$$A_\mu^{(0)} = \frac{1}{2} \begin{pmatrix} \frac{2}{\sqrt{3}} A_\mu & \sqrt{2} W_\mu^+ & 0 \\ \sqrt{2} W_\mu^- & -\frac{1}{\sqrt{3}} A_\mu - Z_\mu & 0 \\ 0 & 0 & -\frac{1}{\sqrt{3}} A_\mu + Z_\mu \end{pmatrix} \quad (7.134)$$

となる．

こうして予言される $\sin^2 \theta_W = \frac{3}{4}$ を満たすワインバーグ角（60度）は，残念ながら現実の値 $\sin^2 \theta_W \simeq 0.23$ （低エネルギーでの値）とはかけ離れたものである．この問題を回避する解決策はいくつか提案されているが，その一つは，単純群をあきらめ SU(3)×U(1)，あるいは 10.2 節で議論される T パラメータを自然に制御することのできる GHU 模型として議論されている SO(5) × U(1) [52] のように U(1) を直積として加えることである．ただし，予言能力は低くなってしまい，また余分に導入されたゲージ対称性をどのように破るかという問題もある．あるいは，ゲージ群をもう少し拡張して同じランク 2 の例外群 G_2 を用い，その随伴表現に現れる，部分群である SU(3) で見たときの 3 重項に対応する部分に真空期待値をもたせることで $\sin^2 \theta_W = \frac{1}{4}$ という望ましい値を得ることが可能であるとの指摘がなされている [53] (SU(3) 模型では SU(3) の随伴表現が真空期待値をもつために (7.132) が導かれる)．

奇 Z_2 パリティをもつフェルミオン質量項

SU(3) 電弱統一 GHU 模型は，階層性問題を高次元ゲージ対称性に基づいて解決し，また上述のようにゲージ場とヒッグス場を SU(3) の随伴表現の下で見事に統一できる，といったいろいろ興味深い性質をもっている．さらに，このシナリオではヒッグス粒子はもともとゲージボソンなので，その相互作用は基本的にゲージ原理で規定され，標準模型の抱えるヒッグス・セクターの不定性，すなわち湯川結合に見られるような多くの予言できないパラメータの存在，という問題が解決される可能性もある．

一方で非現実的なワインバーグ角の他にもいくつかの克服すべき重要な問題点を抱えている．ゲージ原理で規定されるというのは，予言能力が高く大きな成功を収める可能性もあることを示唆する一方で，現実的なモデルの構築が自明ではないことも意味する．想定される問題点の内で，たぶん一番の難問はクォーク・レプトンのもつ多様な湯川結合をどう再現するか，という問題であろう．GHU ではヒッグスは本来ゲージボソンなので，何もしなけ

れば湯川結合がゲージ結合定数になり,世代(フレーバー)によって大きく異なる階層的なフェルミオンの質量の構造を再現できないという重大な問題が生じる.

しかし以下で説明するように,オービフォールドにコンパクト化した5次元理論では(GHU に限らないが),奇の (-1 の) Z_2 パリティをもつフェルミオン質量項を5次元的な質量,バルク質量として導入することで,階層的な質量構造を自然に実現することが可能なのである. (7.48) や (7.115) に見られるように,フェルミオンに対する Z_2 変換は,γ_5 を掛算する一種のカイラル変換を伴う.よって,3重項の内積で書かれる質量項 $M\bar{\Psi}\Psi$ (M:バルク質量)はゲージ不変ではあっても Z_2 変換の下で $M\bar{\Psi}\Psi \to -M\bar{\Psi}P^2\Psi = -M\bar{\Psi}\Psi$ と符号が逆転し不変ではない.そこで,余剰次元の座標 y の符号によってその符号を変える符号関数(sign function)

$$\epsilon(y) = \begin{cases} 1 & (y > 0 \text{ のとき}) \\ -1 & (y < 0 \text{ のとき}) \end{cases} \tag{7.135}$$

を用いて,「奇 Z_2 パリティをもつバルク質量項」

$$\epsilon(y) M \bar{\Psi} \Psi \tag{7.136}$$

を考えると,これは Z_2 不変になり理論の対称性と矛盾しない質量項として導入可能となる.

ところで,ここで一つ素朴な疑問が生じる.すなわち,標準模型ではクォーク,レプトンの質量項(QED の場合のような場の2次式で与えられる質量項)は許されず,自発的なゲージ対称性の破れ(spontaneous symmetry breaking, SSB)によってヒッグスとの湯川結合から得る質量のみをもつのに,なぜ(標準模型を低エネルギー有効理論としてもつ)SU(3) GHU 模型では (7.136) のようなヒッグス場を伴わない質量項が可能なのか,という疑問である.そもそも標準模型はカイラルな理論でカイラリティによりゲージ群の表現が異なるために質量項はゲージ不変性から許されなかったのであった.いま考えている SU(3) 模型においても,仮に余剰次元が単なる円 S^1 であったならばカイラルな理論とはならず,パリティ対称性をもつ理論となり,したがって QED の場合と同様のバルク質量項 $M\bar{\Psi}\Psi$ が許され,SSB がなくても質量をもつことになる.しかし実際にはオービフォールド S^1/Z_2 を採用してい

7.8 ゲージ・ヒッグス統一理論

るために理論はカイラルになり，(7.117) に見られるように，クォークの KK ゼロモードに関しては 3 重項の各成分は右巻きあるいは左巻きのいずれかのワイル・フェルミオンになる．よって，ゼロモードのセクターに限定すると，実際には (7.136) はクォークに質量を与えていないことがわかる（質量項を組むべきカイラルパートナーが存在しないので）．したがって，ゼロモードのクォークについては，ちょうど標準模型のときのように SSB によって初めて質量をもつことになり，特に矛盾はないことがわかる．

奇 Z_2 パリティをもつバルク質量項はゼロモードのフェルミオンに直接質量を与えることはないとすると，ではどのような目的でこの質量項は導入されるのであろうか．それは，この質量項の存在によりクォークのようなフェルミオンのゼロモードのモード関数（y の関数である 4 次元的質量の固有関数）が単なる定数ではなく，オービフォールド固定点に局在化したものになるからである．具体的には，右巻き，左巻きのワイル・フェルミオンのモード関数が，それぞれ異なるオービフォールドの固定点 $y = 0, \pm\pi R$ にピークをもつように局在化するのである．すると，ヒッグスとの湯川結合の際に，湯川結合は左右のワイル・フェルミオンがカイラルパートナーとして混合する相互作用なので，以下で見るように局在化が激しいほど，つまりバルク質量 M が大きいほど左右の混合が（指数関数的に）抑制されることになり，世代により大きく異なる階層的なフェルミオン質量が自然に実現される，というわけである．こうした事情は，スカラー場がソリトン的な運動方程式の解であるキンク（kink）解をもつ場合とよく似ている．キンク解のように振る舞うスカラー場がフェルミオンと湯川結合をもつとフェルミオン場の局在化が起きることが知られている．上記の奇 Z_2 パリティをもつフェルミオン質量項は，いわばキンク解の（"幅"をゼロにする）極限とも見なせるものである．

では，実際にどのように局在化が起きるか具体的に見てみよう．そのメカニズムを理解するために，まずヒッグス場の真空期待値を無視して考えよう．この場合，ラグランジアンにおける Ψ について 2 次の "free lagrangian" の項を書いてみると

$$\bar{\Psi}[i\partial\!\!\!/ - \partial_y \gamma_5 - \epsilon(y)M]\Psi = \sum_{i=1}^{3} \bar{\psi}_i[i\partial\!\!\!/ - \partial_y \gamma_5 - \epsilon(y)M]\Psi_i \quad (7.137)$$

となる．各 ψ_i についての運動方程式（5次元的ディラック方程式）は $[i\partial\!\!\!/ - \partial_y\gamma_5 - \epsilon(y)M]\psi_i = 0$ なので，KK ゼロモード，すなわち4次元的な質量がゼロの場合のモード関数 $f_i^{(0)}(y)$ は

$$[\partial_y \pm \epsilon(y)M]f_i^{(0)} = 0 \tag{7.138}$$

という偏微分方程式の解として求まる．これは容易に解けて

$$f_i^{(0)} \propto e^{\mp M|y|} \tag{7.139}$$

と求まる．ここで，$\mp$ は，それぞれ右巻き，左巻きのワイル・フェルミオンの場合に対応する．$-\pi R$ から πR まで，絶対値2乗を積分して1となるようにモード関数を規格化すると，右巻きフェルミオンの場合のモード関数は

$$f_R \equiv \sqrt{\frac{M}{1 - e^{-2\pi RM}}} e^{-M|y|}, \tag{7.140}$$

また，左巻きフェルミオンの場合には

$$f_L \equiv \sqrt{\frac{M}{1 - e^{-2\pi RM}}} e^{-M(\pi R - |y|)} \tag{7.141}$$

のように，それぞれ $y = 0$, $y = \pm\pi R$ という異なる固定点に局在するモード関数が得られることがわかる．なお，普通のバルク質量（y により符号が変化しない）の場合でも一見こうした指数関数的なモード関数が得られそうであるが，指数関数は周期境界条件を満たさないために，4D 質量ゼロの KK ゼロモードは存在しなくなることに注意しよう．奇 Z_2 パリティをもつバルク質量項の場合には，固定点においてモード関数の微分係数が不連続なために周期性が保たれるのである．

次にヒッグスに真空期待値を与えたとする．正確にはこの場合，真空期待値による質量項が加わるために free lagrangian が (7.137) から変更を受けるので微分方程式を解き直す必要があるが，真空期待値による寄与を M に比べて小さく摂動的に扱えると仮定しよう．すると，クォークの KK ゼロモードのヒッグス場との湯川結合定数は，モード関数 (7.140), (7.141) はそのままにして3重項の下2成分である d_L と d_R の混合を表すモード関数の "重なり積分（overlap integral）"

$$g \int_{-\pi R}^{\pi R} f_L f_R \, dy = g\frac{2\pi RM e^{-\pi RM}}{1 - e^{-2\pi RM}} = g\frac{\pi RM}{\sinh(\pi RM)} \tag{7.142}$$

を計算することにより求められる．3 重項の下 2 成分の混合を考えるのは，(7.121) からわかるようにヒッグス場 ϕ^0 が 3 重項の下 2 成分を結ぶ作用があるからである．予想したように，(7.142) に見られるように πRM が大きくなると指数関数的な抑制因子 $\sim 2\pi RM e^{-\pi RM}$ が現れ，湯川結合がゲージ結合定数 g に比べて指数関数的に抑制されることがわかる．クォークや荷電レプトンの質量は，非常に大ざっぱにいって世代とともに指数関数的に変化する階層的構造をもっていることが知られているものの，その起源はいまだに解明されていないが，そうした観点からも上記の結果は興味深いことであるといえる．

すでに述べたように，超弦理論の低エネルギー極限で現れる理論は一種のゲージ・ヒッグス統一理論と見なすことができるが，ゲージ・ヒッグス統一理論は次の章で紹介する dimensional deconstruction（8.2 節），little Higgs（8.3 節）シナリオとも密接に関連していることがわかる．一見まったく異なる独立した標準模型を超える（BSM）シナリオの間にこうした関係が存在することは興味深いことである．

この節の最後に，ゲージ・ヒッグス統一理論の少し違う観点および関連する BSM 理論のシナリオについてごく簡単に紹介しよう．ここまで述べてきたゲージ・ヒッグス統一理論は 5 次元時空上の理論で，余剰次元は円やそれを離散的対称性で割って得られるオービフォールドであった．ヒッグス粒子は量子効果により有限の質量を獲得するが，その本質的理由は円が非単連結空間であるために磁束がその中を貫くことが可能で，定数のゲージ場の余剰次元成分 A_y によるウィルソン・ループが自明でなくなるためであった．これは，余剰次元が（穴の開いていない）単連結空間であればウィルソン・ループが自明となるためにヒッグス場のポテンシャル，特に質量 2 乗項は量子補正の下でも生成されないことを示唆する．実際，単連結空間である 2 次元球面 S^2 を余剰次元としてもつ 6 次元時空上のゲージ・ヒッグス統一理論においては量子補正の下でもヒッグス質量が生成されないことが具体的計算により示されている [54]．

ゲージ・ヒッグス統一理論においてヒッグス粒子の質量 2 乗への量子補正が紫外発散せず階層性問題（2 次発散の問題）が解決されるのは，高次元的な局所ゲージ対称性のためにヒッグスの質量 2 乗項が局所演算子としては許され

ないからである．しかし，この局所的対称性は必ずしもゲージ対称性である必要はない．重力理論で本質的な役割を果たす一般座標変換不変性も同様に局所的対称性であり，これが7.1節で論じたカルツァ–クライン理論において重力相互作用と電磁相互作用が統一的に記述可能な理由でもある．こうした観点から，ヒッグス場を高次元重力理論における計量テンソルの余剰次元成分 g_{yy}（5次元時空の場合）と同定するシナリオが提唱されていて，具体的な計算により g_{yy} の KK ゼロモードであるヒッグス場の質量2乗項への量子補正は紫外発散せず有限値として求められることが示されている [55]．このシナリオでは，高次元重力理論の下で，すべての可能な整数スピン $s = 2, 1, 0$ をもつ重力子，ゲージボソン，ヒッグス粒子により仲介される相互作用の統一，すなわち "重力・ゲージ・ヒッグス統一" が実現していることになる．

第8章　ヒッグス粒子の複合模型

　ここまで階層性問題を解決するシナリオとして議論してきた超対称理論や高次元理論では，ヒッグス粒子はいずれにおいても素粒子であり，それ以上分割できないものと見なされている．

　しかし，考えてみるとヒッグス粒子の登場以前は，スピンをもたないスカラー粒子が素粒子であったことはない．湯川のパイ中間子（π meson）は提唱された当時は素粒子と見なされていたが，現在ではクォークと反クォークが結合してできたもの，すなわち複合粒子（composite particle）であることがわかっている．スカラーの素粒子が存在してはならない，という理由はないが，一方で，前章で議論したゲージ・ヒッグス統一理論のようにヒッグス粒子の起源がゲージボソンでもない限り，一般に素粒子としてのスカラー粒子の質量を量子補正の下で保護する（2次発散をこうむらないようにする）対称性は存在しない．つまりスカラー粒子の質量2乗の局所演算子を禁止できる対称性がないということである．スケール不変性（共形不変性（conformal invariance）の一部）は質量次元をもつパラメータを禁止することができるのでそうした対称性の候補ではあるが，残念ながら量子論のレベルでは，紫外発散を正則化する為に導入される運動量カットオフ Λ そのものが（次元をもった量なので）スケール不変性を破ってしまうことになる．標準模型でヒッグス質量2乗への量子補正を行うと Λ^2 に比例した大きな量子補正が現れるのは，まさにこのスケール不変性の破れの帰結であるとも解釈できる．こうしたスカラー粒子の質量を保護する対称性の不在というのが，標準模型における階層性問題の本質であるともいえる．

そこでこの章では，ヒッグス粒子が素粒子ではなく何らかのフェルミオンの複合粒子であるとするいくつかの標準模型を超える（BSM）シナリオについて解説することにしよう．最初に紹介する「テクニカラー（technicolor）」シナリオはかなり以前に提案されたものである．いくつかの重大な克服すべき問題点を抱えているが，電弱ゲージ対称性を強い力の効果で力学的に（ダイナミカルに）自発的に破る機構そのものは魅力的であり，いろいろ示唆にも富んでいるので，その基本的な考え方を簡単に紹介することにする．その後で紹介する dimensional deconstruction, little Higgs シナリオは最近提案されたものであるが，興味深いことにゲージ・ヒッグス統一理論とも密接に関連していることがわかる．

8.1 テクニカラー

8.1.1 テクニカラー理論のシナリオ

テクニカラー理論 [56] のお手本となるのは，他ならぬ標準模型における強い相互作用の理論である QCD である．

QCD では，強い相互作用でクォークと反クォークが強く結合して，陽子，中性子やパイ中間子のようなハドロンとよばれる複合粒子が形成される．パイ等の中間子はスピンがゼロで固有パリティが -1 の擬スカラー粒子であり，例えば $\pi^+ \sim \bar{d}\gamma_5 u$ のように u と $\bar{d}$ が擬スカラー型に結合したものであるが，$\sigma \sim \bar{u}u + \bar{d}d$ のようにスカラー型の結合で形成される正の固有パリティをもつスカラー粒子も存在する．特に σ はアイソスピン（弱アイソスピンではなく"本来の"アイソスピン）がゼロのスカラー粒子であり（ただし，その崩壊幅が大きいために，はっきりとは同定されていない），後に述べるようにテクニカラー理論ではヒッグス粒子は，この σ 粒子のように複合スカラー粒子と同定されることになる．

さて，QCD においては σ やパイ中間子のようなスピンがゼロのハドロンが存在するのに，階層性問題，すなわち 2 次発散する質量への量子補正の問題が存在するとは聞かない．これはなぜであろうか．それは QCD がヤン–ミルズ理論固有の特性であるエネルギーの増加とともにゲージ結合定数が減少

する漸近自由性（asymptotic freedom）をもつ理論であるからである．こうした理論では低エネルギーでは逆に結合定数が急激に大きくなり，QCD では $\Lambda_{QCD} \sim$ 数 100 MeV 程度のエネルギーでゲージ結合定数が 1 のオーダーとなって強結合領域に入り，それより低エネルギーの世界ではクォークの閉じ込め（confinement）が起きてクォークや反クォークの複合粒子であるハドロンが形成される．しかし逆にいえば，$E \geq \Lambda_{QCD}$ の高エネルギー領域では，まさに漸近自由性のためにハドロンはもはや複合粒子ではいられず，クォークと反クォークがばらばらの状態になるのである．階層性問題で問題となる 2 次発散 Λ^2 の Λ は理論のカットオフで大統一スケール $M_{GUT} \sim 10^{15}, 10^{16}$ GeV やプランク・スケール $M_{pl} \sim 10^{19}$ GeV であり，2 次発散はこうした非常な高エネルギー領域（紫外領域）からの寄与であるが，そのような高エネルギーの世界ではもはやハドロンの世界ではなくフェルミオンの世界なので（QED の場合のようなフェルミオンとゲージ場のみの理論と同様に）階層性問題は存在し得ない，ということになる．

この議論は，フェルミオンに関してはその質量はカットオフに比例した大きな量子補正を受けないことを前提としたものであるが，ではフェルミオンの場合にその質量を保護する対称性とは何であるかというと，それは「カイラル対称性」である．カイラル対称性の概念はこれからの議論でも重要になるので，少しこれについて説明（復習）しよう．まず，簡単のためにフェルミオンが ψ 1 個だけの場合を考えると，そのカイラル変換は

$$\psi \to \psi' = e^{i\alpha\gamma_5}\psi \quad (\alpha：変換のパラメータ) \tag{8.1}$$

で定義される．$\gamma_5 \psi_R = \psi_R, \gamma_5 \psi_L = -\psi_L$ より，カイラル変換は右巻き，左巻きのフェルミオンがそれぞれ逆位相で変換することと等価である：

$$\psi_R \to \psi'_R = e^{i\alpha}\psi_R, \quad \psi_L \to \psi'_L = e^{-i\alpha}\psi_L. \tag{8.2}$$

フェルミオンの運動項 $\bar{\psi}i\partial\!\!\!/\psi = \bar{\psi}_R i\partial\!\!\!/\psi_R + \bar{\psi}_L i\partial\!\!\!/\psi_L$ では右巻きと左巻きの状態が混ざることはないので，運動項は明らかにカイラル変換の下で不変であり，運動項はカイラル対称性をもっている．これに対して ψ の質量項では右巻きと左巻きが混ざる（"chirality flip" が起きる）：$m\bar{\psi}\psi = m(\bar{\psi}_R\psi_L + \bar{\psi}_L\psi_R)$. よってフェルミオンの質量項はカイラル変換の下で不変ではなくカイラル対

称性を破ることになる．逆にいえば，理論にカイラル対称性を課すとフェルミオンの質量項は禁止されることになる．こうしてカイラル対称性が存在する限り，フェルミオンは量子補正の下でも質量を得ることはなく（元の理論のもつ対称性と矛盾する量子補正は現れない），ましてや Λ に比例した "1 次発散" する質量への量子補正をこうむることはない．こうして階層性問題は生じないのである．つまり，フェルミオンの質量はカイラル対称性によって保護される．実際には，クォークやレプトンといったフェルミオンは一般に質量をもつ必要があるので，カイラル対称性はフェルミオンの質量項によって明示的に（explicit に）破られるが，その場合でも，例えば QED の場合のようなフェルミオンの自己エネルギーダイアグラムによる質量への量子補正（図 8.1 参照）を考えると，そこで現れるのは 1 次発散ではなく，$m \log \Lambda$ のような質量 m に比例した対数発散であり階層性問題は生じない．その理由は，m がゼロである限りカイラル対称性に保護されて量子補正の下でも質量項は生じないのであるから，$m \neq 0$ となったときでも，生じる量子補正は必然的に m に比例することになるからである（$m \to 0$ で補正がゼロとなるように）．よって Λ に比例した 1 次発散が現れることはあり得ず，$m \log \Lambda$ のような m に比例した対数発散のみ可能という訳である．実際，図 8.1 のファインマン・ダイアグラムを計算してみると，内線のフェルミオンにおいて，chirality flip を起こすための質量 m の挿入によりフェルミオンの伝播子の数が増え，発散の度合いが対数発散に抑えられることが容易にわかる．

なお，こうした議論を一般化すると，ある小さな物理量をパラメータの微調整なしに量子補正の下で "自然に" 保証するための条件（'tHooft による "自然さの条件"）を次のように表現することができる：「ある小さな物理量が存在

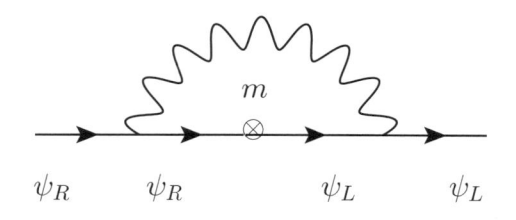

図 **8.1** ψ の質量への量子補正．$\otimes$ は質量 m の挿入を表す

するとき,その物理量をゼロとする極限で理論のもつ対称性が増大するならば,その小ささは自然に保障される.」今の場合は,フェルミオン質量 $m \to 0$ の極限で,理論にはカイラル対称性が新たに生じることになるので,この「自然さの条件」をたしかに満たしていることがわかる.階層性問題も,ヒッグス質量に関していかにしてこの自然さの条件を満たすことができるか,という問題であるともいえる.

さて,テクニカラー理論がお手本とする QCD では,クォークの内,u, d クォークの質量(正確にはカレントクォーク質量)m_u, m_d は数 MeV と小さく,カイラル対称性がよい近似で存在するといえるので,他のより重いクォークを無視し,この 2 個のクォークのみの世界を考えてみよう.まず $m_u = m_d = 0$ の極限を考える.すると上述の議論を一般化し,例えば右巻きの u_R, d_R の運動項は

$$\bar{u}_R i\slashed{\partial} u_R + \bar{d}_R i\slashed{\partial} d_R = (\bar{u}_R \quad \bar{d}_R) i\slashed{\partial} \begin{pmatrix} u_R \\ d_R \end{pmatrix} \tag{8.3}$$

と書けるので,大域的 (global) な SU(2) 変換

$$\begin{pmatrix} u_R \\ d_R \end{pmatrix} \to \begin{pmatrix} u'_R \\ d'_R \end{pmatrix} = U_R \begin{pmatrix} u_R \\ d_R \end{pmatrix}$$
$$(U_R : \text{ユニタリー行列}, \det U_R = 1) \tag{8.4}$$

の下で明らかに (8.3) は不変である.この大域的な対称性を,右巻きに関するものなので SU(2)$_R$ と書くことにする.同様に左巻きの u_L, d_L に関しても SU(2)$_L$ と書くべき対称性があり,これらはまったく独立な対称性なので,結局 u, d クォークの運動項は,それらの直積である

$$\text{SU(2)}_R \times \text{SU(2)}_L \tag{8.5}$$

というカイラル対称性をもっていることがわかる.正確には,左右それぞれについて SU(2) ではなく U(2) の対称性をもち,さらに二つの U(1) 対称性が余分に存在するが,一つは R, L を同位相で変換するのでカイラル対称性ではなく,また残りの対称性 "U(1)$_A$" は R, L を逆位相で変換する軸性ベクトル (axial vector) 的なカイラル対称性であるが,こちらは量子異常のために量子レベルでは壊れてしまう.こうした理由から U(1) 対称性は無視した.

しかし,実際には (8.5) のカイラル対称性は自発的に破れるのである.それは,強い相互作用によって

$$\langle \bar{u}u \rangle = \langle \bar{d}d \rangle \tag{8.6}$$

というスカラー型の複合演算子の真空期待値が生じるのである.これは物性理論で,超伝導体の電子対が「真空凝縮」を起こすのと同様の現象である.(8.6) に現れる複合演算子はクォークの質量項の場合と同様のものなのでカイラル変換の下で不変ではなく,したがって (8.5) は自発的に破れてしまうことになる.しかし,(8.6) はスカラー粒子である $\sigma \propto \bar{u}u + \bar{d}d$ が真空期待値を持ったものとも解釈できるので,実は $\mathrm{SU}(2)_R$ と $\mathrm{SU}(2)_L$ の変換を同じ変換にする "ベクトル的" な $\mathrm{SU}(2)_V$ 変換(アイソスピン対称性の変換)の下での対称性は破られずに残るのである:

$$\mathrm{SU}(2)_R \times \mathrm{SU}(2)_L \rightarrow \mathrm{SU}(2)_V. \tag{8.7}$$

すると自発的に破れる対称性に対応する生成子の数は $3+3-3=3$ 個なので,南部–ゴールドストーンの定理で 3 個の質量ゼロの NG ボソンが生じることになるが,これがまさに 3 個の湯川のパイ中間子,$\pi^{\pm}$,π^0 に他ならないのである.他のハドロンが粗っぽくいうと 1 GeV 程度の質量をもつのに対して,パイ中間子が 100 MeV 程度の質量で比較的軽い(そのため中間子とよばれた)のはこのためである.実際にはパイ中間子は軽いながら質量をもつので「擬 NG ボソン(pseudo Nambu-Goldstone boson)」であるが,これは m_u,m_d が小さいながらゼロではないために,その分だけもともとのカイラル対称性が明示的に(explicit に)破れているからである.

こうした事情を具体的に見るために,ハドロンの内で真空期待値をもつ σ と軽いために低エネルギーの世界に現れるパイ中間子のみを,クォークと反クォークの束縛状態を表す複合演算子の形で以下のように表すことにする:

$$\begin{pmatrix} \bar{u}_L \\ \bar{d}_L \end{pmatrix} \begin{pmatrix} u_R & d_R \end{pmatrix} \sim \begin{pmatrix} \sigma + i\pi^0 & i\sqrt{2}\pi^- \\ i\sqrt{2}\pi^+ & \sigma - i\pi^0 \end{pmatrix} \equiv \mathcal{M}. \tag{8.8}$$

$\mathcal{M}$ の (8.5) に対応するカイラル変換は (8.4) 等のクォークの変換に対応して

$$\mathcal{M} \rightarrow U_L^* \mathcal{M} U_R^T \tag{8.9}$$

となる.$U_{R,L}$ は $\mathrm{SU}(2)_{R,L}$ の元であるユニタリ行列である.真空期待値

8.1 テクニカラー

(8.6) は

$$\langle \mathcal{M} \rangle = \begin{pmatrix} f_\pi & 0 \\ 0 & f_\pi \end{pmatrix} \tag{8.10}$$

と表される．この真空期待値は一般に (8.9) の下で不変ではないが，特別な左右が同じ変換をする $U_R = U_L$ という $\mathrm{SU}(2)_V$ の変換の下では不変となり，この対称性は自発的対称性の破れの後でも残ることになる．これが (8.7) で示したことである．一方，自発的に破れるカイラル対称性に対応するのは $U_R = U_L^\dagger$ を満たす変換なので，それを

$$U_R = U_L^\dagger = e^{i\frac{\pi^a(\frac{\sigma_a}{2})}{f_\pi}} \quad (\sigma_a: \text{パウリ行列}) \tag{8.11}$$

と書き（a については 1〜3 までの和をとるものとする），真空期待値にこのカイラル変換を行って $\pi_a\ (a=1,2,3)$ が小さいとして線形近似すると

$$U_R^T \langle \mathcal{M} \rangle U_R^T = f_\pi (e^{i\frac{\pi^a \sigma_a}{f_\pi}})^T \simeq \begin{pmatrix} f_\pi + i\pi^0 & i\sqrt{2}\pi^- \\ i\sqrt{2}\pi^+ & f_\pi - i\pi^0 \end{pmatrix} \tag{8.12}$$

が得られる．ただし $\pi^\pm = \frac{\pi^1 \mp i\pi^2}{\sqrt{2}}$．(8.12) はちょうど (8.8) で σ を真空期待値 $\langle \sigma \rangle = f_\pi$ におき換えたものになっている．σ 場の真空期待値からのずれが σ 粒子を表すが，σ 粒子は擬 NG ボソンではないので無視すると考えればよい．こうしてパイ中間子がまさにゴールドストーンの定理に従う（擬）NG ボソンであることが理解される．なお，真空期待値 f_π は実際にはパイ中間子の「崩壊定数（decay constant）」とよばれているが，それは $\pi^+ \to \mu^+ + \nu_\mu$ といったパイ中間子のレプトン的崩壊の確率に現れる定数でもあるからである．

さて，実は標準模型においても上述の QCD におけるカイラル対称性の自発的破れと同様のことが起きていることがわかる．しかし，標準模型では (8.5) の対称性の内で $\mathrm{SU}(2)_L$ は局所対称性として存在するが，$\mathrm{SU}(2)_R$ の対称性は存在するのであろうか．実はヒッグス場とクォークとの湯川結合に注目してみると，そうした対称性を考えることが意味を成すことがわかる．1 世代目の u, d クォークのみに限定し，簡単のために，それらの湯川結合定数が同じ場合を考えよう：$f_u = f_d = f$．まず，(1.43) に与えられる標準模型のヒッグス 2 重項 H と $\tilde{H} = i\sigma_2 H^*$ をまとめて 2×2 行列 Φ を

$$\Phi \equiv (\tilde{H}\ H) = \begin{pmatrix} \phi^{0*} & \phi^+ \\ -\phi^- & \phi^0 \end{pmatrix} = \frac{1}{\sqrt{2}} \begin{pmatrix} h - iG^0 & i\sqrt{2}G^+ \\ i\sqrt{2}G^- & h + iG^0 \end{pmatrix} \tag{8.13}$$

と定義する．これを用いると二つのクォークの湯川結合はまとめて

$$f\begin{pmatrix}\bar{u}_L & \bar{d}_L\end{pmatrix}\Phi\begin{pmatrix}u_R \\ d_R\end{pmatrix} + \text{h.c.} \tag{8.14}$$

と書ける．すると，(8.5) の変換の下で Φ が

$$\Phi \to U_L \Phi U_R^\dagger \tag{8.15}$$

と変換すれば (8.14) は QCD とまったく同じ (8.5) のカイラル対称性をもつことがわかる．ここで $U_{R,L}$ は $SU(2)_{R,L}$ の元であるユニタリ行列．ただし，(8.9) と (8.15) を比較すると Φ^* を $\mathcal{M}$ と同定する必要がある．すると

$$h \to \sigma, \ G^0 \to \pi^0, \ G^+ \to -\pi^+ \tag{8.16}$$

という対応が得られ，たしかに π^0, $\pi^\pm$ が NG ボソン G^0, $G^\pm$ に対応することがわかる．また，重要なこととしてヒッグス粒子 h に対応するのがスカラー粒子 σ であるということである．

標準模型でのカイラル対称性 (8.5) は大域的対称性であり，標準模型ではパリティ対称性が破れているので，$SU(2)_L$ の対称性のみが"ゲージ化"されている（局所ゲージ対称性に"格上げ"されている）．しかし，特に $f_u = f_d$ の場合には上述のように，QCD の場合とまったく同様に自発的対称性の破れの後でも $SU(2)_V$ という大域的対称性が残ることになる．実際 (8.13) においてヒッグス場が真空期待値 $\langle h \rangle = \frac{v}{\sqrt{2}}$ をもつと Φ の真空期待値は単位行列に比例するので，(8.15) において $U_L = U_R = U$ とすると $U\langle\Phi\rangle U^\dagger = \langle\Phi\rangle$ となり $SU(2)_V$ 対称性が残ることがわかる．この $SU(2)_V$ 対称性は「カストーディアル（custodial）」対称性とよばれることがあり，$f_u = f_d$ の場合のようにこの対称性が存在すると，ρ パラメータ $\rho = \frac{M_W^2}{M_Z^2 \cos^2\theta_W}$ （(1.78) 参照）が正確に 1（つまり 10.2 節で登場する T パラメータがゼロ）となることがわかる．それは，ρ パラメータが 1 となるのは，本質的に $SU(2)_L$ の三つのゲージ場である A_μ^1, A_μ^2, A_μ^3 の質量が皆縮退する場合であるが，これらのゲージボソンはカストーディアル対称性 $SU(2)_V$ の下で 3 重項（triplet）として振る舞うので，この対称性が存在すると質量が皆同じになるからである（正確には，A_μ^3 は質量の固有状態ではないが，$A_\mu^3 = \cos\theta_W Z_\mu + \sin\theta_W A_\mu$ と書いて，光子 A_μ は質量をもたないと考えると $M_Z^2 \cos^2\theta_W$ はいわば A_μ^3 の質

量 2 乗に対応する,という意味でいっている).

QCD ではカイラル対称性はゲージ化されていないが,標準模型では上述のように $SU(2)_L$ の部分はゲージ化されているので,自発的対称性の破れの結果,ヒッグス機構が働いて 3 個の弱ゲージボソンが NG ボソン $G^{\pm}$, G^0 を吸収して質量を獲得する.上述の QCD における σ,パイ中間子と標準模型のヒッグス・セクターの間の密接な関係を考えると,標準模型では,実際にはヒッグスの真空期待値以外に $\langle\sigma\rangle = f_{\pi}$ からも弱ゲージボソンは質量を(小さいながらも)獲得していることになる.つまり,弱ゲージボソンに質量を与えることは,実は仮にヒッグスが存在しなくても可能だということである.ただし,その大きさはせいぜい gf_{π}(標準模型における関係 $M_W \sim gv$ からの類推)のオーダーになるので,弱ゲージボソン $W^{\pm}$, Z^0 の質量としては小さすぎることになる.しかし,この議論は,仮に QCD における Λ_{QCD} や f_{π} に相当するエネルギースケールが QCD の場合よりずっと大きくなるような,つまり QCD よりずっと強い相互作用をもつ理論が存在すれば,弱ゲージボソンの質量を再現可能である,ということである.これこそが,まさにテクニカラーシナリオのアイデアに他ならない.

テクニカラーシナリオでは QCD の f_{π} を標準模型の v に,つまり全体的にエネルギースケールを $\frac{v}{f_{\pi}} \sim 10^3$ 倍に上げる必要がある.そこで,カラーにより生じる強い相互作用 $SU(3)_c$ とは独立に $\Lambda_{TC} = 10^3 \Lambda_{QCD} \sim 1\,\text{TeV}$ で結合定数がオーダー 1 となるような「テクニカラー(technicolor)」とよばれる,漸近自由性をもつゲージ相互作用を導入する.$\Lambda_{TC} \gg \Lambda_{QCD}$ である必要があるので,テクニカラー相互作用は $SU(N)_{TC}$ $(N \geq 4)$ といった $SU(3)_c$ より漸近自由性の強いゲージ対称性で記述されると考える.また,QCD の場合のクォークの代わりに,"テクニカラー荷(technicolor charge)" をもった「テクニフェルミオン」を導入する.最も簡単な場合として第 1 世代のクォークに対応する "テクニクォーク"

$$\begin{pmatrix} T_u^i \\ T_d^i \end{pmatrix}_L \quad T_{uR}^i, \quad T_{dR}^i \quad (i = 1 \sim N) \tag{8.17}$$

を導入する.i はテクニカラー荷の添字である.クォークの場合と同様に左巻きは $SU(2)_L$ の 2 重項に属し,右巻きは単重項であるとする.すなわち,u, d クォークと同じ電弱ゲージ対称性に関する量子数をもち,カラーがテク

ニカラーにおき換わったものになっている．すると，QCD の場合とまったく同様にエネルギーが Λ_{TC} より低くなるとテクニカラー相互作用が強くなり，テクニクォークの束縛状態ができて $\langle \bar{T}_u T_u \rangle = \langle \bar{T}_d T_d \rangle$ の真空期待値，あるいは QCD における σ に対応する σ_{TC} の真空期待値 $\langle \sigma_{TC} \rangle = f_{TC}$ により，標準模型の電弱ゲージ対称性が SU(2)$_L \times$ U(1)$_Y \to$ U(1)$_{em}$ と自発的に破れることになる．つまり，標準模型のヒッグスに対応するのは"テクニスカラー" σ_{TC} であることがわかる：

$$h \to \sigma_{TC}. \tag{8.18}$$

こうして，テクニカラーシナリオは，スカラーの素粒子を導入せずにゲージ対称性の自発的破れ，およびそれによる弱ゲージボソンの質量生成を力学的に実現し（dynamical symmetry breaking），ここまでは完璧に見える．しかし，ヒッグスの果たすべきもう一つの役割は，物質を構成するクォーク・レプトンに質量を供給することである．明らかに，このままではクォークとテクニクォークの間の直接的な相互作用は存在せず，したがってヒッグスとクォークの間の湯川結合に対応する相互作用が存在しないことになってしまう．一般に，あるフェルミオン f のヒッグス場 h との湯川結合の演算子 $\bar{f}fh$ を考えると，テクニカラーシナリオでは $h \to \bar{T}_f T_f$（T_f は f に対応するテクニフェルミオン）のおき換えにより

$$\bar{f}f \cdot \bar{T}_f T_f \tag{8.19}$$

という 4 フェルミ演算子がこの湯川結合に対応することがわかる．(8.19) は質量次元が 6 の演算子なので，くり込み可能な理論ではもともとのラグランジアンには存在し得ないものである．しかし，ちょうどベータ崩壊を記述する 4 フェルミ演算子が弱ゲージボソン $W^\pm$ の交換により説明されるように，この場合も図 8.2 のファインマン・ダイアグラムに示すような重いゲージボソン W_{ETC} の交換により (8.19) の相互作用が低エネルギー有効理論において生じる，とするシナリオ，すなわち「拡張されたテクニカラー（exteded technicolor, ETC）」シナリオを考えることが可能である．W_{ETC} は ETC 理論で新たに現れるフェルミオン f とテクニフェルミオン T_f を結ぶ "ETC ゲージボソン" である．図 8.2 からは $\bar{f}\gamma_\mu T_f \cdot \bar{T}_f \gamma^\mu f$ のようなベクトル × ベ

8.1 テクニカラー 327

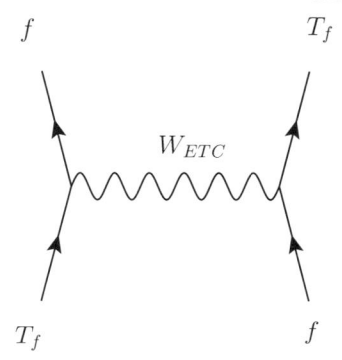

図 8.2 ETC ゲージボソン W_{ETC} の交換によるフェルミオンとテクニフェルミオンを結ぶ相互作用

クトル型の 4 フェルミ演算子が生じるが,「フィルツ変換」によって,これから (8.19) のようなスカラー型の演算子が得られることに注意しよう. なお,ゲージボソンの交換の代わりに何らかのスカラー粒子を交換すると直接 (8.19) のようなスカラー型の 4 フェルミ演算子が得られるが,このシナリオの思想としてスカラー粒子は導入しないのであるから,この可能性は考えないことにする.

こうして,3 世代のクォークに質量を与えようとすると,例えば up-type クォークに注目すると

$$T_u^i,\ u,\ c,\ t\quad (i=1\sim N) \tag{8.20}$$

という計 $N+3$ 個のフェルミオンの間の変換である $SU(N+3)_{ETC}$ をゲージ対称性とする ETC 理論を考え, T_u^i と u, c, t を結ぶ ETC ゲージボソンの交換で実質的に湯川結合を生成するようにすればよい. $SU(N+3)_{ETC}$ はテクニカラーのゲージ対称性である $SU(N)_{TC}$ を含むが,クォークとテクニクォークを結ぶ $SU(N)_{TC}$ に属さない ETC ゲージボソンは 4 フェルミ相互作用を生成するために重くなる必要があるので, $SU(N+3)_{ETC}$ は $SU(N)_{TC}$ に何らかの機構で自発的に破れると考える. しかし, u, c, t クォークに湯川結合を与える ETC ゲージボソンはクォークの世代による階層的に大きく異なる質量を反映して,それぞれ大きく異なる質量をもつ必要がある. つまり,

ゲージ対称性の自発的破れは

$$\mathrm{SU}(N+3)_{ETC} \to \mathrm{SU}(N+2)_{ETC} \to \mathrm{SU}(N+1)_{ETC}$$
$$\to SU(N)_{TC} \tag{8.21}$$

のように段階的に異なるエネルギースケールにおいて複数回起きる必要がある（この破れのパターンは"タンブリング（tumbling）"とよばれる）．こうして，クォークやレプトンの質量を生成しようとすると，かなり大掛かりな枠組みが必要となってしまうが，以下で述べるようにETCシナリオは現象論的にも難しい問題を抱えている．

8.1.2 テクニカラーシナリオの問題点

テクニカラーシナリオは魅力的なシナリオではあるが，実験データとの整合性の点で（現象論的側面で）いくつか重大な問題を抱えていることが指摘されている．以下，簡単にそれらについて言及しよう．

(1) "軽かった"ヒッグス粒子

まずは，2012年のCERNのLHC実験におけるヒッグス粒子発見という大きな話題に関係することである．この実験結果はわれわれに非常に重要なヒントを与えてくれた．それは，決定されたヒッグス質量が125 GeVと弱ゲージボソンの質量，つまり弱スケールM_Wに近く，想定されたヒッグス質量の範囲に中では小さめであったということである．すなわち，"ヒッグスは軽い"ことが判明したのである．これは，ヒッグスの4点自己相互作用の結合定数λが小さいこと，すなわち"弱く結合したヒッグス・セクター"を意味するのである．

この観点からいうと，テクニカラーは"重いヒッグス"を予言してしまうので問題である．これを少し説明しよう．テクニカラー理論では，ヒッグス粒子に対応するのはQCDでいえばσに対応するテクニフェルミオンとその反粒子のスカラー型の複合状態σ_{TC}である．その質量は，QCDの場合のσの質量（~ 1 GeV）を10^3倍にした（$\frac{v}{f_\pi} \sim 10^3$より）テクニハドロンの典型的な質量スケールである1 TeV程度と考えられる．つまり，テクニカラーは"強く結合したヒッグス・セクター"をもつ"重いヒッグス"を予言する理

論であるといえる．

(2) フレーバーを変える中性カレント過程

1.9 節で解説した，$K^{(0)} \leftrightarrow \bar{K}^{(0)}$ 混合のようなフレーバーを変える中性カレント（FCNC）過程は，その遷移確率が非常に小さな希少過程（rare process）である．標準模型では古典レベルで FCNC は厳密に禁止されていて FCNC は量子レベルでのみ生じ，GIM 機構とも相まってその確率は（自然に）非常に小さく抑えられている．しかしながら，標準模型を超える（BSM）理論では，FCNC を自然に小さく抑制できるかどうかは一般に自明な問題ではなく，10.3 節で議論されるように FCNC 過程は BSM 理論の重要な試金石となっている．そこでテクニカラー理論を拡張した ETC シナリオで FCNC を考えてみると，結論として FCNC を小さく保つことは困難である，ということがわかる（ただし，「ウォーキングテクニカラー（walking technicolor）」とよばれる，この問題を回避可能とするシナリオも存在する [57]）．

問題はクォーク，レプトンに質量を与えるための ETC シナリオにある．ETC ゲージ対称性の生成子の内でフェルミオン f_α ($\alpha = 1, 2, 3$ は世代の添字) とテクニフェルミオン T_f^i の間の変換を引き起こす生成子を T_α^i と書くと，T_α^i と T_i^β の交換関係をとると明らかに α 番目と β 番目の世代のフェルミオンを結ぶ T_α^β が必然的に現れる．つまり，ETC ゲージ群の変換の中に α 番目と β 番目の世代を結ぶ変換が自動的に内包されるわけである．$\alpha \neq \beta$ であれば，これは FCNC カレントが古典レベルで生じてしまうということを意味している．T_α^β に付随するゲージボソンを充分に重くできれば，これを交換するファインマン・ダイアグラムの寄与を抑制することができて実験データと抵触しないようにも思える．しかし，一方でそうすると T_α^i や T_i^β に付随するゲージボソンも重くなってしまうので，これらを交換して生じる (8.19) の 4 フェルミ演算子の係数が小さくなってしまい，特に重いクォークの質量を再現できない，という二律背反的な問題が生じるのである．

(3) S パラメータ

上で述べた FCNC に関する問題点は ETC に特有の問題ともいえるが，テクニカラーシナリオそのものが抱える本質的問題として，10.2 節で議論されるペスキン–竹内（Peskin-Takeuchi）の S パラメータ [58] の予言値が CERN の LEP 実験などで精密にテストされた S パラメータの実測値を超えてしま

う，という問題がある．S パラメータは，10.2 節で議論されるように本質的に $SU(2)_R \times SU(2)_L \to SU(2)_V$ というカイラル対称性の破れに伴って生じる物理量であり，直感的にいえばテクニカラーは SU(4) といった大きなゲージ対称性をもつ強い相互作用なのでカイラル対称性の破れも大きく，またすべてのテクニフェルミオンの寄与が加算的に寄与することもあって S パラメータが大きくなりすぎるのである．

(4) 擬 NG ボソン

(8.17) ではクォークに対応するテクニクォークを導入したがテクニクォークは通常の 3 個のカラーももつので（ETC ゲージ対称性と標準模型のゲージ対称性は直積になっている），それぞれのカイラリティにつき $2 \times 3 = 6$ 個の（テクニカラーをもった）ワイル・フェルミオンの自由度があることになる．これに加え，レプトンに対応するテクニレプトンも (8.17) と同様に導入すると，2 個のワイル・フェルミオンの自由度が加わることになる．こうして，テクニフェルミオンのセクターには全体で

$$SU(8)_R \times SU(8)_L \tag{8.22}$$

という大きな大域的カイラル対称性が存在することになる．これがテクニカラー相互作用により $SU(8)_V$ に自発的に破れると，QCD のパイ中間子に対応する擬 NG ボソンが計 63 個も生じることになる．この内 3 個は $W^\pm$, Z^0 にヒッグス機構によって吸収されるが，それでも 60 個の NG ボソンが残ることになる．ちょうどパイ中間子がクォーク質量のためにその質量が正確にゼロとはならず，100 MeV 程度の質量をもち擬 NG ボソンとよばれるように，この 60 個のボソンも擬 NG ボソンとなる．しかし，この場合にはカイラル対称性の明示的な破れ（explicit breaking）はテクニフェルミオンの質量項によってではなく (8.22) の一部だけが標準模型のゲージ対称性にゲージ化されていることによって生じる（例えば $SU(3)_c$ はクォークのみに作用するのでクォークとレプトンを対等に扱う SU(8) 対称性を壊してしまう）．この事情は，ちょうど QCD において $\pi^\pm$ と π^0 の質量が電磁相互作用の効果で微妙に異なるのと同じである．そのため，カラーをもたない擬 NG ボソンの質量が小さくなると予想されるが，その質量は 5～8 GeV 程度になると見積もられている．さらに，カラーも電荷ももたないものは完全な NG ボソン

として残ってしまう．そうした軽いボソンは実験的に発見されておらず，シナリオの抱える重大な問題点であるといえる．

8.2 dimensional deconstruction

前節で述べたように，発見されたヒッグス粒子の質量は弱スケールと同程度でヒッグスが"軽い"ことが判明したので，ヒッグス粒子の複合模型を構成することは難しいように見える．しかし，実は軽いヒッグスを実現する複合模型のシナリオが可能なのである．荒っぽい言い方をすれば，テクニカラー・シナリオにおいては QCD との類推でいうと偶パリティをもつスカラー粒子である σ 粒子をヒッグスと同定したことになるが，より軽い奇パリティをもつ擬 NG ボソンであるパイ中間子をヒッグスと同定するシナリオが可能である．ここでは，このようなヒッグスを擬 NG ボソンと見なすシナリオとして"dimensional deconstruction（DD）"とよばれるシナリオを紹介する [59]．これは通常の 4 次元時空上で構成される理論であるが，興味深いことに 7.8 節で議論した 5 次元時空上のゲージ・ヒッグス統一理論（GHU）と密接に関係する理論であることがわかる．(このような，4 次元時空上の強結合理論と 5 次元時空上のゲージ理論の間の対応関係は，最近話題の AdS/CFT 対応 [60] の概念を用いて議論することも可能である．)

このシナリオの大きな特徴をまとめると次のようである：

(a) すでに述べたように，ヒッグスは大域的対称性の自発的破れに伴う擬 NG ボソンである．

(b) ゲージ対称性は，まったく同じゲージ対称性の直積の形で書かれる：$(G \times G_s)^N$ （$G = \mathrm{SU}(m)$, $G_s = \mathrm{SU}(n)$). $n > m$ とし，$G_s = \mathrm{SU}(n)$ がちょうどテクニカラー相互作用に対応するようなフェルミオンの閉じ込めを引き起こす"強い力"である．

(c) 古典レベルではヒッグス質量はゼロである．量子効果によって質量を獲得するが，その質量は $N \geq 3$ のときに有限値として予言される．

特に (c) については，超対称性を用いていないのに，4 次元時空上で階層性問題で問題となる 2 次発散するヒッグス質量の問題を解決するシナリオが

存在することを意味していて興味深い．実はこれは，以下で明らかになるように DD が，5次元時空上の GHU において余剰次元を N 個の格子点に格子化した理論と同等と見なせるので，ある意味で当然であるともいえる．

具体的に DD シナリオの模型を紹介しよう．この模型のゲージ対称性は上の (b) で述べたように $(G \times G_s)^N = \mathrm{SU}_1(m) \times \mathrm{SU}_1(n) \times \mathrm{SU}_2(m) \times \mathrm{SU}_2(n) \times \cdots \times \mathrm{SU}_N(m) \times \mathrm{SU}_N(n)$ である．また，模型は次のような群の表現に属する，どちらかのカイラリティ（例えば左巻き）のワイル・フェルミオンのペアを N 個もつ：

$$\begin{aligned} \chi_{i,i}: \quad & (m, \bar{n}) \text{ of } (\mathrm{SU}_i(m),\ \mathrm{SU}_i(n)), \\ \psi_{i,i+1}: \quad & (n, \bar{m}) \text{ of } (\mathrm{SU}_i(n),\ \mathrm{SU}_{i+1}(m))\ (i = 1 \sim N). \end{aligned} \quad (8.23)$$

ここで，例えば $(m, \bar{n})$ は $\mathrm{SU}_i(m)$ に関して基本表現 m として，また $\mathrm{SU}_i(n)$ に関しては反基本表現 $\bar{n}$ として振る舞うワイル・フェルミオンであることを表す．ただし，周期的境界条件 $\mathrm{SU}_{N+1}(m) = \mathrm{SU}_1(m)$ が課されているものとする．こうした理論の構造は，図 8.3 の "ムース・ダイアグラム（moose diagram）" で表現される．この図では，それぞれの矢印付きの線分がワイル・フェルミオンを表し，G_s を示す白丸に矢印が入る場合が χ，白丸から矢印が出ていく場合が ψ を表すものとする．

$\mathrm{SU}(m)$ と $\mathrm{SU}(n)$ のどちらも漸近自由性をもち，それぞれ Λ, Λ_s のエネルギースケールでゲージ結合定数がオーダー 1 になるとする．$\Lambda \ll \Lambda_s\ (m < n)$ と仮定すると，エネルギーが下がってくるとまず $G_s = \mathrm{SU}(n)$ ゲージ相互作用が強結合になり，G_s を示す白丸の両側にある $\mathrm{SU}(n)$ の n 表現および $\bar{n}$ 表現に属する ψ と χ が強く結合して $\mathrm{SU}(n)$ 単重項（singlet）の複合粒子

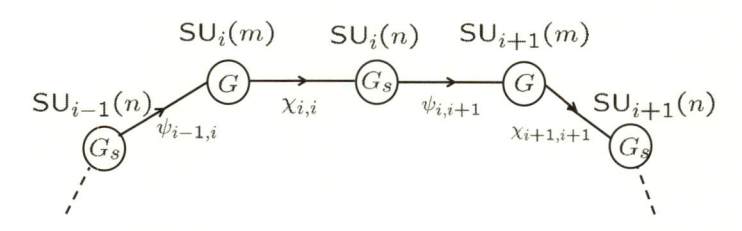

図 **8.3** dimensional deconstruction シナリオの構造を表すムース・ダイアグラム

(QCDにおけるハドロンに相当) が生成される．なお，QCDではSU(3)$_c$のいずれも3重項 (triplet) 表現に属するq_R, q_Lの束縛状態がハドロンであり，一方ψとχはいずれも左巻きのワイル・フェルミオンなので一見違うことをいっているようであるが，右巻きの状態の荷電共役$(q_R)^c$は左巻きのワイル・フェルミオンと同等に振る舞うので，QCDにおいてq_Rの替わりに，$\bar{3}$表現の左巻きのワイル・フェルミオンを用いて表しているのと同様であると思えばよい (6.8節で議論したMSSMでも，右巻きのカイラル超場の複素共役をとって左巻きのカイラル超場にそろえて表したが，それと同じ考え方である)．

$E \ll \Lambda_s$での低エネルギー有効理論は，ちょうどQCDにおける低エネルギー有効理論がパイ中間子のみにより記述されるのと同様に，カイラル対称性SU$_i(m)\times$SU$_{i+1}(m)$の自発的破れによって生じる擬NGボソンπ^aを位相因子のように非線形実現 (non-linear realization) して表した

$$U_i = e^{i\frac{\pi_i^a T_a}{f}} \quad (T_a : \text{SU}(m) \text{ の生成子}) \tag{8.24}$$

を用いて記述されることになる．ここでfはパイ中間子の場合の崩壊定数に対応するものである．U_iは二つのワイル・フェルミオン$\chi_{i,i}$および$\psi_{i,i+1}$の表現を合せもつので，カイラル対称性 (SU$_i(m)$, SU$_{i+1}(m)$) の下で$(m, \bar{m})$として振る舞う．このようなユニタリー行列U_iを用いた低エネルギー有効理論の記述は，QCDでは非線形シグマ模型とよばれる．

QCDではカイラル対称性は大域的対称性であるが，この模型ではSU$_i(m)$ ($i = 1 \sim N$) は実際には局所ゲージ対称性として"ゲージ化"されており，低エネルギー有効理論は，非線形シグマ模型におけるUの偏微分を共変微分におき換えた"ゲージ化された非線形シグマ模型"となる．すなわち，その作用積分は次のように与えられる:

$$S = \int d^4x \times \{-\frac{1}{2}\sum_{i=1}^N \text{Tr}(F_i^{\mu\nu})^2 + f^2 \sum_{i=1}^N \text{Tr}[(D_\mu U_i)^\dagger (D^\mu U_i)]\}. \tag{8.25}$$

ここで共変微分は

$$D_\mu U_i = \partial_\mu U_i + ig(A_\mu^i U_i - U_i A_\mu^{i+1}) \tag{8.26}$$

で与えられ，A_μ^i は $\mathrm{SU}_i(m)$ のゲージ場（を $m \times m$ 行列で表したもの）であり，$F_i^{\mu\nu}$ はそれによる場の強さテンソルである．

興味深いことに，実は (8.25) は 5 次元時空上の $\mathrm{SU}(m)$ ヤン–ミルズ理論，つまりは 7.8 節で議論した GHU シナリオと同等なのである．正確には，5 次元目の余剰次元が円 S^1 を N 個の格子点に格子化したもので，またフェルミオンのような物質場が導入されていない GHU 理論と等価である．U_i は格子ゲージ理論において隣り合う格子点を結ぶ力学変数として導入される「リンク変数」と同等であり，格子化されていない GHU の言葉でいえば余剰次元に沿ったウィルソン・ライン（Wilson line）と見なされるものである．

説明をわかりやすくするために単純な U(1) 可換ゲージ理論の場合を考えると，共変微分は

$$D_\mu U_i = \frac{i}{f}[\partial_\mu \pi_i - gf(A_\mu^{i+1} - A_\mu^i)]U_i, \tag{8.27}$$

となり，格子間隔（隣り合う格子間の距離）を a として

$$a = \frac{1}{gf} \tag{8.28}$$

と同定すれば，$D_\mu U_i$ はちょうど GHU における $F_{\mu y}$ において余剰次元方向の偏微分を差分におき換えたものに対応していることがわかる：

$$D^\mu U_i \;\rightarrow\; \partial_\mu A_y - \partial_y A_\mu = F_{\mu y} \;\; (\pi_i \rightarrow A_y). \tag{8.29}$$

こうして，4 次元時空上の強い力による力学的効果で，実質的に余剰次元が構成されたことになる．ムース・ダイアグラムに描かれた円は，まさに余剰次元の円を表していると考えることもできるのである．しかし，注意すべきことは，エネルギーが Λ_s を超えると漸近自由性により $G_s = \mathrm{SU}(n)$ ゲージ相互作用が弱くなり，格子点を結ぶ U_i はフェルミオンと反フェルミオンに分解されてしまうということである．すなわち，高エネルギーでは，この理論は本来の 4 次元のくり込み可能なゲージ理論に戻るのである．これは，高次元ゲージ理論に基づく GHU がくり込み不可能な理論であることと大きく異なる点である．

(8.25) は $(\mathrm{SU}(m))^N$ ゲージ対称性をもっているが，ちょうど QCD でいえ

ば $\langle\sigma\rangle = f_\pi$ によってカイラル対称性が自発的に破れるように，崩壊係数 f の存在はこの対称性が自発的に破れてしまうことを意味している．すなわち，U_i をその真空期待値 $\langle U_i\rangle = I$ (I：単位行列) でおき換えてみると

$$\langle U_i\rangle = I \quad \rightarrow \quad g_i\langle U_i\rangle g_{i+1}^\dagger \neq \langle U_i\rangle. \tag{8.30}$$

ここで g_i は $\mathrm{SU}_i(m)$ の元である．しかし，QCD でカイラル対称性の破れた後も $\mathrm{SU}(2)_V$ が残るように，すべての g_i を同じにして変換する一つの $\mathrm{SU}(m)$ 対称性だけは自発的に破れずに残る：

$$\langle U_i\rangle = I \quad \rightarrow \quad g_i\langle U_i\rangle g_{i+1}^\dagger = \langle U_i\rangle, \text{ for } g_i = g_{i+1}. \tag{8.31}$$

すなわち，この理論の自発的な対称性の破れのパターンは

$$(\mathrm{SU}(m))^N \quad \rightarrow \quad \mathrm{SU}(m) \tag{8.32}$$

である．これに伴い，N 個の U_i の指数部分の $m \times m$ の行列で表される π_i ($i = 1, 2, \cdots, N$) の内で $N-1$ 個は NG ボソンとして破れた対称性に対応して質量をもつ $N-1$ 個の $\mathrm{SU}(m)$ ゲージボソンにヒッグス機構により吸収されるが，一つだけ吸収されずに物理的に残る（擬）NG ボソンが存在することになる．DD シナリオでは，これをヒッグス粒子と同定するのである．具体的には，ヒッグスに対応するモードは，(8.31) に示したすべての $\mathrm{SU}(m)$ 変換を同じにする変換に対応するものなので，すべての U_i を同等に含む

$$Tr(U_1 U_2 \cdots U_N) \tag{8.33}$$

で表されることがわかる．実際，U_i のゲージ変換の下での変換性 $U_i \rightarrow g_i U_i g_{i+1}^\dagger$ よりゲージ変換の下で

$$U_1 U_2 \cdots U_N \quad \rightarrow \quad g_1(U_1 U_2 \cdots U_N)g_1^\dagger \quad (g_{N+1} = g_1) \tag{8.34}$$

と変換するので，(8.33) は明らかにゲージ不変であり，したがってユニタリ・ゲージを採用しても消し去ることのできない物理的なモードを表していることがわかる．

簡単のため U(1) 可換ゲージ理論の場合で考えると，$U_1 U_2 \cdots U_N = e^{\frac{i}{f}(\pi_1+\pi_2+\cdots+\pi_N)}$ なので

$$\phi = \frac{\pi_1 + \pi_2 + \cdots + \pi_N}{\sqrt{N}} \tag{8.35}$$

とすると ϕ はちょうど GHU においてヒッグス場と同定する A_y のゼロモードに対応し，$U_1 U_2 \cdots U_N$ はちょうどウィルソン・ループ $W = e^{ig \oint A_y dy}$ に対応していることがわかる．GHU でも，余剰次元方向のゲージ場の成分 A_y のゼロでない KK モードはヒッグス機構と同等の機構で質量をもつ 4 次元的ゲージ場 A_μ に吸収され，ゼロモードのみが物理的に残りヒッグス場と同定されたが，上で述べた状況はこれとまったく同じである．

さて，7.8.1 項で見たように GHU シナリオではヒッグスは古典的には質量をもたないものの量子効果によって質量を得るが，まったく同様に，DD シナリオでもヒッグスと同定される (8.35) で定義される ϕ は量子効果により質量をもつことがわかる．すなわち，ϕ は実際には NG ボソンではなく擬 NG ボソンなのである．実際，量子レベルでは次のような ϕ に関する有効ポテンシャルが生じることが具体的計算により導かれている [59]：

$$V(\phi) = -\frac{9}{4\pi^2} g^4 f^4 \sum_{n=1}^{\infty} \frac{\cos(\frac{2n\sqrt{N}\phi}{f})}{n(n^2 N^2 - 1)(n^2 N^2 - 4)}. \quad (8.36)$$

正確にいうと，$N=1$ のときには有効ポテンシャルは 2 次発散し $N=2$ のときには対数発散するが，$N \geq 3$ の場合には $\sum_k \cos(\frac{2\pi}{N}k) = 0 \ (-\frac{N}{2} < k \leq \frac{N}{2})$ といった関係によりポテンシャルが紫外発散をこうむらずに有限になることを確かめることができる．(8.36) は $N \geq 3$ の場合のものである．直感的にいえば，$N=1, 2$ の場合には DD シナリオのもつ高次元的な性格が十分に現れず，GHU シナリオの場合に議論した有限なポテンシャルを得る機構（KK モードの和をとることで有限になる）が作用しないためであると考えられる．なお，$\sum_k \cos(\frac{2\pi}{N}k) = 0$ のように k に関する和をとることで紫外発散が消えるというのは，ちょうど GHU においてすべての KK モードに関する和をとることで有効ポテンシャルやヒッグス質量が有限になった事実 [48] にちょうど対応している．ただし，GHU であれば無限個の KK モードについての和をとるところを，DD では N 個（格子点の数）の有限の和 $(-\frac{N}{2} < k \leq \frac{N}{2})$ におき換えられており，DD シナリオはいわば GHU シナリオにおける紫外領域でのゲージ対称性を破らない賢い正則化の方法を与えるものである，ととらえることもできる．このような対応関係の議論から予想されるように，(8.36) において $gf = \frac{1}{a}$（(8.28) 式より）の関係を代入し，円周の長さ $Na = 2\pi R$ を

固定しながら $N \to \infty$ $(a \to 0)$ という"連続極限"をとった後に，$\frac{2}{\sqrt{N}} g \to g$ とおき換え $\phi = A_y^{(0)}$ と同定することで，GHU におけるヒッグス場の有効ポテンシャル [47], [48], [50]

$$V(A_y^{(0)}) = -\frac{9}{4\pi^2} \frac{1}{(2\pi R)^4} \sum_{n=1}^{\infty} \frac{\cos(n g A_y^{(0)} 2\pi R)}{n^5} \qquad (8.37)$$

が得られることが確かめられる（なお，(8.37) と (7.100) の係数や符号が一致しないのは 量子補正に寄与する粒子のスピン自由度および統計性（フェルミオンかボソンか）の違いからきている）．

8.3 little Higgs

最近よく議論されている BSM 理論のシナリオに「little Higgs (LH) シナリオ」がある．このシナリオは，標準模型を内包し擬 NG ボソンと見なされるヒッグスの質量への量子補正が（超対称性に頼ることなく）2 次発散を被らないような理論の構成をめざすものである．LH シナリオはもともとは前節で議論した dimensional deconstruction (DD) シナリオに触発されて登場したものであるといえるが [61]，このシナリオにおいてはヒッグスは必ずしもフェルミオンの複合状態である必要はない．DD シナリオのように，格子化した GHU と同等である必要もなく，その意味で，階層性問題を解決する機構については GHU や DD シナリオとの類似点が多いものの，より自由度の高い理論であるといえる．

そうはいっても，DD シナリオを橋渡し役として互いに関係している LH と GHU の両シナリオには依然として次に列挙するように密接な関係を示唆する"状況証拠"がいくつか存在する：

(a) LH, GHU のいずれのシナリオにおいても，標準模型の電弱統一ゲージ対称性 $SU(2)_L \times U(1)_Y$ を，これを含むより大きな群 G に拡張する必要がある．群 G の対称性は部分群 H （通常は $SU(2)_L \times U(1)_Y$）に破れるが，ヒッグス場は，LH シナリオでは自発的に破れた対称性 G/H に対応する擬 NG ボソンと同定され，GHU シナリオでは，G/H の"破れた生成子 (broken generator)"に対応する A_y の KK ゼロモードと同定される（例えば 5 次元

SU(3) GHU 模型の場合の (7.121) を参照).

(b) 5次元 GHU における，ヒッグス A_y のフェルミオンとの結合は $g\bar{\psi}(i\gamma_5)\psi \cdot A_y$ のような擬スカラー結合であり，LH における擬 NG ボソンとフェルミオンとの結合（ちょうど強い相互作用におけるパイ中間子と核子との擬スカラー結合のような）と似ている.

(c) どちらのシナリオにおいても，以下のような "shift symmetry" が存在する：

$$A_y \to A_y + \partial_y \lambda \quad (\text{GHU の場合}), \quad G \to G + \text{const.} \quad (\text{LH の場合}). \quad (8.38)$$

ここで，前者の変換は高次元的な局所ゲージ変換，また後者は大域的変換における擬 NG ボソンの変換性に他ならない.

LH シナリオといってもいろいろな模型が提案されているが，ここでは "the simplest little Higgs" 模型 [62] を例にとり，特にヒッグス質量への2次発散する量子補正の問題（階層性問題）を解くかぎとなる "collective breaking" の機構について解説することにする.

すでに述べたように，LH シナリオでも GHU の場合と同様に標準模型の電弱統一ゲージ対称性を拡張する必要がある．その基本的な理由は，$SU(2) \times U(1)$ より大きな大域的対称性を実現することで，ヒッグス機構が働いた後でも物理的な（擬）NG ボソンが残るようにするためである．そこで，$SU(2) \times U(1)$ を含む最も簡単な群の可能性として，(GHU シナリオにおける最小模型の場合と同様に）SU(3) 模型を考察することにする．物質場としては SU(3) の基本表現である3重項 (triplet) に属するスカラー場 ϕ を導入する．(実際の模型では，最終的にゲージ対称性に $U(1)_X$ が直積として追加されるが，ここでは簡単のためにこの付加的な対称性は無視することにする.)

ϕ に関するポテンシャルの導入によって，その真空期待値（vacuum expectation value, VEV）が

$$\langle \phi \rangle = \begin{pmatrix} 0 \\ 0 \\ f \end{pmatrix} \quad (8.39)$$

のようになったとする．この VEV により自発的対称性の破れ SU(3) → SU(2) が起き，その結果生じる，$8 - 3 = 5$ 個の破れた生成子に対応する NG

ボソンは非線形実現された形で次のように書かれる：

$$\phi = e^{i\frac{\pi}{f}} \begin{pmatrix} 0 \\ 0 \\ f \end{pmatrix}, \quad \pi = \begin{pmatrix} -\frac{\eta}{2} & 0 & \phi^+ \\ 0 & -\frac{\eta}{2} & \phi^0 \\ \phi^- & \phi^{0*} & \eta \end{pmatrix}. \tag{8.40}$$

ここで $h = (\phi^+, \phi^0)^t$ は標準模型のヒッグス 2 重項と同定すべき場である．しかし，この模型では h と η（実場）は，いずれもヒッグス機構によって SU(3) → SU(2) の自発的破れによって質量を得る 5 個のゲージボソンに吸収されてしまい，物理的なヒッグスは残らないことになる．

そこで，模型を少し拡張し，ϕ_1, ϕ_2 という 2 個の SU(3) 3 重項のスカラー場を導入することにする．これらに対する共変微分 D_μ を SU(3) ゲージボソン A_μ を用いて定義すると，理論のラグランジアン（密度）は

$$\mathcal{L} = |D_\mu \phi_1|^2 + |D_\mu \phi_2|^2 \quad (D_\mu = \partial_\mu - ig A_\mu) \tag{8.41}$$

で与えられる．ここで二つの 3 重項は次のように非線形実現された形で書かれる：

$$\phi_1 = e^{i\frac{\pi_1}{f}} \begin{pmatrix} 0 \\ 0 \\ f \end{pmatrix}, \quad \phi_2 = e^{i\frac{\pi_2}{f}} \begin{pmatrix} 0 \\ 0 \\ f \end{pmatrix}. \tag{8.42}$$

議論を簡単化するために $\phi_{1,2}$ の崩壊定数は共通にとり f とした．

(8.41) において，$\phi_{1,2}$ のそれぞれのセクターはもともと独立な SU(3) の大域的対称性をもつが，共変微分に含まれるゲージ相互作用を考慮するとゲージボソン A_μ は両方のセクターに共通して入っているので，ラグランジアン全体の対称性としては，大域的対称性は二つの SU(3) 対称性の "対角部分" である一つの SU(3) 対称性のみになる．この点をもう少し具体的に説明すると，ϕ_1 と ϕ_2 のそれぞれが

$$\phi_1 \to U_1 \phi_1, \quad \phi_2 \to U_2 \phi_2 \tag{8.43}$$

のように SU(3) の変換をする場合，共変微分の共変性を保つためにはゲージ場 A_μ は，それぞれの変換に対して

$$A_\mu \to U_1 A_\mu U_1^\dagger, \quad A_\mu \to U_2 A_\mu U_2^\dagger \tag{8.44}$$

のように変換する必要がある．すると，この二つの変換が矛盾しないために

は $U_1 = U_2$ である必要があり，したがって理論は一つの SU(3) 対称性のみをもつことになる．

二つの NG ボソン π_1, π_2 の内，この $U_1 = U_2$ を満たす "対角的" な SU(3) 対称性に対応する NG ボソン（π_1, π_2 の足算に比例）はゲージ相互作用の導入後も対応する大域的対称性が保たれるので正確に質量ゼロのままで残るが，ヒッグス機構により，SU(3)→SU(2) の自発的ゲージ対称性の破れの際に質量を獲得するゲージボソンに吸収されてしまう．一方で，これに直交する，すなわち π_1, π_2 の引算に比例する NG ボソン，特にその 2 重項成分である h は物理的に残り，ヒッグス場と同定されるのである．このヒッグス場は，関係する大域的対称性がゲージ相互作用によって明示的（explicit）に破れるために，ゲージ相互作用を入れると質量項を獲得することになり，したがって擬 NG ボソンである．

ここで注意すべきことは，ゲージ相互作用による明示的な大域的対称性の破れ SU(3)× SU(3) → SU(3) を実現するためには，ゲージ場 A_μ が U_1, U_2 のいずれともゲージ結合をもつことが本質的に必要であるということである．すなわち，両方の 3 重項とのゲージ結合が "共同的に" 上記の大域的対称性の破れを実現していることになる．これが "collective breaking" とよばれる機構である．

物理的に残るヒッグスはこの collective breaking により質量を獲得するが，重要なことは，collective breaking のおかげでヒッグスが量子レベルで質量を獲得するためにはゲージボソン A_μ が ϕ_1, ϕ_2 の両方の 3 重項に結合するようなファインマン・ダイアグラムが必然的に必要とされる，ということである．よって，図 8.4 (a) のような潜在的に 2 次発散する量子補正のファインマン・ダイアグラムは，$\phi_{1,2}$ の片方のみとのゲージ相互作用により生じるものなので実際にはヒッグス質量への量子補正には寄与せず，図 8.4 (b) のような $\phi_{1,2}$ 両方とのゲージ相互作用により生じるファインマン・ダイアグラムはヒッグス質量への量子補正に寄与するものの 2 次発散はせず，せいぜい対数発散をもつのみである．こうして階層性問題（2 次発散の問題）が解決することになる．

なお，この collective breaking の機構が働くためには，場が重複して現れる（2 個の 3 重項が必要とされるように）ことが本質的に重要であることに

8.3 little Higgs

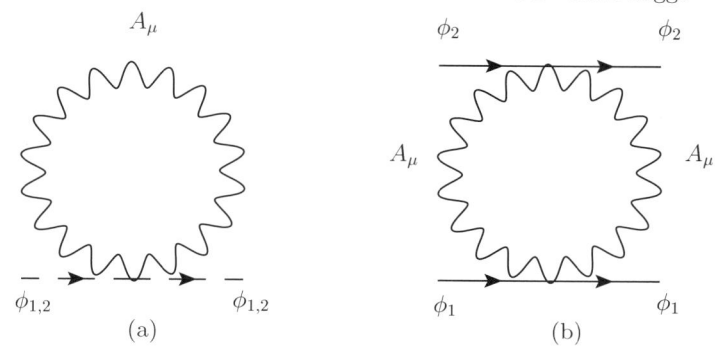

図 8.4 ゲージボソン A_μ の交換による，スカラー場 ϕ_1, ϕ_2 のポテンシャル（自己相互作用）への量子補正

注意しよう．この重複は，GHU シナリオにおける KK モードの存在，DD シナリオにおける，ムース・ダイアグラムで示されるような同じゲージ対称性の直積に対応するものであると考えることもできる．さらに，これらのいずれのシナリオにおいても，複数のモードの寄与を量子補正において足し上げることが 2 次発散の問題を解決するために本質的に重要である，という点も共通していて興味深い．

第9章 ヒッグス粒子発見の意味するもの

 ここまでの章で，標準模型を超える（BSM）理論の代表的と思われるいくつかのシナリオについて，それぞれ議論してきた．現在の素粒子理論の最重要課題の一つは，自然が本当にこうしたBSM理論を採用しているのか，もし採用しているのであればどのタイプのBSM理論なのか，について明らかにすることである．こうした観点に立って，これ以降の章では実験データに基づくBSM理論の現象論的検証（テスト）に関して解説する．具体的には，いくつかの代表的な物理量に関するすでに存在する実験データをBSM理論の予言と比較することで，各理論の成否を論じたり理論に重要な制約を課すことが可能であること，さらには現行のLHC実験や計画されているILC, super B-factoryといった実験においてどのようなBSM理論の精密テストが期待されるか，といった話題についても簡単に解説したい．

9.1 ヒッグス粒子の発見

 2012年7月，スイスCERN（欧州原子核研究機構）のLHC（Large Hadron Collider, 大型ハドロン衝突型加速器）実験においてATLASおよびCMSグループが，標準模型のヒッグス粒子と同定可能な粒子を発見したと発表し，大きな話題となった．標準模型において唯一未発見であった粒子の発見ということで，標準模型の最終的な確立を意味する非常に重要な成果である．
 しかしながら，発見されたスピンがゼロの粒子が標準模型のヒッグス粒子なのか，あるいは何らかのBSM理論が予言し，その低エネルギー有効理論

において標準模型のヒッグス粒子として振る舞う粒子なのか，現時点では不明である．発見は非常に重要な成果であるが，依然としてヒッグス粒子にまつわる階層性問題等の理論的な問題点は存在し，ヒッグス粒子は謎めいていてその正体は定かではない．その正体を明らかにすることが，これからの素粒子物理学の最重要課題の一つである．その意味では，ヒッグスの物理は今スタート地点に立ったともいえる．

9.2 決定されたヒッグス質量の意味するもの

とはいえ，LHC実験のデータはわれわれに現時点で非常に重要なヒントを与えてくれている．観測されたヒッグス粒子の質量 $m_h = 125$ GeV は弱スケール M_W のオーダーなのである．すなわち，「ヒッグスは軽かった」ということである．テクニカラー理論の予言するような 1 TeV 近い質量の可能性もあったのだが，ヒッグスは"軽い"（弱スケールと同程度の質量という意味）ことが判明したのである．もっと踏み込んでいえば，これはヒッグスの4点自己相互作用の結合定数 λ が

$$\lambda \sim g^2 \quad (g：ゲージ結合定数) \tag{9.1}$$

でありゲージ原理により支配されていることを示唆しているようにも思える．

標準模型においては，ヒッグス質量2乗は $M_H^2 \sim \lambda v^2 \sim \mu^2$ のようにヒッグス・ポテンシャルのパラメータで表される（(1.80) 参照）．これらのパラメータは紫外発散する量子補正を受けるので，相殺項（counter term）によって発散を除去するくりこみの手続きが必要であり，したがって，("裸のパラメータ"の不定性のために）くりこみの後に残る有限のヒッグス質量を予言することはできない．

これに対し，これまで議論してきた BSM 理論，特に階層性問題を何らかの対称性を用いて解決しようとする理論では，ヒッグス質量を紫外発散を被らない有限値として予言可能である場合がある．その内で，8.1.2 項で述べたように，"重いヒッグス"を予言するテクニカラー理論は（何らかの工夫を施さない限り）排除されることになる．

一方で，軽いヒッグスを予言し，上述のようなヒッグスの自己相互作用が

9.2 決定されたヒッグス質量の意味するもの

ゲージ原理により支配される BSM 理論が存在する．一つはよく議論される超対称性をもった MSSM である．この理論では，6.8.2 項で解説したように超ポテンシャルはゲージ不変性の要請からヒッグス 2 重項の超場の 2 次式となり，したがって，ヒッグス場の 4 点自己相互作用には超ポテンシャルからの寄与は存在しない．そのため，4 点自己相互作用の結合定数 λ に寄与するのはゲージ相互作用が起源の D 項の寄与のみである（式 (6.176) 参照）．したがって $\lambda \sim g^2$ がいえ，古典（tree）レベルではヒッグス質量は $m_h \leq \cos(2\beta)\, M_Z$ ((6.206) 参照) で弱スケール程度となる．実際にはこれでは実測値 $m_h = 125$ GeV に比べ軽すぎることになるが，トップクォークとその超対称パートナーが主たる寄与をする，ヒッグス質量 2 乗への量子補正が紫外発散しない有限の値で計算される ((6.207) 参照) [36]．つまり，MSSM ではヒッグス質量は超対称性の破れのスケール M_{SUSY} の関数の形で予言可能である．ただし，$m_h = 125$ GeV を実現するには，10 TeV 近いかなり大きな M_{SUSY} が必要となり，階層性問題の"自然な"解決という観点からすると問題であるとの指摘もなされている．

ヒッグスの相互作用がゲージ原理により支配されるという性質をもつ，もう一つ別の BSM 理論としてゲージ・ヒッグス統一理論（GHU）が挙げられる．この理論では，そもそもヒッグスの正体はゲージ場なのであるから，ゲージ原理で支配されるのは当然であるといえる．ただし，5 次元時空上の GHU 理論ではゲージ場は本来ポテンシャル項をもたない（局所ゲージ不変性の要請）ことから，古典（tree）レベルでは $m_h = 0$ であり，量子補正で有効ポテンシャルが生成されるとはいえ $m_h^2 \sim \alpha M_W^2$（α: 微細構造定数），すなわち $m_h \sim 10$ GeV となって，ヒッグスは軽すぎることになる．

興味深いことに，余剰次元が複数存在する場合には事情は大きく異なる．例えば 6 次元時空上の GHU においては，高次元ゲージ場の運動項の内の余剰次元部分 $(F_{56})^2$ に含まれる交換関係の寄与 $g^2([A_5, A_6])^2$ はヒッグス場に関する 4 点自己相互作用項と見なせるものである．しかもその結合定数は g^2 に比例しており，まさに望ましい性質をもっているといえる．実際，例えば T^2/Z_3 オービフォールドを余剰次元としてもつ 6 次元 GHU においては，古典レベルで $m_h = 2M_W$ という興味深い予言が得られる．余談であるが，MSSM の予言（の上限）である $M_Z \simeq 90$（GeV）とこの $2M_W \simeq 160$（GeV）の

平均がほぼ実測値 125 GeV と一致する．要するに MSSM も GHU も "ニアミス" を起こしているようにも思える．この 6 次元 GHU では，MSSM の場合と同様に，量子補正によって古典レベルの予言値 $2M_W$ とヒッグス質量の実測値との差をコンパクト化のスケール $M_c = \frac{1}{R}$ (R：余剰次元のサイズ) の関数として，紫外発散をこうむらない有限値として予言可能である [63]．

9.3 ヒッグスの異常相互作用

ヒッグス粒子が発見されたいま，最も重要な課題の一つはその正体を探ることであろう．特に，発見されたヒッグス粒子が標準模型のものなのか，何らかの BSM 模型の予言する粒子なのかを明らかにするためには，現行の LHC 実験，さらには計画されている ILC (International Linear Collider, 国際リニアコライダー) 実験において期待されているヒッグス粒子の相互作用に関する精密なテスト (検証) が非常に重要である．こうした精密テストにおいてヒッグス相互作用に標準模型の予言からの何らかのずれ，すなわち "異常ヒッグス相互作用" が発見されることがあれば，それは BSM 理論の存在を示す明白な証拠となるであろう．その意味で，それぞれの BSM 理論がどのようなヒッグス相互作用を予言するかを調べておくことは重要である．

興味深いことに，これまで議論してきた MSSM (最小超対称標準模型) や GHU (ゲージ・ヒッグス統一理論) シナリオ，さらにはこれと密接に関連する DD (dimensional deconstruction), LH (little Higgs) シナリオでも，こうした異常ヒッグス相互作用の存在が期待されるのである．これらのシナリオはいずれもヒッグスにまつわる階層性問題を解決するために，ヒッグス・セクターを拡張したり (MSSM)，あるいはヒッグス粒子の起源に関して，ゲージボソン (GHU) や擬 NG ボソン (DD, LH) といった新しい解釈を与えるものなので，ヒッグス相互作用に標準模型からのずれが生じるのは自然なことであるともいえる．ヒッグス相互作用の内で，ここでは特にヒッグスのクォークやレプトンとの湯川結合に焦点をしぼって考えてみよう．

まず，MSSM における異常湯川結合について言及する．MSSM では，超対称性の要請からヒッグス 2 重項が 2 個独立に導入されるため，ヒッグス相

互作用の結合定数は，二つの 2 重項の間の混合を表す 2 個の角度 α, β（式 (6.188), (6.200) 参照）に一般に依存する．例えば，標準模型のヒッグスに対応する軽い方の（正の CP 固有値をもつ）スカラー粒子のクォーク，レプトンとの湯川結合定数の，対応する標準模型の予言との比は以下のように与えられる（式 (6.205) 参照）：

$$\frac{f_t^{(MSSM)}}{f_t^{(SM)}} = \frac{\cos\alpha}{\sin\beta}, \tag{9.2}$$

$$\frac{f_b^{(MSSM)}}{f_b^{(SM)}} = \frac{f_\tau^{(MSSM)}}{f_\tau^{(SM)}} = -\frac{\sin\alpha}{\cos\beta}. \tag{9.3}$$

ここでは，第 3 世代のクォーク，レプトンのみについて書いたが，この標準模型の予言からのずれ方は世代に依存しないのが MSSM の特徴である．

なお，超対称性の破れのスケール $M_{SUSY} \to \infty$ の極限，すなわち超対称パートナーの粒子が皆重くなり低エネルギー有効理論から decouple する "decoupling limit" においては MSSM は標準模型に帰着するはずなので，こうした異常性は消えると期待される．実際，この極限では $\alpha \to \beta - \frac{\pi}{2}$ となり（(6.204) 参照），(9.2), (9.3) の比はいずれも 1 となって標準模型の予言に帰着することがわかる．

次に高次元理論，特に GHU の場合について考える．この場合には，ヒッグス粒子の起源はゲージボソンであり，いわばその必然的帰結として異常ヒッグス相互作用が予言されることが以下のようにわかる．また，その "異常性" は MSSM のものとも質的に異なるものである．

簡単のため 5 次元時空上の GHU を考えよう．ヒッグス場 H はゲージ場の余剰次元成分 A_y，正確にはその KK ゼロモード $A_y^{(0)}$ と同定されるが，すでに 7.8 節で議論したように余剰次元が円（オービフォールド）であるとすると，円が非単連結空間であることを反映して，ヒッグス場はウィルソン・ループの位相（アハロノフ–ボーム位相）に対応するもの，との物理的解釈が可能である．すなわち，

$$W = e^{i\frac{g}{2}\oint A_y dy} = e^{ig_4 \pi R A_y^{(0)}} \quad \text{（可換ゲージ群の場合）}. \tag{9.4}$$

ここで R は円の半径，g_4 は 4 次元的なゲージ結合定数である．線積分の結果ゼロでない KK モードの寄与は消え，ゼロモード，すなわちヒッグス場の

みが位相因子に寄与することになる．

ヒッグス場がある種の位相として解釈されることの帰結として，物理量がヒッグ場に関して周期的になるというこのシナリオ特有の性質が得られる：

$$H \rightarrow H + \frac{2}{g_4 R}. \tag{9.5}$$

以下で述べるように，この周期性が異常ヒッグス相互作用の重要な要因となる．

さて，一般に自発的ゲージ対称性の破れをもつゲージ理論においては，フェルミオン ψ の質量項はヒッグス場の真空期待値 $v = \langle H \rangle$ の関数としての"質量関数" $m(v)$ を用いて

$$m(v)\bar{\psi}\psi \tag{9.6}$$

のように表される．物理的なヒッグス粒子を記述する場 h は，元の場 H の真空期待値からのずれを表す（$H = v + h$）ので，ヒッグス粒子のフェルミオンとの湯川相互作用は，(9.6) において次のおき換えを行えば得られると期待される：

$$m(v)\bar{\psi}\psi \rightarrow m(v+h)\bar{\psi}\psi. \tag{9.7}$$

これを h に関してテイラー展開すれば 3 点，4 点，等の相互作用が得られる．特に，標準模型の粒子に対応する KK ゼロモードの間の湯川結合定数は，$m(v+h)$ を h でテイラー展開したときの h の 1 次の項の係数を見れば読みとることができると考えられる．つまり湯川結合定数は

$$f = \frac{dm^{(0)}(v)}{dv} \tag{9.8}$$

で与えられると期待される．ここで $m^{(0)}(v)$ はゼロモードに関する質量関数を表す．(9.8) の処方箋は，標準模型の場合には完璧に働く．この場合質量関数は v に関し線形で $m(v) = fv$．よって 3 点相互作用，すなわち湯川相互作用のみ存在し，その結合定数は $\frac{dm(v)}{dv} = f$ となり，ちょうど f に一致する．

しかし，GHU では話は少々複雑になる．仮に一つのフレーバーのクォークのみに限定したとしても，KK モードは無限個存在するので，質量項は KK モードの基底において $\infty \times \infty$ の質量行列の形に表される．各 KK モードは 4 次元的質量の確定した固有状態ということなので，当然この質量行列は対角化されているが，一方で湯川結合はこの基底において一般に非対角行列に

なることがわかる．正確には，まさに異常湯川相互作用が生じる場合，すなわち質量関数 $m^{(0)}(v)$ が標準模型の場合と異なり v の非線形関数になる場合に，そうした非対角成分が現れることがわかる．さらに，(9.8) で与えられる湯川結合は，ちょうどゼロモードのフェルミオンに関する湯川相互作用の "対角成分" にちょうど対応することを示すことができる：$\frac{dm^{(0)}(v)}{dv}\bar{\psi}^{(0)}\psi^{(0)}$ [64].

先に述べたように，GHU シナリオでは物理量はヒッグス場に関し周期的になる．よって質量関数 $m^{(0)}(v)$ も v の周期関数となるはずである．周期関数としてなじみ深いのは三角関数であるが，例えば第 1, 第 2 世代のような軽いクォークの質量関数は，(7.142) に見られるようなバルク質量による指数関数的抑制を受けるのみならず，真空期待値 v の関数としては近似的に正弦関数のように振る舞うことがわかる：

$$m^{(0)}(v) \propto \sin(\frac{g_4}{2}\pi R v). \tag{9.9}$$

(9.8) の処方箋に従って湯川結合定数を求めると

$$f \propto \cos(\frac{g_4}{2}\pi R v). \tag{9.10}$$

のように余弦関数に比例する．すると，このシナリオの著しい特徴として，次の関係を満たす特別な真空期待値に対しては湯川結合が完全に消えてしまうことも可能となる [65]：

$$x \equiv \frac{g_4}{2}\pi R v = \frac{\pi}{2}. \tag{9.11}$$

実際には LHC 実験でヒッグスのトップクォークや τ との湯川結合は存在していて，実験的エラーの範囲内で標準模型の予言値（フェルミオン質量に比例した湯川結合定数）と無矛盾であるとの報告があり，(9.11) の場合のような劇的な可能性は排除されるが，それでも一般に GHU の予言する湯川結合定数は標準模型の予言からずれていて，異常湯川結合が予言される．具体的には GHU の予言する湯川結合定数 f_{GHU} と標準模型の予言 f_{SM} との比は次の表式で非常によく近似されることがわかる [64]：

$$\frac{f_{GHU}}{f_{SM}} \simeq x \cot x \quad (x \equiv \frac{g_4}{2}\pi R v). \tag{9.12}$$

すでに述べたように $x = \frac{\pi}{2}$ の極端な場合にはこの比はゼロになるが，一方で "decoupling limit"，すなわち，$M_c = 1/R \gg M_W$，すなわち $x \ll 1$ におい

ては，この比は 1 となり標準模型の場合に帰着することが確認できる．なお，(9.12) より，GHU の予言する湯川結合定数は標準模型の予言より常に小さくなるが，これは GHU シナリオの特徴的な予言であるといえる．

しかし一方で，トップクォークのような重いクォークの場合には事情は異なる．トップクォークの場合には，その質量は M_W より大きいのでバルク質量による指数関数的抑制は必要なく，むしろいかにしてその質量を M_W より大きくするかが論点になる．いずれにせよ，バルク質量を導入しない場合にはゼロモードの質量関数は標準模型の場合のように v に関し線形になることがわかる．すると，一見 v に関する周期性が損なわれるように思えるが，実際には $x = \frac{\pi}{2}$ において，ゼロモードは，(v の増加とともに質量固有値が減少する）第一 "励起状態"（$n = 1$ の KK モード）に取って代わられ，周期性は保たれることがわかる．よって，この場合には湯川結合は（$x < \frac{\pi}{2}$ の範囲で）標準模型の場合と同様に定数となり "正常な" 湯川結合が得られることになる．このようにして，GHU シナリオでは，MSSM の場合と異なり，湯川結合定数の標準模型の予言からのずれは一般に世代に依存して変わることになる．

この議論から示唆されることであるが，異常相互作用が生じるためには，v に関する周期性だけでは十分ではなく，y 座標に依存した奇 Z_2 パリティをもつバルク質量項の導入によって生じる，余剰次元方向の並進対称性の破れも本質的な要因となることがわかる [64]．

上で述べた議論は余剰次元がオービフォールドではあっても平坦な 5 次元時空上の GHU に関するものであったが，ランドール–サンドラム理論で議論された曲がった AdS 時空上で定義される GHU の場合には，異常ヒッグス相互作用は湯川結合に限らず，ヒッグスの弱ゲージボソン W，Z との相互作用においても現れることが示されている [65]．これはランドール–サンドラム時空上の理論においては，余剰次元方向の並進対称性はワープ因子 $e^{-\kappa|y|}$ の存在のために理論のすべてのセクターにおいていわば普遍的に破れているためであると解釈できる．

こうした議論から示唆されることとして，GHU に密接に関連する DD や LH シナリオといった BSM 理論においても異常ヒッグス相互作用が期待される．実際，DD シナリオにおいては，湯川結合に "異常性" が現れることが

示されている [66]. この場合，DD シナリオを余剰次元が格子化された GHU と見なせば，まさにその格子化によって余剰次元方向の並進対称性が破られているために異常相互作用が生じるのである．これは元の GHU にはなかった新しい異常相互作用のソースといえる．また，DD に触発されて誕生した LH シナリオにおいても同様の異常ヒッグス相互作用の存在が期待される．

第10章 標準模型を超える理論の精密テスト

　前章では，LHC や ILC といった最先端の最高エネルギー加速器を用いた"エネルギーフロンティア（energy frontier）"実験による標準模型を超える（BSM）理論のテストについて議論したが，この章では，今までに成されてきた高精度の精密実験のデータを用いた BSM 理論の精密テストに関して議論しよう．具体的には，かつて CERN の LEP 実験等で得られた，いわゆる S, T, U パラメータについての高精度のデータを用いたテスト，および歴史的にも非常に重要な役割を果たしてきたフレーバーを変える中性カレント（Flavor Changing Neutral Current, FCNC）過程に関する高精度のデータを用いたテストに的をしぼって議論する．FCNC 過程については，つくば市の高エネルギー加速器研究機構（KEK）で準備されている super B–factory 実験においても非常な高精度のテストが期待されている．なお，BSM 理論の予言する新粒子の S, T, U パラメータや FCNC 過程への寄与はいずれも量子効果を通じたものである．

10.1 BSM 理論の間接的検証

　ある BSM 理論の証拠を得るには，その理論が予言し標準模型には存在しない"新粒子"を発見するのが最も直接的な方法であろう．しかし，そうした新粒子は今までに確認されていないわけであるから，大抵は弱スケール M_W より（ずっと）大きな質量をもつはずである．例えば最小超対称標準模型（MSSM）の予言する超対称パートナーは，階層性問題の解法という観点からいうと粗

くいって 1 TeV 程度の質量をもつと期待され，LHC 実験で探索されているが今のところ未発見である．このように，相対論の $E = mc^2$ の関係から当然ではあるが，重い粒子を直接生成しようとすると高いエネルギーの加速器によるエネルギーフロンティア実験が必要とされる．

しかしながら，そうしたエネルギーフロンティア実験による直接的なテスト以外にも BSM 理論を間接的にテストする手法が存在する．それは，$E = mc^2$ からすればとても新粒子を生成できないような低エネルギー $E \ll m$（自然単位で $c = 1$ とした）でも，不確定性関係 $\Delta E \geq \frac{h}{\Delta t}$ からわかるように瞬間的な（小さな Δt の）仮想状態（virtual state）においては重い新粒子も出現できるからである．ファインマン・ダイアグラムの言葉でいえば，そうした重い粒子は"外線"には現れ得なくとも，仮想状態を表す"内線"には出現し得るということである．

こうして，直接生成が実現していない状況でもある物理量に関する十分精度の高い実験データが存在すれば，それぞれの BSM 理論の予言する新粒子が仮想状態に現れることによって生じる量子効果（輻射補正（radiative correction）ともよばれる）をその実験データと比較することで，理論の検証を行い，さらには新粒子の質量等に関する貴重な情報を得ることも可能である．

標準模型成立の過程でも，そうした"新粒子"（当時の）の間接的検証が非常に重要な役割を果たしてきた．その典型的な例として歴史的に有名なのが，チャームクォークの導入とその質量の予言やトップクォークの質量の予言であった．これらは 10.3 節で議論される FCNC 過程および 10.2 節で議論されるペスキン–竹内（Peskin-Takeuchi）の T パラメータという，いずれも非常な高精度の実験データが得られている物理量を標準模型を用いた理論計算と比較することで成し遂げられた著しい成果であった．チャームクォーク，トップクォークが直接生成により発見される以前にそれらの質量をほぼ正確に予言できていたのである．さらには，2008 年度のノーベル物理学賞を受賞した小林–益川による 3 世代の存在の予言という業績も，FCNC 過程に伴って現れる CP 対称性の破れに関する解析から生まれたものであったことも強調したい．標準模型に限らず，BSM 理論の検証においてもこうした間接的検証は引き続き重要な役割を果たすものと期待されている．

10.1.1　演算子による解析

BSM 理論の予言する新粒子による量子効果を，演算子の言葉を用いた場の理論的観点から少し考えてみよう．標準模型ではラグランジアンは質量次元 d が 4 以下の演算子のみで構成されている．それは，理論がくり込み可能であるためには $d > 4$ の高い質量次元の演算子は禁止されるからでもある．同様に大概の BSM 理論でもラグランジアンは $d \leq 4$ の演算子のみを含んでいる．（高次元理論の場合には場の質量次元が通常の 4 次元理論の場合からずれるが，低エネルギー有効理論を記述する 4 次元的な場におき換えて考えればよい．）

しかし，重い新粒子による量子効果によりラグランジアンに最初からあった $d \leq 4$ の演算子の係数（"ウィルソン係数" ともよばれる）も補正（量子補正）を受けるが，それと同時にラグランジアンには最初存在しなかった $d > 4$ の演算子（"irrelevant operator"）も一般に生じることになる．$d \leq 4$ の演算子のウィルソン係数への量子補正は，次元解析からわかるように紫外発散するが，くり込みの処方に従って，量子補正後のウィルソン係数はくり込まれた場やゲージ結合定数等を用いて有限な形で書き直すことが可能である．しかし，くり込み可能な理論においては，一旦くり込みの手続きを行えば，量子補正で新たに生じる irrelevant operator の演算子のウィルソン係数には紫外発散は現れず，くり込まれた物理量を用いた有限な形でウィルソン係数が求まる．要するに，各 BSM 理論の予言は，量子補正で生じる irrelevant operator のウィルソン係数に集約されることになる：

$$\mathcal{L}_{\text{quantum}} = \sum_{d>4} \sum_{i} \frac{c_{d,i}}{\Lambda^{d-4}} \mathcal{O}_{d,i}. \tag{10.1}$$

ここで $\mathcal{O}_{d,i}$ は標準模型に現れる場に関する質量次元 d の演算子の内の i 番目の演算子，$c_{d,i}$ はその無次元の係数を表す．弱スケール以下の比較的低エネルギーで BSM 理論を検証することを考えているので，(10.1) に現れる場は標準模型に存在する場のみであり，弱スケールより重い新粒子の場に関しては，経路積分の言葉を借りていえばすべて汎関数積分されてしまっていて，その結果が $\frac{c_{d,i}}{\Lambda^{d-4}}$ の形で表されているということになる．なお，Λ は新粒子の典

型的な質量スケールを表し，例えば MSSM で超対称パートナーの寄与を考える際には Λ は超対称性の破れのスケール M_{SUSY} と考えることができる．要するに Λ は BSM 理論に特有の質量スケールであり，そのエネルギー・スケールで標準模型が BSM 理論に取って代わられるのであるから，標準模型の適用限界であるカットオフスケールとも考えられるのである．新粒子は未発見なので，当然

$$\Lambda \gg M_W \tag{10.2}$$

と考えられる．ただし，$\gg$ とはいっても Λ は 1 TeV 程度であることも十分想定している．

ここで注意すべきことは，ゲージ対称性が自発的に破れる理論であっても (10.1) に現れるそれぞれの演算子 $\mathcal{O}_{d,i}$ は（必要に応じて）ヒッグス場を含めたゲージ不変な形ですべて記述できるという事実である．それは，もともとゲージ対称性を持った理論を用いて量子効果を計算している以上，すべての相互作用はゲージ不変性を保持するのであるから，それにより得られる量子補正も当然ゲージ不変性を尊重しているはずであるからである．ただし，実際には標準模型，およびこれを含むように拡張された BSM 理論においては自発的対称性の破れが必然的に存在するので，$\mathcal{O}_{d,i}$ においてヒッグス場をその真空期待値 v でおき換えると，ゲージボソンの質量 2 乗項のような，対称性の破れた後に生じる演算子が結果的に現れることになる．直感的にいえば，v が無視できるような高エネルギーの世界ではゲージ対称性が回復しているはずなのでゲージ不変な演算子で記述でき，エネルギーが下がるに連れて v が無視できなくなって対称性の破れた世界に帰着する，という風に考えられる．例えば，上述の T パラメータは，弱ゲージボソン W, Z の質量 2 乗への量子補正に関する物理量なので一見 $d=2$ の演算子で記述されそうであるが，実際には後述のように $d=6$ の irrelevant operator で記述され，ヒッグス場を v でおき換えた後に，あたかも $d=2$ の演算子のように振る舞うことがわかる．実際 T パラメータは後述のように紫外発散をもたない有限な物理量として計算されるのであるが，それは $d=2$ ではなく $d=6$ の演算子で記述されているからなのである．

10.1.2 decoupling と non-decoupling

(10.1) のような演算子を用いて解析する手法の利点は，個々の BSM 理論の詳細に依らない一般的な解析が可能になる，ということである．しかし，(10.1) に現れる $d>4$ の演算子は原理的に無限個あり，実験データとの比較によってそのウィルソン係数に制約を与えるのは一般には難しい．

しかし，多くの BSM 理論においては実際には d の小さい演算子のみが重要である．バリオン数，レプトン数を保存する演算子に限定すれば $d=6$ が可能な最小の質量次元であり（例えばレプトン数の保存を課さなければ，シーソー機構によるニュートリノのマヨラナ質量項を表す (3.50) のような $d=5$ の演算子が可能である），$d=6$ の演算子が最も重要な寄与を与えると考えることができる．それは，実験的検証が可能な過程のエネルギースケールが $E \leq M_W$ である以上，質量次元 d の演算子の寄与は $(\frac{E}{\Lambda})^{d-4}$ で抑制され，$d=8, 10$ といった質量次元の高い演算子の寄与はより強く抑制されるからである．ただし，ここで係数 $c_{d,i}$ は $\mathcal{O}(1)$，より正確には量子効果で生成されるために $\mathcal{O}(\alpha)$ (α：微細構造定数) であると暗に仮定している．

この議論の本質は，重い新粒子の "低エネルギー" ($E \leq M_W$) における効果がその質量 Λ の逆べきで抑制されるということであるが，これは重い粒子の低エネルギーの世界からの "decoupling" というように表現される．これに関しては アペルキスト–カラゾーン（Appelquist-Carrazone）による "decoupling 定理" というものが知られている [49]．彼らは QED や QCD といったゲージ対称性の自発的破れのない理論を取り上げ，decopling が成立することを示したのである．その議論の要旨を QED を例にとり簡単に説明しよう．QED において電子の代わりに同じ電荷 $-e$ をもち質量 M の重いフェルミオン Ψ が存在するとし，それによる量子効果を考察する．図 (10.1) のように，この量子効果により光子の場 A_μ に関する演算子が生成されることになる．

$d>4$ のゲージ不変な演算子，例えば外線に A_μ が 4 個あるファインマン・ダイアグラムから生成される演算子 $(F_{\mu\nu}F^{\mu\nu})^2$ ($d=8$) のウィルソン係数は $\frac{1}{M^4}$ に比例して抑制されるので，decoupling が成り立っていることがわかる．しかし，外線が 2 個のファインマン・ダイアグラム（光子の自己エネ

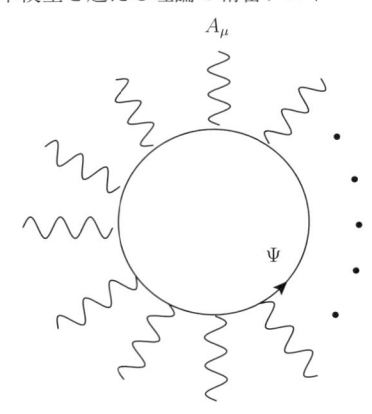

図 10.1 重いフェルミオン Ψ の量子効果により生成される光子の場 A_μ に関する演算子

ギーダイアグラム）から生成される $d=4$ の演算子 $F_{\mu\nu}F^{\mu\nu}$ の場合，つまり光子の運動項への量子補正については，この量子効果は A_μ の波動関数くりこみにちょうど対応し，演算子のウィルソン係数は明らかに $\frac{1}{M}$ で抑制されず紫外発散する：

$$\propto \int_0^1 dt \ \ln\left(\frac{\Lambda^2}{M^2 - t(1-t)q^2}\right). \tag{10.3}$$

ここで q_μ は外線の4元運動量で Λ は紫外カットオフ，また t はファインマン・パラメータである．(10.3) は明らかに M の逆べきで抑制されない．つまり，「重い粒子もくりこみには寄与する」のである．これは考えてみると当然である．くりこみの物理的意味は，理論のカットオフ Λ で定義される "裸の（bare）" 物理量や場と低エネルギーで観測される物理量や場との関係を定めるものであり，一方でエネルギーが $M \ll E \leq \Lambda$ の領域では M は無視できるので Ψ による量子効果は M で抑制されることはあり得ないのである．(10.3) に現れる $\ln(\frac{\Lambda^2}{M^2})$ の因子は $M \leq E \leq \Lambda$ のエネルギー領域における運動量積分の寄与を端的に表している．しかし，いずれにせよ (10.3) は発散しているので $-q^2 = \mu^2$（μ："くりこみ点"）において量子補正が消えるべし，というくりこみ条件を課して相殺項（counter term）により紫外発散を除去すると，その後に残る有限の寄与は低エネルギー，すなわち $|q^2|, \mu^2 \ll M^2$

の場合に
$$\propto \int_0^1 dt \ \ln(\frac{M^2 + t(1-t)\mu^2}{M^2 - t(1-t)q^2}) \simeq -\frac{1}{6}\frac{q^2 + \mu^2}{M^2} \tag{10.4}$$
のようにして $\frac{1}{M^2}$ で抑制されることになる．こうしてくり込みの処方が施された後の諸々の物理量への予言においては decoupling が成立するのだ，というのが彼らが示したことなのである．

　decoupling 定理の存在は心理的にはありがたいことではある．われわれはいまだに，BSM 理論が存在するとしてもそれがどのような理論であるか決めることはできないでおり，もしも低エネルギーでの観測量が BSM 理論の予言する新粒子の存在に敏感であるとすると，今までさまざまな物理量に関して行われてきた標準模型を用いた計算がどれほど意味のあるものであるか不安になるであろう．decoupling 定理は，BSM 理論の新粒子の寄与により標準模型の予言からのずれが存在したとしても，それは新粒子の大きな質量の逆べきに比例して抑制され，それほどは大きくはならないことを保証してくれているのである．

　しかし，一方では decoupling が完璧に常に成立すると未発見の新粒子の質量等についての情報が得られにくいという側面もある．幸か不幸か，標準模型のような自発的ゲージ対称性の破れのある理論で，重い素粒子の質量がヒッグスの真空期待値により供給される場合には，decoupling が成立せず重い粒子の寄与が抑制されないという "non-decoupling" の現象が起こり得ることが知られている．実際，例えばすでに述べたような T パラメータのデータからトップクォーク質量に関してほぼ正確な予言が可能であったことの本質的な理由は，このパラメータへのトップクォークの量子効果による寄与がその質量 2 乗 m_t^2 に比例した non-decoupling 効果であり抑制されないために，T パラメータが m_t に非常に "敏感" であったからである．同様に，10.3 節で議論される典型的な FCNC 過程である $K^0 \leftrightarrow \bar{K}^0$, $B^0 \leftrightarrow \bar{B}^0$ 混合においてもトップクォークの寄与は m_t^2 に比例した non-decoupling 効果であることが知られており，このために，小林–益川理論の検証のために考案された B 工場（B–factory）実験で検証された CP 非対称性に関しても，トップクォークが主たる寄与を与えるのである．

　演算子解析の立場からは，この non-decoupling の現象はどのように理解

できるであろうか．すでに述べたように (10.1) においてウィルソン係数 $c_{d,i}$ は $\mathcal{O}(1)$（正確には $\mathcal{O}(\alpha)$）であると暗に仮定されていて，この場合，重い粒子の寄与は decoupling を起こす．しかし，仮に $c_{d,i}$ が Λ, すなわち重い粒子の質量の正べきに比例することがあるとすれば分母の Λ^{d-2} の因子を相殺すること，すなわち non-decpuling が起きることが原理的に可能である．実際，トップクォークの量子効果を考える際には，ヒッグスとの湯川結合定数が m_t に比例することに注意する必要がある．すなわち，(1.75), (1.85) よりわかるように，トップクォークの湯川結合定数 f_t は

$$f_t = \frac{g}{\sqrt{2}} \frac{m_t}{M_W} \tag{10.5}$$

で与えられる．それゆえ f_t, したがって m_t がファインマン・ダイアグラムから計算される確率振幅の分子に現れ，これがトップクォークの伝播子に由来する m_t の逆べきを相殺することが可能である．これが，上述のような m_t^2 に比例した non-decoupling 効果が T パラメータや FCNC 過程において生じる理由である．

こうした議論から，各 BSM 理論に固有の新粒子の量子効果に関し，decoupling か non-decoupling か，いずれになるかを決める本質的要因を特定することができる．すなわち，例えばアップクォークのような軽いクォーク，レプトンの超対称パートナーのように，大きな質量の起源が大きな結合定数にあるのではなく大きな超対称性の破れのスケール M_{SUSY} のようなゲージ不変で従って自発的ゲージ対称性の破れによらない質量にある場合には，その質量は $\frac{1}{M_{SUSY}^{d-2}}$ のように分母にのみ現れるので，QED の場合と同様に decoupling 定理が適用されるのである．それに対して，トップクォークの場合のように大きな質量の起源がヒッグスとの大きな結合定数にある場合には，重いことは強結合を意味するので質量は分子にも現れ non-decoupling が可能となる．

10.2 S, T, U パラメータ

10.2.1 oblique correction と S, T, U パラメータ

電子・陽電子衝突型加速器 (e^+e^- collider) 実験で観測されるような $\bar{f}f \to$

10.2 S, T, U パラメータ

$\bar{f}'f'$（例えば $f = e$, $f' = \mu$）過程を考えてみよう．中間状態では光子 γ や Z といったゲージボソンが現れる．それぞれの BSM に特有の新粒子はファインマン・ダイアグラムでいえば，頂点関数やゲージボソンの伝播子へのループダイアグラムによる量子補正を通してこの過程に寄与するが，この内で，ゲージボソンの伝播子への寄与，すなわち，ゲージボソンの自己エネルギーダイアグラムを通じた寄与は "oblique correction" とよばれる．この oblique correction は，外線の f, f' がどのようなフェルミオンであるかによらず普遍的に存在するという意味で，また以下に述べるように重い粒子の存在に敏感である，という意味でも重要なものである．

oblique correction への重い粒子（その質量を一般的に M としよう）の寄与の内で，次元解析から M の逆べきで抑制されるものを除いた寄与，つまり潜在的に non-decoupling 効果となり得る寄与は，Peskin と竹内により提唱された「S, T, U パラメータ」という三つのパラメータに集約されることがわかる [58]．

これを見るために，外線が A_μ^i, A_μ^j のゲージボソンであるような 2 点関数，すなわち自己エネルギーのファインマン・ダイアグラムを考え，その寄与を表す "真空偏極テンソル（vacuum polarization tensor）" の内の $\eta_{\mu\nu}$ に比例した部分を $\eta_{\mu\nu}\Pi_{ij}(q^2)$ と書こう．ここで q^μ は外線の 4 元運動量である．また添字の i, j は，いずれも $SU(2)_L$ ゲージ群の随伴表現の添字 $1, 2, 3$ あるいは Q を採るものとし，$1, 2, 3$ の場合には外線が $SU(2)_L$ のゲージボソンであることを，Q の場合には外線が光子 γ であることを示す．$1, 2$ は外線が $W^\pm$ の場合に対応するが，ここからは荷電ゲージボソンについての oblique correction も中性ゲージボソンに関するものと一緒に考察することにする．

少なくとも 1-loop のオーダーでは，相互作用頂点にはゲージ結合定数のみ現れる（摂動論のより高次のオーダーではヒッグス交換によりフェルミオン質量に比例した湯川結合定数等が現れ得る）．よって，重い粒子の寄与を想定しているので $q^2 \ll M^2$ として $\Pi_{ij}(q^2)$ を q^2, すなわち $\frac{q^2}{M^2}$ のべきで

$$\Pi_{ij}(q^2) = \Pi_{ij}(0) + \frac{d\Pi_{ij}}{dq^2}\Big|_{q^2=0} q^2 + \cdots, \qquad (10.6)$$

のようにテイラー展開すると，展開の最初の二つの項，$\Pi_{ij}(0)$ および $\frac{d\Pi_{ij}}{dq^2}|_{q^2=0}\ q^2$ のオーダーはそれぞれ $\mathcal{O}(M^2)$ および $\mathcal{O}(q^2)$ であることが

次元解析からすぐにわかる．これら以外の展開の高次の項の寄与はせいぜい $\mathcal{O}(\frac{(q^2)^2}{M^2})$ であり，$\frac{q^2}{M^2}$ で抑制されるので decouple する効果のみを与える．よって，non-decoupling の可能性を残した寄与のみに注目すると，$\Pi_{ij}(0)$ および $\frac{d\Pi_{ij}}{dq^2}|_{q^2=0}$ のみを残せばよいことになる．

(i,j) の組み合せの数は，電荷の保存則（自発的に破れずに残る $U(1)_{em}$ 対称性）を考慮すると $(1,1)=(2,2),(3,3),(3,Q),(Q,Q)$ の 4 通りになる．具体的には，外線の組み合せが $(W^+,W^-),(Z,Z),(Z,\gamma),(\gamma,\gamma)$ の 4 通りである．これら 4 通りのゲージボソンの組み合せのそれぞれに対して $\Pi_{ij}(0)$，$\frac{d\Pi_{ij}}{dq^2}|_{q^2=0}$ の 2 個のパラメータが存在するので，一見 non-decoupling の効果を表し得る独立なパラメータの数は $2\times 4=8$ 個存在しそうである．しかし，実際にはこれらすべてが存在するわけではないことがわかる．まず，外線の少なくとも一つが光子の場合には $\Pi_{QQ}(0)=\Pi_{3Q}(0)=0$ である．これは残っている $U(1)_{em}$ 対称性により光子は量子補正の下でも決して質量をもてないからである．実際に計算してみると，外線の光子に結合する $U(1)_{em}$ のカレントが満たすべき保存則のために，該当する真空偏極テンソル $\Pi_{\mu\nu}$ が必ず q_μ の 2 次式である $(q^2\eta_{\mu\nu}-q_\mu q_\nu)$ に比例した形で現れる．これでパラメータの自由度が $8-2=6$ 個になる．さらに，残る 6 個の内の 3 個は，くり込み処方を施す段階で，くり込まれたゲージ結合定数等が高い精度で決まっている α,G_F,M_Z の実測値を再現するように決定される際に，ゲージボソンのセクターに存在する 3 個の"裸の（bare）"パラメータ g,g',v のそれぞれの相殺項により除去される．つまり，これらはくり込み処方に用いられるだけで物理的には何ら新たな予言をするものではない．こうして，物理的に意味のある自由度として残るのは $6-3=3$ 個のみとなる．これがまさに S,T,U パラメータに対応するものなのである．

上の議論からわかるように S,T,U パラメータはくり込みには関係しないものなので，理論がくり込み可能である以上，自動的に紫外発散をもたない有限値として予言可能であるはずである．後述のように，ヒッグス場まで含めたゲージ不変な演算子を用いて考えると，これらのパラメータはいずれも質量次元が 4 より大きい（実際には 6）演算子のウィルソン係数として理解可能であるが，こうした演算子は元のラグランジアンには存在しないのであるから，そのウィルソン係数は自動的に有限になるのである．

10.2 S, T, U パラメータ

具体的には，S, T, U パラメータは次のように定義される:

$$\alpha S \equiv 4e^2 \left[\Pi'_{33}(0) - \Pi'_{3Q}(0)\right], \tag{10.7}$$

$$\alpha T \equiv \frac{e^2}{c^2 s^2 M_Z^2} \left[\Pi_{11}(0) - \Pi_{33}(0)\right], \tag{10.8}$$

$$\alpha U \equiv 4e^2 \left[\Pi'_{11}(0) - \Pi'_{33}(0)\right]. \tag{10.9}$$

ここで，$\Pi'_{ij}(0)$ は $\frac{d\Pi_{ij}}{dq^2}\big|_{q^2=0}$ を表すものとする．この定義を見ると，ゲージ不変な演算子による解析を待たずとも S, T, U が紫外発散をこうむらない物理量であることが納得できる．まず，S パラメータを記述する $\Pi'_{33} - \Pi'_{3Q}$ は中野–西島–ゲルマンの法則 $Q = I_3 + \frac{Y}{2}$ より $\frac{1}{2}\Pi'_{3Y}$ とも書ける．つまり，S パラメータは場の強さテンソルにおける $SU(2)_L$ と $U(1)_Y$ ゲージボソンの間の混合，すなわち演算子でいえば $F^3_{\mu\nu} B^{\mu\nu}$ が量子補正で現れたときのウィルソン係数に対応することになる．一方で，元のラグランジアンのゲージボソンの運動項においてこうした混合を表す項は $SU(2)_L$ ゲージ対称性に矛盾するので存在していない．よって，$F^3_{\mu\nu} B^{\mu\nu}$ が量子補正で現れても，そのウィルソン係数は有限になるはずである．また，T と U パラメータが有限であるのは，8.1.1 項で解説したカストーディアル（custodial）対称性の帰結であるといえる．理論のヒッグス・セクターがもっている大域的対称性であるカイラル対称性 $SU(2)_L \times SU(2)_R$ はゲージ対称性の自発的破れにより $SU(2)_V$ という右巻き，左巻きのセクターが同じように変換する "ベクトル的" 対称性である "アイソスピン" 対称性に破れるが，この残っているアイソスピン対称性をカストーディアル対称性と称する．すると，$\Pi_{11}(0) - \Pi_{33}(0)$，$\Pi'_{11}(0) - \Pi'_{33}(0)$ のように，アイソスピン 3 重項のメンバーと見なされる $A^1_\mu, A^2_\mu, A^3_\mu$ の間の違いにより生じ，したがってカストーディアル対称性と矛盾する真空偏極で記述される T, U パラメータに対しては，仮にそれらが紫外発散したとしてもこれを相殺する相殺項が存在しない．よって，くり込み可能な理論である以上は，これらのパラメータは自動的に有限になるはずである．

なお，T パラメータは $\Pi_{11}(0) - \Pi_{33}(0)$，つまり $W^\pm_\mu$ と Z_μ（正確には Z_μ の一部である A^3_μ）の質量 2 乗の差に関係しているので，(1.78) で定義される ρ パラメータ $\rho = \frac{M_W^2}{M_Z^2 \cos^2\theta_W}$ の 1 からのずれ

$$\Delta\rho \equiv \rho - 1 \tag{10.10}$$

にちょうど対応する（比例する）物理量である．

10.2.2 第3世代のクォーク，テクニフェルミオンによる non-decoupling 効果

S, T, U パラメータは，その時点で未発見の重い粒子の存在に敏感であり未発見粒子の間接的な検証に重要な役割を果たすが，その典型的な例はトップクォークであろう．トップクォークは最終的にアメリカのフェルミ国立研究所（FNAL）で直接生成により発見され，その質量も $m_t = 175$ GeV と決まったのであるが，その質量の大体の値は，それ以前の CERN で行われた LEP 実験等で得られた S, T に関する高精度のデータと標準模型による (m_t, m_h) の関数としての予言値を比較することによって，発見以前からほぼ正確に見積もられていたのである．

そこで，ここでは non-decoupling 効果の典型例の一つとして，第3世代のクォークのペア (t,b) による S, T パラメータへの寄与をとり上げよう．詳細は省くが，1-loop のファインマン・ダイアグラムの計算により

$$S = \frac{1}{2\pi}\left[1 - \frac{2}{3}\ln\frac{m_t}{m_b}\right], \tag{10.11}$$

$$T = \frac{3}{16\pi}\frac{1}{c^2 s^2}\frac{1}{M_Z^2}\left[m_t^2 + m_b^2 - \frac{2m_t^2 m_b^2}{m_t^2 - m_b^2}\ln\frac{m_t^2}{m_b^2}\right] \tag{10.12}$$

という結果が得られる．ここで c, s は $\cos\theta_W, \sin\theta_W$ を表す．得られた T の表式は $\Delta\rho/\alpha$ と一致していることに注意しよう．(10.12) において $m_t = m_b$ とすると T パラメータがゼロとなることを簡単に確かめることができる．これは，この（仮想的な）極限では $\mathrm{SU}(2)_L$ の2重項をなす (t, b) の質量が縮退するのでカストーディアル対称性が存在し，この対称性の破れにより生じる T パラメータが消えるからである．これに対し，S パラメータに関しては $m_t = m_b$ の極限でも消えない（この場合 $S = \frac{1}{2\pi}$）．これは，次の10.2.3項でも議論するが S パラメータを支配している対称性がカストーディアル対称性ではないことを示唆している．現実には $m_t \gg m_b$ なので T パラメータは消えず

$$T \simeq \frac{3}{16\pi}\frac{1}{c^2 s^2}\frac{m_t^2}{M_Z^2} \tag{10.13}$$

と近似できる．この結果は，重い粒子であるトップクォークの質量の2乗に比例した大きな寄与，すなわちトップクォークによる non-decoupling 効果の存在を示している．このように T パラメータが m_t に強く依存し敏感であったがために，上記の予言値を LEP 等の実験データと比較することで，トップクォークの直接発見以前に m_t の大体の値を見積もることができたのである．

上記のクォークに関する結果は，BSM 理論の一つであるテクニカラー理論におけるテクニフェルミオンの寄与にも応用することができる．テクニカラー理論では QCD の場合と同様，ヒッグス場の真空期待値に対応するテクニフェルミオンの"真空凝縮" $\langle \bar{T}_U T_U \rangle = \langle \bar{T}_D T_D \rangle$ がカストーディアル対称性を尊重するので，テクニフェルミオンは T パラメータへは寄与しない．しかし一方では，S パラメータには $\mathrm{SU}(2)_L$ の2重項の数だけ加算的に寄与することになる（それぞれの2重項がループダイアグラムの中を独立に回るので）．上述のクォークの場合の $m_t = m_b$ というカストーディアル対称性が尊重されるときの $S = \frac{1}{2\pi}$ という寄与は，テクニフェルミオンがテクニカラー相互作用を受けない自由粒子であるように考えた場合の一つの2重項あたりの寄与に相当するが，実際にはテクニカラー相互作用によりテクニフェルミオンは束縛されテクニハドロンとなるので，正確にはハドロンの描像で計算し直す必要がある．そうした解析の結果

$$\begin{aligned}S &= 0.4\ (\text{テクニフェルミオンの2重項一つあたり}), \\ &= 2.1\ (1\text{世代テクニカラー模型の場合})\end{aligned} \tag{10.14}$$

が得られる [58]．ここでテクニカラーの数を $N_{TC} = 4$ とした．こうした予言値を LEP 等の実験から得られた高精度の S パラメータの実測値（上限値）と比較することで，Peskin と竹内は1世代テクニカラー模型が排除されることを示し，BSM 理論の検証における精密テストの有効性を深く印象づけた．

10.2.3　S, T, U と大域的対称性

前の項でも簡単に述べたように，例えば T, U パラメータはカストーディ

アル対称性という大域的対称性によって支配されていて，それがこれらの量子効果で生じるパラメータが紫外発散を被らず有限の形で計算可能である理由でもあった．この節では，少し掘り下げて S, T, U パラメータがどのような大域的対称性によって支配されているのか見極めてみよう．その過程で，通常成されている議論や理解とは多少異なる見方が提供されることになる．

8.1.1 項で詳しく議論し，前の項でも簡単に述べたように，標準模型においてヒッグス場が真空期待値をもつと，QCD の場合とまったく同様に大域的対称性であるカイラル対称性は次のように自発的に破れる：

$$\mathrm{SU}(2)_R \times \mathrm{SU}(2)_L \quad \to \quad \mathrm{SU}(2)_V. \tag{10.15}$$

この自発的対称性の破れの後に残る $\mathrm{SU}(2)_V$ がいわゆるカストーディアル対称性とよばれるものである．

ところで，BSM 理論の一つの興味深い可能性として 3.3.1 項で紹介した左右対称模型が存在する．このシナリオでは右巻きの対称性 $\mathrm{SU}(2)_R$ もゲージ化されていて（局所ゲージ対称性になっていて），出発点においては理論はパリティ対称性をもつ．しかし，弱スケールよりずっと上のエネルギースケールで $\mathrm{SU}(2)_R$ を破る大きな真空期待値によってパリティ対称性が自発的に破れ，その結果として標準模型が帰結される，と考えるのである．この模型では，標準模型の中野–西島–ゲルマンの法則は，次のような左右対称な形で書き表される：

$$Q = I_{3L} + I_{3R} + \frac{B-L}{2}. \tag{10.16}$$

ここで I_{3L}, I_{3R} はそれぞれ $\mathrm{SU}(2)_L$, $\mathrm{SU}(2)_R$ の 3 番目の生成子の固有値，つまり左右のフェルミオンに関する（弱）アイソスピンの第 3 成分であり，また B, L はそれぞれバリオン数（クォークだと $B = \frac{1}{3}$）とレプトン数（電子なら $L = 1$）を表す．(10.16) が成立することは簡単に確かめられる．すなわち，標準模型の場合の弱ハイパーチャージ Y は

$$Y = 2I_{3R} + B - L \tag{10.17}$$

と書き直すことが可能なのである．

(10.17) の関係に注意すると，$\mathrm{SU}(2)_L$ のゲージボソン A^i_μ ($i = 1, 2, 3$) および $\mathrm{U}(1)_Y$ のゲージボソン B^μ はカイラル変換 $\mathrm{SU}(2)_L \times \mathrm{SU}(2)_R$，および

10.2 S, T, U パラメータ

カストーディアル対称性 SU(2)$_V$ の変換の下で，次のような表現として振る舞うことがわかる：

$$(A_\mu^1, A_\mu^2, A_\mu^3): \quad (3,1) \quad \text{および} \quad 3 \tag{10.18}$$

$$B_\mu: \quad (1,3) + (1,1) \quad \text{および} \quad 3+1. \tag{10.19}$$

ここで，U(1)$_Y$ ゲージボソン B_μ の表現が，(10.17) により $(1,3)$ と $(1,1)$ の二つに分解されることに注意しよう．$(1,3)$ は (10.17) の I_{3R} に比例する部分に，また $(1,1)$ は (10.17) の $B-L$ の部分に対応する．ただし，われわれはあくまで標準模型のゲージ対称性を仮定しており，SU(2)$_R$ は実際には局所対称性ではなくゲージ化されていない大域的対称性と見なすべきである．

すでに述べたように，S パラメータはゲージボソンの運動項における SU(2)$_L$ と U(1)$_Y$ のゲージボソンの間の混合を表す．また $\Pi_{11} = \Pi_{22}$ より $\Pi_{11} - \Pi_{33} = \frac{1}{2}[\Pi_{11} + \Pi_{22}] - \Pi_{33}$ と書けるので，S, T, U パラメータはカイラル対称性およびカストーディアル対称性の変換の下で次のような表現として振る舞うことになる [67]：

$$S: \quad (3,3) + (3,1) \quad \text{および} \quad 1+3+5, \tag{10.20}$$

$$T, U: \quad (5,1) \quad \text{および} \quad 5. \tag{10.21}$$

ここで，S パラメータのカストーディアル対称性に関する表現については，$1+5$ の部分はカイラル対称性の下での $(3,3)$ 表現から，また 3 の部分は $(3,1)$ 表現からきている．ここで一般に SU(2) の表現論から $3 \times 3 = 1+3+5$ であるが，真空偏極を表す Π_{ij} は外線のゲージボソンの交換 $i \leftrightarrow j$ の下で対称的であるので，1 と 5 のみが許されることになる．ちょうど，スピン1どうしの合成からスピン2と0を構成するのと同じである．また，T, U パラメータに関しては $\frac{1}{2}[\Pi_{11} + \Pi_{22}] - \Pi_{33}$（およびその q^2 に関する微分）は SU(2)$_L$ の3重項どうしの合成で得られる対称表現の内の5表現に属することに注意しよう．それは，もう一つ可能な表現である単重項（singlet）$\Pi_{11} + \Pi_{22} + \Pi_{33}$ と"直交する"表現であるからである．

こう考えると，T, U パラメータはカストーディアル対称性が尊重される（存在する）場合には消えることがわかる．それは，理論に対称性が在る限り，それから計算される量子補正もその対称性を尊重し，その変換の下で単重項

(不変量) として振る舞うはずだからである．T, U はカストーディアル対称性の下で 5 表現として振る舞うので，量子補正において出現するはずがないということになる．要するに，対称性と矛盾する量子補正は（量子異常が存在しない限り）決して現れないということである．

ただし，より正確にいえば T, U パラメータを支配している対称性はカストーディアル対称性というよりは $SU(2)_L$ 対称性である，というべきである [67]．実際，これらのパラメータは $i, j = 1, 2, 3$，つまり $SU(2)_L$ ゲージボソンの自己相互作用に関するもので，本来 $SU(2)_R$ とは無縁のものである．また，(t, b) クォークの質量を生成するヒッグス場は $SU(2)_L$ 2 重項であり，これから 5 表現を作ろうとすると，ちょうどスピン $\frac{1}{2}$ の粒子からスピン 2 の状態を作るのに少なくとも 4 個の粒子が必要なように，4 個のヒッグス場が湯川結合を通して関与する必要があるが，10.2.5 項の演算子解析で見るように，たしかに T パラメータを記述するゲージ不変な演算子はヒッグス場の 4 次式になることがわかる（(10.24) 参照）．一方，カストーディアル対称性に基づいて考えると，ヒッグス場との湯川結合により生じるクォークの質量項はカストーディアル対称性の下で 3 重項として振る舞う成分をもつので，ヒッグス場の 2 次式で 5 表現を作ることが可能となるはずである．カストーディアル対称性より $SU(2)_L$ 対称性が本質的であることを示す簡単な例として，MSSM のような超対称理論において軽い右巻きクォークの超対称パートナー $(\tilde{u}_R, \tilde{d}_R)$ による T パラメータへの寄与を考えてみよう．この場合，仮に $\tilde{u}_R$ と $\tilde{d}_R$ の質量 2 乗において超対称性の破れによる部分が大きく異なる場合を考えてみよう．すると，$SU(S)_R$ 対称性，したがってカストーディアル対称性も大きく破られるわけであるが，一方，右巻きのスクォークは明らかに $SU(2)_L$ 相互作用を持たないので T, U には寄与しないはずであり，カストーディアル対称性が T パラメータを支配していると考えると矛盾が生じる．一方，$SU(2)_L$ 対称性の立場で考えれば右巻きのスクォークは $SU(2)_L$ の下では単重項なので，それに関わる超対称性の破れも $SU(2)_L$ 不変であり $SU(2)_L$ 対称性を破られないのであるから，T, U に寄与しないのは当然である．

次に，S パラメータを支配する対称性について考えてみよう．10.2.2 項で (t, b) クォークの寄与を議論したときに見たように，S パラメータはカストー

ディアル対称性が尊重されるときでも消えずに残る．これは，S は (10.20) に見られるようにカストーディアル対称性に関し単重項として振る舞う部分，具体的には (10.11) で対数を含まない定数部分を含むからである．しかし，一方でカイラル対称性の下では (10.20) に見られる (3,3) と (3,1) のいずれも不変ではなく変換してしまうので，カイラル対称性が破れない限り S パラメータは生じないことになる．つまり S パラメータを支配している対称性は，自発的対称性の破れによって壊れてしまうカイラル対称性であるといえる．これが，テクニカラー理論で S パラメータが大きく成りすぎる物理的理由であるともいえる．テクニフェルミオンの 2 重項が真空凝縮を起こすたびにカイラル対称性が破れ S へ加算的に寄与するからである．

10.2.4　MSSM の T パラメータによる検証

　超対称理論である MSSM の直接的検証としては，現在進行中の LHC や計画されている線形加速器を用いた ILC 等のエネルギーフロンティアの加速器実験で超対称パートナーを直接生成しその性質を調べることが最も望ましい．しかし，現時点ではパートナーが発見されたという報告はない．こうした直接的な検証と並んで，比較的低エネルギーでの既存の精密な実験データを用いての間接的検証も重要である．この項では，そうした間接的検証の例として T パラメータを用いた MSSM の検証について考えてみよう．

　今まで見てきたように T パラメータはトップクォークやテクニハドロンといった重い粒子による量子効果に敏感なので，素朴に考えると MSSM においては，いまだに見つかっておらず非常に重いはずの超対称パートナーの寄与はトップクォークの寄与などよりずっと大きくなりそうに思える．しかし，一方では 10.1.2 項で議論したように，超対称パートナーの大きな質量は（標準模型の）自発的ゲージ対称性の破れとは無関係な超対称性の破れのスケール M_{SUSY} により供給されるので，超対称パートナーの寄与は低エネルギー過程から decouple することが予想される．そこで，具体的な計算結果を用いて実際にはどうなるのか調べてみよう．

　この目的のために，ここでは MSSM における軽い第 1 世代のクォークの

左巻き2重項 (u,d) の超対称パートナー $(\tilde{u}, \tilde{d})$ の T パラメータへの寄与に焦点をしぼって考える．超対称パートナーは未発見なので (u,d) とは異なり重いはずである．すなわち，$m_{\tilde{u}}^2 = m_u^2 + M_{SUSY}^2$, $m_{\tilde{d}}^2 = m_d^2 + M_{SUSY}^2$ で M_{SUSY} は超対称性の破れを表す質量スケールである．ここでは，簡単のために右巻き，左巻きのスクォークの間の混合の効果は無視することにする．これらが重いのは，湯川結合定数が大きいからではなく M_{SUSY} が大きいからである．この超対称パートナーの T への寄与を具体的なファインマン・ダイアグラムの計算により求めてみると [68]

$$T = \frac{3}{16\pi \sin^2\theta_W} \frac{1}{M_W^2} \left(m_{\tilde{u}}^2 + m_{\tilde{d}}^2 - \frac{2m_{\tilde{u}}^2 m_{\tilde{d}}^2}{m_{\tilde{u}}^2 - m_{\tilde{d}}^2} \ln \frac{m_{\tilde{u}}^2}{m_{\tilde{d}}^2} \right) \qquad (10.22)$$

となり，表面的にはこの結果は (10.12) と同じ形をしていて，一見スクォーク質量の2乗に比例した decouple しない非常に大きな寄与を与えるように見える．しかしながら，実際にはこれを $m_{u,d} \ll M_{SUSY}$ という近似の下で $\frac{m_{u,d}^2}{M_{SUSY}^2}$ に関してテイラー展開してみると，最初に残るゼロでない寄与は

$$T \simeq \frac{1}{16\pi \sin^2\theta_W} \frac{(m_u^2 - m_d^2)^2}{M_W^2 \, M_{SUSY}^2} \qquad (10.23)$$

となり，$\frac{1}{M_{SUSY}^2} \simeq \frac{1}{m_{\tilde{u},\tilde{d}}^2}$ で抑制される decoupling 効果が得られることがわかる．さらに，分子にはクォーク質量の4次式が現れるが，これは 10.2.3 項での大域的対称性に関する議論で述べたように T パラメータを得るにはヒッグス場の湯川結合が4回必要となることにちょうど呼応しているのである（あるいは，次の項で述べる T パラメータを記述するゲージ不変な演算子がヒッグス場の4次式となること（(10.24) 参照）に呼応している，ともいえる）．ということで，やはり予想されたように超対称パートナーの寄与は decouple することが確認できる．

10.2.5 演算子による解析

例えば T パラメータを考えると，このパラメータは $\rho = \frac{M_W^2}{M_Z^2 \cos^2\theta_W}$ で定義される ρ パラメータの1からのずれ $\Delta\rho = \rho - 1$ に比例し $W^\pm$ や Z の質量2乗への量子補正に関係しているので，一見質量次元 $d=2$ の演算子への

量子補正を扱っていて紫外発散をこうむりそうであるが，すでにいくつかの具体例でも見てきたように実際には紫外発散のない有限な物理量として計算される（(10.12), (10.22) 参照）．これは，実は T パラメータを記述する，もともとの標準模型のラグランジアンには存在しない質量次元が $d > 4$ の演算子（irrelevant operator）が量子効果により生成されたことを示唆している．すなわち，ゲージボソンだけではなくヒッグス場まで含めた何らかのゲージ不変な $d > 4$ の演算子のウィルソン係数として T パラメータを理解することができると考えられる．実際，そのような演算子を具体的に構成することができ，T パラメータに対応する演算子は次のような $d = 6$ の演算子であることがわかる：

$$O_T = (H^\dagger D_\mu H)(H^\dagger D^\mu H) - \frac{1}{3}(H^\dagger D_\mu D^\mu H)(H^\dagger H). \tag{10.24}$$

ここで，ヒッグス 2 重項 H をその真空期待値でおき換えてやると，$W^\pm$ と Z の質量 2 乗の差に対応する演算子に帰着することが容易に確かめられる．10.2.3 項の大域的対称性を用いた議論において述べたように，たしかに (10.24) はヒッグス場の 4 次式になっていることがわかる．例えば (10.23) の超対称パートナーからの寄与は，この演算子のウィルソン係数が $\frac{1}{M_{SUSY}^2}$ に比例して抑制されることから得られるものである．(10.24) に $H^\dagger H$ のようなヒッグス 2 重項の内積で作られるゲージ不変量の任意のべきを掛算すると，いくらでもゲージ不変な演算子を作成することが可能ではあるが，そうした質量次元のより高い（$d \geq 8$）演算子の寄与はウィルソン係数における $\frac{1}{M_{SUSY}^2}$ のべきが高くなって $\frac{M_W^2}{M_{SUSY}^2}$ でさらに抑制されるので相対的に無視できる．

しかし，例えばトップクォークの寄与の場合のように non-decoupling の寄与が得られる場合には，ウィルソン係数の分母に M_{SUSY} のような新しい質量スケールが現れることはなく，その替わりに標準模型の質量スケールである M_W（の 2 乗）が現れるので，$d \geq 8$ の演算子もすべて $d = 6$ の場合と同様に効くことになる．よって，この場合には $d = 6$ のみに限定することは正当化できなくなることに注意しよう．

同様にして，S パラメータに対応する演算子も同じく $d = 6$ の質量次元をもつ次のような演算子であることがわかる：

$$O_S = [H^\dagger \, (\sum_{a=1}^{3} F_{\mu\nu}^a \frac{\sigma^a}{2}) \, H] \, B^{\mu\nu}. \tag{10.25}$$

ヒッグス場を真空期待値におき換えると，$H^\dagger \, (\sum_{a=1}^{3} F_{\mu\nu}^a \frac{\sigma^a}{2}) \, H$ において $a=3$ の場合のみが残り，したがって結果的に $F_{\mu\nu}^3 \cdot B^{\mu\nu}$ という，運動項における $SU(2)_L$ と $U(1)_Y$ ゲージボソンの間の混合が生じることがわかる．

10.3 FCNC過程による精密テスト

10.3.1 FCNCにおけるトップクォークによるnon-decoupling効果

フレーバーを変える中性カレント（Flavor Changing Neutral Current, FCNC）過程は 1.9 節，1.10 節や 10.1 節で述べたように，新理論のテストとして常に重要な意味をもち続けている．FCNC過程の典型的な例としてストレンジネスを 2 だけ変える（$|\Delta S|=2$）過程である $K^0 \leftrightarrow \bar{K}^0$ 混合を挙げることができる．この混合により中性 K 中間子系における K_L と K_S の間のわずかな質量差 Δm_K（(1.96) 参照）が生じる．小林–益川模型の 3 世代模型では，同様な過程としてストレンジクォークを第 3 世代のボトムクォークにおき換えて得られる $B^0 \leftrightarrow \bar{B}^0$ 混合も存在する．以下で述べるように，FCNC過程におけるトップクォークの寄与は non-decoupling 効果になり [69]，特にFCNC過程を通じて生じる CP 対称性の破れを示す物理量においてはトップクォークの寄与が支配的になる．このために，同じ第 3 世代に属しトップクォークとの結合が支配的であるボトムクォークを含んだ中性 B 中間子系では CP 対称性の破れの指標である「CP 非対称性」が 10% のオーダーで大きくなることが指摘された [70], [4]．こうして，大量の B 中間子を生成し，その崩壊における CP 非対称性を測定する B 工場（B-factory）実験が日本の高エネルギー加速器研究機構（KEK）とアメリカのスタンフォード線型加速器センター（SLAC）で行われ，小林–益川理論の予言する大きな CP 非対称性がたしかに存在することを示して小林–益川理論の正しさを強く支持することとなった．

ここでは，ひな形の過程である $K^0 \leftrightarrow \bar{K}^0$ 混合についてのみ議論する．弱

い相互作用の内の荷電カレント相互作用においては世代が保存されず，その結果，フレーバーを変える FCNC 過程が可能になる．実際，W^+ と W^- による荷電カレント相互作用を組み合せれば $s \to u, c, t \to d$ といった $s \to d$ の FCNC 過程が可能になる．ただし $s \to d$ ではストレンジネス S は 1 だけ変わるので，$|\Delta S| = 2$ の過程である $K^0 \leftrightarrow \bar{K}^0$ 混合を実現するためには二つの $W^\pm$ ゲージボソン，およびこれに付随する NG ボソン $G^\pm$ を交換する図 10.2 の "箱形ダイアグラム（box diagram）" とよばれるファインマン・ダイアグラムが必要となる．図 10.2 において $G^\pm$ は，ヒッグス機構において $W^\pm$ が自発的ゲージ対称性の破れによって質量をもつ際に $W^\pm$ に吸収される NG ボソンである．これらはユニタリゲージでは理論から消えてしまうのであるが，くり込み可能性が見やすい形で量子論を展開する，藤川–リー–三田 (Fujikawa-Lee-Sanda) によって提唱された「R_ξ ゲージ」の手法 [71] においては，例えば伝播子が簡単になる $\xi = 1$ のゲージ（ファインマン–トフーフト (Feynman-'tHooft) ゲージ）では $G^\pm$ は $W^\pm$ とまったく同じ質量の伝播子をもち，$W^\pm$ と $G^\pm$ は同等に扱われる．こうした理由で図 10.2 では $W^\pm$ と $G^\pm$ がペアで現れているのである．$G^\pm$ 交換のファインマン・ダイアグラムにおいては，$G^\pm$ のクォークとの湯川結合定数がクォーク質量に比例することから，こうしたダイアグラムがトップクォークの質量 2 乗に比例した non-decoupling 効果につながる重要な寄与をすることになる．

図 10.2 の箱形ダイアグラムの計算を 2 世代模型（第 3 世代を無視）の場合

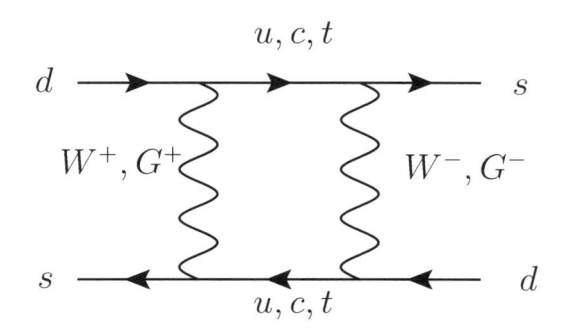

図 10.2 $K^0 \leftrightarrow \bar{K}^0$ 混合に寄与する箱形ダイアグラム

に行うと (1.99) のような $m_c^2 - m_u^2 \simeq m_c^2$ で記述される結果が得られる．この予言値を Δm_K のデータと比較することで当時未発見であったチャームクォークの質量 m_c を正確に予言したのが，ガイアールとリー（Gaillard-Lee）の論文である [72]．これは，FCNC の解析が未発見の新粒子や新しい理論の検証に大いに役立つことを物語る典型的な例である．彼らの計算では中間状態の up-type クォークの質量は荷電ゲージボソンの質量である弱スケール M_W よりずっと小さいという近似が用いられた．当時は 2 世代のみ存在が知られており，比較的重いチャームクォークの質量 m_c も M_W よりずっと小さいので，彼らの用いた近似は当時は十分に正当化されるものであった．

しかし，現在では 3 世代のクォークが存在することがわかっており，さらにトップクォークは "異常に" 重く，その質量 $m_t \simeq 171\,\text{GeV}$ は M_W の 2 倍程度であるため，ガイアールとリーによる近似計算は改訂される必要がある．すなわち，ループダイアグラムの内線が重いクォークの場合にも適用可能な，上記のような近似を用いない正確な表式を求めることが必要となる．

中間状態に現れる重いフェルミオンの効果を近似を用いずに任意の質量に関して正確に表すことのできる FCNC 過程の計算は稲見と著者（Inami-Lim）によって成された [69]．ここでは図 10.2 の箱形ダイアグラムを計算した結果のみを与えることにする．この量子効果によって，外線の down-type クォークに関する $|\Delta S| = 2$ の 4 フェルミ型の演算子が低エネルギー有効ラグランジアン $\mathcal{L}_{eff}$ の項として表れる，と考えられるので計算結果を以下のように表すことができる（導出の詳細は原論文 [69]，および [4] の解説を参照されたい）：

$$\mathcal{L}_{eff}^{|\Delta S|=2} = \frac{G_F}{\sqrt{2}} \frac{\alpha}{4\pi \sin^2 \theta_W} \sum_{i,j=c,t} (V_{is}^* V_{id})(V_{js}^* V_{jd})\, E(x_i, x_j)$$
$$\times (\bar{s}\gamma_\mu L d)(\bar{s}\gamma^\mu L d) + \text{h.c.} \qquad (10.26)$$

ここで，図 10.2 において中間状態の二つのフェルミオン線のところに現れる up-type クォークを u_i, u_j ($i, j = u, c, t$) のように書くと，それらの寄与は 4 フェルミ演算子の前のウィルソン係数に現れる $E(x_i, x_j)$ という関数に集約されている．ここで u_i の質量を m_i とすると $x_i \equiv \frac{m_i^2}{M_W^2}$．この関数は具体的には以下のように与えられる：

$$E(x_i, x_j) = -x_i x_j \left\{ \frac{1}{x_i - x_j} \left[\left(\frac{1}{4} - \frac{3}{2} \frac{1}{x_i - 1} - \frac{3}{4} \frac{1}{(x_i - 1)^2} \right) \ln x_i \right. \right.$$
$$\left. \left. - (x_i \to x_j) \right] - \frac{3}{4} \frac{1}{(x_i - 1)(x_j - 1)} \right\}. \qquad (10.27)$$

なお，(10.26) で，例えば V_{is} は小林—益川行列 V_{KM} ((1.125) 参照) の (i, s) 成分を簡略化して表したものである．

ところで (10.26) において，i, j に関する和は c, t に関してのみとっているが，これは計算で得られる元の関数 $\hat{E}(x_i, x_j)$ を V_{KM} 行列の異なる列の間の直交性を用いて次のようにして $E(x_i, x_j)$ (アップクォークの寄与を引き算したもの) に書き換えることができるために x_i, x_j のいずれか一つでも x_u となると寄与が消えてしまうからである：

$$E(x_i, x_j) = \hat{E}(x_i, x_j) - \hat{E}(x_u, x_j) - \hat{E}(x_i, x_u) + \hat{E}(x_u, x_u). \qquad (10.28)$$

ここで実際にはアップクォークは非常に軽いので $x_u = 0$ として構わない．

内線の二つのフェルミオン線のクォークが一致する $i = j$ の場合には，$E(x_i, x_j)$ において $x_i \to x_j$ の極限を (微分を用いて) 計算すると

$$E(x_i) \equiv E(x_i, x_i)$$
$$= -\frac{3}{2} \left(\frac{x_i}{x_i - 1} \right)^3 \ln x_i - x_i \left[\frac{1}{4} - \frac{9}{4} \frac{1}{x_i - 1} - \frac{3}{2} \frac{1}{(x_i - 1)^2} \right]$$
$$(10.29)$$

が得られる．(10.26) はクォークの場で書かれているが，実際の中性 K 中間子は強い相互作用による d, s クォークとそれらの反粒子の束縛状態であり，得られた4フェルミ演算子をハドロンである K^0 と $\bar{K}^0$ の状態で "はさんで"，これらのハドロンの間の遷移振幅に焼き直す必要があるが，ここではその詳細には立ち入らないことにする．

興味深いことに，この FCNC 過程に対するトップクォークの寄与は，T パラメータへのトップクォークの寄与の場合と同様に m_t^2 に比例した non-decoupling 効果であることがわかる．実際，(10.29) において $m_t \gg M_W$ ($\frac{m_t}{M_W} \sim 2$ なので，これはそれほど乱暴な近似ではない)，すなわち $x_t \gg 1$ とすると

$$E(x_t) \simeq -\frac{x_t}{4} = -\frac{1}{4} \frac{m_t^2}{M_W^2} \qquad (10.30)$$

のように近似されるので，たしかにトップクォーク質量の 2 乗に比例する non-decoupling 効果が得られていることがわかる．これも，すでに述べたように $W^{\pm}$ のパートナーである $G^{\pm}$ のトップクォークとの湯川結合定数が m_t に比例する（(10.5) 参照）ことから，これらのボソンが交換される箱形ダイアグラムから生じるものと理解できる（特別な場合としてユニタリゲージ $\xi \to \infty$ の場合には $G^{\pm}$ の質量が無限大になり，上記の non-decoupling 効果は $W^{\pm}$ の縦波成分による寄与に取って代わられるとの解釈も可能であるが，いずれにせよ (10.26) の結果はゲージ不変なものであり，ゲージのとり方によらない）．

10.3.2 MSSM の FCNC 過程による検証

フレーバーを変える中性カレント（FCNC）過程は，標準模型の確立の際に決定的に重要な役割を果たしたのみならず，標準模型を超える（BSM）理論の成否をテストする上でも常に試金石としての役割を果たしてきたといえる．例えば，8.1.2 項で指摘されたように拡張されたテクニカラー（ETC）理論では，FCNC 過程の確率を小さく抑えることが困難であるという重大な問題が存在する．

ここでは BSM 理論の有力な候補でよく議論される最小超対称標準模型（MSSM）の FCNC 過程による検証について議論する．特に，FCNC 過程の強く抑制される確率を自然に説明することが可能であるかという点に注目して議論したい．

具体的には MSSM の予言する新粒子である超対称パートナーの FCNC への寄与に興味がある訳であるが，基本的には 10.2.4 項で議論された超対称パートナーの T パラメータへの寄与の場合と同様に decoupling が起き，パートナーの FCNC 過程への寄与はその大きな質量の逆べきで抑制されるものと思われる．これはパートナーの寄与が，成功を収めている標準模型の予言を（"収集が付かないほどに"）変更してしまうことはない，ということを意味し，その意味では安心ではある．

しかしながら，一般に FCNC 過程の確率は非常に小さなものであるので，

事情はそれ程単純ではない．それは，ゲージ不変の要請だけからすると超対称性の破れ M_{SUSY} から獲得する超対称パートナーの質量は世代ごとに異なっていてもよいからである．これは，この超対称性の破れに起因する質量（2乗）項が，標準模型の湯川結合とは独立な世代間（フレーバー）の対称性を破る新たな源となることを意味する．したがって，この質量項が各フレーバー毎に勝手な値をとり，これを制御する指導原理が何もないとすると，フレーバー対称性の破れによって引き起こされる FCNC 過程の確率が（decoupling が成り立ってはいても）実験データと矛盾する大きさに容易になり得るのである．こうして，FCNC 過程の確率をいかに"自然に"小さく制御できるか，というのが超対称理論，特に超対称性の破れの機構を探り決定する上で非常に重要な鍵となるのである．

以下では，超対称性の破れに起因する質量項に関して，(A) 超対称性の破れに起因する質量がフレーバーによる場合，(B) 超対称性の破れに起因する質量がフレーバーによらない場合，という考えられる二つの場合に分類して FCNC 過程を考察してみよう．

(A) 超対称性の破れに起因する質量がフレーバーによる場合

標準模型では，古典（tree）レベルでは FCNC は現れない．それは，世代を保存しない質量項（湯川結合）によって互いに混合する，同じ電荷およびカイラリティをもったワイル・フェルミオンがゲージ群の同じ表現に属するという 1.10 節の後ろの方で述べた「グラショウ–ワインバーグの条件」を標準模型が満たしているために，弱固有状態から質量固有状態に移っても相互作用がいわばフレーバーの基底で"対角化"されたまま残るからである．クォーク，レプトンの超対称パートナーであるスクォークやスレプトンも，それぞれのクォークやレプトンと同じ群の表現に属するので（超対称性とゲージ対称性は直交するので），スフェルミオンについてもグラショウ–ワインバーグの条件は自動的に満たされることになり，したがってスフェルミオン自身の Z, γ といった中性ゲージボソンとの結合に現れる中性カレントにおいては（超対称性の破れがどのようなものであっても），標準模型の場合と同様に FCNC は現れない．

しかしながら，超対称性理論特有の性質として，新しいタイプの相互作用であるゲージフェルミオンによる相互作用が存在する．仮に超対称性が破れ

ていないとすると,例えば Z と結合する中性カレントは FCNC をもたないので,それを"超対称変換"して得られる Z のパートナーのゲージフェルミオン $\tilde{Z}$ と結合する中性カレントにおいても FCNC は現れないはずである.具体的にいうと,中性ゲージフェルミオンと結合するカレントは,クォークやレプトンがスクォークやスレプトンに遷移する(あるいはその逆の)カレントであるが,超対称性が破れていないとすると世代の基底におけるスフェルミオンの質量 2 乗行列は,同じく世代の基底におけるフェルミオンの質量行列 M_f とは独立ではなく $M_f M_f^\dagger$ (左巻きスフェルミオンの場合), $M_f^\dagger M_f$ (右巻きスフェルミオンの場合)といった形で書かれる.よって,これらはフェルミオンの質量行列を双ユニタリ (bi-unitary) 変換で対角化する二つのユニタリ行列を用いて,フェルミオンの質量行列と共に同時対角化される.よって,質量固有状態に移った後でもゲージ・フェルミオンに結合する中性カレントはフレーバーの基底で対角化されたままであり FCNC は現れないことになる.

逆にいえば,超対称性が破れ,かつそれによって生じる質量項がフレーバーに依存したものであるとすると,これが標準模型にはなかった新たなフレーバー対称性の破れの源となるので,もはやスフェルミオンの質量行列をフェルミオンを対角化するユニタリ行列を用いて同時対角化することは可能ではなく,これらとは独立のユニタリ行列により対角化されることになる.したがって,ちょうど弱相互作用の荷電カレントが,up-type と down-type クォークの質量行列を対角化するそれぞれのユニタリ変換の差によって生じる小林–益川行列 V_{KM} によって記述されるのと同様に,ゲージフェルミオンに結合する中性カレントの行列はもはや質量固有状態の基底で対角化されず FCNC が古典 (tree) レベルですでに現れてしまうことになる.

これは超対称理論の抱える一般的な問題なので,MSSM までいかなくても超対称 QED においてすでに存在する.つまり,電磁相互作用の世界でも FCNC が現れてしまうのである.例えば,図 10.3 に示すような光子の超対称パートナーであるフォッティーノ $\tilde{\gamma}$ を交換する 1 ループのファインマン・ダイアグラムによって $\mu \to e\gamma$ といったレプトンのフレーバーが変化する"レプトンフレーバーを破る過程 (lepton flavor violating process)"とよばれるレプトンのセクターでの FCNC 過程が可能となる.

10.3 FCNC過程による精密テスト

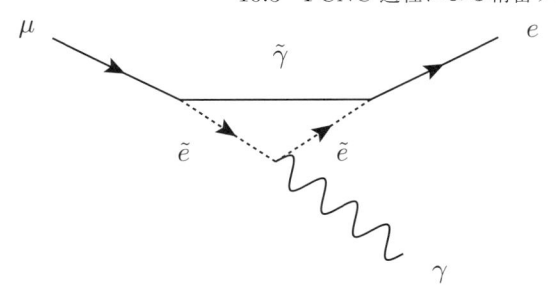

図 10.3 フォッティーノ $\tilde{\gamma}$ の交換で生じる $\mu \to e\gamma$ 過程

$\mu \to e\gamma$ 崩壊の分岐比の上限は，$\mathrm{Br}\,(\mu \to e\gamma) < 10^{-11}$ のように厳しく抑えられているが，標準模型では，仮にニュートリノに質量があったとしてもそれにより生じるレプトンフレーバーを破る過程の確率振幅は大雑把にいって小さなニュートリノ質量2乗の差に比例するので非常に小さなものになり，実験データとの矛盾はない．しかしながら，上述のような tree レベルで生じる FCNC 相互作用によって引き起こされる図 10.3 のような $\mu \to e\gamma$ の確率はクォークの場合の GIM 機構のような小さなフェルミオン質量2乗の差で抑制される機構も存在しないので，容易に実験データの上限と矛盾を来してしまう．

クォークセクターにおける FCNC 過程においても事情は同様であり，例えばグルーオンの超対称パートナーであるグルーイノ $\tilde{g}$ に結合する中性カレントも一般に FCNC をもつことになる．こうして，希少過程である FCNC 過程の実験データと矛盾をきたさないためには，超対称性を破る機構が新たなフレーバー対称性の破れを引き起こさないこと，すなわち超対称性の破れに起因する質量項がフレーバーによらない普遍的なものである必要がある．このように，超対称理論の構造を強く規定する超対称の破れがいかにして FCNC を自然に抑制できるかが，超対称理論の模型構築の際の鍵となる非常に重要な論点となる．

当初，超重力理論においては，(超)重力相互作用によって仲介されて生じる超対称性の破れ（"gravity mediation" シナリオ）はフレーバーによらない破れなので，FCNC の問題は容易に自然に回避できるであろうといわれて

いた．しかし，その後，このシナリオでは実は FCNC を自然に抑えることは一般にできないとの議論がなされ，例えばゲージ相互作用により仲介される超対称性の破れ（"gauge mediation" シナリオ）が FCNC を自然に抑えられる望ましいシナリオである，といった認識が生まれている．

(B) 超対称性の破れに起因する質量がフレーバーによらない場合

次に，上述の gauge mediation による超対称性の破れのシナリオの場合のように，超対称性の破れに起因するスフェルミオンの質量2乗項がフレーバーによらない場合を考えてみよう．この場合には，超対称性の破れが新たなフレーバー対称性の破れの源となることはないのであるから，直感的にわかるように例えばスクォークの質量2乗行列はクォークの質量行列とともに同時対角化される．あるいは，超ポテンシャルの段階で湯川結合が超場として対角化される，と考えることもできる．

これをもう少し詳しく見るために down-type クォークのセクターに注目して考えてみよう．down-type クォークの世代の基底における質量行列を m_D と書くとすると，これは次のような双ユニタリ変換により二つのユニタリ行列 $U_{L,R}$ を用いて対角化される：

$$U_L^\dagger m_D U_R = m_\text{diag}. \tag{10.31}$$

さて，down-type スクォークの超対称性の破れに起因する質量2乗項が世代によらず，したがって世代の基底で単位行列に比例しているとする：

$$M_{SUSY}^2 I \quad (I : 単位行列). \tag{10.32}$$

ここで M_{SUSY} は超対称性の破れの質量スケール．ただし，簡単のために左右のスクォークの超対称性の破れの項は同一であるとし，また左右のスクォークの間の混合の可能性は無視した．すると，左右のスクォークの質量2乗行列は，クォークの場合と同じ $U_{R,L}$ を用いて，次のようにそれぞれ同時対角化可能である：

$$U_L^\dagger (m_D m_D^\dagger + M_{SUSY}^2 I) U_L = m_\text{diag}^2 + M_{SUSY}^2 I, \tag{10.33}$$
$$U_R^\dagger (m_D^\dagger m_D + M_{SUSY}^2 I) U_R = m_\text{diag}^2 + M_{SUSY}^2 I.$$

ここで，$m_D m_D^\dagger$, $m_D^\dagger m_D$ は超ポテンシャルからの寄与として得られる超

対称的な寄与であり，したがってクォークの質量行列で書かれる．m_{diag}^2 は m_d^2, m_s^2, m_b^2 を対角成分とする対角行列である．

こうして，ゲージフェルミオンによる相互作用にはFCNCは現れず，(A)の場合とは違って超対称QEDあるいは超対称QCDにおいてFCNCが現れることはなくなる．さらに，(10.33)よりすぐにわかるように，超対称性の破れがフレーバーに依らないので，スクォークの質量2乗のフレーバーによる差は，対応するクォーク質量2乗のフレーバーによる差とぴったり一致する．例えば，up-typeクォークのセクターについては

$$m_{\tilde{c}}^2 - m_{\tilde{u}}^2 = m_c^2 - m_u^2 \tag{10.34}$$

等が成立する．こうして，ゲージフェルミオンおよびスクォークによる量子効果によって生じる $K^0 \leftrightarrow \bar{K}^0$ のようなFCNC過程の確率振幅は，重いスクォークの質量2乗差によって制御され一見大きくなりそうであるが，実際には，ちょうど1.10節で紹介した標準模型におけるGIM機構の場合と同様に，小さなクォーク質量2乗の差によって強く抑制されることがわかる．いわば"超対称GIM機構"とでもよべる機構が働くのである[73]．さらには，最初の方で述べた一般的に期待される超対称パートナーの寄与のdecouplingと相まって，この場合にはFCNC過程の確率を自然に抑制することが可能であり，超対称理論はFCNCによる精密テストを無事パスすることができる．

文 献

[1] S. Weinberg, Phys. Rev. Lett. **19** (1967) 1264; A. Salam, Proceedings of the 8th Nobel Symposium (Stockholm), ed. by N. Svartholm, p367 (1968).

[2] S.L. Glashow, J. Iliopoulos and L. Maiani, Phys. Rev. **D2** (1970) 1285.

[3] M. Kobayashi and T. Maskawa, Progr. Theor. Phys. **49** (1973) 652.

[4] 林 青司, "CP 対称性の破れ–小林・益川模型から深める素粒子物理–" (SGC ライブラリー 91) サイエンス社 (2012).

[5] Y. Hara, Phys. Rev. **134** (1964) B701; Z. Maki, Prog. Theor. Phys. **31** (1964) 331.

[6] B. Pontecorvo, Sov. Phys. JETP **6** (1957) 429.

[7] M. Kobayashi, C.S. Lim and M.M. Nojiri, Phys. Rev. Lett. **67** (1991) 1685; M. Kobayashi and C.S. Lim, Phys. Rev. **D64** (2001) 013003.

[8] L.B. Okun, M.B. Voloshin and M.I. Vysotsky, Sov. Phys. JETP **64** (1986) 446.

[9] C.S. Lim and W.J. Marciano, Phys. Rev. **D37** (1988) 1368; E. Kh. Akhmedov, Phsy. Lett, **B213** (1988) 64.

384 文 献

[10] L. Wolfenstein, Nucl. Phys. **B186** (1981) 147.

[11] M. Gell-Mann, P. Ramond and R. Slansky, in "Supergravity," ed. by P. van Nieuwenhuizen and D.Z. Freedman, North Holland, New York (1979).

[12] T. Yanagida, Proceedings of "Workshop on Unified Theory and Baryon Number in the Universe," ed. by O. Sawada and A. Sugamoto, KEK, Japan (1979).

[13] R.N. Mohapatra and G. Senjanovic, Phys. Rev. Lett. **44** (1980) 912.

[14] A. Zee, Phys. Lett. **B93** (1980) 389; Phys. Lett. **B161** (1985) 141.

[15] Z. Maki, M. Nakagawa and S. Sakata, Progr. Theor. Phys. **28** (1962) 870.

[16] S.P. Mikheyev and A.Yu. Smirnov, Yad. Fiz. **42** (1985) 1441 [Sov. J. Nucl. Phys. **42** (1985) 913]; L. Wolfenstein, Phys. Rev. **D17** (1978) 2369.

[17] C.S. Lim, Proceedings of BNL Neutrino Workshop, Upton, NY, USA (1987), ed. by M.J. Murtagh; A.Yu. Smirnov, Proceedings of the International Symposium on Neutrino Astrophysics, Takayama, Japan (1992), ed. by Y. Suzuki and K. Nakamura; X. Shi and D.N. Schramm, Phys. Lett. **B283** (1992) 305.

[18] T. Morii, C.S. Lim and S.N. Mukherjee, "The Physics of the Standard Model and Beyond," World Scientific Publishing Co. Pte. Ltd., Singapore (2004).

[19] Y. Ashie, *et al.* [Super-Kamiokande Collaboration], Phys. Rev. **D71** (2005) 112005.

[20] Y. Ashie, *et al.* [Super-Kamiokande Collaboration], Phys. Rev. Lett. **93** (2004) 101801.

[21] B. Aharmim, *et al.* [SNO Collaboration], Phys. Rev. **C81** (2010) 055504.

[22] B. Aharmim, *et al.* [SNO Collaboration], Phys. Rev. Lett. **101** (2008) 111301.

[23] M.B. Smy, *et al.* [Super-Kamiokande Collaboration], Phys. Rev. **D69** (2004) 011104.

[24] B. Aharmim, *et al.* [SNO Collaboration], Phys. Rev. **C72** (2005) 055502.

[25] H. Georgi and S.L. Glashow, Phsy. Rev. Lett. **32** (1974) 438.

[26] M. Yoshimura, Phys. Rev. Lett. **41** (1978) 281.

[27] N. Sakai, Z. Phys. **C11** (1981) 153; S. Dimopoulos and H, Georgi, Nucl. Phys. **B193** (1981) 150.

[28] S. Coleman and J. Mandula, Phys. Rev. **159** (1967) 1251.

[29] R. Haag, J. Lopuszanski and M. Sohnius, Nucl. Phys. **B88** (1975) 257.

[30] K.A. Olive, *et al.* (Particle Data Group), Chin. Phys. **C38** (2014) 090001.

[31] D.I. Kazakov, Lectures given at the European School on High Energy Physics, Aug.-Sept. 2000, Caramulo, Portugal, arXiv:hep-ph/0012288v2.

[32] N. Sakai and T. Yanagida, Nucl. Phys. **B197** (1982) 533.

[33] G. Aad, *et al.* [ATLAS Collaboration], Phys. Lett. **B716** (2012) 1.

[34] S. Chatrchyan, et al. [CMS Collaboration], Phys. Lett. **B716** (2012) 30.

[35] K. Inoue, A. Kakuto, H. Komatsu and S. Takeshita, Progr. Theor. Phys. **68** (1982) 927.

[36] Y. Okada, M. Yamaguchi and T. Yanagida, Progr. Theor. Phys. **85** (1991) 1.

[37] L. O'Raifeartaigh, Nucl. Phys. **B96** (1975) 331.

[38] P. Fayet and J. Iliopoulos, Phys. Lett. **B51** (1974) 461.

[39] P. Fayet, Phys. Lett. **B64** (1976) 156.

[40] T. Inami, C.S. Lim and N. Sakai, Phys. Lett. **B123** (1983) 311.

[41] N. Arkani-Hamed, S. Dimopoulos and G. Dvali, Phys. Lett. **B429** (1998) 263.

[42] S. Dimopoulos and G. Landsberg, Phys. Rev. Lett. **87** (2001) 161602.

[43] L. Randall and R. Sundrum, Phys. Rev. Lett. 83 (1999) 8370.

[44] T. Appelquist, H.-C. Cheng and B.A. Dobrescu, Phys. Rev. **D64** (2001) 035002.

[45] H.C. Cheng, K.T. Matchev and M. Schmaltz, Phsy. Rev. **D66** (2002) 036005.

[46] N.S. Manton, Nucl. Phys. **B158** (1979) 141; D.B. Fairlie, Phys. Lett. **B82** (1979) 97; J. Phys. G **5** (1979) L55.

[47] Y. Hosotani, Phys. Lett. **B126** (1983) 309; Y. Hosotani, Phys. Lett. **B129** (1983) 193; Y. Hosotani, Annals Phys. **190** (1989) 233.

[48] H. Hatanaka, T. Inami and C. S. Lim, Mod. Phys. Lett. **A13** (1998) 2601.

[49] T. Appelquist and J. Carazzone, Phys. Rev. **D11** (1975) 2856.

[50] M. Kubo, C.S. Lim and H. Yamashita, Mod. Phys. Lett. **A17** (2002) 2249; C.A. Scrucca, M. Serone and L. Silvestrini, Nucl. Phys. **B669** (2003) 128.

[51] Y. Kawamura, Prog. Theor. Phys. **103** (2000) 613.

[52] K. Agashe, R. Contino and A. Pomarol, Nucl. Phys. **B719** (2005) 165; Y. Hosotani, K. Oda, T. Ohnuma and Y. Sakamura, Phys. Rev. **D78** (2008) 096002.

[53] Csaba Csaki, C. Grojean and H. Murayama, Phys. Rev. **D67** (2003) 085012.

[54] C.S. Lim, N. Maru and K. Hasegawa, J. Phys. Soc. Jap. **77** (2008) 074101.

[55] K. Hasegawa, C.S. Lim and N. Maru, Phys. Lett. **B604** (2004) 133.

[56] S. Weinberg, Phys. Rev. **D19** (1979) 1277; L. Suasskind, Phys. Rev. **D20** (1979) 2619.

[57] K. Yamawaki, M. Bando and K. Matumoto, Phys. Rev. Lett. **56** (1986) 1335; M. Bando, K. Matumoto and K. Yamawaki, Phys. Lett. **B178** (1986) 308.

[58] M. Peskin and T. Takeuchi, Phys. Rev. Lett. **65** (1990) 964.

[59] N. Arkani-Hamed, A.G. Cohen and H. Georgi, Phys. Rev. Lett. **86** (2001) 4757.

[60] J.M. Maldacena, Adv. Theor. Math. Phys. **2** (1998) 231.

文 献

[61] N. Arkani-Hamed, A.G. Cohen and H. Georgi, Phys. Lett. **B513** (2001) 232.

[62] M. Schmaltz, Journ. High Energy Phys. **0408** (2004) 056.

[63] C.S. Lim, N. Maru and T. Miura, Progr. Theor. Exp. Phys. **2015** (2015) 4, 043B02.

[64] K. Hasegawa, N. Kurahashi, C.S. Lim and K. Tanabe, Phys. Rev. **D87** (2013) 1, 016011.

[65] Y. Hosotani, Y. Sakamura, Prog. Theor. Phys. **118** (2007) 935; Y. Hosotani, K. Oda, T. Ohnuma and Y. Sakamura, Phys. Rev. **D78** (2008) 096002; Y. Hosotani and Y. Kobayashi, Phys. Lett. **B674** (2009) 192; Y. Hosotani, P. Ko and M. Tanaka, Phys. Lett. **B 680** (2009) 179; Y. Hosotani, M. Tanaka and N. Uekusa, Phys. Rev. **D82** (2010) 115024.

[66] N. Kurahashi, C.S. Lim and K. Tanabe, Progr. Theor. Exp. Phys. **2014** (2014) 12, 123B04.

[67] T. Inami, C.S. Lim and A. Yamada, Mod. Phys. Lett. **A7** (1992) 2789.

[68] L. Alvarez-Gaume, J. Polchinski and M. Wise, Nucl. Phys. **B221** (1983) 495; R. Barbieri and L. Maiani, Nucl. Phys. **B224** (1983) 32; C.S. Lim, T. Inami and N. Sakai, Phys. Rev. **D29** (1984) 1488.

[69] T. Inami and C.S. Lim, Progr. Theor. Phys. **65** (1981) 297; **65** (1981) 1772 (Erratum).

[70] I.I. Bigi and A.I. Sanda, "CP violation", Cambridge Univ. Press (2000).

[71] K. Fujikawa, B.W. Lee and A.I. Sanda, Phys. Rev. **D6** (1972) 2923.

[72] M.K. Gaillard and B.W. Lee, Phys. Rev. D **10** (1974) 897.

[73] R. Barbieri and R. Gatto, Phys. Lett. **B110** (1982) 211; T. Inami and C.S. Lim, Nucl. Phys. **B207** (1982) 533.

索 引

■欧字先頭索引
μ 問題, 220
ρ パラメータ, 38, 363
$B - L$, 86
$B^0 \leftrightarrow \bar{B}^0$ 混合, 372
$K^0 \leftrightarrow \bar{K}^0$ 混合, 372
M_{GUT}, 137, 213
M_{SUSY}, 185, 227
R 対称性, 161
R_ξ ゲージ, 373
S パラメータ, 329
S, T, U パラメータ, 360
10 次元の超対称ヤン–ミルズ理論, 304
16 次元のスピノール表現, 136
2 次発散の相殺, 184
2 次発散の問題, 152, 340
2 世代模型, 46
3 世代模型, 48
AdS/CFT 対応, 331
anomaly mediation, 230
ATLAS, 343
BSM 理論, 61, 149, 153, 304, 343, 353
B 工場実験, 372
CERN, 343
closure, 171, 176
CMS, 343
collective breaking, 340
confinement, 8

CPT 定理, 103
CP 位相, 56, 98
CP 対称性, 104
CP 対称性の破れ, 48, 53, 121, 372
CP 非対称性, 121, 372
decoupling 定理, 289, 357
dimensional deconstruction, 331
doublet-triplet splitting problem, 151
dynamical symmetry breaking, 326
D 項, 171
D 項による破れ, 235
ETC 理論, 327
Fayet-Iliopoulos メカニズム, 233
FCNC 過程, 43, 44, 204, 329, 372, 376
F 項, 176
F 項による破れ, 231
gauge mediation, 230, 380
GHU, 285, 331, 336, 345
GIM 機構, 47, 379
graded Lie algebra, 159
gravity mediation, 230, 379
GUT スケール, 138
ILC, 346, 369
irrelevant operator, 355, 371
Jarlskog パラメータ, 59, 122
K2K, 126
KamLAND 実験, 131
KK パリティ, 284

KK モード, 252, 253
large mixing angle 解, 130
LHC, 369
LHC 実験, 343, 346
little Higgs, 337
LKP, 284
LMA 解, 130
LSP, 65, 203, 207
Maki-Nakagawa-Sakata 行列, 94, 116
MNS 行列, 94, 116
MSSM, 199, 345, 346, 376
MSW 効果, 113
Nambu-Goldstone ボソン, 30, 222, 258
NG ボソン, 30, 222, 258
non-decoupling, 357, 359
non-decoupling 効果, 372, 375
non-simply-connected 空間, 291
O'Raifeartaigh メカニズム, 231
oblique correction, 360
QCD, 8, 318
QED, 5, 26
Randall-Sundrum 理論, 279
rephasing, 55
running coupling, 138
R パリティ, 203, 205
shift symmetry, 338
simplest little Higgs, 338
SNO 実験, 128
SO(10) GUT, 133
SU(3) 電弱統一模型, 304
SU(5) GUT, 133
Super-Kamiokande 実験, 67, 125, 145, 215
SUSY, 155
T2K, 126
universal extra dimension, 281
Wess-Zumino ゲージ, 188
Wess-Zumino 模型, 179
Wilson-loop, 271
Z_2 パリティ, 305

Zee 模型, 89

■和文索引
●あ行
アイソメトリ, 250
アハロノフ–ボーム位相, 289
アハロノフ–ボーム効果, 272, 289
アフィン接続, 245
暗黒エネルギー, 65
暗黒物質, 64, 208

異常ヒッグス相互作用, 346
一般相対性理論, 240, 243

ウィルソン・ライン, 334
ウィルソン・ループ, 336
ウィルソン・ループ位相, 289
ウィルソン係数, 355, 360, 371
ウォーキングテクニカラー, 329
宇宙における物質（バリオン）生成, 146
宇宙における物質の起源, 145

演算子による解析, 355, 370

大型ハドロン衝突型加速器実験, 343, 346
大きな余剰次元, 275
オービフォールド, 266, 272
重い重力子, 259

●か行
階層性問題, 63, 149, 276, 280, 287, 317, 340
カイラリティ, 260
カイラル対称性, 152, 319, 369
カイラル多重項, 163
カイラル超場, 169, 173
カイラルな理論, 11, 261, 266, 305
カイラルパートナー, 69
カイラル変換, 268
隠されたセクター, 230
拡張された超重力理論, 158
拡張された超対称性, 161
拡張されたテクニカラー, 326
掛算の規則, 172
カストーディアル対称性, 39, 324, 363,

366
硬い破れ, 229
カットオフスケール, 356
荷電カレント過程, 19
荷電共役, 103
カビボ角, 43
軽いヒッグス, 344
カルタン部分代数, 262
カルツァ–クラインモード, 252, 253
カルツァ–クライン理論, 240
完全な多重項, 211

擬 NG ボソン, 322, 330, 331, 337
奇 Z_2 パリティをもつフェルミオン質量項, 311
希少過程, 45
擬ディラック・ニュートリノ, 80
共形不変性, 317
共変微分, 10, 245
共鳴的ニュートリノ振動, 106
局所ゲージ対称性, 152
曲率テンソル, 245
キンク解, 313

クォーク, 2
グラショウ–ワインバーグの条件, 48, 377
グラスマン数, 160
グラスマン座標, 166
グラビティーノ, 158
くり込み, 5, 141
くり込み群, 141
くり込み群方程式, 209
グルーイノ, 379
群多様体, 166

ゲージ・ヒッグス統一理論, 285, 331, 345, 346
ゲージーノ, 164, 187
ゲージ化された非線形シグマ模型, 333
ゲージ結合定数の統一, 208
ゲージ原理, 5
ゲージ対称性, 5
ゲージフェルミオン, 164, 187, 377

ゲージボソン, 10
ゲージ理論, 5

高次元理論, 239
ゴールドストーンの定理, 30
コールマン–マンデューラの定理, 159
国際リニアコライダー実験, 346, 369
固定点, 267
古典レベルでの階層性問題, 150
小林–益川行列, 52, 375
小林–益川模型, 48, 53
小林–益川理論, 372
コンパクト化, 250, 269
コンパクト化スケール, 254

●さ行
最小超対称標準模型, 199
サハロフの三条件, 146
左右対称模型, 85

シーソー機構, 82
ジー模型, 89
時間反転, 103
時間反転非対称性, 121
自己双対, 72
自然さの条件, 320
質量固有状態, 49
質量次元 5 の演算子, 215
自発的対称性の破れ, 7, 24, 257
射影演算子, 12
弱アイソスピン, 13
弱ゲージボソン, 19
弱固有状態, 49
弱スケール, 22, 374
弱ハイパーチャージ, 15
周期的境界条件, 270
重力・ゲージ・ヒッグス統一, 316
重力子, 240, 244
重力相互作用, 1
真空凝縮, 322
真空中のニュートリノ振動, 117
真空偏極テンソル, 361

スエレクトロン, 193

スカラー, 26
スカラーポテンシャル, 26
スクォーク, 156
スケール不変性, 317
スピノールの 2 成分表示, 68
スピノールの次元, 262
スピノールの直積空間, 265
スピノール表現, 136
スファレロン, 147
スレプトン, 156

精密テスト, 143, 346, 353, 365, 372, 381
世代間混合, 42
漸近自由性, 7, 319

●た行
ダークマター, 284
大域的対称性, 365
大域的対称性の自発的破れ, 331
大域的超対称性, 158
大角度解, 130
大気ニュートリノ異常, 124
大統一スケール, 137, 213
大統一理論, 133
太陽ニュートリノ問題, 124, 128
単純群, 133, 308
断熱条件, 107
タンブリング, 328
単連結空間, 315

小さな余剰次元, 256
チャームクォーク, 46, 374
中性カレント過程, 18
長基線ニュートリノ振動実験, 126
超空間, 165
超弦理論, 62, 239
超重力理論, 158
超対称 GIM 機構, 381
超対称 QCD, 381
超対称 QED, 191, 381
超対称 SU(5) GUT, 158, 208, 209, 215
超対称性, 155, 161

超対称性の自発的破れ, 161, 227
超対称性の破れ, 218
超対称性の破れの質量スケール, 380
超対称代数, 160
超対称パートナー, 156
超対称変換, 155
超対称ヤン–ミルズ理論, 196, 304
超対称理論, 155
超多重項, 156
超トレース, 229
超場, 165
超ヒッグス機構, 165
超ポテンシャル, 177
強い相互作用, 1
強く結合したヒッグス・セクター, 328

低エネルギー有効理論, 254, 343
ディラック・スピノール, 69
ディラック型質量項, 73
テクニカラー理論, 318, 325, 326, 344, 365
テクニフェルミオン, 325
電荷の量子化, 63, 136
電子・陽電子衝突型加速器, 360
電磁相互作用, 1
電弱統一理論, 6

統一場理論, 239, 249

●な行
内部空間, 247
内部空間の幾何学, 247
中野–西島–ゲルマンの法則, 15, 366
南部–ゴールドストーン・ボソン, 30, 222, 258
ニュートリノ振動, 61, 67, 98, 117
ニュートリノ振動における CP 対称性の破れ, 121
ニュートリノの磁気モーメント, 132
ニュートリノを伴わない二重ベータ崩壊, 77
ネーターの定理, 33

索 引   **395**

●は行
背景場の方法, 297
箱形ダイアグラム, 373
場の境界条件, 269
場の強さの超場, 188
バリオン数, 366
バリオン生成, 146
パリティ, 103
パリティ対称性, 10
バルク質量, 269, 312
反自己双対, 72
反ド・ジッター時空, 279

ヒグシーノ, 157
非くり込み定理, 205
非線形シグマ模型, 333
非線形実現, 32, 333
非単連結空間, 291
微調整, 150
ヒッグス機構, 7, 34
ヒッグス的機構, 257
ヒッグス場, 299
ヒッグス粒子, 7, 344
ヒッグス粒子の発見, 343
ヒッグス粒子の複合模型, 317
ビッグバン宇宙論, 145
ひねり, 270
標準太陽模型, 129
標準模型, 1, 8, 343

ファイエ–イリオプーロスの D 項, 234
ファインマンの経路積分法, 298
フェルミ定数, 21
フォッティーノ, 164, 193, 378
不可能定理, 159
不完全な多重項, 211
複合粒子, 317
二つのヒッグス 2 重項, 200
物質効果, 108
物質中の共鳴的ニュートリノ振動, 106
物質の起源, 145
プランク質量, 62
プランク長, 254

フレーバー混合, 42, 93
フレーバー対称性の破れ, 377
フレーバーを変える中性カレント, 43, 44, 204, 329, 372, 376
ブレーン, 239, 276
ベータ崩壊, 6, 9
ベクトル多重項, 163, 187
ベクトル超場, 169, 186
ヘリシティ, 68
ポアソン再和, 300
崩壊定数, 323, 333
補助場, 165
細谷機構, 287

●ま行
牧–中川–坂田行列, 94, 116
巻き付き数, 302
マヨラナ・スピノール, 73
マヨラナ・フェルミオン, 73
マヨラナ位相, 98
マヨラナ型質量項, 74
見えるセクター, 230
ミニブラックホール, 279
ムース・ダイアグラム, 332
明示的な超対称性の破れ, 228
モード関数, 313

●や行
ヤールスコッグ・パラメータ, 59, 122
柔らかな破れ, 228
ヤン–ミルズ理論, 9
有限温度の場の理論, 301
有効ポテンシャル, 296
有効理論, 149
湯川結合, 311
湯川結合定数, 25, 49
湯川相互作用, 25, 49
ユニタリ三角形, 59
陽子崩壊, 140, 143, 213
陽子崩壊の寿命, 145
余剰次元, 239

四つの相互作用, 1
弱い相互作用, 1

● ら行
ランドール–サンドラム理論, 279

量子異常の問題, 202
量子色力学, 8
量子電磁力学, 5
量子レベルの階層性問題, 151, 285

例外群 G_2, 311

レプトクォーク, 144
レプトン, 2
レプトン数, 366
レプトン数の破れ, 74
レプトンフレーバーの破れ, 204
レプトンフレーバーを破る過程, 378

● わ行
ワープ因子, 280, 350
ワイル・スピノール, 69
ワインバーグ角, 18, 140, 308

【著者】
林　青司（りん　せいじ）
東京大学理学部物理学科卒業
東京大学大学院理学系研究科博士課程修了
東京女子大学現代教養学部教授，神戸大学名誉教授
専門分野：素粒子理論
著書："The Physics of the Standard Model and Beyond"（共著，World Scientific），『CP対称性の破れ─小林・益川模型から深める素粒子理論─』（別冊数理科学，サイエンス社），『先生，物理っておもしろいんですか？』（共著，丸善出版）

現代理論物理学シリーズ
【編者】
稲見　武夫（いなみ　たけお）
台湾大学物理系客員教授，理化学研究所仁科センター嘱託研究員
川上　則雄（かわかみ　のりお）
京都大学大学院理学研究科物理学・宇宙物理学専攻教授

現代理論物理学シリーズ 5
素粒子の標準模型を超えて

平成 27 年 7 月 30 日　発　行

著　者　　林　　　青　　司

発行者　　池　田　和　博

発行所　　丸善出版株式会社
　　　　　〒101-0051　東京都千代田区神田神保町二丁目17番
　　　　　編集：電話(03)3512-3267／FAX(03)3512-3272
　　　　　営業：電話(03)3512-3256／FAX(03)3512-3270
　　　　　http://pub.maruzen.co.jp/

ⓒ Maruzen Publishing Co., Ltd., 2015
組版印刷・三美印刷株式会社／製本・株式会社 松岳社
ISBN 978-4-621-06509-9 C 3342　　　　　Printed in Japan
本書の無断複写は著作権法上での例外を除き禁じられています。